辽宁省"十二五"普通高等教育本科省级规划教材

# 电 子 技 术

## 第 3 版

主编 高有华 龚淑秋

参编 申永山 李忠波 袁 宏

机械工业出版社

本书是根据教育部电工学课程教学指导小组拟订的非电类电工、电子技术系列课程教学基本要求和深化教学改革、培养素质型人才目标而编写的。主要内容包括：常用半导体器件、基本放大电路、功率放大电路、差动放大电路、集成运算放大电路、直流稳压电源、电力电子器件及基本电力变换电路、逻辑代数及逻辑门电路、组合逻辑电路、触发器及时序逻辑电路、脉冲信号的产生与整形和数 – 模与模 – 数转换等。书中内容注重学生学习能力的培养，具有基础性、应用性和先进性，书中带"＊"的内容可根据专业和学时情况取舍。

本书可供高等理工科院校本、专科机械类、材料类、化工类、建筑类、管理类、计算机类等相关专业使用，也可作为夜大、函授、电大、职工大学及相关专业技术人员的培训教材和自修教材。

与本书配套将同时出版《电子技术试题题型精选汇编》（第 3 版），方便广大学生学习和教师使用。

## 图书在版编目（CIP）数据

电子技术 / 高有华，龚淑秋主编. —3 版. —北京：机械工业出版社，2017.3（2025.8 重印）

　　ISBN 978-7-111-55980-1

Ⅰ. ①电⋯　Ⅱ. ①高⋯ ②龚⋯　Ⅲ. ①电子技术 – 高等学校 – 教材　Ⅳ. ①TN

中国版本图书馆 CIP 数据核字（2017）第 023862 号

机械工业出版社（北京市百万庄大街 22 号　邮政编码 100037）
策划编辑：贡克勤　责任编辑：贡克勤　王　康
责任校对：肖　琳　封面设计：张　静
责任印制：张　博
北京建宏印刷有限公司印刷
2025 年 8 月第 3 版第 9 次印刷
184mm×260mm・17.75 印张・429 千字
标准书号：ISBN 978-7-111-55980-1
定价：38.00 元

电话服务　　　　　　　　　　　网络服务
服务咨询热线：010-88379833　　机 工 官 网：www.cmpbook.com
读者购书热线：010-68326294　　机 工 官 博：weibo.com/cmp1952
　　　　　　　　　　　　　　　　教育服务网：www.cmpedu.com
封面无防伪标均为盗版　　　　　金　书　网：www.golden-book.com

# 第3版前言

本书的第1版和第2版先后于2003年1月和2010年1月出版。本书自2003年出版发行以来，得到广大读者的支持与关爱，先后于2009年和2014年获辽宁省普通高等学校精品教材、辽宁省普通高等教育"十二五"省级规划教材。为了使本书更能适应高等教育迅速发展的需要以及高等理工科院校对电子技术基础课程深化教学改革的要求，编者在广泛吸取读者意见和建议的基础上进行修订再版。

考虑到电子技术基础课程是高等理工科院校非电类专业的学科基础课，因此本书的核心内容相对稳定，着重于电子技术的基本概念和基本理论，并兼顾非电类理工科不同专业的教学要求和人才培养需要。与第2版相比，在内容和结构上进行了一定的调整，以解决基础理论与新技术、传统教学模式与现代教学方法、课程内容多与讲授学时少等的矛盾。具体修改内容为：①将差动放大电路和功率放大电路的内容精简，作为两节并入第3章；②删除了晶闸管及其电路的相关内容；③增加了电力电子器件及基本电力变换电路；④增加了典型电路的EDA仿真实例；⑤对章后的习题进行了增删，使其更具有典型性。

本书是与《电工技术》（第3版）、《电工技术试题题型精选汇编》（第3版）、《电子技术试题题型精选汇编》（第3版）、《电子设计与仿真技术》（第2版）配套的系列教材，也可作为电子技术教材单独使用。本书模拟电子技术部分（1~6章）参考学时24~32学时，数字电子技术部分（7~11章）参考学时20~30学时，书中带"*"的内容可根据专业和学时情况取舍。

本书由沈阳工业大学高有华教授（编写第7、8、10章）和龚淑秋教授（编写第3、4章）担任主编。申永山老师编写第2、6、11章及附录，李忠波教授编写第9章，袁宏教授编写第1、5章。

本书可供高等理工科院校本、专科机械类、材料类、化工类、建筑类、管理类、计算机类等相关专业使用，也可作为夜大、函授、电大、职工大学及相关专业技术人员的培训教材和自修教材。本书着重深化电子技术基础课程的教学体系、教学内容、教学方法及教学手段等方面的改革，将更加方便广大读者的学习和使用。

由于编者水平有限，本书难免有不妥和错误之处，恳请读者批评指正。

编　者

# 第 2 版前言

《电子技术》一书自 2003 年出版以来，在各兄弟院校和广大读者的支持下，历时 6 年，发行量逾 3 万册。此间，我们广泛吸取了读者的建议和意见。这次修订再版，是在初版的基础上的总结提高，在内容处理上做了精选、改写、调整和补充。本书是辽宁省教学成果奖二等奖的成果之一，也是辽宁省精品课程电工学（电工技术、电子技术）选用的教材。

考虑到学时的限制，又要补充电子学科的新内容，所以对全书进行了结构调整，减小了分立元件电路的比例，重点突出常用、实用电路的分析。例如，将原第 3 章（场效应晶体管及其放大电路）内容精简为一小节，移入第 2 章作为选讲内容；删去原第 15 章半导体存储器与可编程逻辑阵列；删去原第 8 章第 2 节（三相桥式整流电路）和第 3 节的 $\pi$ 形滤波电路等；修订后的《电子技术》由原来的 15 章变为 13 章，内容精练，结构紧凑。

电子科学技术在 21 世纪呈现高速发展态势，新知识、新技术、新方法不断涌现，本书修订再版，内容力求把握电子技术的发展动向，适时补充先进内容。例如，在第 5 章介绍了贴片式集成电路，增加了由运算放大器构成的电子式热继电器电路；增加了常用电子元器件与 EDA 中图形符号对照表；在第 9 章中增加了 TTL 集成门电路的介绍等。同时全方位渗透电子设计自动化技术，各章增加 EDA 仿真实例，突出了电路的实际应用方法，也与先进的电子电路分析方法接轨。这些内容的补充使电子技术做到了顺应潮流，与时俱进。

修订后的《电子技术》，对全书每节后的练习与思考和章后的习题做了必要的增减，力图题型多样化，难度有层次，在提出问题的角度上更具启发性。积极倡导现代化教学手段的使用，还制作了与之配套的多媒体 CAI 课件光盘，与 EDA 软件配合很适合教学使用。

本书是与《电工技术》（第 2 版）、《电工技术试题题型精选汇编》（第 2 版）、《电子技术试题题型精选汇编》（第 2 版）、《电子设计与仿真技术》（第 2 版）配套的系列教材，也可作为电子技术教材单独使用。本书模拟电子技术部分（1~8 章）参考学时 28~34 学时，数字电子技术部分（9~13 章）参考学时为 20~30 学时，对拓宽选学内容标注了 * 号。

本书由沈阳工业大学龚淑秋副教授（编写第 4、5、6、7 章）和李忠波教授（编写第 11 章和附录）担任主编。沈阳工业大学袁宏教授编写第 1、8、12 章，申永山老师编写第 2、3 章，高有华教授编写 9、10、13 章。CAI 课件由龚淑秋和李忠波制作。曹承志教授对本书原稿进行了仔细审阅，提出了许多宝贵意见，在此深表谢忱。

本书可供高等理工科院校本科、专科机械类、化工类、建筑类、管理类、机电一体化类、计算机类等有关专业及成人教育、函授、夜大学和职工大学的相关专业教学使用。

由于编者能力和水平有限，书中内容若有疏漏、欠妥和错误之处，恳请读者提出批评和改进意见，以便今后不断提高。

编　者

# 第1版前言

《电子技术》是与《电工技术》《电工技术试题题型精选汇编》《电子技术试题题型精选汇编》配套的系列教材。本书是根据教育部电工学课程教学指导小组拟订的电子技术课程教学基本要求和面向21世纪人才培养目标而编写的。本书可供高等理工科院校本科、专科机械类、材料类、化工类、建筑类、管理类、机电一体化类、计算机类等有关专业教学使用。

"电子技术"是非电类专业的技术基础教程。通过本课程的学习，应使学生得到电子技术必要的基础理论、基本知识和基本技能，了解电子技术发展的概况，为学习后续课程、从事有关的工程技术和科学研究工作打好理论和实践基础。

为适应科学技术新发展和教育教学改革的需要，本书加强了电子技术基础的内容；加强了模拟集成电路和中大规模数字集成电路的介绍、分析和应用；在体系和内容的编排上力求适应多媒体教学的需要。

"电子技术"是编者在多年教学实践中，经过多个教学过程，对课程体系、内容及教学方法不断研究和总结，并广泛吸取兄弟院校有关教师的意见和建议的基础上编写的。第一篇模拟电子技术（第一～九章）可供48~64学时教学使用，第二篇数字电子技术（第十～十五章）可供32~48学时教学使用，书中带＊号内容属于加宽、加深内容，可由教师根据专业特点和学时多少决定取舍。为便于教学和学生自学，书中还编写了练习与思考、例题和习题。为使学生掌握先进的分析、设计工具，促进教学手段现代化，大部分章节后有利用电子设计自动化（EDA）软件对教学内容进行分析、研究和设计的习题。在《电子技术试题题型精选汇编》中有相关的引导性例题。

本书由沈阳工业大学李忠波（编写第七、八、九、十二、十三、十四、十五章和附录）担任主编。沈阳工业大学袁宏编写第一、二章，申永山编写第三、四章，龚淑秋编写第五、六章，高有华编写第十、十一章。范振铨教授对本书原稿进行了仔细审阅，提出许多修改意见，在此深表谢意。

由于编者学识有限，本书难免有不妥和错误之处，恳请使用本书的读者批评指正。

编　者

# 目 录

第 3 版前言
第 2 版前言
第 1 版前言

## 第 1 篇　模拟电子技术

### 第 1 章　双极型半导体器件 ……………… 1
1.1　半导体的导电特性 ………………… 1
1.2　PN 结 ………………………………… 3
1.3　半导体二极管及其仿真分析 ……… 4
1.4　半导体晶体管 ……………………… 10
小结 …………………………………… 13
习题 …………………………………… 14

### 第 2 章　放大电路基础 …………………… 16
2.1　基本共射极放大电路 ……………… 16
2.2　工作点稳定的共射极放大电路 …… 23
2.3　共集电极放大电路 ………………… 27
2.4　多级放大电路 ……………………… 30
*2.5　绝缘栅场效应晶体管及其放大
　　　电路 …………………………… 33
小结 …………………………………… 36
习题 …………………………………… 37

### 第 3 章　集成运算放大电路 ……………… 40
3.1　集成运算放大器简介 ……………… 40
3.2　集成运算放大器的输入级——差动
　　　放大电路 ………………………… 45
3.3　集成运算放大器的输出级——功率
　　　放大电路 ………………………… 53
3.4　集成运算放大器的线性应用 ……… 58
3.5　集成运算放大器的非线性应用 …… 66
3.6　集成运算放大器应用实例 ………… 74
3.7　使用集成运算放大器应注意的问题 … 75
小结 …………………………………… 77

习题 …………………………………… 78

### 第 4 章　负反馈放大电路 ………………… 83
4.1　反馈的基本概念 …………………… 83
4.2　负反馈放大电路的一般表达式 …… 90
4.3　负反馈对放大电路性能的影响 …… 92
4.4　负反馈放大电路的近似估算 ……… 97
*4.5　负反馈放大电路的自激振荡及消除方法
　　　简介 …………………………… 99
*4.6　正弦波振荡电路 …………………… 101
小结 …………………………………… 102
习题 …………………………………… 103

### 第 5 章　直流稳压电源 …………………… 106
5.1　单相桥式整流电路 ………………… 106
5.2　滤波电路 …………………………… 109
5.3　稳压电路 …………………………… 113
5.4　集成稳压电路 ……………………… 118
小结 …………………………………… 122
习题 …………………………………… 122

### 第 6 章　电力电子器件及基本电力
　　　　变换电路 ……………………… 125
6.1　常用电力电子器件 ………………… 125
6.2　可控整流电路 ……………………… 130
6.3　基本斩波电路 ……………………… 132
6.4　基本逆变电路 ……………………… 136
小结 …………………………………… 141
习题 …………………………………… 141

## 第 2 篇　数字电子技术

### 第 7 章　逻辑代数及逻辑门电路 ……… 142
7.1　逻辑代数基础知识 ………………… 142
7.2　逻辑函数的化简 …………………… 144
7.3　逻辑门电路 ………………………… 150

7.4 典型集成门电路的结构与特性 ……… 155
7.5 集成逻辑门电路使用中的几个实际
　　问题 ……………………………… 160
7.6 逻辑门电路仿真实例 ……………… 161
小结 ……………………………………… 164
习题 ……………………………………… 165

## 第8章　组合逻辑电路 …………………… 169
8.1 组合电路的分析和设计 …………… 169
8.2 常用集成组合逻辑电路 …………… 173
8.3 组合电路的仿真分析 ……………… 183
小结 ……………………………………… 186
习题 ……………………………………… 186

## 第9章　触发器及时序逻辑电路 ………… 190
9.1 RS触发器 …………………………… 190
9.2 JK触发器 …………………………… 195
9.3 D触发器 ……………………………… 197
9.4 触发器功能的转换 ………………… 198
9.5 寄存器 ……………………………… 200
9.6 计数器 ……………………………… 207
9.7 脉冲分配器 ………………………… 218
9.8 集成计数器的仿真分析 …………… 220
小结 ……………………………………… 222
习题 ……………………………………… 223

## 第10章　脉冲信号的产生与整形 ……… 229
10.1 555定时器 ………………………… 229

10.2 单稳态触发器 ……………………… 231
10.3 施密特触发器 ……………………… 234
10.4 多谐振荡器 ………………………… 235
10.5 555定时器应用的仿真分析 ……… 239
小结 ……………………………………… 242
习题 ……………………………………… 243

## *第11章　数-模与模-数转换 …………… 246
11.1 数-模转换器 ……………………… 246
11.2 模-数转换器 ……………………… 251
小结 ……………………………………… 258
习题 ……………………………………… 259

## 附录 ………………………………………… 260
附录A　半导体分立器件型号命名方法 … 260
附录B　常用半导体器件的参数 ………… 261
附录C　集成电路型号命名方法 ………… 265
附录D　国内外部分集成运算放大器同类产品
　　　　型号对照表 …………………… 267
附录E　三端式集成稳压器性能参数 …… 268
附录F　逻辑门电路新、旧图形符号
　　　　对照表 …………………………… 268
附录G　555定时器的主要性能参数 …… 269
附录H　常用电子元器件与EDA中图形符号
　　　　对照表 …………………………… 271

## 参考文献 …………………………………… 273

# 第1篇　模拟电子技术

# 第1章　双极型半导体器件

半导体器件是组成电子电路的核心器件,其基本结构、工作原理、特性及参数是学习电子技术和分析电子电路的基础,而PN结又是构成各种半导体器件的基本单元。半导体器件按参与导电粒子的不同可分为两大类:一类是自由电子和空穴同时参与导电,称为双极型半导体器件;另一类是只有一种粒子参与导电,称为单极型半导体器件。本章将介绍半导体的导电特性、PN结以及最基本的双极型半导体器件——半导体二极管和半导体三极管。

## 1.1　半导体的导电特性

### 1.1.1　半导体

物质按导电能力的不同可分为导体、绝缘体和半导体,导电能力介于导体和绝缘体之间的物质称为半导体。常用的半导体材料有硅、锗、硒以及大多数金属氧化物和硫化物等。

在不同的条件下,半导体的导电能力将会变化很大。主要表现在:

**1. 掺杂性**　在纯净的半导体中掺入微量的杂质,其导电能力可增加几十万乃至几百万倍。利用这种特性可以制成各种类型的半导体器件,如半导体二极管(简称二极管)、半导体三极管(简称晶体管)、场效应晶体管和晶闸管。

**2. 热敏性**　半导体的电阻率对温度的变化非常灵敏,环境温度升高时,其电阻率明显降低,利用这种特性可以制成各种热敏器件,如热敏电阻。

**3. 光敏性**　受到光照时,半导体的导电能力明显增强,利用这种特性可以制成各种光敏器件,如光敏电阻。

半导体的导电能力变化的根本原因在于半导体物质的内部结构和导电机理。

### 1.1.2　本征半导体

本征半导体或称纯净半导体,就是完全纯净的、具有晶体结构的半导体。目前,最常用的半导体是硅和锗,它们的共同特点是原子结构最外层电子都是4个,称为四价原素。

**1. 共价键结构**　在本征半导体的晶体结构中,每个原子的4个价电子分别与相邻的4个原子的价电子组成4个电子对,即为共价键结构,如图1-1所示,图中的原子结构图只画出最外层的价电子。在共价键结构中,每个原子的最外层都具有8个价电子而处于稳定状态。在热力学温度0K时,价电子很难挣脱共价键束缚成为自由电子,因此,本征半导体中几乎没有自由电子,呈绝缘状态。

**2. 半导体的导电机理** 当温度升高或受到光照时，共价键内的价电子获得足够的能量，挣脱共价键与原子核的束缚，成为自由电子，同时在共价键内留下一个空位，称为空穴，这一过程称为热激发或本征激发，如图 1-1 中实线箭头所示。

热激发使原子失去一个价电子而带正电，可以认为空穴是带一个电子当量的正电荷。在外电场的作用下，空穴很容易被相邻原子的价电子填补，使空穴移动到相邻原子的共价键内，如图 1-1 中虚线箭头所示，由此形成空穴运动，而空穴运动的方向与价电子运动的方向相反。

因此在外施电压作用下，半导体中将出现两部分电流：一部分是自由电子的定向运动所形成的电子电流；另一部分是仍被束缚的价电子递补空穴所形成的空穴电流。自由电子导电和空穴导电并存是半导体导电方式的最大特点，也是半导体和导体在导电机理上的本质区别。自由电子和空穴都是参与导电的粒子又称为载流子。

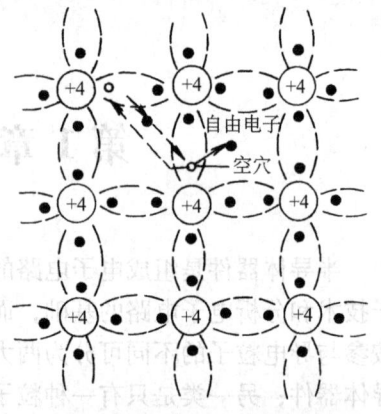

图 1-1 本征半导体的晶体结构

**3. 自由电子和空穴的产生与复合** 热激发的过程中，自由电子和空穴总是成对出现的，当自由电子填补空穴时，它们又成对地消失，称为复合。当温度一定时，自由电子和空穴的产生与复合达到动态平衡，载流子数目维持一定。温度越高，载流子数目越多，其导电性能也就越好。

### 1.1.3 杂质半导体

通过扩散工艺，在本征半导体中掺入适量的杂质元素，便可得到杂质半导体。按掺入的杂质元素不同，可形成 N 型半导体和 P 型半导体，控制掺入杂质元素的浓度，就可以控制杂质半导体的导电性能。

**1. N 型半导体** 在本征半导体硅（或锗）中掺入五价元素磷（或其他五价元素）就形成了 N 型半导体，如图 1-2 所示。磷原子最外层有 5 个价电子，其中 4 个价电子与相邻的 4 个硅原子的价电子组成共价键，剩下一个价电子由于受原子核的束缚较弱，在室温下很容易成为自由电子。同时，磷原子因失去一个电子电离为正离子。每个磷原子失去一个自由电子，这就使得半导体中的自由电子数目大大地增加。磷原子提供的自由电子数将远远超过由热激发产生的空穴数。这种杂质半导体以电子导电为主，故称其为电子型半导体或 N 型半导体。在 N 型半导体中，自由电子为多数载流子（简称多子），空穴为少数载流子（简称少子）。

**2. P 型半导体** 在本征半导体硅（或锗）中掺入三价元素硼（或其他三价元素），就形成了 P 型半导体，如图 1-3 所示。硼原子最外层有 3 个价电子，这 3 个价电子在与相邻的 4 个硅原子组成共价键时还有一个空位未被填满，与其相邻的硅原子的价电子很容易填补这个空位，于是就产生了一个空穴。硼原子在晶体中接受了一个电子后电离为负离子。每个硼原子都能提供一个空穴，这就使得半导体中的空穴数目大大地增加。硼原子提供的空穴数将远远超过由热激发产生的自由电子数。这种杂质半导体以空穴导电为主，故称其为空穴型半导体或 P 型半导体。在 P 型半导体中，空穴为多数载流子，自由电子为少数载流子。

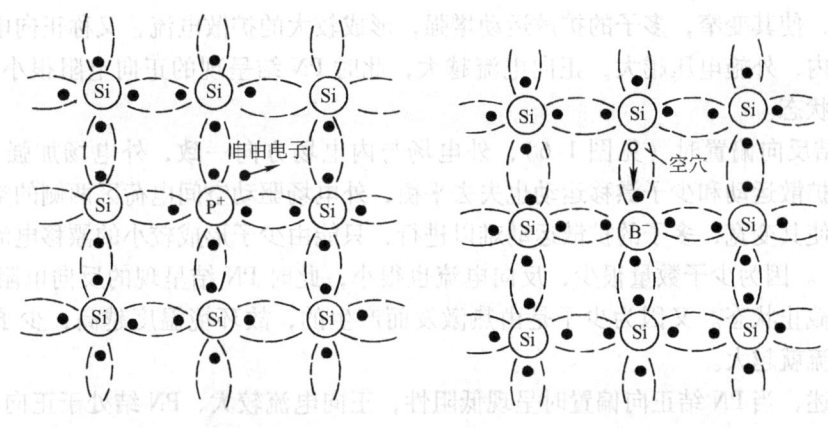

图1-2　N型半导体　　　　　　图1-3　P型半导体

## 1.2　PN结

**1. PN结的形成**　P型或N型半导体的导电能力虽然大大增强，但并不能直接用来制作半导体器件。通常是在一块N型（或P型）半导体基片的局部再掺入浓度较大的三价元素（或五价元素）杂质，使其变成P型（N型）半导体，在P型半导体和N型半导体的交界面就会形成PN结。PN结是构成各种半导体器件的基本单元，它的形成过程如下：

由于P型半导体和N型半导体交界面两侧多子浓度差异很大，因此空穴要从浓度大的P区向浓度小的N区扩散，同时，自由电子也要从浓度大的N区向浓度小的P区扩散，如图1-4所示。由P区扩散到N区的空穴与交界面附近的自由电子复合，在交界面附近的P区形成负空间电荷区。同样，由N区扩散到P区的自由电子与交界面附近的空穴复合，在交界面附近的N区形成正空间电荷区。多子扩散的结果是在交界面的两侧形成一个空间电荷区，这个空间电荷区就是PN结。

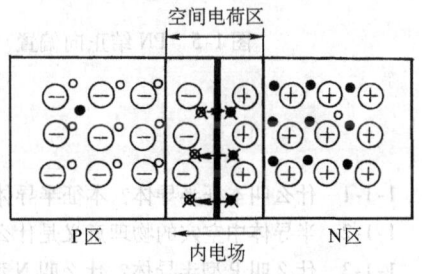

图1-4　PN结的形成

空间电荷区在交界面两侧形成内电场，其方向由正电荷区指向负电荷区，如图1-4所示。内电场对两区多子的扩散起阻挡作用，所以通常又称空间电荷区为阻挡层。

内电场阻挡两区多子扩散的同时，却推动两区少子越过空间电荷区，进入对方区。由浓度差产生的多子运动称为扩散运动，少子在内电场作用下有规则地运动称为漂移运动。扩散运动使空间电荷区变宽，漂移运动使空间电荷区变窄，这两个相反运动最终达到动态平衡，空间电荷区宽度基本稳定，PN结也就处于相对稳定的状态。

**2. PN结的单向导电性**　在PN结两端施以外电压称为给PN结以偏置。如果所加的外电压是P区电位高于N区电位，称为正向偏置（简称正偏），反之称为反向偏置（简称反偏）。

当PN结正向偏置时（见图1-5），外电场与内电场方向相反，外电场削弱了内电场，原来的多子扩散运动和少子漂移运动失去平衡，外电场驱动P区空穴和N区自由电子进入空间电荷区，使其变窄，多子的扩散运动增强，形成较大的扩散电流，又称正向电流（$I_F$）。在一定范围内，外施电压越大，正向电流越大，此时 PN 结呈现的正向电阻很小，PN 结处于正向导通状态。

当 PN 结反向偏置时（见图 1-6），外电场与内电场方向一致，外电场加强了内电场，原来的多子扩散运动和少子漂移运动也失去平衡，外电场驱动空间电荷区两侧的空穴和自由电子移走，使其变宽，多子的扩散运动难以进行，只能由少子形成较小的漂移电流，又称反向电流（$I_R$）。因为少子数量很少，反向电流也很小，此时 PN 结呈现的反向电阻很大，PN 结处于反向截止状态。又因为少子是由热激发而产生的，故环境温度越高，少子的数量越多，反向电流就越大。

综上所述，当 PN 结正向偏置时呈现低阻性，正向电流较大，PN 结处于正向导通状态；当 PN 结反向偏置时呈现高阻性，反向电流很小，PN 结处于反向截止状态。可见 PN 结具有单向导电性。

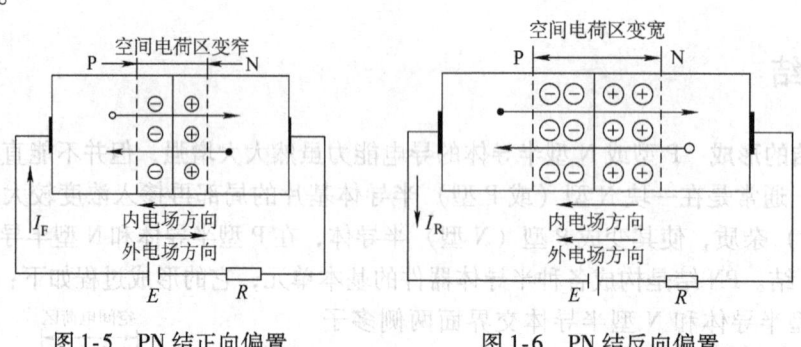

图 1-5　PN 结正向偏置　　　　　图 1-6　PN 结反向偏置

### 练习与思考

1-1-1　什么叫本征半导体？本征半导体的载流子浓度是由什么决定的？

1-1-2　半导体中空穴的物理意义是什么？

1-1-3　什么叫 P 型半导体？什么叫 N 型半导体？P 型半导体和 N 型半导体的多子和少子各是什么？

1-1-4　什么是载流子的扩散和漂移？

1-1-5　内电场形成后使得空间电荷区存在电势差。将 PN 结两端用导线连接起来，导线中是否有电流产生？

1-1-6　反向电流为什么会随环境温度而变化。

## 1.3　半导体二极管及其仿真分析

将 PN 结用外壳封装起来，并加上电极引线就构成了半导体二极管，由 P 区引出的电极为阳极，由 N 区引出的电极为阴极。二极管的符号及外形如图 1-7 所示。

二极管按结构可分为点接触型和面接触型两类。点接触型二极管（通常为锗管）的 PN 结结面积小，高频性能好，允许通过的电流较小，适用于高频和小功率的场合。面接触二极管（通常为硅管）的 PN 结面积大，低频性能好，允许通过的电流较大，适用于低频和大功率的场合，多用于整流电路。

## 1.3.1 二极管的伏安特性

二极管两端电压 $U$ 与其中电流的关系曲线称为二极管的伏安特性，该曲线可通过实验和图示仪测得，如图 1-8 所示。

在二极管正向偏置且电压很低的区域，外电场不足以克服内电场对多子扩散所形成的阻力，呈现电阻较大，正向电流很小，几乎为零，因此该区域为二极管的死区。图 1-8 中 a 点的电压则称为死区电压，其数值大小随二极管的材料不同而异，且与环境温度有关。通常硅二极管的死区电压约为 0.5V，锗二极管约为 0.1V。当正向电压超过死区电压后，随着正向电压的增加，内电场被大大削弱，正向电压迅速增长。由图 1-8 可见，正向电压变化很小，正向电流变化很大。正向导通时，硅管压降为 0.6~0.8V，锗管为 0.2~0.3V。

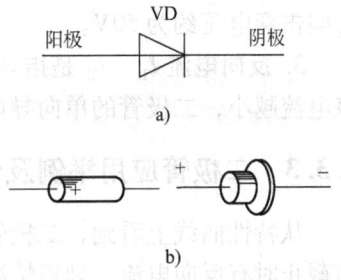

图 1-7 二极管符号及外形
a）二极管符号 b）二极管外形

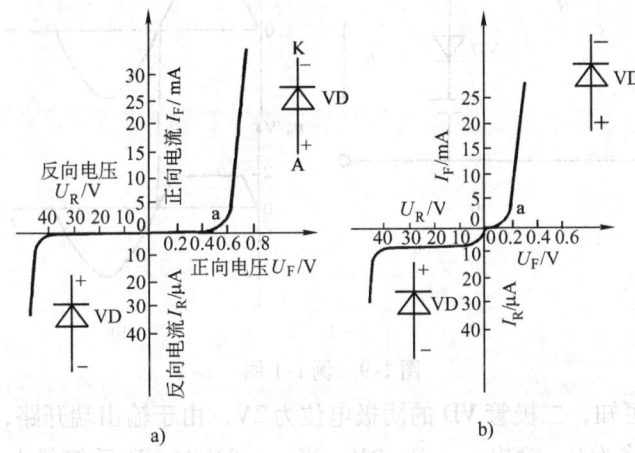

图 1-8 二极管伏安特性曲线
a）硅二极管 2CP10 b）锗二极管 2AP15

当二极管反向偏置时，外电场加强了内电场，由少子漂移形成很小的反向电流。当环境温度不变时，少子的数目一定，反向电压在一定范围内增加，反向电流几乎不变，故又称为反向饱和电流。

当反向偏置电压超过一定数后，反向电流急剧增大，二极管失去单向导电性，这种现象称为反向击穿。二极管击穿时所对应的电压称为反向击穿电压 $U_{RB}$。

## 1.3.2 二极管的主要参数

二极管的主要参数有：

**1. 最大整流电流 $I_{FM}$** $I_{FM}$ 是指二极管长期工作时，允许通过二极管的最大正向平均电流。当电流超过允许值时，PN 结过热而使二极管损坏。

**2. 最高反向工作电压 $U_{RM}$** $U_{RM}$ 是指二极管长期工作时，允许外加的最高反向电压。通常取反向击穿电压 $U_{RB}$ 的一半或 2/3。例如 2CP10 硅二极管的最高反向工作电压为 25V，而反向击穿电压约为50V。

**3. 反向电流 $I_R$**　$I_R$ 是指环境温度一定时,二极管承受反向电压而未击穿时的反向电流,该电流越小,二极管的单向导电性越好。温度升高,反向电流增大。

### 1.3.3　二极管应用举例及仿真分析

从特性曲线上看到,二极管正向导通时的管压降,硅管约为0.7V;锗管约为0.3V。反向截止时有反向电流。理想情况下,视正向导通管压降为零,二极管用短路线代替;视反向电流为零,二极管处于断路状态。在二极管电路分析中通常认为二极管是理想二极管。

二极管的单向导电性,可用来进行整流、检波、限幅和钳位等。

**例 1-1**　电路如图1-9a所示,已知 $E=2V$, $R=100\Omega$, $u_i=5\sin\omega t$ V,试画出输出电压 $u_o$ 的波形。设 VD 是理想二极管。

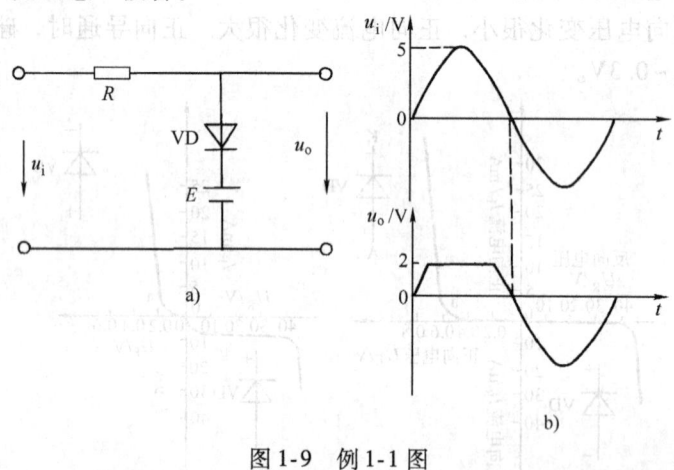

图1-9　例1-1图

**解**　由图1-9a可知,二极管 VD 的阴极电位为2V,由于输出端开路,所以当 $u_i>2V$ 时 VD 正偏导通,管压降为0,输出 $u_o=E=2V$;当 $u_i<2V$ 时 VD 反偏截止,相当于开路,电阻 $R$ 中无电流,故 $u_o=u_i$。输出波形如图1-9b所示。

显然,电路把输出电压的正峰值限制在2V。这种电路叫作限幅电路。由于它起到修整波形的作用,故又称为整形电路。

**例 1-2**　仿真图1-10a所示电路,取 $E=5V$, $R=500\Omega$, $u_i=10\sin\omega t$ V,仿真观测电路的输入、输出波形。

**解**　在 EWB 中创建图1-10a所示仿真电路,利用示波器观测输入、输出波形,如图1-10b所示。

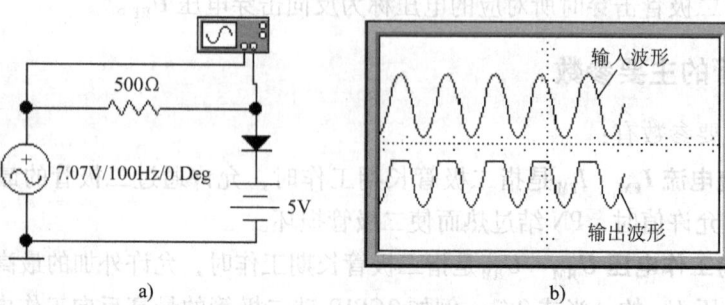

图1-10　例1-2仿真电路及结果

## 1.3.4 稳压二极管

稳压二极管简称稳压管，结构与二极管相同，一般工作在反向击穿状态，符号如图 1-11 所示。

**1. 稳压管的伏安特性**　通过实验测得稳压管伏安特性曲线如图 1-11 所示。

从特性曲线看到，稳压管正向偏置时，其特性和二极管相同；反向偏置时，未击穿前的特性和二极管相同，当反向击穿后，反向电流突然上升，而且电流在一定范围（$I_{Zmin} \sim I_{Zmax}$）内增长时，稳压管两端电压变化很小，具有稳压特性。这种"反向击穿"是可恢复的，只要外电路限流电阻保证击穿电流在允许范围内，就不会引起热击穿而损坏稳压管。

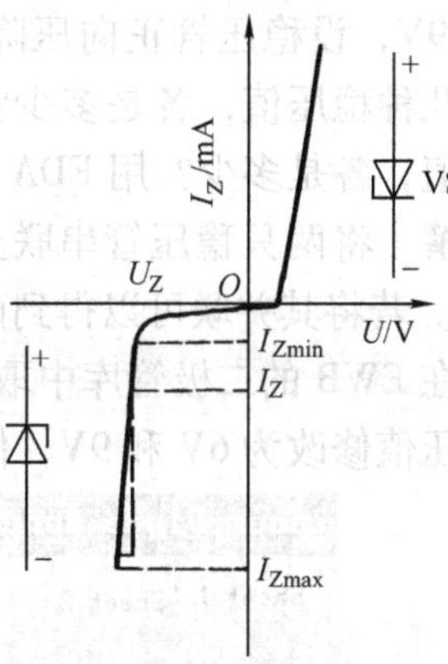

**2. 稳压管的主要参数**

（1）稳定电压 $U_Z$　$U_Z$ 是指稳压管在正常工作时管子两端的电压。一般为 3～25V，高的可达 200V。即使是同一型号的稳压管，由于工艺和其他方面原因，其稳压值也有一定的分散性。

图 1-11　稳压管伏安特性曲线

（2）稳定电流 $I_Z$　稳压管正常工作时的参考电流。开始稳压时对应的电流叫作最小稳压电流 $I_{Zmin}$；对应额定功耗时的稳压电流叫作最大稳压电流 $I_{Zmax}$。正常工作电流 $I_Z$ 取其 $I_{Zmin} \sim I_{Zmax}$ 间某个值。

（3）动态电阻 $R_Z$　稳压管端电压的变化量 $\Delta U_Z$ 与对应电流变化量 $\Delta I_Z$ 之比，叫稳压管的动态电阻 $R_Z$。
即

$$R_Z = \frac{\Delta U_Z}{\Delta I_Z} \tag{1-1}$$

其值在几欧至十几欧。

（4）电压温度系数 $\alpha_U$　$\alpha_U$ 是指稳压管的稳压值 $U_Z$ 受温度变化影响的系数。稳压值低于 6V 的稳压管，电压温度系数为负值；高于 6V 的稳压管，电压温度系数为正值；6V 左右稳压管的电压温度系数近似为零，其温度稳定性最好。

（5）最大允许耗散功率 $P_{ZM}$　保证稳压管不被热击穿的最大功率损耗

$$P_{ZM} = U_Z I_{Zmax} \tag{1-2}$$

**3. 稳压管的应用**　稳压管主要用来构成稳压电路，如图 1-12 所示。

$U_I$ 是不稳定的可变直流电压，需要得到稳定的电压 $U_O$，在二者之间加稳压电路。它由限流电阻 $R$ 和稳压管 VS 构成，$R_L$ 是负载电阻。更深入的内容将在第 5 章详细讨论。

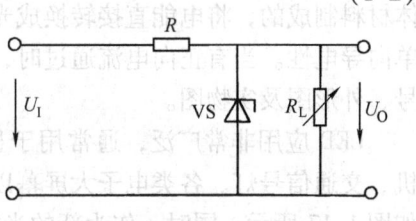

图 1-12　稳压管稳压电压

**例 1-3**　已知图 1-13 所示电路中稳压管 $VS_1$ 和 $VS_2$ 的稳压值均为 6.3V，正向电压均为 0.7V。试求 $U_I = \pm 20V$、$R = 1k\Omega$ 时 $U_O$ 的值。

**解** 当 $U_I = +20\text{V}$ 时，$VS_1$ 反向击穿，$U_{Z1} = 6.3\text{V}$，$VS_2$ 正向导通，$U_{Z2} = 0.7\text{V}$，则 $U_O = +7\text{V}$；同理 $U_I = -20\text{V}$，$U_O = -7\text{V}$。

**例 1-4** 两只稳压管的稳压值分别为 $U_{Z1} = 6\text{V}$，$U_{Z2} = 9\text{V}$，设稳压管正向压降为 0.7V，若将其串联可得到几种稳压值，各是多少？若将其并联可得到几种稳压值，各是多少？用 EDA 仿真求出各稳压值。

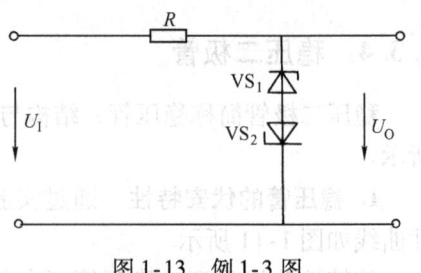

图 1-13 例 1-3 图

**解** 将两只稳压管串联至少可以得到 4 种稳压值，理论上分别是 15V、9.7V、6.7V 和 1.4V。若将其并联可以得到两种稳压值，理论上分别是 6V 和 0.7V。

在 EWB 的二极管库中取出两只稳压管 $VS_1$ 和 $VS_2$，双击稳压管图标，进入编辑状态，将稳压值修改为 6V 和 9V，修改方法如图 1-14 所示，注意两只稳压管不能选同型号。

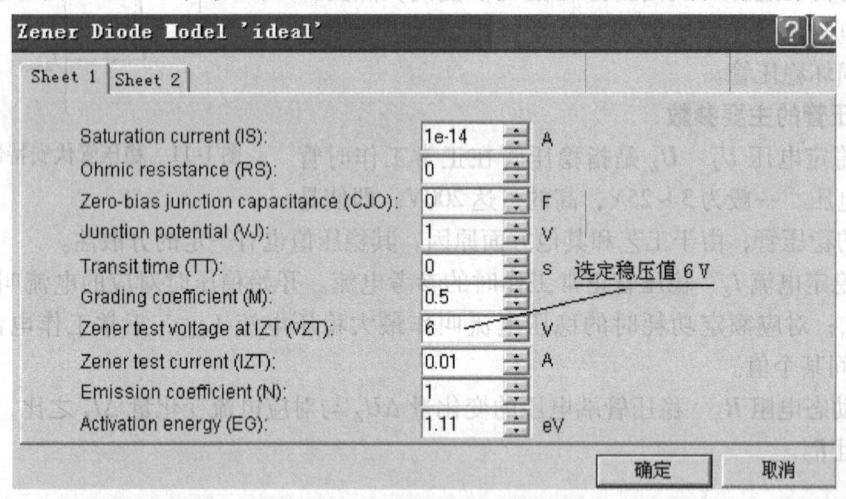

图 1-14 稳压管的稳压值选项框

在 EWB 中用 $VS_1$ 和 $VS_2$ 分别创建 4 个电路，如图 1-15 所示，用直流电压表可直接仿真求解输出电压值。图 1-15a、b 为两个稳压管串联电路；图 1-15c、d 为两个稳压管并联电路，所得输出值与理论值略有差异，分别为 14.79V、9.544V、5.991V 和 0.7137V。

### 1.3.5 其他类型二极管

**1. 发光二极管** 发光二极管（Light Emitting Diode，LED）是由磷化镓（GaP）等半导体材料制成的，将电能直接转换成光能的发光显示器件。其结构与普通二极管相同，也具有单向导电性。当有正向电流通过时，LED 就会发光，图 1-16 所示分别为 LED 的电路图形符号、外形图及实物图。

LED 应用非常广泛，通常用于显示各类信息，例如电气设备、家用电器、计算机、手机、交通信号灯、各类电子大屏幕以及各类照明设备等。LED 组成的数码管显示器示意图如图 1-17 所示。同时，作为新的光源，LED 以其环保、节能、寿命长、高亮度等优点，将替代传统的白炽灯和荧光灯。

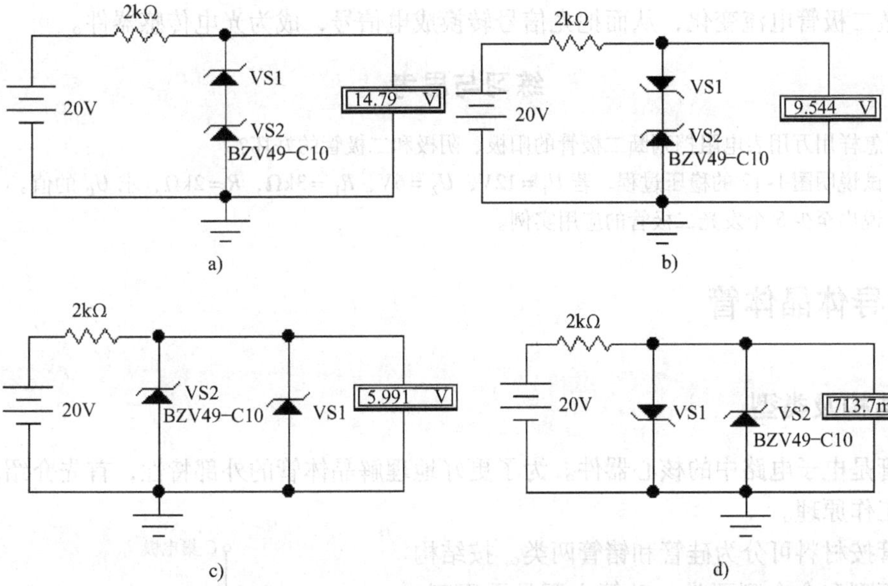

图 1-15 例 1-4 仿真电路图

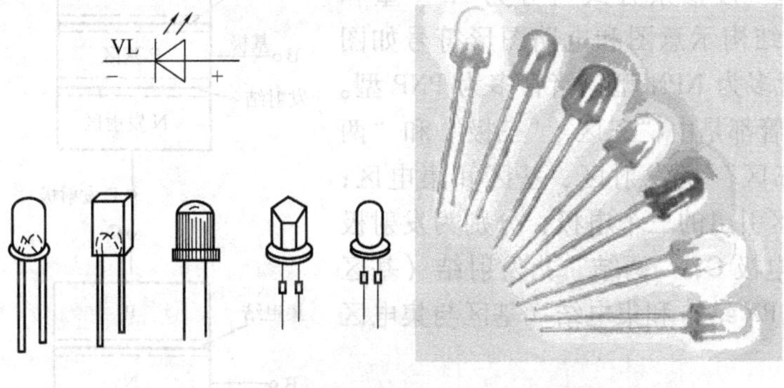

图 1-16 LED 的电路图形符号、外形图及实物图

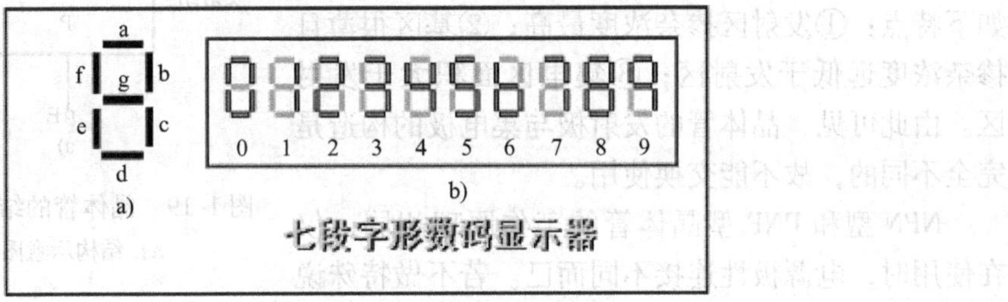

图 1-17 LED 组成的数码管显示器示意图
a) 分段示意图　b) 发光显示图

**2. 光敏二极管**　光敏二极管和普通二极管一样，也是由一个 PN 结组成的半导体器件，具有单方向导电性，不同之处是光敏二极管的外壳上有一个透明的窗口以便接收光线照射，实现光电转换，图形符号如图 1-18 所示。光敏二极管是在反向电压作用下工作的，没有光照时，反向电流极其微弱，称为暗电流；有光照时，反向电流迅速增大，称为光电流。光的强度越大，反向电流也越大。光的变

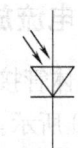

图 1-18 光敏二极管的电路图形符号

化引起光敏二极管电流变化，从而把光信号转换成电信号，成为光电传感器件。

### 练习与思考

1-3-1　怎样用万用表电阻挡判断二极管的阳极、阴极和二极管的好坏？

1-3-2　试说明图 1-12 的稳压过程，若 $U_I=12V$，$U_Z=6V$，$R_L=3k\Omega$，$R=2k\Omega$，求 $U_O$ 的值。

1-3-3　说出至少 5 个发光二极管的应用实例。

## 1.4　半导体晶体管

### 1.4.1　结构及类型

晶体管是电子电路中的核心器件。为了更好地理解晶体管的外部特性，首先介绍晶体管的结构与工作原理。

晶体管按材料可分为硅管和锗管两类。按结构可分为平面型和合金型两类。硅管主要是平面型，锗管都是合金型。按掺杂方式可分为 NPN 型和 PNP 型两类，其结构示意图和电路图形符号如图 1-19 所示。硅管多为 NPN 型，锗管多为 PNP 型。无论哪一种晶体管都是由"三区""三极"和"两结"组成。"三区"指发射区、基区和集电区；"三极"指从三区引出的三个电极，分别为发射极 E、基极 B 和集电极 C；"两结"指发射结（基区与发射区之间的 PN 结）和集电结（基区与集电区之间的 PN 结）。

为使晶体管实现电流放大作用，其内部结构有如下特点：①发射区掺杂浓度最高；②基区很薄且掺杂浓度远低于发射区；③集电区面积大于发射区。由此可见，晶体管的发射极与集电极的构造是完全不同的，故不能交换使用。

NPN 型和 PNP 型晶体管的工作原理相同，仅在使用时，电源极性连接不同而已。若不做特殊说明，本书所用晶体管均指 NPN 型硅管。

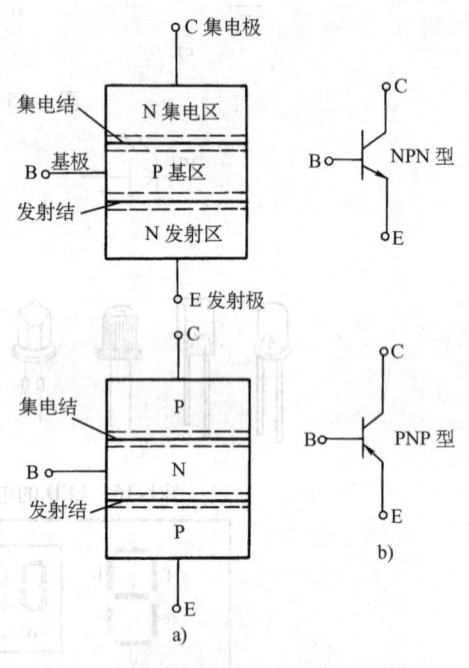

图 1-19　晶体管的结构示意图和电路符号
a) 结构示意图　b) 电路符号

### 1.4.2　电流放大原理

将晶体管接成两个回路：基极回路（又称输入回路）和集电极回路（又称输出回路），如图 1-20 所示。因为发射极是公共端，所以这种接法称为共发射极组态，简称共射极组态。由图 1-20 可见，晶体管的发射结正向偏置，即基极电位高于发射极电位；若 $V_{CC}$ 大于 $V_{BB}$，则集电结反向偏置，即集电极电位低于基极电位。

由于发射结正向偏置、发射区大量自由电子越过发射结扩散到基区，形成发射极电流

$I_E$；由于基区做得很薄，且掺杂浓度低，扩散到基区的自由电子只有一少部分与基区空穴复合，形成基极电流 $I_B$，而绝大部分自由电子继续扩散到集电结边缘；因为集电结反向偏置，靠近集电结边缘的自由电子在外电场的作用下，通过集电结漂移到集电区，形成集电极电流 $I_C$。根据基尔霍夫电流定律，晶体管三极电流之间的关系是

$$I_E = I_B + I_C \tag{1-3}$$

实际上，由于集电结反偏，集电区的少数载流子（空穴）和基区中的少子（电子）发生漂移运动，形成反向饱和电流 $I_{CBO}$（见图 1-20）。在常温下 $I_{CBO}$ 的数值很小，且与 $U_{CB}$ 的大小无关，通常可忽略不计。

根据上面讨论可知，从发射区扩散过来的自由电子，大部分越过基区流向集电极，形成 $I_C$，只有很少一部分在基区与空穴复合，形成 $I_B$。当管子制成后，基区厚度、杂质浓度等因素已定，$I_C$ 与 $I_B$ 的比例关系也随之确定，把 $I_C$ 与 $I_B$ 的比值定义为晶体管共发射极直流电流放大系数，用 $\bar{\beta}$ 表示，即

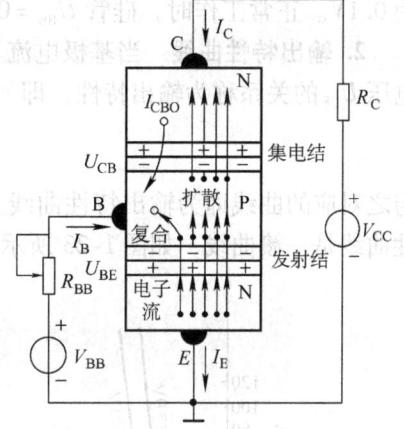

图 1-20 NPN 型晶体管共射极电路示意图

$$\bar{\beta} = \frac{I_C}{I_B} \tag{1-4}$$

而把集电极电流的变化量 $\Delta I_C$ 与基极电流的变化量 $\Delta I_B$ 的比值，定义为交流电流放大系数，用 $\beta$ 表示，即

$$\beta = \frac{\Delta I_C}{\Delta I_B}\bigg|_{U_{CE}=常数} \tag{1-5}$$

作近似估算时，可以认为 $\bar{\beta} = \beta$。

在以后的分析与计算中不加区分，只用 $\beta$ 表示晶体管的电流放大系数。

### 1.4.3 伏安特性曲线

晶体管有三个电极，以哪一个电极作为公共端，就会有相应的伏安特性曲线。这里主要介绍共射极组态的伏安特性曲线。晶体管是二端口的非线性器件，如图 1-21 所示。

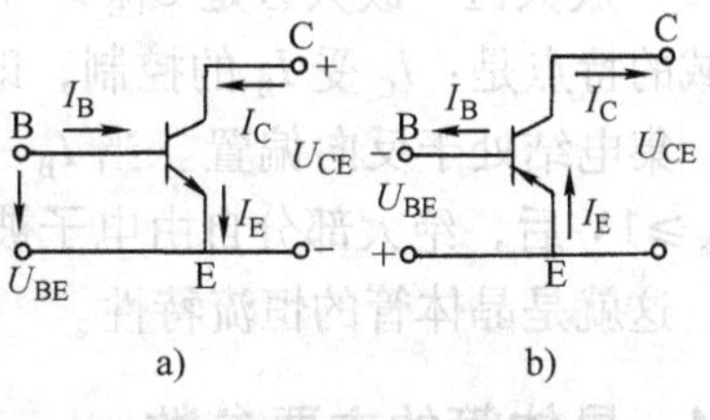

晶体管的特性曲线可通过晶体管图示仪测得。

图 1-21 NPN 型和 PNP 型两端口电路
a) NPN 型 b) PNP 型

**1. 输入特性曲线** 当集 – 射极电压 $U_{CE}$ 为常数时，晶体管输入回路中基极电流 $I_B$ 与基 – 射极电压 $U_{BE}$ 的关系称为输入特性，即

$$I_B = f(U_{BE})\big|_{U_{CE}=常数} \tag{1-6}$$

与之对应的曲线即为输入特性曲线，如图 1-22 所示。

晶体管的输入特性与二极管的正向特性相似。由于受集 – 射极电压 $U_{CE}$ 的影响，输入特性曲线并不唯一。当 $U_{CE} \geq 1V$ 时，集电结反向偏置，并且内电场已经很大，足以把从发射区扩散到基区的绝大部分电子拉入集电区，只要保持 $U_{BE}$ 不变，即使再增加 $U_{CE}$，$I_B$ 也基本不变，因此，$U_{CE} \geq 1V$ 后的输入特性曲线基本上重合，所以只画出 $U_{CE} \geq 1V$ 的一条输入特性

曲线。由图 1-22 可见，输入特性曲线同样存在死区电压，硅管死区电压约为 0.5V，锗管约为 0.1V。正常工作时，硅管 $U_{BE}=0.6\sim0.8\mathrm{V}$，锗管 $U_{BE}=0.2\sim0.3\mathrm{V}$。

**2. 输出特性曲线** 当基极电流 $I_B$ 为常数时，晶体管输出回路中集电极电流与集－射极电压 $U_{CE}$ 的关系称为输出特性，即

$$I_C = f(U_{CE}) \Big|_{I_B=常数} \tag{1-7}$$

与之对应的曲线即为输出特性曲线。$I_B$ 值不同，得到的输出特性曲线也不同，所以输出特性曲线是一簇曲线，如图 1-23 所示。

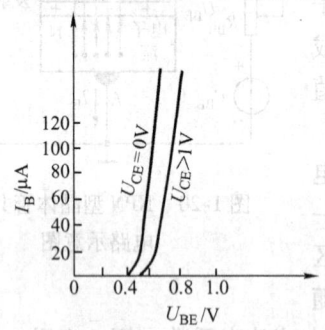
图 1-22 晶体管 3DG6 的输入特性曲线

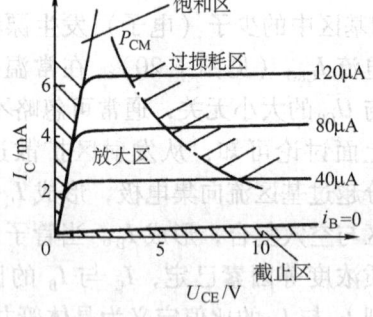
图 1-23 晶体管 3DG6 的输出特性曲线

根据输出特性曲线的特点，可将其分为三个区域。

(1) 截止区 截止区是 $I_B=0$ 曲线以下的区域。该区域的特点是：$I_B=0$，$I_C=I_{CE}\approx 0$；为使晶体管可靠截止，通常使 $U_{BE}\leqslant 0$，故截止时集电结和发射结均处于反向偏置。

(2) 饱和区 饱和区是 $U_{CE}$ 很小，$I_C$ 随 $U_{CE}$ 线性上升的区域。该区域的特点是：$I_C$ 不受 $I_B$ 控制即 $I_C\neq \beta I_B$；$U_{CE}<U_{BE}$，故集电结和发射结均正向偏置。晶体管饱和时的管压降称为饱和压降，用 $U_{CES}$ 表示。小功率硅管的饱和压降约为 0.3V，锗管约为 0.1V。

(3) 放大区 放大区是 $U_{CE}>1\mathrm{V}$ 后，输出特性曲线近似水平的区域，又称线性放大区。该区域的特点是：$I_C$ 受 $I_B$ 的控制，即 $I_C=\beta I_B$；晶体管工作在放大区域时，发射结处于正向偏置，集电结处于反向偏置。当 $I_B$ 一定时，从发射区扩散到基区的自由电子数目就一定，当 $U_{CE}\geqslant 1\mathrm{V}$ 后，绝大部分自由电子被拉入集电区形成 $I_C$，即使 $U_{CE}$ 继续增加，$I_C$ 也不再明显增加，这就是晶体管的恒流特性。

### 1.4.4 晶体管的主要参数

晶体管的主要参数是设计电路、选用晶体管的重要依据。

**1. 电流放大系数** 当晶体管接成共射极电路且 $U_{CE}$ 为常数时，静态集电极电流 $I_C$ 与基极电流 $I_B$ 的比值称为共发射极静态（直流）电流放大系数

$$\overline{\beta} = \frac{I_C}{I_B}$$

晶体管工作在动态且 $U_{CE}$ 为常数时，集电极电流变化量 $\Delta I_C$ 与基极电流变化量 $\Delta I_B$ 的比值称为动态（交流）电流放大系数

$$\beta = \frac{\Delta I_C}{\Delta I_B}\bigg|_{U_{CE}=常数}$$

$\bar{\beta}$ 和 $\beta$ 的含义虽然不同，但两者的数值比较接近，计算时通常采用 $\beta$ 值。同型号、同批次的晶体管 $\beta$ 值都不尽相同。并不是 $\beta$ 值越大越好，因为 $\beta$ 值越大，性能往往越不稳定，一般选用 $\beta = 50 \sim 100$。

**2. 极间反向电流**

（1）集-基极反向饱和电流 $I_{CBO}$　指当发射极开路、集电结反向偏置时，集电区和基区中的少子漂移所形成的反向饱和电流。小功率硅管的 $I_{CBO}$ 在 $1\mu A$ 以下，小功率锗管的 $I_{CBO}$ 约为几微安到几十微安。

（2）集-射极反向电流 $I_{CEO}$　指基极开路时的集电极电流。又因为 $I_{CEO}$ 是从集电极直接穿透晶体管到达发射极，所以又称为穿透电流。在输出特性曲线上，$I_B = 0$ 所对应的 $I_C$ 即为 $I_{CEO}$。可以证明 $I_{CEO}$ 与 $I_{CBO}$ 有如下关系：

$$I_{CEO} = (1+\beta)I_{CBO} \tag{1-8}$$

它是衡量晶体管温度稳定性的重要参数，其值越小，晶体管的温度稳定性越好。

**3. 极限参数**

（1）集电极最大允许电流 $I_{CM}$　当集电极电流 $I_C$ 过大时，电流放大系数 $\beta$ 值将下降，将 $\beta$ 值下降至正常值的 2/3 时的 $I_C$ 值定义为集电极最大允许电流 $I_{CM}$。

（2）集-射极反向击穿电压 $BU_{CEO}$　当基极开路时，加在集-射极之间的最大允许电压。当 $U_{CE} > BU_{CEO}$ 时，$I_{CEO}$ 突然剧增，此时晶体管被击穿。设计电路时，要使 $U_{CC} < BU_{CEO}$。

（3）集电极最大允许耗散功率 $P_{CM}$　当晶体管因受热而引起的参数变化不超过允许值时，集电极消耗的最大功率称为集电极最大允许耗散功率 $P_{CM}$。

$$P_{CM} = I_C U_{CE} \tag{1-9}$$

根据式（1-9）和 $P_{CM}$ 值，可在晶体管输出特性曲线上作出 $P_{CM}$ 曲线。同时可由 $I_{CM}$、$BU_{CEO}$ 和 $P_{CM}$ 三个极限参数共同确定晶体管的安全工作区。

### 练习与思考

1-4-1　怎样用万用表电阻 ×1k 档判断晶体管是 NPN 型还是 PNP 型？同时确定 E、B、C 三个电极。

1-4-2　有两个晶体管，一个管的 $\beta = 150$、$I_{CEO} = 200\mu A$，另一管的 $\beta = 50$、$I_{CEO} = 10\mu A$，其他参数一样，你选取哪个管？为什么？

## 小　　结

本章从半导体的导电特性、本征半导体、N 型半导体、P 型半导体、PN 结开始，着重介绍了二极管、稳压管和晶体管的结构、工作原理、特性曲线和主要参数。

对载流子运动规律，应有一定的理解，并能解释半导体器件的导电机理、外特性曲线和温度特性等。这对正确使用电子器件很有帮助。

二极管的应用很广，对含有二极管电路的分析要领是：首先判断二极管的状态，即将二极管从电路中移走，计算端口电位，若阳极电位高于阴极电位，二极管导通，在理想情况下，用短路线代替二极管；反之，二极管截止，视二极管为断路。然后按着没有二极管的电路求解各处的电压、电流和波形等。若电路中含有多个二极管，应同时求出它们的阳极与阴极电位，电位差值较大的二极管抢先导通，电路状态发生改变后，再重新确定其他二极管的状态。

对稳压管应重点理解特性曲线和主要参数,以达到灵活运用的目的。

晶体管的输入特性和输出特性曲线对理解三极管的工作原理、特性和应用晶体管很重要。尤其是输出特性曲线涵盖了晶体管从控制关系到特性参数等要素。应重点掌握晶体管工作在放大区、截止区和饱和区的特点和外部条件,并能运用该条件判断晶体管的工作状态。

## 习 题

1-1 二极管和稳压管有何异同?二极管能用于稳压吗?

1-2 图1-24所示电路中各二极管均为硅管,说明其中哪些二极管是导通的?

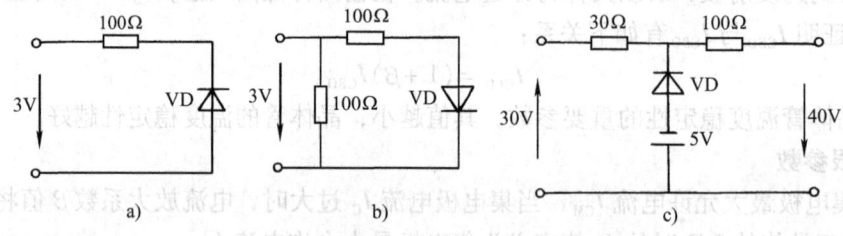

图1-24 题1-2图

1-3 已知图1-25所示电路中,$E=5V$、$u_i=10\sin\omega t$ V,VD是理想二极管,试画出各图$u_o$的波形。

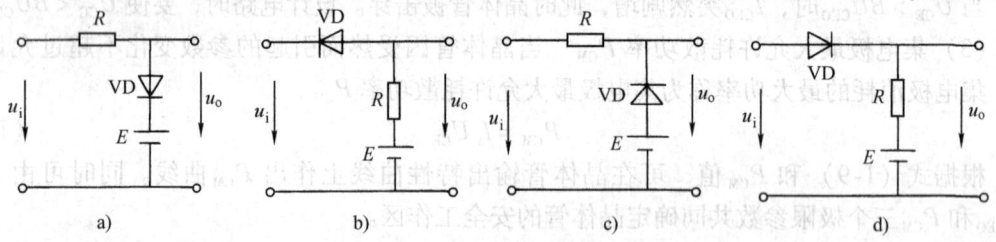

图1-25 题1-3图

1-4 两只稳压管的稳压值分别为$U_{Z1}=6V$,$U_{Z2}=9V$。若将其串联可得到几种稳压值?各是多少?若将其并联可得到几种稳压值?各是多少?(稳压管正向导通压降为0.7V)

1-5 某晶体管的输出特性曲线如图1-26所示。由图确定该管的$\beta$值(在$U_{CE}=10V$,$I_C=2mA$附近)。

1-6 晶体管工作在放大区、饱和区和截止区的条件是什么?其外部性能有何特点?

1-7 已知图1-27所示电路中,$R=1k\Omega$,二极管为锗管。求下列几种情况下输出端F的电位$V_F$及各元件中流过的电流。

1)$V_A=V_B=0V$;2)$V_A=3V$;$V_B=0V$;3)$V_A=V_B=-3V$。

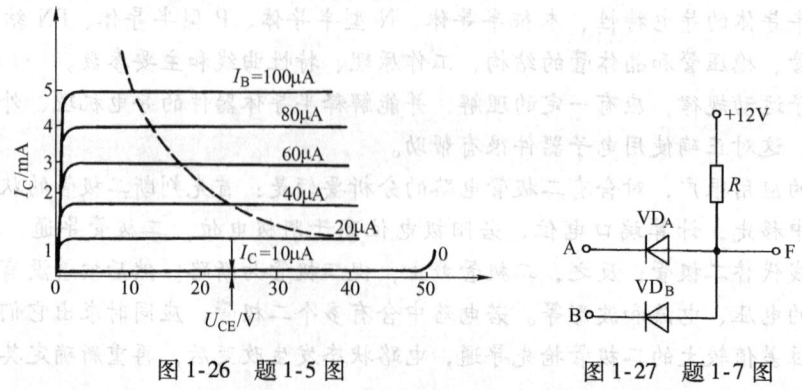

图1-26 题1-5图    图1-27 题1-7图

1-8 已知图1-28中，二极管为理想二极管，试判断各二极管的工作状态并求 $u_o$。

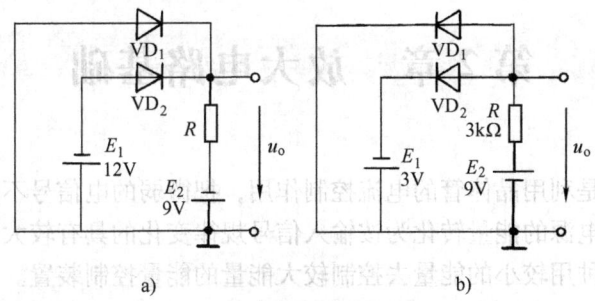

图1-28 题1-8图

1-9 用EDA仿真图1-25a所示电路，测量输出电压 $u_o$ 的波形。

1-10 测得工作在放大电路中4个晶体管的三个电极对公共端电位的数值分别是

$V_1 = 3.5\text{V}$，$V_2 = 2.8\text{V}$，$V_3 = 12\text{V}$；

$V_1 = 3\text{V}$，$V_2 = 2.8\text{V}$，$V_3 = 6\text{V}$；

$V_1 = 6\text{V}$，$V_2 = 11.3\text{V}$，$V_3 = 12\text{V}$；

$V_1 = 6\text{V}$，$V_2 = 11.8\text{V}$，$V_3 = 12\text{V}$。

试判断它们是PNP型还是NPN型？是硅管还是锗管？同时确定三个电极e、b、c。

# 第 2 章  放大电路基础

放大电路的功能是利用晶体管的电流控制作用，把微弱的电信号不失真地放大到所需要的数值，实现将直流电源的能量转化为按输入信号规律变化的具有较大能量的输出信号。放大电路的实质，是一种用较小的能量去控制较大能量的能量控制装置。

## 2.1 基本共射极放大电路

### 2.1.1 共射极放大电路的静态估算法

**1. 放大电路的组成**  以 NPN 型管为核心的共射放大电路如图 2-1 所示。$C_1$ 和 $C_2$ 为耦合电容。作用是"隔直通交"，一方面隔断放大电路与信号源及负载之间的直流联系，另一方面又起到交流耦合作用，保证交流信号畅通无阻地经过放大电路。电容值一般为几十微法，用的是电解电容，连接时要注意其极性。$V_{CC}$ 除了为输出信号提供能量外，它还和 $R_B$、$R_C$ 一起为晶体管提供偏置，保证晶体管的发射结正偏、集电结反偏，使晶体管工作在放大区，起到电流放大和控制作用。

**2. 静态分析**  对于一个放大电路的分析主要包括两个方面：静态分析和动态分析。静态分析主要确定静态工作点，动态分析主要研究放大电路的性能指标。

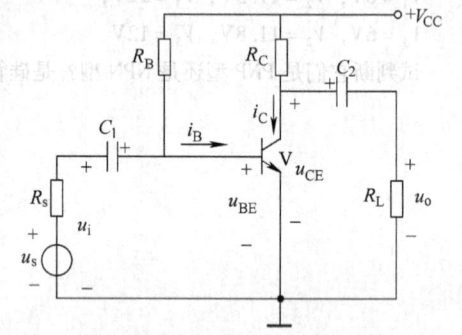

图 2-1  共射极基本放大电路

当输入信号为零（$u_i = 0$）时，放大电路只有直流电源作用，各处的电流和电压都是直流量，称为直流工作状态或静止状态，简称静态。此时的晶体管各极电流和极间电压分别用 $I_B$、$I_C$、$U_{BE}$、$U_{CE}$ 表示（有的文献用 $I_{BQ}$、$I_{CQ}$、$U_{BEQ}$、$U_{CEQ}$ 表示），它们代表输入、输出特性曲线上的一个点，称为静态工作点，简称 Q 点。

静态工作点可由估算法求得，也可由图解法确定。

用估算法首先要画出放大电路的直流通路。因为电容的隔直作用，所以图 2-1 的共发射极放大电路的直流通路如图 2-2a 所示。

由输入回路可知 $V_{CC} = I_B R_B + U_{BE}$
则

$$I_B = \frac{V_{CC} - U_{BE}}{R_B} \tag{2-1}$$

式中的 $U_{BE}$，对于硅管约为 0.7V，锗管约为 0.2V。忽略穿透电流 $I_{CEO}$，则可得

$$I_C = \beta I_B \tag{2-2}$$

由输出回路可得

$$U_{CE} = V_{CC} - I_C R_C \qquad (2-3)$$

此式也称直流负载线。

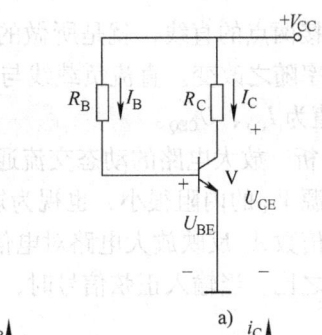

根据式(2-1)~式(2-3)就可以估算出放大电路的静态工作点。求出静态工作点后，还可以在输入、输出特性曲线上标注工作点，如图2-2b所示。

**例 2-1**  在图2-1中，已知 $V_{CC} = 12V$、$R_B = 500k\Omega$、$R_C = 3k\Omega$、$\beta = 100$，晶体管为硅管，求静态工作点 $I_B$、$I_C$ 和 $U_{CE}$；讨论晶体管是否工作在放大区。

**解**  由式(2-1)~式(2-3)可得

$$I_B = \frac{V_{CC} - U_{BE}}{R_B} = \left(\frac{12-0.7}{500\times10^3}\right)A = 0.0226\text{mA}$$

$$I_C = \beta I_B = 100 \times 0.0226\text{mA} = 2.26\text{mA}$$

$$U_{CE} = V_{CC} - I_C R_C = (12 - 2.26\times3)V = 5.2V$$

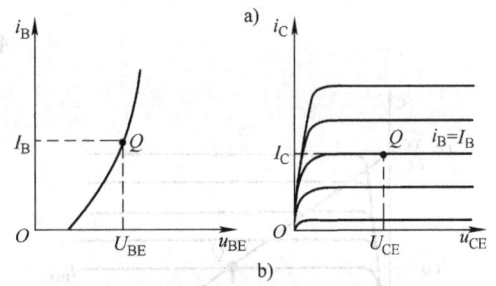

图2-2  共发射极放大电路的直流通路和静态工作点

因为 $U_{BE} < U_{CE} < V_{CC}$，故晶体管处于放大区。

如果将偏流电阻 $R_B$ 的值改为 $200k\Omega$，其结果将会怎样？请读者自行分析。

在放大电路中，字母的不同写法代表着不同的含义，常用的如下：

1) 小写的字母，小写的下角标，表示交流量，如 $i_b$、$i_c$、$u_{be}$、$u_{ce}$、$u_o$ 等。

2) 大写字母，大写下角标，表示直流量，如 $I_B$、$I_C$、$U_{BE}$、$U_{CE}$ 等。

3) 大写字母，小写下角标，表示交流量的有效值，如 $U_i$、$U_o$ 等。

4) 小写字母，大写下角标，表示直流分量和交流分量叠加的总量，如 $i_B = I_B + i_b$，$i_C = I_C + i_c$，$u_{CE} = U_{CE} + u_{ce}$，$u_{BE} = U_{BE} + u_{be}$。

## 2.1.2  共射放大电路的图解分析方法

图解分析法是分析非线性电路的一种基本方法。放大电路的图解分析法，就是在晶体管输入、输出特性曲线上，用作图来分析放大电路的静态和动态工作情况。

**1. 静态分析**  静态分析主要是确定静态工作点值 $I_{BQ}$、$I_{CQ}$、$U_{CEQ}$。晶体管的输入特性曲线有时并未给出，$I_{BQ}$ 可用式(2-1)计算得出。

静态时输出回路的直流通路如图2-3所示。

对于 $R_C$、$V_{CC}$ 支路有 $U_{CE} = V_{CC} - I_C R_C$，它是直线方程，称"直流负载线"方程。它与晶体管的输出特性曲线簇中对应 $I_{BQ}$ 值那条曲线相交，其交点对应值 $I_{CQ}$、$U_{CEQ}$，如图2-4所示。

具体做法：

选两个特殊点，当 $U_{CE} = 0$，得 $I_C = V_{CC}/R_C$，它对应纵轴上一点 $(0, V_{CC}/R)$；当 $I_C = 0$，得 $U_{CE} = V_{CC}$，对应横轴上一点

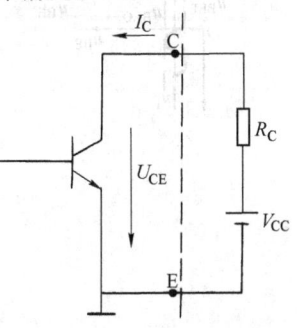

图2-3  静态时输出回路的直流通路

($V_{CC}$, 0), 连接两点的直线,就是所做的直流负载线。该直线的斜率为 ($-1/R_C$), $R_C$ 取值不同,其斜率随之改变。直流负载线与 $I_{BQ}$ 对应的输出特性曲线交点 $Q$, 称为"静态工作点",其对应值为 $I_{CQ}$、$U_{CEQ}$。

**2. 动态分析**  放大电路的动态交流通路如图 2-5 所示。图 2-1 中耦合电容 $C_1$、$C_2$ 视为短路;直流电源 $V_{CC}$ 的内阻很小,也视为短路。

电压放大倍数 $A_u$ 反映放大电路对电信号放大的能力,规定为输出电压的变化量与输入电压的变化量之比。当输入正弦信号时,即是输出、输入电压有效值之比,则

$$A_u = \frac{U_o}{U_i} \tag{2-4}$$

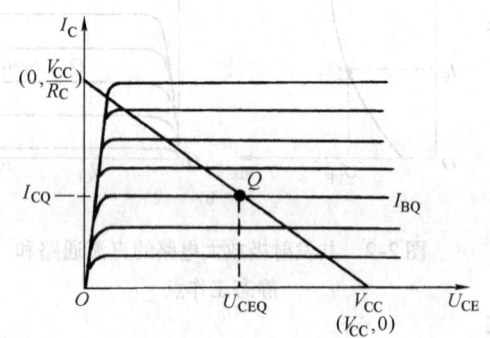

图 2-4  直流负载线

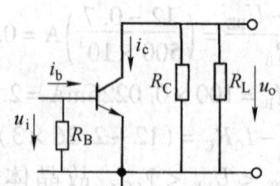

图 2-5  放大电路的动态交流通路

需指出的是要在不失真的情况下,是正弦量的最大值之比或者有效值之比,而不是瞬时值之比。

下面结合图 2-6 说明用图解法分析放大电路的动态工作过程。

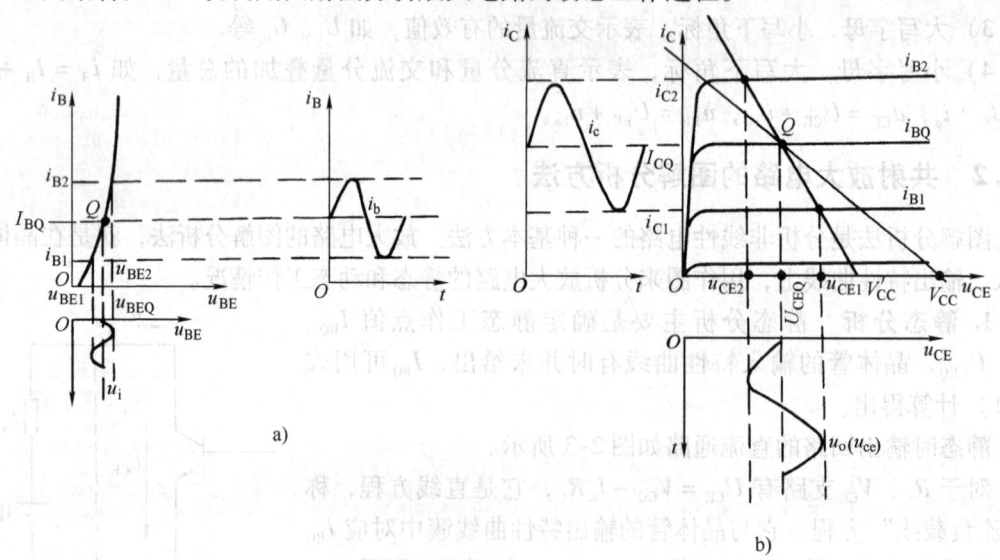

图 2-6  共射放大电路图解法
a) 输入回路图解  b) 输出回路图解

1) 图 2-6a 表示当输入电压 $u_i = 0$(静态)时,晶体管的 $u_{BE} = U_{BEQ}$, $i_B = I_{BQ}$,输入回路

的工作点位于输入特性曲线上 $Q$ 点。当输入信号 $u_i$ 是正弦交流电压时，$u_{BE}$ 在 $U_{BEQ}$ 两侧向右、向左移动，移动的幅值与 $u_i$ 的幅值相同（$u_{BE} = U_{BEQ} + u_i$），从而引起基极电流 $i_B$ 随之上下移动（$i_B = I_{BQ} + i_b$）。其结果使得工作点在输入特性曲线上围绕 $Q$ 点上下移动。$u_i$ 是正弦波，$i_b$ 也是正弦波。$i_B$ 向上移至最大为 $i_{B2}$，向下移至最小为 $i_{B1}$。

2）在输出特性曲线上，在已求得的直流负载线基础上，过静态工作点作交流负载线，其斜率为 $-\dfrac{1}{R_C /\!/ R_L}$。

因为叠加的结果为

$$i_C = I_{CQ} + i_c$$

$$u_{CE} = U_{CEQ} + u_{ce}$$

而
$$u_{ce} = u_o = -i_c(R_C /\!/ R_L) \tag{2-5}$$

所以
$$\begin{aligned} u_{CE} &= U_{CEQ} - (i_C - I_{CQ})(R_C /\!/ R_L) \\ &= U_{CEQ} + I_{CQ}(R_C /\!/ R_L) - i_C(R_C /\!/ R_L) \\ &= V'_{CC} - i_C(R_C /\!/ R_L) \end{aligned} \tag{2-6}$$

式中，$V'_{CC} = U_{CEQ} + I_{CQ}(R_C /\!/ R_L)$。

式（2-6）是交流负载线方程。

当 $i_C = I_{CQ}$ 时，$u_{CE} = U_{CEQ}$，因此交流负载线经过静态工作点 $Q$。

另一个特殊点是当 $i_C = 0$ 时，$u_{CE} = V'_{CC} = U_{CEQ} + I_{CQ}(R_C /\!/ R_L)$，所以连接两点（$Q$ 和 $V'_{CC}$）的直线就是交流负载线，如图 2-6b 所示。然后在输出特性曲线上找到与 $i_{B2}$、$i_{B1}$ 对应的输出曲线，交流负载线与其相交的点可以求得 $i_{C2}$、$i_{C1}$ 和 $u_{CE2}$、$u_{CE1}$。与图 2-6a 对照，晶体管的基极电流是正弦波，故图 2-6b 中集电极电流 $i_C$ 也是正弦波，但幅度被放大了。当输入电压 $u_i$ 为正半波时，工作点 $Q$ 沿着交流负载线向上移动，集电极电流 $i_C$ 对应也是正半波，而 $u_{CE}$ 却是向相反方向变化，对应是负半波，幅度增大了；同理，负半周时与之相反，合起来形成一个完整的正弦波输出 $u_o$，并且与输入电压 $u_i$ 相位相反。

从图 2-6b 可以求得电压放大倍数 $A_u$，输入电压正半波幅值 $\Delta U_i = u_{BE2} - U_{BEQ}$，对应输出电压为负半波幅值 $\Delta U_o = u_{CE2} - U_{CEQ}$，则

$$A_u = \frac{\Delta U_o}{\Delta U_i} = \frac{u_{CE2} - U_{CEQ}}{u_{BE2} - U_{BEQ}}$$

实际值为负，表明二者相位相反。

**3. 波形失真** 波形失真是指输出信号的波形与输入信号的波形不再相似，这是放大电路应该尽量避免的。由于晶体管工作在特性曲线的非线性区域引起的失真称为非线性失真。当静态工作点选择不当（过低或过高）或输入信号的幅度较大时，部分输出信号进入非线性区域，产生失真。进入截止区的为截止失真，进入饱和区的为饱和失真。

（1）截止失真 在图 2-7a 中，由于 $Q$ 点过低，而 $u_i$ 的幅值又相对比较大，所以在 $u_i$ 的负半周里出现 $u_{BE}$ 小于死区电压的部分，使 $i_b$ 的负半周出现平顶。对应 $i_c$ 的负半周出现平顶，$u_{ce}$（$u_o$）的正半周也出现平顶，如图 2-7b 所示。这种由于晶体管进入截止区工作而引起的失真称为截止失真。特点是对应于输入信号的负半周部分出现了平顶失真。

（2）饱和失真 当 $Q$ 点过高，而 $u_i$ 的幅值又相对比较大时（参照图 2-7a），则在 $u_i$ 的

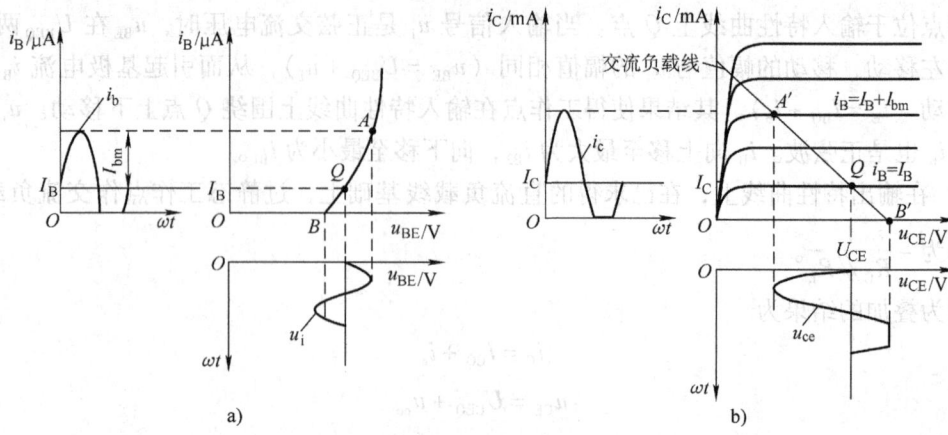

图 2-7 截止失真

正半周里有的部分进入饱和区，对应的 $i_c$ 的正半周出现平顶，$u_{ce}(u_o)$ 的负半周出现平顶，如图 2-8 所示。这种由于晶体管进入饱和区工作而引起的失真称为饱和失真。特点是对应于输入信号的正半周部分出现了平顶失真。

需要说明的是：如果输入信号的幅度过大，有可能同时出现截止失真和饱和失真。

### 2.1.3 共射放大电路的微变等效电路分析法

**1. 晶体管的微变等效电路**

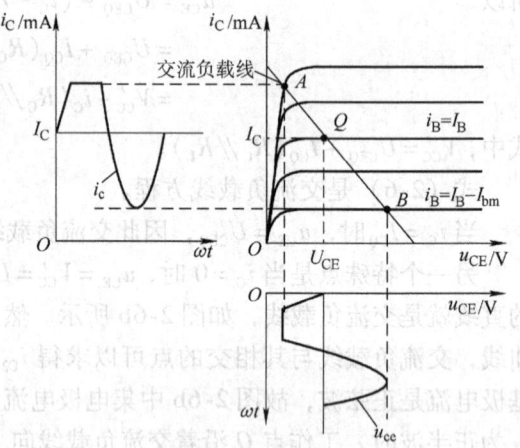

图 2-8 饱和失真

(1) 基本概念 微变是指信号变化范围小，小信号。在此范围内，晶体管的 $u$、$i$ 变化量之间的关系基本上是线性的，可以用一个等效的线性电路来替代。等效是指从三个引出端看进去，其电压与电流的变化和原来的一样。

(2) 简化的微变等效电路 虽然晶体管的输入特性曲线是非线性的，但当输入信号很小时，在 $Q$ 点附近的工作段可认为是直线。则 $\Delta u_{BE}$ 与 $\Delta i_B$ 成正比，其比值可用线性电阻 $r_{be}$ 表示，$r_{be}$ 称为晶体管的输入电阻。

$$r_{be} = \frac{\Delta u_{BE}}{\Delta i_B}\bigg|_{u_{CE}=常数} = \frac{u_{be}}{i_b}\bigg|_{u_{ce}=0} \tag{2-7}$$

同理，在小信号条件下，晶体管的输出电阻 $r_{ce}$ 也是一个常数

$$r_{ce} = \frac{\Delta u_{CE}}{\Delta i_C}\bigg|_{i_B=常数} = \frac{u_{ce}}{i_c}\bigg|_{i_b=0} \tag{2-8}$$

图 2-9a 的晶体管可由 2-9b 的线性模型替代，由于 $r_{ce}$ 的阻值很高，在几百千欧左右，故可以视其开路忽略不计，这样就可得到简化的微变等效电路，如图 2-9c 所示。

对于低频小功率的晶体管，输入电阻 $r_{be}$ 常用下式估算（$I_E$ 的单位为 mA）

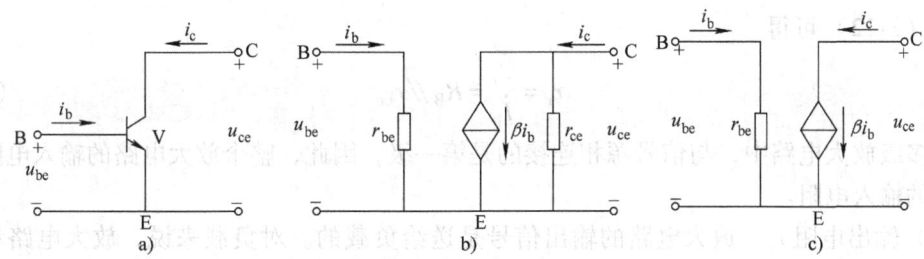

图 2-9 晶体管及其微变等效电路

$$r_{be} = 300\Omega + (1+\beta)\frac{26\text{mV}}{I_E} \tag{2-9}$$

**2. 放大电路的微变等效电路分析法**　共射放大电路的微变等效电路如图 2-10 所示。根据此电路可求出放大电路的性能指标 $\dot{A}_u$、$r_i$、$r_o$。

（1）电压放大倍数 $\dot{A}_u$　电压放大倍数是衡量放大电路对输入信号放大能力的主要性能指标；定义为输出电压变化量与输入电压变化量之比；对正弦交流信号，为有效值相量之比。即

$$\dot{A}_u = \frac{\dot{U}_o}{\dot{U}_i} \tag{2-10}$$

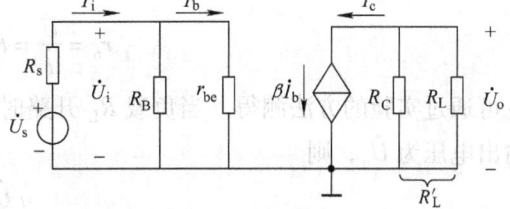

图 2-10 共射放大电路的微变等效电路

由图可知

$$\dot{U}_i = \dot{I}_b r_{be}$$
$$\dot{U}_o = -\dot{I}_c(R_C /\!/ R_L) = -\beta \dot{I}_b R_L'$$

式中，$R_L' = R_C /\!/ R_L$。
则由式（2-10）可得

$$\dot{A}_u = \frac{\dot{U}_o}{\dot{U}_i} = \frac{-\beta \dot{I}_b R_L'}{\dot{I}_b r_{be}} = -\beta \frac{R_L'}{r_{be}} \tag{2-11}$$

式中的负号表示输出电压与输入电压的相位相反。

（2）输入电阻 $r_i$　放大电路的输入信号是由信号源提供的。对信号源来说，放大电路相当于它的负载，这个负载的电阻就是放大电路的输入电阻 $r_i$。它是从信号源两端往放大电路里边看进去的等效电阻；数值上等于放大电路的输入电压变化量与输入电流变化量之比；当输入信号为正弦交流时，为有效值相量之比。即

$$r_i = \frac{\dot{U}_i}{\dot{I}_i} \tag{2-12}$$

当信号源的 $\dot{U}_s$ 和 $R_s$ 一定时，$r_i$ 越大，放大电路从信号源中得到的输入电压 $\dot{U}_i$ 越大，信号源中流过的电流 $\dot{I}_i$ 越小，因此对信号源的影响程度就越小。

由图可知

$$\dot{I}_i = \dot{I}_{RB} + \dot{I}_b = \frac{\dot{U}_i}{R_B} + \frac{\dot{U}_i}{r_{be}}$$

则由式 (2-12) 可得

$$r_i = \frac{\dot{U}_i}{\dot{I}_i} = R_B // r_{be} \tag{2-13}$$

在多级放大电路中,与信号源相连接的是第一级,因此,整个放大电路的输入电阻就是第一级的输入电阻。

(3) 输出电阻 $r_o$  放大电路的输出信号是送给负载的。对负载来说,放大电路和信号源可以由一个等效电压源替代,这个等效电压源的内阻就是放大电路的输出电阻 $r_o$。它等于负载开路时,从放大电路输出端往里看进去的等效电阻。用戴维南定理中求等效电阻的方法可求出 $r_o$,即

$$r_o = \frac{\dot{U}_o}{\dot{I}_o} \quad (R_L \text{开路}, \dot{U}_s = 0) \tag{2-14}$$

令 $\dot{U}_s = 0$,负载 $R_L$ 开路。加电压 $\dot{U}$,求电流 $\dot{I}$。因为 $\dot{U}_s = 0$,则 $\dot{I}_b = 0$,则可得

$$r_o = \frac{\dot{U}}{\dot{I}} = R_C // r_{ce} \approx R_C \tag{2-15}$$

也可通过实验的方法测得。当负载 $R_L$ 开路时测得的输出电压为 $\dot{U}_o'$,接上负载 $R_L$ 时测得的输出电压为 $\dot{U}_o$,则

$$r_o = \left(\frac{\dot{U}_o'}{\dot{U}_o} - 1\right) R_L \tag{2-16}$$

由于输出电阻 $r_o$ 的存在,接入负载 $R_L$ 后,输出电压将下降。$r_o$ 的阻值越小,输出电压下降越小,放大电路的带负载能力越强;反之,放大电路的带负载能力越差。

在多级放大电路中,与负载相连接的是最后一级,因此,整个放大电路的输出电阻就是最后一级的输出电阻。

(4) 关于电压放大倍数 $\dot{A}_u$ 也叫中频电压放大倍数 $\dot{A}_{um}$。除它之外,还有信号源的电压放大倍数 $\dot{A}_{us}$、负载 $R_L$ 开路的电压放大倍数 $\dot{A}_{uo}$。由于

$$\dot{U}_i = \frac{r_i}{r_i + R_s} \dot{U}_s$$

则可得

$$\dot{A}_{us} = \frac{\dot{U}_o}{\dot{U}_s} = \frac{\dot{U}_o}{\frac{R_s + r_i}{r_i} \dot{U}_i} = \frac{r_i}{R_s + r_i} \dot{A}_u \tag{2-17}$$

而对于空载 ($R_L \to \infty$)

$$\dot{A}_{uo} = -\beta \frac{R_C}{r_{be}} \tag{2-18}$$

放大电路的性能指标中的放大倍数除电压放大倍数外,还有电流放大倍数(输出电流与输入电流之比)和功率放大倍数(输出功率和输入功率之比)。

**例 2-2**  放大电路如图 2-11a 所示,$R_B = 270\text{k}\Omega$、$R_C = R_L = 3\text{k}\Omega$、$R_s = 500\Omega$、$V_{CC} = 12\text{V}$、$\beta = 70$,晶体管为硅管。试求:1) 放大电路的静态工作点;2) 画微变等效电路;3) 放大电路的输入电阻 $r_i$;4) 放大电路的输出电阻 $r_o$;5) 电压放大倍数 $\dot{A}_{um}$、$\dot{A}_{uo}$ 和 $\dot{A}_{us}$。

**解** 1) 由式 (2-1)~式 (2-3) 可得

$$I_B = \frac{V_{CC} - U_{BE}}{R_B} = \frac{12 - 0.7}{270 \times 10^3}A = 42\mu A$$

$$I_C = \beta I_B = 70 \times 42 \mu A \approx 2.9 mA$$

$$U_{CE} = U_{CC} - I_C R_C = (12 - 2.9 \times 3)V = 3.3V$$

2）微变等效电路如图2-11b所示。

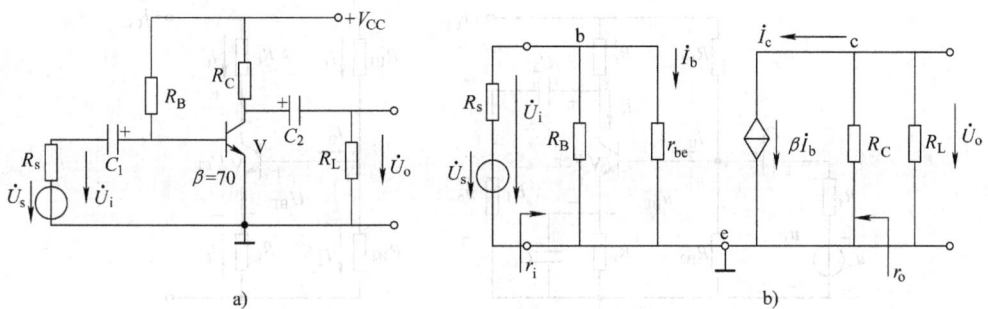

图 2-11　例 2-2 图

3）由式（2-9）和式（2-13）可得

$$r_{be} = 300\Omega + (1+\beta)\frac{26mV}{I_E} = \left(300 + 71 \times \frac{26}{2.9}\right)\Omega = 0.94k\Omega$$

$$r_i = R_B // r_{be} = (270 // 0.94)\Omega \approx 0.94k\Omega$$

4）由式（2-15）可得

$$r_o \approx R_C = 3k\Omega$$

5）由式（2-11）、式（2-17）和式（2-18）可得

$$\dot{A}_{um} = -\beta \frac{R_L'}{r_{be}} = -70 \times \frac{3//3}{0.94} = -110$$

$$\dot{A}_{uo} = -\beta \frac{R_C}{r_{be}} = -70 \times \frac{3}{0.94} = -220$$

$$\dot{A}_{us} = \frac{r_i}{R_s + r_i}\dot{A}_u = \frac{0.94}{0.5 + 0.94} \times (-110) = -72$$

可见由于输入电阻 $r_i$ 较小，与信号源的内阻 $R_s$ 相比相差不大，使 $\dot{A}_{us}$ 明显减小，故对电压放大倍数有影响。

## 2.2　工作点稳定的共射极放大电路

### 2.2.1　静态分析及其仿真

由图解法的分析可知，对于放大电路来说，如果静态工作点设置不当，可引起非线性失真，影响放大性能。在图 2-1 所示的放大电路中，偏置电流 $I_B$ 为

$$I_B = \frac{V_{CC} - U_{BE}}{R_B} \approx \frac{V_{CC}}{R_B}$$

当 $R_B$ 选定后，$I_B$ 也就固定不变。此种电路称为固定偏置放大电路。但在这种电路中，

当更换晶体管或温度发生变化,都将会引起晶体管的参数($I_{CBO}$,$U_{BE}$,$\beta$)发生变化,进而使静态 $I_C$ 发生变化,从而引起非线性失真。

由于固定偏置放大电路本身的限制,不能稳定静态工作点。为此,常采用如图 2-12a 所示的分压式偏置放大电路,$R_{B1}$、$R_{B2}$ 构成偏置电路,同时在射极加 $R_E$ 和旁路电容 $C_E$。其直流通路如图 2-12b 所示。

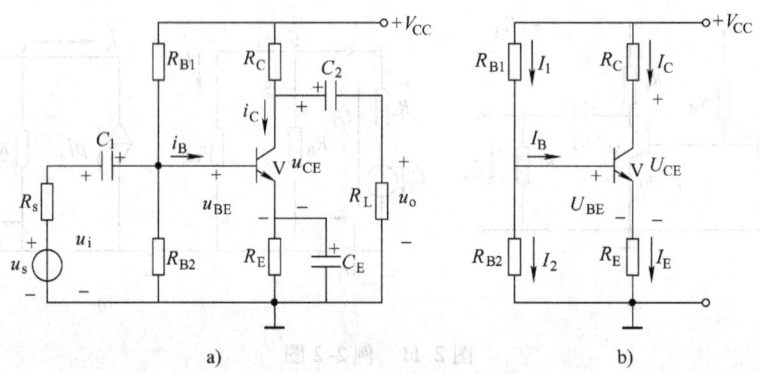

图 2-12 分压式偏置放大电路

由图 2-12b 可列出

$$I_1 = I_2 + I_B$$

如果使

$$I_2 \gg I_B \tag{2-19}$$

则

$$I_1 \approx I_2 \approx \frac{V_{CC}}{R_{B1} + R_{B2}}$$

则基极电位

$$V_B = I_2 R_{B2} = \frac{R_{B2}}{R_{B1} + R_{B2}} V_{CC} \tag{2-20}$$

可认为 $V_B$ 与晶体管的参数无关,不受温度影响。

同时由图 2-12b 也可得出

$$U_{BE} = V_B - V_E = V_B - I_E R_E \tag{2-21}$$

如果使

$$V_B \gg U_{BE} \tag{2-22}$$

则

$$I_C \approx I_E = \frac{V_B - U_{BE}}{R_E} \approx \frac{V_B}{R_E} \tag{2-23}$$

也可认为静态值 $I_C$ 不受温度影响。

因此,只要满足式(2-19)和式(2-22)两个条件,$V_B$ 和 $I_E$ 或 $I_C$ 就与晶体管的参数几乎无关,不受温度变化的影响,从而静态工作点得以基本稳定。实质是:由式(2-21)可知,当由于某种原因使 $I_C$ 增大时,$R_E$ 上的压降 $I_E R_E$ 也增大,就会使 $U_{BE}$ 减小,从而使 $I_B$ 减小,进而使 $I_C$ 减小,反之亦然。工作点得以稳定。

对于硅管而言，在估算时一般取 $I_2 = (5 \sim 10)I_B$ 和 $V_B = (5 \sim 10)U_{BE}$。对于锗管而言，$I_2 = (10 \sim 20)I_B$ 和 $V_B = (5 \sim 10)U_{BE}$。

用 EDA 软件对图 2-12a 电路进行静态仿真分析：

电路中，参数的取值为：晶体管 $\beta = 100$，$V_{CC} = 12V$，$R_{B1} = 20k\Omega$，$R_{B2} = 10k\Omega$，$R_C = 2k\Omega$，$R_L = 6k\Omega$；各静态值的仿真结果如图 2-13 所示。

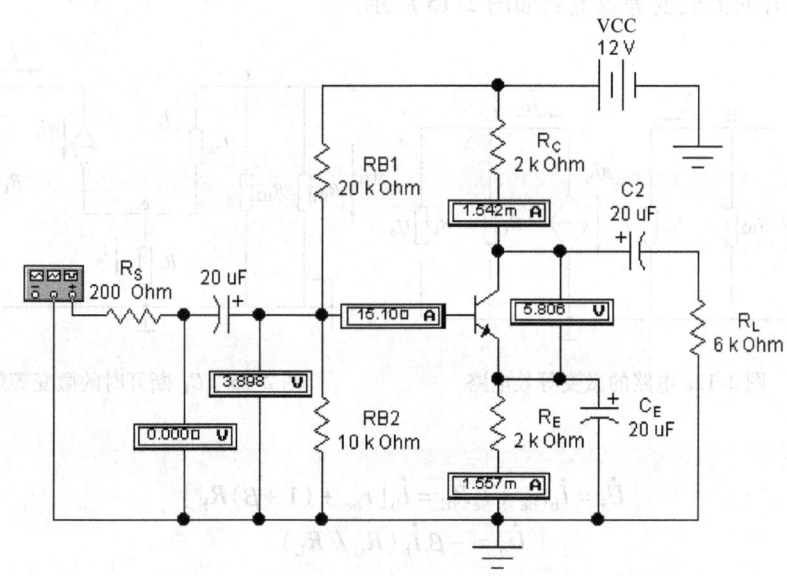

图 2-13　工作点稳定的共射放大电路的静态值仿真

## 2.2.2　动态分析及其仿真

由于旁路电容 $C_E$ 的存在，工作点稳定的共射放大电路的动态分析与固定偏置型共射放大电路的动态分析一致；只是当 $C_E$ 断开时，稍有不同。下面以一个例题对工作点稳定的共射极放大电路进行静态值计算和动态分析。

**例 2-3**　在图 2-12a 的电路中，已知 $V_{CC} = 12V$、$R_{B1} = 20k\Omega$、$R_{B2} = 10k\Omega$、$R_C = 2k\Omega$、$R_E = 2k\Omega$、$R_L = 6k\Omega$、$U_{BE} = 0.6V$、$\beta = 40$。1）试求静态值；2）画出微变等效电路；3）计算该电路的 $\dot{A}_u$、$r_i$ 和 $r_o$；4）旁路电容 $C_E$ 断开（脱焊），计算 $\dot{A}_u$、$r_i$ 和 $r_o$。

**解**　1）
$$V_B = \frac{R_{B2}}{R_{B1} + R_{B2}}V_{CC} = \frac{10}{20+10} \times 12V = 4V$$

$$I_C \approx I_E = \frac{V_B - U_{BE}}{R_E} = \frac{4 - 0.6}{2}mA = 1.7mA$$

$$I_B = \frac{I_C}{\beta} = \frac{1.7}{40}mA = 0.0425mA$$

$$U_{CE} = V_{CC} - I_C(R_C + R_E) = [12 - 1.7 \times (2+2)]V = 5.2V$$

2）图 2-12a 电路的微变等效电路如图 2-14 所示。

3）
$$r_{be} = 300\Omega + (1+\beta)\frac{26mV}{I_E} = \left[300 + (1+40) \times \frac{26}{1.7}\right]\Omega \approx 0.93k\Omega$$

$$\dot{A}_u = -\beta \frac{R'_L}{r_{be}} = -40 \times \frac{\frac{2\times 6}{2+6}}{0.93} = -64.5$$

$$r_i = R_{B1} // R_{B2} // r_{be} \approx 0.82\text{k}\Omega$$

$$r_o \approx R_C = 2\text{k}\Omega$$

4) $C_E$ 断开时的微变等效电路如图 2-15 所示。

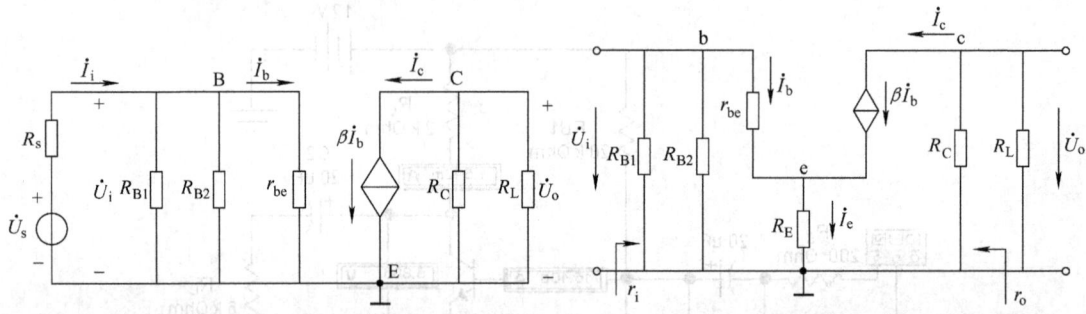

图 2-14 图 2-12a 电路的微变等效电路　　图 2-15 $C_E$ 断开时的微变等效电路

由图可得

$$\dot{U}_i = \dot{I}_b r_{be} + \dot{I}_e R_E = \dot{I}_b[r_{be} + (1+\beta)R_E]$$

$$\dot{U}_o = -\beta \dot{I}_b (R_C // R_L)$$

则可得

$$\dot{A}_u = \frac{\dot{U}_o}{\dot{U}_i} = -\beta \frac{R_C // R_L}{r_{be} + (1+\beta)R_E}$$

代入数值得

$$\dot{A}_u = -40 \times \frac{\frac{2\times 6}{2+6}}{0.93 + (1+40)\times 2} = -0.72$$

可见，电压放大倍数大大降低，由此可看出旁路电容 $C_E$ 的重要。

同理可求得 $r_i$ 和 $r_o$。

$$r_i = R_{B1} // R_{B2} // [r_{be} + (1+\beta)R_E]$$

代入数值得

$$r_i = 6.17\text{k}\Omega$$

可见输入电阻值增大。

$$r_o \approx R_C = 2\text{k}\Omega$$

而输出电阻的值基本保持不变。

用 EDA 软件对例 2-3 电路进行动态仿真分析：

电路中，将晶体管的放大倍数调整为 100，其他参数不变。工作点稳定的共射放大电路的动态值的仿真图如图 2-16 所示；并且对放大电路的输入、输出波形进行仿真，其仿真图如图 2-17 所示。

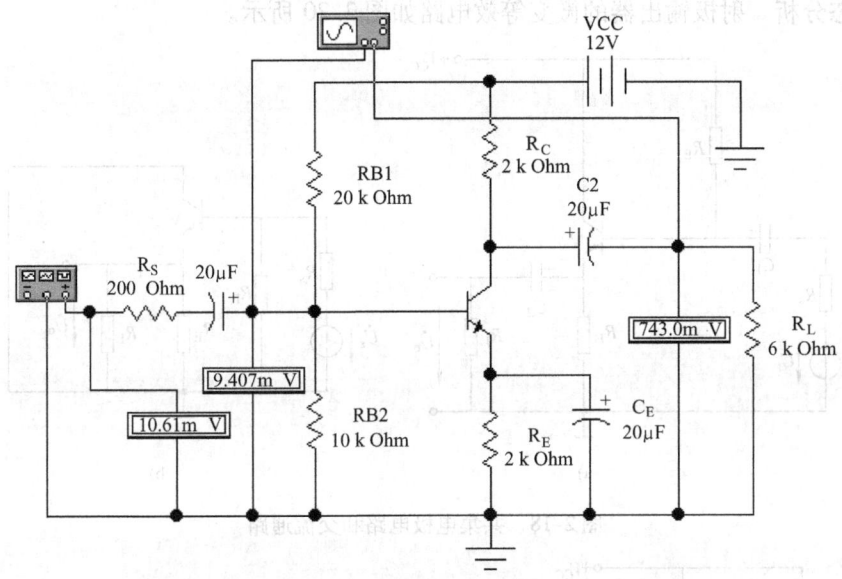

图 2-16 工作点稳定的共射放大电路的动态值仿真图

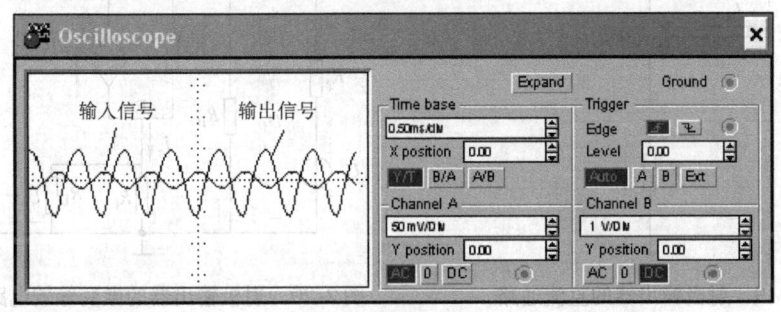

图 2-17 工作点稳定的共射放大电路的输入、输出波形仿真图

## 2.3 共集电极放大电路

**1. 共集电极放大电路的组成** 共集电极电路如图 2-18a 所示。图中各元器件的功能与共射放大电路一样。图 2-18b 是其交流通路,可见输入信号 $\dot{U}_s$ 加到基极-集电极之间;输出信号 $\dot{U}_o$ 取自发射极-集电极之间,因此集电极是输入回路和输出回路的公共地端,故得名该电路叫共集电极电路。由于输出信号从发射极取出来,又叫"射极输出器"。

**2. 静态分析** 射极输出器的直流通路如图 2-19 所示。由图可得

$$I_B = \frac{V_{CC} - U_{BE}}{R_B + (1+\beta)R_E} \tag{2-24}$$

$$I_C = \beta I_B \approx I_E$$

$$U_{CE} = V_{CC} - I_E R_E \tag{2-25}$$

**3. 动态分析** 射极输出器的微变等效电路如图 2-20 所示。

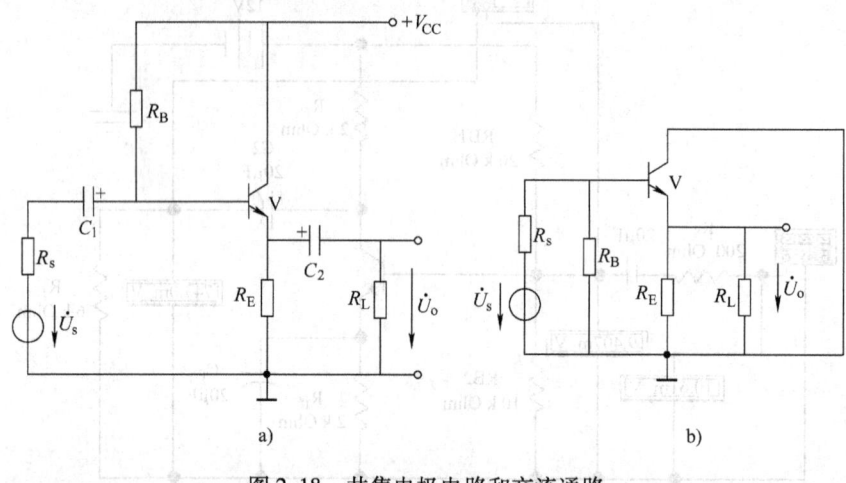

图 2-18 共集电极电路和交流通路

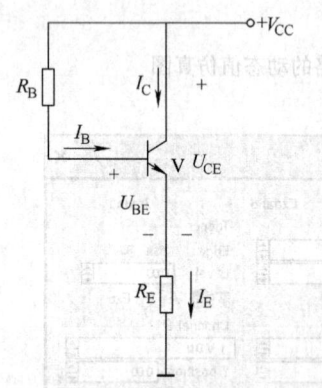

图 2-19 射极输出器的直流通路

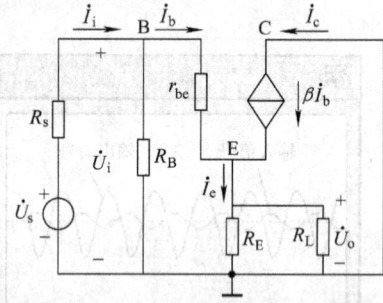

图 2-20 射极输出器的微变等效电路

（1）电压放大倍数 $\dot{A}_u$ 由图 2-20 所示的射极输出器的微变等效电路可得出

$$\dot{U}_o = R_L' \dot{I}_e = (1+\beta) R_L' \dot{I}_b$$

式中
$$R_L' = R_E // R_L$$

$$\dot{U}_i = r_{be} \dot{I}_b + R_L' \dot{I}_e = r_{be} \dot{I}_b + (1+\beta) R_L' \dot{I}_b$$

$$\dot{A}_u = \frac{\dot{U}_o}{\dot{U}_i} = \frac{(1+\beta) R_L' \dot{I}_b}{r_{be} \dot{I}_b + (1+\beta) R_L' \dot{I}_b} = \frac{(1+\beta) R_L'}{r_{be} + (1+\beta) R_L'} \quad (2-26)$$

因 $r_{be} \ll (1+\beta) R_L'$，故 $\dot{U}_o \approx \dot{U}_i$，两者同相，大小基本相等。但 $U_o$ 略小于 $U_i$，即 $|\dot{A}_u|$ 接近 1，但恒小于 1。

（2）输入电阻 $r_i$ 射极输出器的输入电阻 $r_i$ 也可从图 2-20 所示的微变等效电路经过计算得出，即

$$r_i = R_B // [r_{be} + (1+\beta) R_L'] \quad (2-27)$$

其阻值很高，可达几十千欧到几百千欧。

（3）输出电阻 射极输出器的输出电阻 $r_o$ 可从图 2-21 的电路求出。

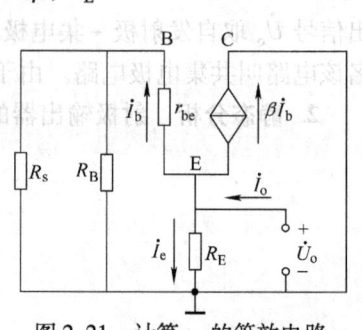

图 2-21 计算 $r_o$ 的等效电路

将信号源短路，保留其内阻 $R_s$，$R_s$ 与 $R_B$ 并联后的等效电阻为 $R_s'$。在输出端将 $R_L$ 去掉，加一交流电压 $\dot{U}_o$，产生电流 $\dot{I}_o$。

$$\dot{I}_o = \dot{I}_b + \beta \dot{I}_b + \dot{I}_e = \frac{\dot{U}_o}{r_{be} + R_s'} + \beta \frac{\dot{U}_o}{r_{be} + R_s'} + \frac{\dot{U}_o}{R_E}$$

$$r_o = \frac{\dot{U}_o}{\dot{I}_o} = \frac{1}{\dfrac{1+\beta}{r_{be} + R_s'} + \dfrac{1}{R_E}}$$

所以

$$r_o = R_E // \frac{r_{be} + (R_s // R_B)}{1+\beta} \tag{2-28}$$

可见射极输出器的输出电阻的阻值是很低的，由此也说明射极输出器具有恒压输出特性。

**4. 共集电极放大电路的特点**

1) 电压放大倍数 $\dot{A}_u \to 1$，表示输出电压 $\dot{U}_o$ 与输入电压 $\dot{U}_i$ 同相位，并且值近似相等，即输出电压跟随输入电压。

2) 输入电阻 $r_i$ 的阻值很大，同时与负载电阻 $R_L$ 有关。

3) 输出电阻 $r_o$ 的阻值很小，与信号源内阻 $R_s$ 有关。

4) 虽然它没有电压放大，却有电流放大能力。其电流放大倍数 $\dot{A}_i = \dfrac{\dot{I}_o}{\dot{I}_i} = (1+\beta)\dfrac{R_E}{R_E + R_L}$，所以有功率放大能力。

**5. 共集电极放大电路的应用** 共集电极电路具有输入电阻阻值高、输出电阻阻值低的特点，在与共射电路组合起构成多级放大电路时，它可以用作输入级、中间级或输出级，借以提高放大电路的性能。

(1) 用作输入级 由于共集电路的输入电阻阻值很高，用作多级放大电路的输入级时，可以提高整个放大电路的输入电阻，因此输入电流很小，减轻了信号源的负担，在测量仪器中应用，提高其测量精度。

(2) 用作输出级 因其输出电阻阻值很小，用作多级放大的输出级时，可以大大提高多级放大电路带负载的能力。

(3) 用作中间级 在多级放大电路中，有时前后两级间的阻抗匹配不当，影响了较大倍数的提高。如在两级之间加入一级共集电路，它能够起到阻抗变换，即：前一级放大电路的外接负载正是共集电路的输入电阻，这样前级的等效负载提高了，从而使前一级电压放大倍数提高；它的输出却是后级的信号源，由于输出电阻阻值很小，使后一级接受信号能力提高，即源电压放大倍数增加，从而整个放大电路的电压放大倍数提高。

**例 2-4** 在图 2-18 所示电路中，已知 $V_{CC} = 12V$、$R_B = 300\text{k}\Omega$、$R_E = 5\text{k}\Omega$、$R_L = 0.5\text{k}\Omega$、$R_s = 1\text{k}\Omega$、$\beta = 80$，$C_1$、$C_2$ 容抗略去，试计算：

1) 静态工作点；2) 输入电阻 $r_i$，输出电阻 $r_o$；3) 电压放大倍数 $\dot{A}_u$；4) 如果信号源电压 $\dot{U}_s = 2V$，求输出电压 $\dot{U}_o$？

**解** 1) 静态工作点

由式(2-24)和式(2-25)得

$$I_B = \frac{V_{CC} - U_{BE}}{R_B + (1+\beta)R_E} = \left[\frac{12 - 0.7}{300 + (1+80) \times 5}\right]\text{mA} = 0.016\text{mA}$$

$$I_E = (1+\beta)I_B = [(1+80) \times 0.016]\text{mA} = 1.3\text{mA}$$

$$U_{CE} = V_{CC} - I_E R_E = (12 - 1.3 \times 5)\text{V} = 5.5\text{V}$$

2) 输入电阻 $r_i$ 和输出电阻 $r_o$

$$r_{be} = \left[300\Omega + (1+\beta)\frac{26\text{mV}}{I_E}\right]\Omega = \left[300 + (1+80) \times \frac{26}{1.3}\right]\Omega = 1.92\text{k}\Omega$$

由式(2-27)，$r_i = R_B // [r_{be} + (1+\beta)(R_E // R_L)]$

$$= 300\Omega // [1.92 + (1+80) \times (5//0.5)]\text{k}\Omega = 34.3\text{k}\Omega$$

由式(2-28)，$r_o = R_E // \dfrac{r_{be} + (R_s // R_B)}{1+\beta} = \left[5 // \dfrac{1.92 + (300//1)}{1+80}\right]\text{k}\Omega = 36\Omega$

3) 电压放大倍数 $\dot{A}_u$

由式(2-26)有 $\dot{A}_u = \dfrac{(1+\beta)(R_E // R_L)}{r_{be} + (1+\beta)(R_E // R_L)} = \dfrac{1 + 80 \times (5//0.5)}{1.92 + (1+80) \times (5//0.5)} = 0.950$

当考虑 $R_s$ 时，$\dot{A}_{us} = \dfrac{r_i}{R_s + r_i}\dot{A}_u = \dfrac{34.3}{1 + 34.4} \times 0.950 = 0.923$

同理，当空载 $R_L = \infty$ 时，算得

$$\dot{A}_{uo} = 0.995, \quad \dot{A}_{uso} = 0.989$$

结果表明：当负载 $R_L = \infty \rightarrow R_L = 0.5\text{k}\Omega$ 变化很大，但 $\dot{A}_{uo} = 0.995 \rightarrow \dot{A}_u = 0.950$ 变化较小，放大倍数比较稳定。有 $R_s$ 时，$\dot{A}_{us} = 0.923 \rightarrow \dot{A}_u = 0.950$ 变化也较小，这是由于输入电阻很大，接受信号能力强的反映。

4) 输出电压 $\dot{U}_o$

$$\dot{U}_o = \dot{U}_s \dot{A}_{us} = (2 \times 0.923)\text{V} = 1.85\text{V}$$

表明输出电压 $\dot{U}_o$ 跟随输入电压 $\dot{U}_s$。

## 2.4 多级放大电路

前面介绍的单级放大电路，其电压放大倍数一般在几十至几百倍。对于实际需要来说，为了获得更大的电压放大倍数，要把几个单级放大电路级联起来构成多级放大电路。

**1. 多级放大电路的耦合方式** 为了保证每级放大电路均能正常工作，使信号不失真地逐级放大和传送，级与级之间要采用合适的连接方式，即"耦合"。通常分阻容(RC)耦合、直接耦合、变压器耦合三种耦合方式。

(1) 阻容耦合 前面讨论的三种基本放大电路都是阻容耦合方式。其特点是：各级的静态工作点彼此独立，互不影响；只能放大交流信号，不能放大缓慢的直流信号；在分立元件组成的放大电路中普遍使用。

(2) 直接耦合方式 前后级间直接耦合，因此各级的静态工作点相互有影响；它不仅能放大交流信号，还能放大直流和缓慢变化的电信号；在集成电路中普遍使用。

(3) 变压器耦合方式 前后级间采用变压器耦合，因此各级的静态工作点彼此独立计

算；改变匝数比，可进行最佳阻抗匹配，得到最大输出功率；常用在功率放大的场合，或者需要电压隔离的场合，例如功率放大器、晶闸管触发电路等。

**2. 阻容耦合多级放大电路的分析** 由两级共射放大电路采用阻容耦合组成的多级放大电路，如图 2-22 所示。

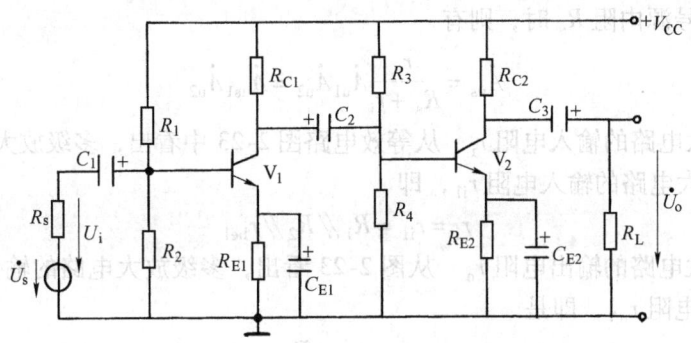

图 2-22 两级阻容耦合放大电路

（1）静态工作分析 由于级间采用阻容耦合方式，所以各级的静态工作点互不影响，彼此独立计算。

（2）动态工作分析 在小信号范围内，晶体管用线性化了的 $h$ 参数微变等效电路替代，图 2-22 电路可绘成如图 2-23 所示的微变等效电路。

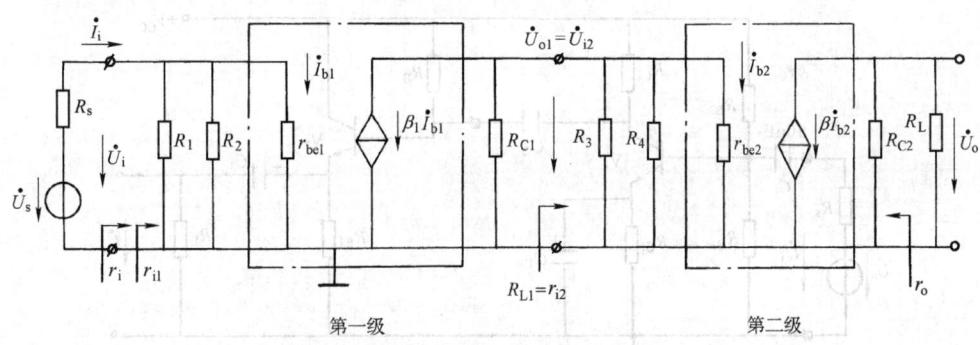

图 2-23 图 2-22 两级放大电路的微变等效电路

1）电压放大倍数 $\dot{A}_u$ 由图 2-23 可以看出第二级的输入电阻 $r_{i2}$ 相当前级的外接负载 $R_{L1}$，即 $R_{L1} = r_{i2}$。

因此

$$\dot{A}_{u1} = \frac{\dot{U}_{o1}}{\dot{U}_i} = -\frac{\beta_1(R_{C1} /\!/ r_{i2})}{r_{be1}}$$

式中

$$r_{i2} = R_3 /\!/ R_4 /\!/ r_{be2}$$

同理

$$\dot{A}_{u2} = -\frac{\dot{U}_o}{\dot{U}_{i2}} = -\frac{\beta_2(R_{C2} /\!/ R_L)}{r_{be2}}$$

所以
$$\dot{A}_u = \frac{\dot{U}_o}{\dot{U}_i} = \frac{\dot{U}_{o1}}{\dot{U}_i} \cdot \frac{\dot{U}_o}{\dot{U}_{o1}} = \frac{\dot{U}_{o1}}{\dot{U}_i} \cdot \frac{\dot{U}_o}{\dot{U}_{i2}} = \dot{A}_{u1}\dot{A}_{u2} \tag{2-29}$$

显然总的电压放大倍数 $\dot{A}_u$ 等于每级电压放大倍数 $\dot{A}_{u1}\dot{A}_{u2}\cdots$ 连乘积。

如果考虑信号源内阻 $R_s$ 时，则有

$$\dot{A}_{us} = \frac{r_i}{R_s + r_i}\dot{A}_{u1}\dot{A}_{u2} = \dot{A}_{us1}\dot{A}_{u2} \tag{2-30}$$

2）多级放大电路的输入电阻 $r_i$　从等效电路图 2-23 中看出，多级放大电路的输入电阻 $r_i$ 就是第一级放大电路的输入电阻 $r_{i1}$，即

$$r_i = r_{i1} = R_1 // R_2 // r_{be1} \tag{2-31}$$

3）多级放大电路的输出电阻 $r_o$　从图 2-23 看出，多级放大电路的输出电阻 $r_o$ 就是最末级电路的输出电阻 $r_{oN}$，即是

$$r_o = r_{o2} = R_{C2} \tag{2-32}$$

**例 2-5**　图 2-24 是两级阻容耦合放大电路，它由图 2-12 和图 2-18 两个电路级联起来。如果信号源内阻 $R_s = 5\text{k}\Omega$，外接负载 $R_L = 0.5\text{k}\Omega$，$V_{CC} = 12\text{V}$，$R_B = 300\text{k}\Omega$，$R_{B1} = 20\text{k}\Omega$，$R_{B2} = 47\text{k}\Omega$，$R_{C1} = 3\text{k}\Omega$，$R_{E1} = 1.5\text{k}\Omega$，$R_{E2} = 5\text{k}\Omega$，$C_1 = C_2 = C_3 = 10\mu\text{F}$，$C_{E1} = 50\mu\text{F}$，晶体管的 $\beta_1 = \beta_2 = 80$，试回答：1）画出微变等效电路，同时计算 $\dot{A}_u$、$\dot{A}_{us}$、$r_i$ 和 $r_o$；2）假若把第一级与第二级（即前、后级）互换位置，再计算 $\dot{A}_u$、$\dot{A}_{us}$、$r_i$ 和 $r_o$。

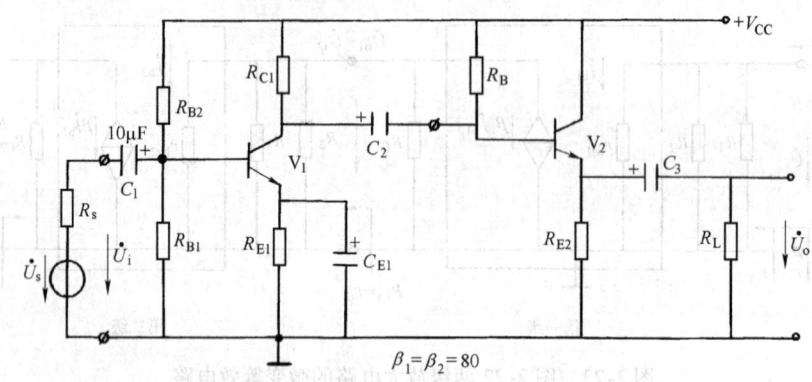

图 2-24　例 2-5 图

**解**　1）微变等效电路如图 2-25 所示。
根据计算可知
$$r_{be1} = 1.4\text{k}\Omega,\ r_{be2} = 1.92\text{k}\Omega$$

则
$$\dot{A}_{u1} = -\frac{\beta_1(R_{C1} // r_{i2})}{r_{be1}},\ 而\ r_{i2} = R_B // [r_{be2} + (1+\beta_2)(R_{E2} // R_L)]$$

代入值得
$$r_{i2} = 300\text{k}\Omega // [1.92 + (1+80) \times (5//0.5)]\text{k}\Omega = 34.3\text{k}\Omega$$

$$\dot{A}_{u1} = -\frac{80 \times (3//34.3)}{1.4} = -157.6$$

$$\dot{A}_{u2} = \frac{(1+\beta_2)(R_{E2}//R_L)}{r_{be2} + (1+\beta_2)(R_{E2}//R_L)} = \frac{(1+80)\times(5//0.5)}{1.92 + (1+80)\times(5//0.5)} = 0.95$$

所以

$$\dot{A}_u = \dot{A}_{u1}\dot{A}_{u2} = (-157.6)\times 0.95 = -149.72$$

$$r_i = r_{i1} = R_{B1}//R_{B2}//r_{be1} = 1.3\text{k}\Omega$$

$$\dot{A}_{us} = \frac{r_i}{R_s + r_i}\dot{A}_u = \frac{1.3}{5+1.3}\times(-149.72) = -30.89$$

$$r_o = R_{E2}//\frac{r_{be2} + R_{C1}//R_B}{1+\beta_2} = \left(5//\frac{1.92 + 3//300}{1+80}\right)\text{k}\Omega = 60\Omega$$

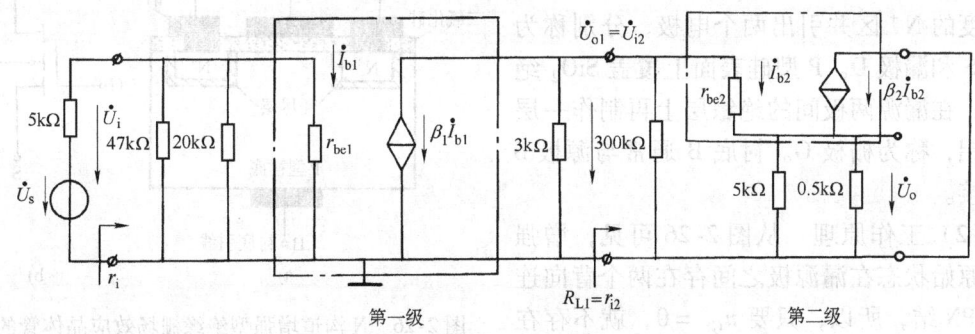

图 2-25 例 2-5 图的微变等效电路

2) 第一级与第二级更换位置后，有

$$R_{L1} = r_{i2} = 1.3\text{k}\Omega$$

$$\dot{A}_{u1} = \frac{(1+80)\times(5//1.3)}{1.92 + (1+80)\times(5//1.3)} = 0.978$$

$$\dot{A}_{u2} = -\frac{80\times(3//0.5)}{1.4} = -24.49$$

$$\dot{A}_u = 0.978\times(-24.49) = -23.95$$

$$\dot{A}_{us} = \frac{66.53}{5+66.53}\times 0.978 \times(-24.49) = -22.28$$

$$r_i = R_{i1} = 300\text{k}\Omega//[1.92 + (1+80)\times(5//1.3)]\text{k}\Omega = 66.53\text{k}\Omega$$

$$r_o = 3\text{k}\Omega$$

上述计算结果表明：① 共集电极电路的电压放大倍数，在两个位置上相差很小；② 共射放大电路的电压放大倍数在两个位置上电压放大倍数相差较大。原因是前者的外接负载是共集电路的输入电阻 34.3kΩ，后者的外接负载是 $R_L = 0.5\text{k}\Omega$，与 3kΩ 电阻并联后，等效负载 $R_L'$ 明显比后者小得多；③ 因为信号源内阻 $R_s = 5\text{k}\Omega$，前者输入电阻只有 1.3kΩ，而后者输入电阻是共集电路的输入电阻 66.53kΩ，显然衰减系数差别太大。从而看到共集电路的作用。

## *2.5 绝缘栅场效应晶体管及其放大电路

场效应晶体管是利用电场效应来控制半导体中多子运动的单极型半导体器件。根据结构的不同主要分为结型场效应晶体管（JFET）和绝缘栅场效应晶体管（IGFET）两大类，每一类又有 N 沟道和 P 沟道之分。

与 JFET 不同，IGFET 的栅极被绝缘层（二氧化硅）隔离，是由金属、氧化物和半导体制成，故又称金属—氧化物—半导体场效应晶体管（MOSFET）。按工作方式又分为增强型和耗尽型两种。本节只讨论 N 沟道增强型 MOS 管。

**1. N 沟道增强型 MOSFET**

（1）结构和电路符号 图 2-26 是 N 沟道增强型 MOSFET 的结构示意图（见图 a）和图形符号（见图 b）。是用一块低掺杂浓度的 P 型硅片作衬底（B），在其上制作出两个高掺杂浓度的 $N^+$ 区并引出两个电极，分别称为源极 S 和漏极 D。P 型硅表面上覆盖 $SiO_2$ 绝缘层，在漏源两极间的绝缘层上再制作一层金属铝，称为栅极 G。衬底 B 通常与源极 S 相连接。

（2）工作原理 从图 2-26 可见，增强型管原始状态在漏源极之间存在两个背向连接的 PN 结，所以，只要 $u_{GS}=0$，就不存在导电沟道。此时无论电压 $u_{DS}$ 的极性如何，都有一个 PN 结反偏，也就不会有电流存在，即 $i_D=0$。

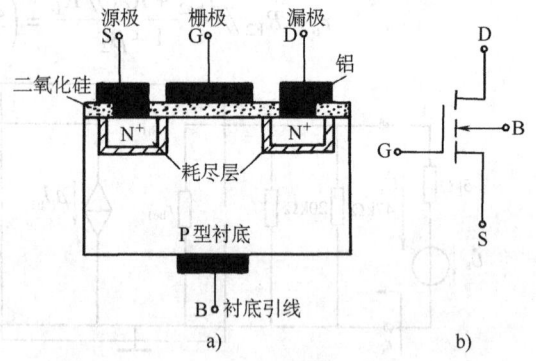

图 2-26 N 沟道增强型绝缘栅场效应晶体管的结构和图形符号

按图 2-27 那样，在栅源极之间加正向电压 $u_{GS}$，则产生一个垂直于 P 型衬底的纵向电场。该电场将排斥 P 型衬底中的空穴而吸引电子到衬底与 $SiO_2$ 交界的表面，形成耗尽层。这个耗尽层的宽度随 $u_{GS}$ 的增大而加宽，当 $u_{GS}$ 增加到一定值时，衬底中的电子在 P 型材料中形成了 N 型层，称为反型层。反型层构成了漏源极之间的导电沟道。随着 $u_{GS}$ 的增大，反型层中电子增多，反型层加宽，导电沟道的电阻将减小。导电沟道形成后，若在漏源极间加正向电压 $u_{DS}$，电子便从源区经 N 型沟道（反型层）向漏区漂移，形成了漏极电流 $i_D$。把在漏源电压 $u_{DS}$ 作用下，开始形成漏极电流 $i_D$ 的栅源电压 $u_{GS}$ 称为开启电压 $U_{GS(th)}$。

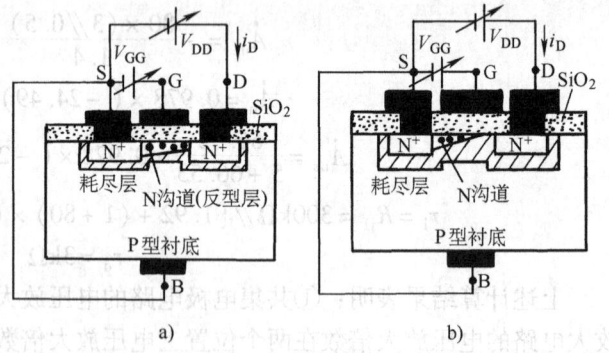

图 2-27 增强型 NMOS 管工作原理图
a) $u_{GS} \geq U_{GS(th)}$ 时产生沟道 b) $u_{DS}$ 较大时沟道称预夹断

$u_{GS}$ 对导电沟道即 $i_D$ 起控制作用。$u_{GS}=0$，$i_D=0$，只有在 $u_{GS} \geq U_{GS(th)}$ 时，才能形成导电沟道，而且随着 $u_{GS}$ 的增大 $i_D$ 也增大（故称为"增强型"MOSFET）。

$u_{DS}$ 对导电有一定的影响。反型层的形状是楔形的，这是电压 $u_{DS}$ 使沟道内电场分布不均匀造成的。当 $u_{DS}$ 较小使 $u_{GD} > U_{GS(th)}$，$i_D$ 随 $u_{DS}$ 线性增加，当 $u_{DS}$ 较大使 $u_{GD} = U_{GS(th)}$ 时，在 D 极处沟道消失称预夹断，$u_{DS}$ 再增大使 $u_{GD} < U_{GS(th)}$，夹断区向左延伸，此时 $i_D$ 具有恒

流特性。

(3) 特性曲线　图 2-28a、b 分别为 N 沟道增强型 MOSFET 的漏极特性曲线和转移特性曲线。漏极特性曲线分为三个工作区。转移特性曲线可由输出特性曲线绘出，反映的是在恒流区 $u_{GS}$ 对 $i_D$ 的控制规律，其关系式是

$$i_D = I_{D0}\left(\frac{u_{GS}}{U_{GS(th)}} - 1\right)^2 \quad (u_{GS} > U_{GS(th)}) \tag{2-33}$$

式中，$I_{D0}$ 是 $u_{GS} = 2U_{GS(th)}$ 时的 $i_D$ 值。

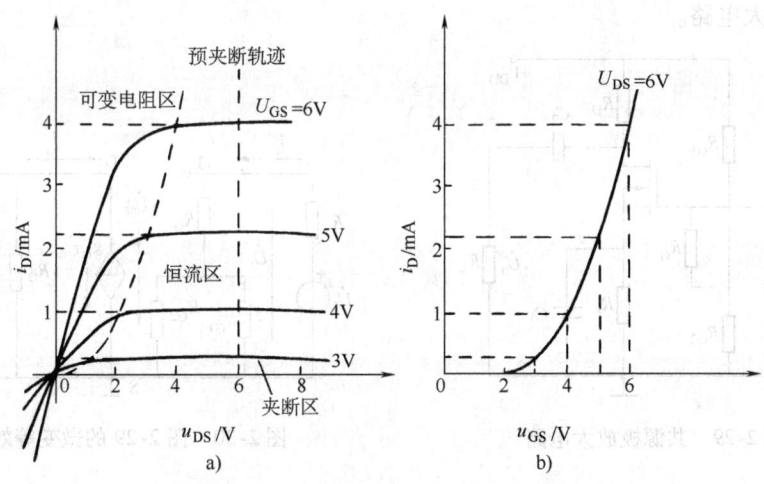

图 2-28　N 沟道增强型 MOSFET 的特性曲线

P 沟道增强型 MOSFET，它的基本结构是以低掺杂浓度的 N 型硅片为衬底，在其上制作两个高掺杂浓度的 P⁺ 区。工作原理与特性曲线与 N 沟道增强型 MOSFET 相类似，但在使用时应注意，P 沟道增强型 MOSFET 的外加电压 $u_{DS}$、$u_{GS}$ 的极性和漏极电流 $i_D$ 的方向与 N 沟道增强型 MOS 管完全相反。

N 沟道耗尽型 MOS 管的结构与增强型 MOS 管基本相同，只是在制造时已在 $SiO_2$ 绝缘层中掺入大量的正离子，在由它所产生的纵向电场作用下，即使是在 $u_{GS} = 0$ 时也建立了 N 型导电沟道（出现反型层）。

**2. 场效应晶体管放大电路**　和双极型晶体管相比较，场效应晶体管的源极、漏极、栅极相当于它的发射极、集电极、基极。两者的放大电路也类似，场效应晶体管放大电路有共源极放大电路和源极输出器等。同样，场效应晶体管放大电路也必须设置合适的静态工作点。图 2-29 是场效应晶体管的分压式偏置共源极放大电路。

(1) 静态分析

$$U_{GS} = \frac{R_{G2}}{R_{G1} + R_{G2}} V_{DD} - R_s I_D = V_G - R_s I_D \tag{2-34}$$

$$U_{DS} = V_{DD} - I_D(R_D + R_s) \tag{2-35}$$

(2) 动态分析　图 2-29 的微变等效电路如图 2-30 所示。由图可知

$$\dot{A}_u = \frac{\dot{U}_o}{\dot{U}_i} = \frac{-g_m \dot{U}_{gs} R_L'}{\dot{U}_{gs}} = -g_m R_L' \tag{2-36}$$

式中的 $R'_L = R_D /\!/ R_L$。

$$r_i = \frac{\dot{U}_i}{\dot{I}_i} = R_G + (R_{G1} /\!/ R_{G2}) \tag{2-37}$$

式中的 $R_G$ 的阻值很大，一般为兆欧级，故可提高 $r_i$ 的值。

$$r_o = R_D \tag{2-38}$$

共源放大电路与共射放大电路相比，由于 $g_m$（跨导，单位为西门子，一般用 mS）较小，电压放大倍数较低，但其输入电阻却很大，故在要求具有高输入电阻的放大电路时，经常应用共源放大电路。

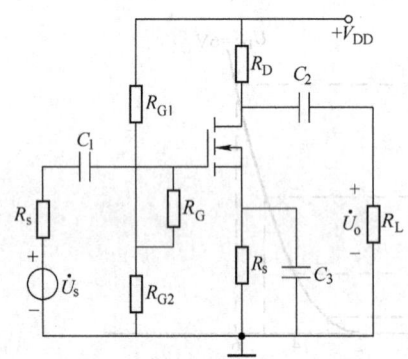

图 2-29 共源极放大电路

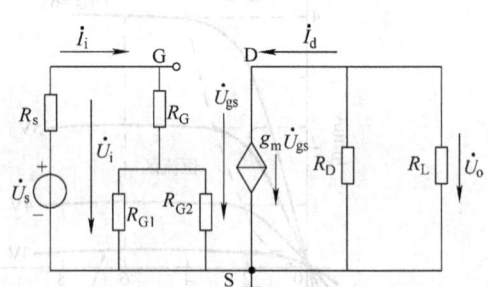

图 2-30 图 2-29 的微变等效电路

**例 2-6** 在图 2-29 所示的电路中，已知 $V_{DD} = 20V$、$R_D = 5k\Omega$、$R_s = 1.5k\Omega$、$R_{G1} = 100k\Omega$、$R_{G2} = 47k\Omega$、$R_G = 2M\Omega$、$R_L = 10k\Omega$、$g_m = 2mA/V$、$I_D = 1.5mA$。试求：1) 静态值；2) 电压放大倍数。

**解** $U_{GS} = \dfrac{R_{G2}}{R_{G1} + R_{G2}} V_{DD} - R_s I_D = \left(\dfrac{47}{100+47} \times 20 - 1.5 \times 1.5\right) V = 4.14V$

$U_{DS} = V_{DD} - I_D(R_D + R_s) = [20 - 1.5 \times (5 + 1.5)] V = 10.25V$

$\dot{A}_u = -g_m R'_L = -2 \times \dfrac{5 \times 10}{5 + 10} = -6.67$

## 小 结

1. 从放大电路的性能指标入手，理解放大电路的概念。
2. 掌握放大电路的静态分析（计算法）和动态分析（微变等效电路法），理解图解法。
3. 理解电压放大倍数、输入电阻、输出电阻等动态指标的含义及它们对放大器性能的影响。
4. 熟悉基本共射电路、工作点稳定的共射电路及共集电路的静态和动态分析，了解其各自的特点。
5. 了解多级放大电路级间耦合方式和多级放大电路的分析方法。
6. 了解绝缘栅场效应晶体管及其放大电路的静动态分析。

## 习 题

2-1 在图2-31中，已知$V_{CC}=12V$、$R_B=400k\Omega$、$R_C=3k\Omega$、$\beta=50$，晶体管为硅管。1）计算静态工作点；2）如希望静态$I_C=1mA$，那么$R_B$应改为多少？3）如希望静态$U_{CE}=10V$，则$R_B$又应是多少？4）电路元器件的参数保持原来给定数值，但晶体管的$\beta=200$，放大电路是否仍能正常工作。

2-2 在图2-32所示电路中，已知$\beta=100$，当开关S分别接到A、B、C三点，判断晶体管的工作状态，确定$U_o$的值。（$U_{BE}=0.7V$）

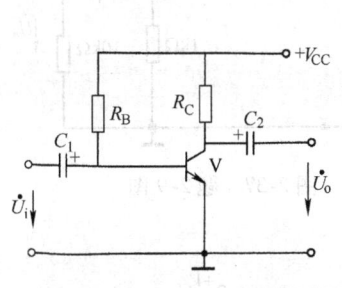

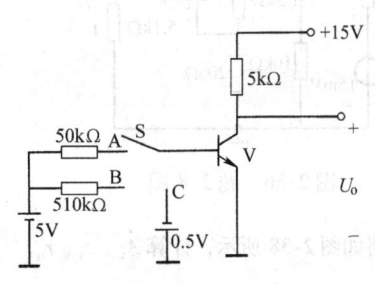

图2-31 题2-1图　　　　　图2-32 题2-2图

2-3 单管放大器如图2-33所示，硅管，$R_B=500k\Omega$，$R_C=R_L=5.1k\Omega$，$\beta=42$。要求：1）估算电路的静态工作点；2）计算电路的电压放大倍数$\dot{A}_u$；3）计算电路的输入电阻$r_i$、输出电阻$r_o$；4）画出微变等效电路。

2-4 某放大电路不带外接负载时，测得输出电压$U_o=1.5V$，加上$R_L=5.1k\Omega$电阻后，测输出电压为1V，输出电阻是多少？

2-5 测得$\beta=50$的NPN型硅晶体管，安装一个共射基本放大电路，电源选为$V_{CC}=6V$，静态工作点为$U_{CEQ}=3V$，$I_{CQ}=0.4mA$，画出电路图，确定$R_C$、$R_B$的数值。

2-6 图2-34所示共射基本放大电路和晶体管输出特性曲线。1）作直流负载线，确定静态工作点$Q$；2）作交流负载线；3）求出电路不失真的最大输出电压幅值。

2-7 电路如图2-35所示，$\beta=60$，$U_{BE}=0.6V$。1）计算静态工作点；2）计算$\dot{A}_u$、$r_i$和$r_o$；3）若在输入端接上一个$U_s=20mV$、$R_s=0.5k\Omega$的信号源，求$U_o$；4）如电路中去掉$C_E$（脱焊），重新按上述的1）、2）、3）各问再计算。对比计算结果，并说明$C_E$的作用。5）用EDA软件仿真研究上述各问题。

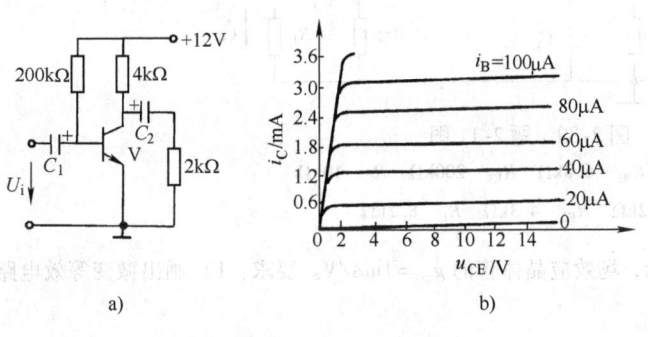

图2-34 题2-6图

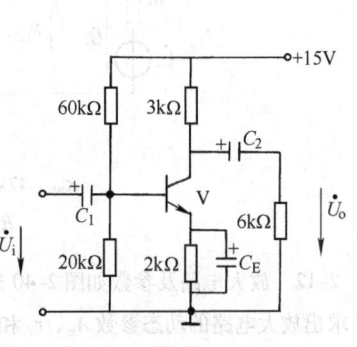

图2-35 题2-7图

2-8 电路如图2-36所示。1）计算静态工作点；2）计算$r_i$、$r_o$、$\dot{A}_u$和$\dot{A}_{us}$；3）分析$\dot{A}_u$与$\dot{A}_{us}$相差不多的原因。

2-9 如图2-37所示电路，计算静态时的$U_E$并计算$r_i$、$r_o$和$\dot{A}_{us}$。

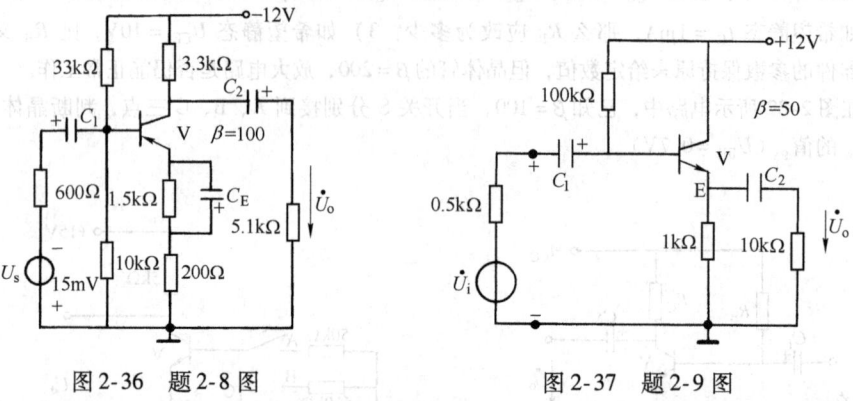

图 2-36　题 2-8 图　　　　　图 2-37　题 2-9 图

2-10 电路如图2-38所示，计算$\dot{A}_u$、$r_i$、$r_o$。

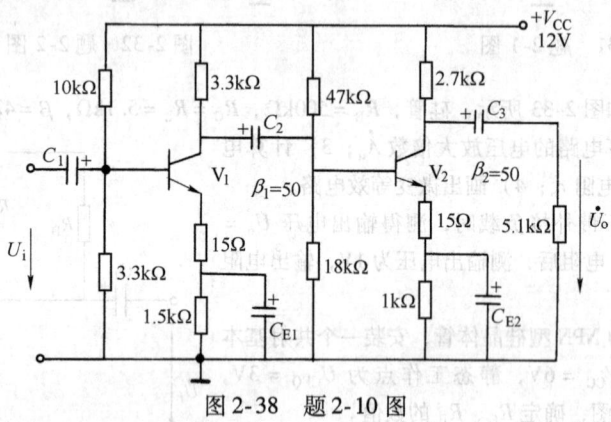

图 2-38　题 2-10 图

2-11 两级放大电路如图2-39所示。1）画出放大电路的微变等效电路；2）求电压放大倍数$\dot{A}_u$；3）求输出电阻$r_o$。（$r_{be1}=2k\Omega$，$r_{be2}=1.2k\Omega$）

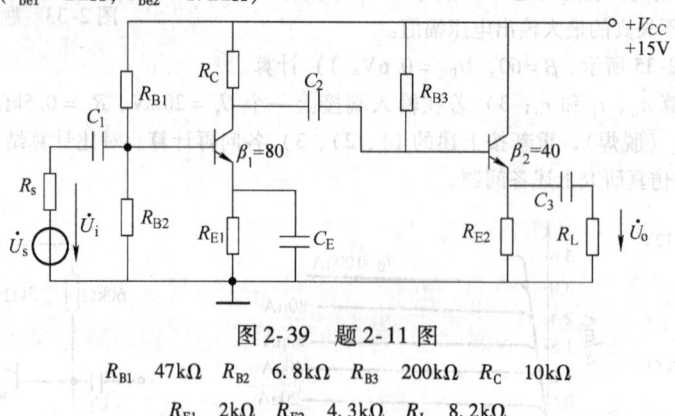

图 2-39　题 2-11 图

$R_{B1}$ 47kΩ　$R_{B2}$ 6.8kΩ　$R_{B3}$ 200kΩ　$R_C$ 10kΩ
$R_{E1}$ 2kΩ　$R_{E2}$ 4.3kΩ　$R_L$ 8.2kΩ

2-12 放大电路及参数如图2-40所示，场效应晶体管的$g_m=1mA/V$。要求：1）画出微变等效电路；2）求出放大电路的动态参数$\dot{A}_u$、$r_i$和$r_o$。

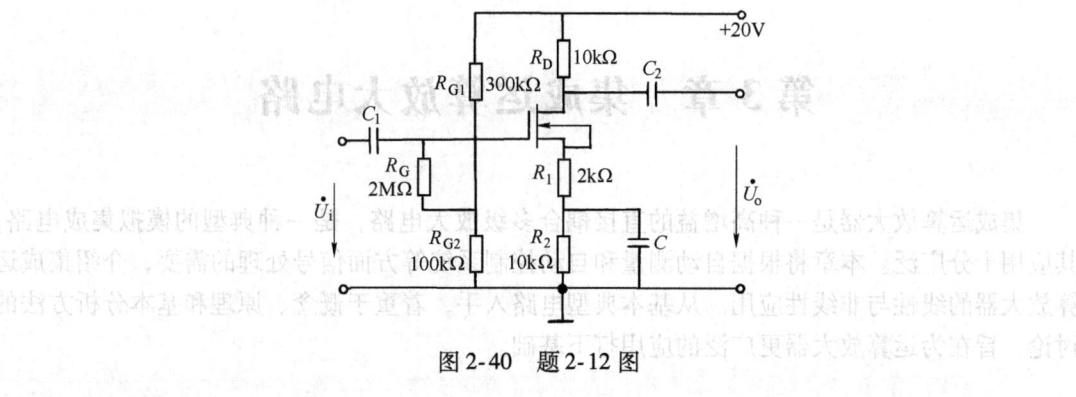

图 2-40 题 2-12 图

# 第 3 章　集成运算放大电路

集成运算放大器是一种高增益的直接耦合多级放大电路，是一种典型的模拟集成电路，其应用十分广泛。本章将根据自动测量和自动控制系统等方面信号处理的需要，介绍集成运算放大器的线性与非线性应用。从基本典型电路入手，着重于概念、原理和基本分析方法的讨论，旨在为运算放大器更广泛的应用打下基础。

## 3.1　集成运算放大器简介

### 3.1.1　集成运算放大器的组成和代表符号

**1. 集成电路的概念**　集成电路是利用半导体制造工艺，把晶体管、电阻、电容及电路连线等做在一个半导体基片上，形成不可分割的固体块。集成电路中，元器件密度高、连线短、焊点少、外部引线少，因此大大提高了电子电路及电子设备的灵活性和可靠性。

集成电路按制造工艺不同分为半导体集成电路、薄膜、厚膜集成电路和混合集成电路；按有源器件类型不同分为单极型、双极型集成电路；按功能不同又可分为数字集成电路和模拟集成电路。

模拟集成电路是以电压或电流为变量对模拟量进行放大、转换、调制的集成电路，它可分为线性集成电路和非线性集成电路。线性集成电路是指输入信号和输出信号的变化成线性关系的电路，如集成运算放大器。非线性集成电路是指输入/输出信号的变化成非线性关系的集成电路，如集成稳压器。

线性集成电路总结起来有如下特点：
1）集成电路中一般都采用直接耦合的电路结构，而不采用阻容耦合结构。
2）集成电路的输入级采用差动放大电路，其目的是为了克服直接耦合电路的零漂。
3）NPN 型和 PNP 型管配合使用，从而改进单管的性能。
4）大量采用恒流源来设置静态工作点或做有源负载，用以提高电路性能。

**2. 集成运算放大器的原理电路**　集成运算放大器的类型很多，电路也各不相同，但从电路的总体结构上看，它们都具有许多共同之处，通常都是由输入级、中间级、输出级和偏置电路组成。图 3-1 所示电路为集成运算放大器 F741 的简化原理图。

（1）输入级　输入级是接受微弱电信号、消除零点漂移且具有一定增益的关键一级，它将决定整个电路技术指标的优劣。这样就要求输入级有尽可能高的共模抑制比和尽可能高的输入阻抗。所以输入级通常采用带恒流源的差动放大电路，电路中 $V_1$、$V_2$、$V_3$ 和 $V_4$ 组成差动放大电路。$V_5$、$V_6$ 及 $V_7$ 组成恒流源电路作为差动输入级的有源负载。这一级不但能有效地抑制零漂，且具有较高的输入阻抗，对输入信号也具有一定的放大能力。

（2）中间级　中间级的主要任务是提供足够高的电压放大倍数，通常由多级放大电路组成。如图 3-1 中，$V_8$、$V_9$ 分别组成共集、共射放大电路，并有恒流源 $I_{CB}$ 作负载，因而使该级可获得很高的电压增益，$V_{14}$作为射极跟随器起隔离作用，并可进一步提高电压放大倍数。

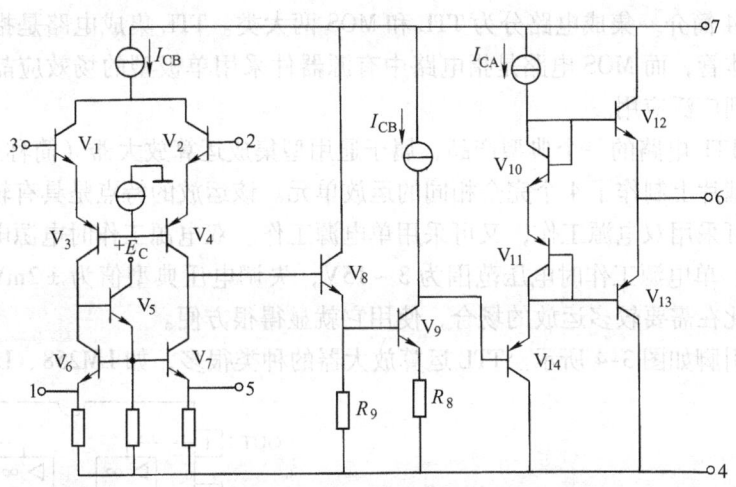

图 3-1　集成运算放大器 F741 的简化原理图

（3）输出级　该级的作用是提供一定幅度的电流和电压输出，用以驱动负载工作。对输出级的要求是输入阻抗高、输出阻抗低。输出阻抗低是为了提高带负载能力；输入阻抗高是为了实现中间级与输出级的隔离。所以输出级常采用互补对称或准互补对称功率放大电路，如图 3-1 所示，输出级采用了甲乙类互补对称功率放大电路，$V_{10}$、$V_{11}$ 工作在二极管状态，为 $V_{12}$、$V_{13}$ 提供静态偏置电压（约为 1.4V），从而消除了交越失真。

（4）偏置电路　偏置电路是为整个电路提供偏置电流、设置合适静态工作点的。偏置电路大多由各种恒流源电路组成。

集成运算放大器除上述 4 部分外，还要有一些辅助电路，如过电流、过电压及过热保护电路等，图中略。

**3. 集成运算放大器芯片介绍**

（1）外形与符号　集成运算放大器是一个固体块，有三种封装形式，即单列直插式（SIP 型）、双列直插（DIP 型）式和贴片（SMD 型）式。图 3-2a 为双列直插式外形图，而图 3-2b 为贴片式外形图。中小功率集成运算放大器外形可以是贴片式或双列式，而单列式多为大功率（如 PA46）。

a)　　　　　　　　　　　　　b)

图 3-2　集成运算放大器芯片外形

集成运算放大器在电路中用图 3-3 所示符号来表示。集成运放器有两个输入端，分别是同相输入端和反相输入端，有一个输出端。各端信号分别表示为 $u_+$、$u_-$、$u_o$。如果不做特殊说明，上述三个信号电压均指对地电压，所以图 3-3a 可简化表示为图 3-3b。

（2）LM324 简介　集成电路分为 TTL 和 MOS 两大类。TTL 集成电路是指其中有源器件采用双极型晶体管，而 MOS 电路是指电路中有源器件采用单极型的场效应晶体管。目前两种电路同样得到广泛应用。

LM324 是 TTL 电路的一个典型产品，属于通用型集成运算放大器（简称运放）。它是在同一块半导体基片上制作了 4 个完全相同的运放单元。该运放的特点是具有较宽的工作电压范围，并且既可采用双电源工作，又可采用单电源工作。双电源工作时电源电压使用范围为 $±1.5 \sim ±18\text{V}$；单电源工作时电压范围为 $3 \sim 15\text{V}$，失调电压典型值为 $±2\text{mV}$。由于 LM324 是四运放，因此在需要较多运放的场合，使用它就显得很方便。

LM324 的引脚如图 3-4 所示。TTL 运算放大器的种类很多，如 LM258、LM101 等。

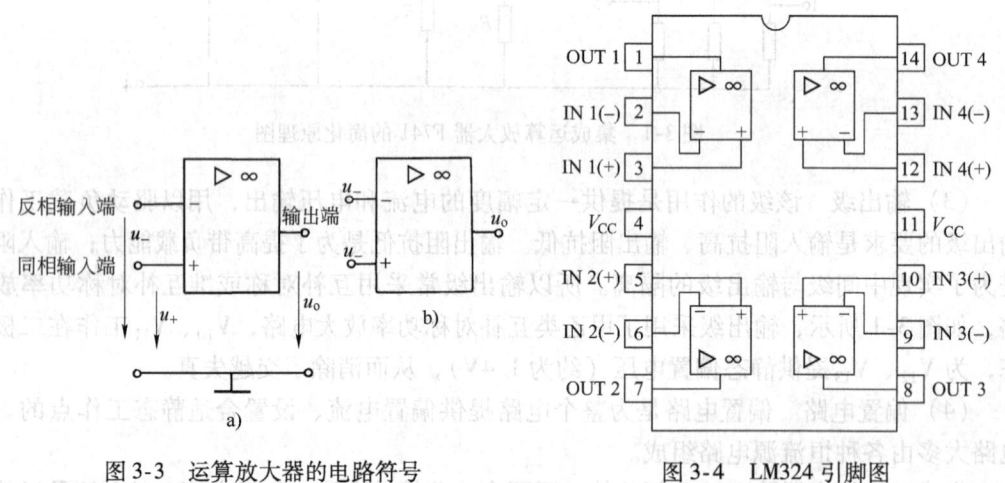

图 3-3　运算放大器的电路符号　　　　图 3-4　LM324 引脚图

## 3.1.2　集成运算放大器的主要参数

运算放大器的好坏常用一些参数表征。为了合理地选用和正确地使用运放，必须了解其各主要参数的意义。下面介绍集成运放的一些主要参数。

**1. 开环差模电压增益 $A_d$**　$A_d$ 是集成运放在开环状态、输出不接负载时的直流差模电压增益。它是决定运算放大器运算精度的主要因素。$A_d = |\Delta U_o / \Delta U_i|$，或用分贝表示为 $20 \log A_d$。$A_d$ 越大，说明性能越好，目前运放的 $A_d$ 可以达到 $10^5 \sim 10^{8.5}$（或 $100 \sim 170\text{dB}$），理想运放的 $A_d$ 值为无穷大。值得注意的是，$A_d$ 是频率的函数，随着信号频率（一般超过几兆赫）的增高，$A_d$ 将下降。

**2. 输入失调电压 $U_{OS}$**　当输入信号为零时，运算放大器的输出电压应为零。但实际上由于制造工艺等多方面原因，它的差动输入级很难做到完全对称，故当输入为零时，输出并不为零，这一输出电压折合到输入端的值就称为输入失调电压，即

$$U_{OS} = \frac{\Delta U_o}{A_d}$$

也可以反过来说，若要使输出电压为零，则必须在输入端加一个很小的补偿电压，这个电压

就是输入失调电压。它反映了线性组件内部制造的对称程度。一般 $U_{OS}$ 为毫伏数量级,其值越小越好,理想运放的 $U_{OS}$ 为零。

**3. 输入失调电流 $I_{OS}$** 当输入信号为零时,输入级两个差动管静态基极电流之差称为输入失调电流,用 $I_{OS}$ 表示,一般为微安数量级,其值越小越好。理想运放的 $I_{OS}$ 为零。

**4. 输入偏置电流 $I_B$** 当输入信号为零时,输入级两个差动管静态基极电流的平均值称为输入偏置电流,它的大小反映了运放输入电阻的高低。它的典型值是几百纳安,其值越小越好。

**5. 差模输入电阻 $R_{id}$ 和输出电阻 $R_o$** 差模输入电阻是指差模信号输入时运放的输入电阻,它反映了运算放大器对信号源的影响程度,$R_{id}$ 越大,对输入信号影响越小。它的典型值为 1MΩ,国产高输入阻抗的运放,其值可达到 $10^{12}$Ω。

输出电阻 $R_o$ 是指器件在开环状态下,输出端电压变化量与输出电流变化量的比值。它的数值大小反映了器件带负载能力的强弱。$R_o$ 的数值一般是几十欧到几百欧,其值越小越好。

**6. 最大差模输入电压 $U_{idM}$** 两个输入端间所允许加的最大电压差称为最大差模输入电压。如果差模输入超过 $U_{idM}$,将引起输入管反向击穿而使运放不能正常工作。目前运放的 $U_{idM}$ 可以达到十几伏至三十几伏。

**7. 最大共模输入电压 $U_{icM}$** 运算放大器经常工作在共模输入的情况下,$U_{icM}$ 是指允许加在输入端的最大共模输入电压。当实际的共模信号大于 $U_{icM}$ 时,将使输入级工作不正常,共模抑制比显著下降。一般集成运放的 $U_{icd}$ 值为几伏至二十几伏。

集成运算放大器还有其他一些参数,此处省略。表 3-1 列出几种通用型集成运放的参数。

表 3-1 几种通用型集成运放参数

| 型号 | | $U_{OS}$ | $I_{OS}$ | $I_B$ | $A_d$ | CMRR | $R_{id}$ | $f_{BW}$ | $dU_{OS}/dT$ | $dI_{OS}/dT$ | $V_{CC} \sim V_{EE}$ |
|---|---|---|---|---|---|---|---|---|---|---|---|
| 国外 | 国产 | mV | μA | μA | dB | dB | kΩ | kHz | μV/℃ | nA/℃ | V |
| μA741 | F741 | 2 | 0.02 | 0.08 | 106 | 90 | $2×10^3$ | 7 | — | — | ±18 |
| LM258 | F258 | 1 | 0.02 | 0.02 | 100 | 85 | | | | | ±1.5 ~ ±15 |
| LM324 | F324 | ±2 | ±5nA | 45nA | 100 | 70 | | 7 | | $10×10^{-3}$ | ±1.5 ~ ±15 |
| LM158 | CF158 | 5 | 0.03 | 0.15 | 160 | 100 | $4×10^3$ | 3 | | | ±30 |
| LM101 | CF101 | 0.7 | 1.5nA | 30nA | 160 | 96 | $4×10^3$ | — | 3 | | ±20 |
| LM747 | F747 | 1.0 | 0.02 | 0.08 | 94 | 80 | $2×10^3$ | 7 | | | ±20 |
| LM709 | CF709 | 2.0 | 100nA | 300nA | 93 | 90 | 80 | — | | | ±18 |

## 3.1.3 理想运算放大器及其重要结论

**1. 运算放大器的电压传输特性与工作方式** 图 3-5a 是集成运放开环运用时的示意图,图中 $u_+$、$u_-$ 为输入端电压,$u_o$ 为输出电压,其电压传输特性如图 3-5b 所示。从图中可以看出,集成运放有两个工作区:线性和非线性区。

(1) 线性工作区 当 $u_i$ 在 AB 点之间时运放处于线性工作区,此时输入/输出之间满足

关系式

$$u_o = A_d(u_+ - u_-)$$

由于 $A_d$ 很大，所以运放开环工作时线性区很窄，$u_i$ 仅为微伏数量级。为扩大外部线性工作范围，必须对运放施加足够深的负反馈，所以运放的线性应用电路均为负反馈电路。

（2）非线性工作区  当 $u_i$ 在 AB 之外时，运算放大器进入非线性工作区，输入输出之间无线性关系，输出只有两个稳定状态：一个是正向饱和值 $U_{OM}$；另一个是负向饱和值 $-U_{OM}$。$U_{OM}$ 是运算放大器所能达到的最大输出值，约比电源电压低 1V。运算放大器的输入信号过大或工作在开环状态或加正反馈时，运放均可进入非线性区。

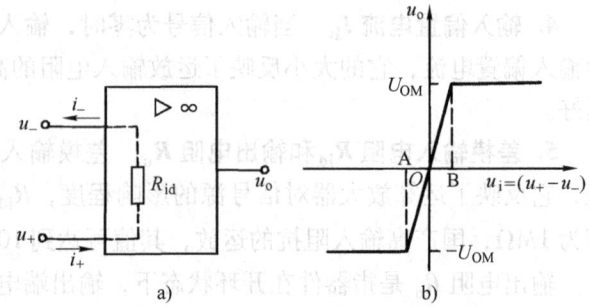

图 3-5  集成运算放大器的电压传输特性

**2. 理想运算放大器的条件**  在讨论模拟信号的运算电路时，为了使问题分析简化，通常把集成运放看成理想器件。理想运放应满足如下几个条件：

1）开环差模电压增益无穷大，即 $A_d = \infty$。
2）开环差模输入电阻无穷大，即 $R_{id} = \infty$。
3）开环输出电阻为零，即 $R_o = 0$。
4）输入失调电压 $U_{OS}$ 和输入失调电流 $I_{OS}$ 为零等。

目前用户能买到的许多集成运放都很接近理想运放，因此在分析集成运放的应用电路时将它视为理想运放是符合实际的，会给电路分析带来较大的方便，虽然会产生一些误差，但均在工程允许范围之内。

**3. 理想运放的两个重要结论**

（1）虚短  由式(3-1)可知，在线性范围内集成运放的差动输入信号电压为

$$|u_+ - u_-| = \frac{u_o}{A_d}$$

由于理想运放的 $A_d = \infty$，而输出电压 $u_o$ 又是一个有限值，因此有 $u_+ - u_- = 0$，即 $u_+ = u_-$，两个输入端等电位，但实际上又不是短接在一起，所以称虚短。理想运算放大器工作在线性区时，虚短现象总是存在的。

（2）虚断  在图 3-5a 中，显然有

$$i_+ = i_- = \frac{u_+ - u_-}{R_{id}}$$

而理想运放的 $R_{id} = \infty$，且 $|u_- - u_+|$ 又是有限值，所以有

$$i_- = i_+ = \frac{u_- - u_+}{R_{id}} = 0$$

称此为虚断，即从输入端流入或流出的电流为零，好像输入端与运放器件断开一样，但实际上不是断开，所以称虚断。理想运算放大器工作在线性区和非线性区时，虚断现象总是存在的。

正确运用上述两个结论，可以使集成运放应用电路的分析过程大大简化。

### 练习与思考

3-1-1 集成运算放大器的内部电路主要由哪几部分组成？对各部分的要求是什么？

3-1-2 运算放大器芯片外形有几种封装形式？目前应用最多的是哪种？

3-1-3 列举三个以上集成运放的参数，并说明它们都是如何定义的，其数值大小对应用有何影响？

3-1-4 理想运算放大器的两个重要结论是什么？

## 3.2 集成运算放大器的输入级——差动放大电路

### 3.2.1 直接耦合放大电路及其存在的特殊问题

在工业控制过程中，经常遇到这样的物理量，如温度、压力、流量、液位等，这些被控对象通过各种不同的传感器转化成的电信号均为微弱的、变化缓慢的非周期性信号，而完成这些信号的处理，则需要经过直流放大器放大，之后才能进行显示或推动执行机构实现自动检测与控制。这里的放大器采用直接耦合多级放大器最为合适。

一个理想的直接耦合放大器，当输入信号为零时，其输出端的电压变化量应为零。而一个实际的直接耦合多级放大电路，当输入信号 $u_i$ 为零时，输出端电压变化量不为零，而是不规则地缓慢变化着，这种现象就叫零点漂移，简称零漂。由于零漂引起输出端电压变化，看上去好像是一个输出信号，而实际上是由第一级产生的漂移电压信号，被逐级放大后，在输出端产生的一个漂移电压信号。当输入信号较微弱时，经放大后在输出端有可能被漂移电压信号淹没，使放大器不能正常工作。

引起零漂的原因很多，如晶体管参数（$I_{CEO}$、$U_{BE}$、$\beta$）随温度的变化、电路元件随时间老化或电源电压波动等。其中以温度引起的零漂尤为严重，称之为温漂，故常常认为零漂就是温漂。温漂的指标是这样描述的：环境温度每变化1℃，将放大电路输出端出现的漂移电压 $\Delta U_o'$ 折算到输入端，用这个折算到输入端的漂移电压数值表示零漂的大小，用 $\Delta U_i'$ 表示。例如某放大电路的电压放大倍数 $A_u = 100$，当温度变化了 $\Delta T = 10℃$ 时，其输出电压变化了 $\Delta U_o' = 0.5V$，则放大电路的零点漂移为

$$\Delta U_i' = \left|\frac{\Delta U_o'}{A_u \Delta T}\right| = \frac{0.5 \times 1000}{100 \times 10} mV/℃ = 0.5 mV/℃$$

多级放大器的零漂受第一级零漂的影响最大，因为第一级的零漂会被逐级放大。级数越多，放大倍数越高，零漂就越严重。减小零漂是直接耦合多级放大电路要解决的主要矛盾。

直接耦合放大电路的零点漂移主要是指温度漂移，如果对此不加抑制，则电路不会成为实用电路。抑制温度漂移的常用方法如下：

1) 在电路中引入直流负反馈，例如典型的静态工作点稳定电路（见第2章分压式偏置电路）中 $R_E$ 所起的作用。

2) 采用特性相同的管子，使它们的温漂相互抵消，构成差动放大电路，置于直接耦合多级放大电路的输入级。这是目前常用且有效的抑制零漂的方法。

### 3.2.2 典型差动放大电路

**1. 电路结构与静态工作情况** 图3-6为典型的差动放大电路。它是由两个特性相同、

参数对称的单管放大电路构成。两管射极均通过电阻 $R_E$ 与负电源串联之后接地。电路有两个输入端 a 和 b；有两个输出端分别是两管的集电极 $C_1$ 和 $C_2$ 端。静态时，即 $u_{i1} = u_{i2} = 0$ 时，电源 $V_{CC}$ 与 $V_{EE}$ 及其他电路元件配合使 $V_1$、$V_2$ 两管发射结正偏，集电结反偏，其基极电流由 $R_E$、$R_B$、$V_{EE}$ 共同确定，$I_C = \beta I_B$。分析时应注意流经 $R_E$ 的静态电流是 $2I_E$。

**2. 输入与输出方式** 差动放大电路有两种输入方式：双端输入和单端输入；有两种输出方式：双端输出和单端输出。双端输入是指两个输入信号 $u_{i1}$ 和 $u_{i2}$ 分别从两个 a、b 输入端对地加入，如图 3-6 所示。单端输入是指信号 $u_i$ 从一个输入端对地输入，另一个输入端接地，如图 3-7 所示。双端输出是指输出信号从两管集电极间输出，即 $u_o = u_{C1} - u_{C2}$，如图 3-6 所示。单端输出是指信号从某一集电极对地输出，图 3-7 就是一种单端输出方式的差动电路。

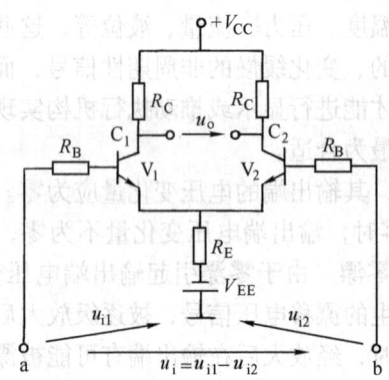

图 3-6 典型的差动放大电路

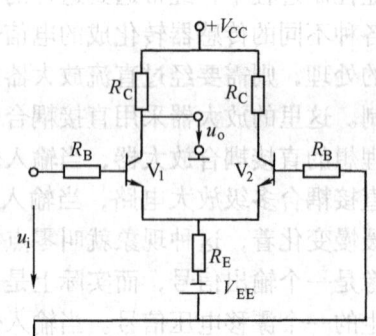

图 3-7 单端输入、单端输出的差动放大电路

综上所述，差动电路的输入输出方式有以下 4 种：

双端输入双端输出；双端输入单端输出；单端输入双端输出；单端输入单端输出。

**3. 对零点漂移的抑制作用** 对于图 3-6 和图 3-7 电路，当环境温度不变、输入信号为零时，由于电路对称，两管集电极电位（$V_{C1}$、$V_{C2}$）相同，输出电压为 $u_o = V_{C1} - V_{C2} = 0$。

当环境温度变化时，相应地两管的集电极电位随之变化，但由于电路对称，故其变化量（$\Delta u_{C1}$、$\Delta u_{C2}$）的大小和方向必然是相同的，这时电路若采用双端输出方式，则输出变化量仍为零，显然此时电路中零漂得到抑制。而若采用单端输出方式，输出变化量 $\Delta u_o = \Delta u_{C1}$，有零漂产生。但由于 $R_E$ 的存在，零漂也会得到有效控制，这是因为 $R_E$ 的电流负反馈作用能够抑制各种原因引起的集电极电流的改变，从而使 $\Delta u_{C1}$ 减至最小。$R_E$ 抵制零漂的过程如下：

$$T(\text{℃}) \uparrow \begin{array}{c} I_{C1} \uparrow \\ I_{C2} \uparrow \end{array} \to I_E \uparrow \longrightarrow U_E \uparrow \begin{array}{c} U_{BE1} \downarrow \to I_{B1} \downarrow \to I_{C1} \downarrow \\ U_{BE2} \downarrow \to I_{B2} \downarrow \to I_{C2} \downarrow \end{array}$$

$R_E$ 能够抑制零漂是通过它的电流负反馈作用实现的，从上述 $R_E$ 抑制零漂的过程中可看出，$R_E$ 越大，反馈量 $U_{RE}$ 越大，抑制零漂的效果就越好。但由于 $R_E$、$V_{EE}$ 及 $R_B$ 是确定静态工作点的参数，故在上述电路中 $R_E$ 不能无限增大。

综上所述，典型差动放大电路抑制零漂的情况可以总结如下：

双端输出的差动放大电路能够抑制由各种原因引起的以 $I_C$ 变化为特征的零点漂移，抑制的效果取决于两管参数的对称程度，如果两管参数完全对称，则电路能够完全地抑制零漂。

单端输出的差动放大电路能够抑制以 $I_C$ 变化为特征的各种原因引起的零点漂移，抑制的效果取决于 $R_E$ 的大小，如果 $R_E$ 很大，可望使零漂减至最小。

典型差动放大电路同样能够抑制共模干扰信号，在知道共模信号的定义后，读者可自己分析电路抑制共模信号的原理。

**4. 差模信号与共模信号**　差动放大电路的输入信号也分两种：差模信号与共模信号。

当两个输入端对地的输入信号大小相等、方向相反时，称差动放大电路接受差模输入。两输入信号分别表示为 $u_{id1}$ 和 $u_{id2}$，$u_{id1} = -u_{id2}$，如图 3-8 所示，两端输入信号之差用 $u_{id}$ 表示，$u_{id} = u_{id1} - u_{id2} = 2u_{id1}$，称 $u_{id}$ 为差模输入信号。

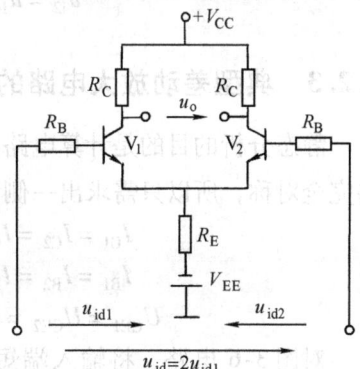

图 3-8　差模输入的差动放大电路

共模信号是加在两输入端的大小相等、极性相同的信号，在图 3-6 中，若有 $u_{i1} = u_{i2}$，则称电路接受共模输入。两个信号可分别表示为 $u_{ic1}$ 和 $u_{ic2}$，$u_{ic} = u_{ic1} = u_{ic2}$，$u_{ic}$ 就称为共模输入信号。干扰信号相当于共模信号，共同作用于两个输入端。

若加在两端的输入信号 $u_{i1}$ 和 $u_{i2}$ 的大小和极性都是任意的，则可以把这样的信号分解为差模信号和共模信号，每个输入端上既含有差模输入，又含有共模输入。根据图 3-6 的正方向有

$$u_{i1} = u_{ic1} + u_{id1} = u_{ic} + \frac{1}{2}u_{id} \tag{3-1}$$

$$u_{i2} = u_{ic2} + u_{id2} = u_{ic} - \frac{1}{2}u_{id} \tag{3-2}$$

联立求解以上两式得

$$u_{id} = u_{i1} - u_{i2} \tag{3-3}$$

$$u_{ic} = \frac{1}{2}(u_{i1} + u_{i2}) \tag{3-4}$$

**例 3-1**　电路如图 3-6 所示。1）若已知 $u_{i1} = 10\text{mV}$，$u_{i2} = 6\text{mV}$，试求差模信号 $u_{id}$ 和共模信号 $u_{ic}$；2）若已知 $u_{id} = 8\text{mV}$，$u_{ic} = 2\text{mV}$，试求 $u_{i1}$ 和 $u_{i2}$。

**解**　1）根据式(3-3)得

$$u_{id} = u_{i1} - u_{i2} = (10 - 6)\text{mV} = 4\text{mV}$$

$$u_{id1} = \frac{1}{2}u_{id} = \frac{1}{2} \times 4\text{mV} = 2\text{mV}$$

根据式(3-4)有

$$u_{ic} = \frac{1}{2}(u_{i1} + u_{i2}) = \frac{1}{2}(10 + 6)\text{mV} = 8\text{mV}$$

2）根据式(3-1)和式(3-2)得

$$u_{i1} = u_{ic} + \frac{1}{2}u_{id} = \left(2 + \frac{1}{2} \times 8\right)\text{mV} = 6\text{mV}$$

$$u_{i2} = u_{ic} - \frac{1}{2}u_{id} = \left(2 - \frac{1}{2} \times 8\right)\text{mV} = -2\text{mV}$$

### 3.2.3 典型差动放大电路的静态分析

静态分析的目的是计算电路的静态工作点，即计算出两管的 $I_B$、$I_C$ 和 $U_{CE}$。由于两侧电路完全对称，所以只需求出一侧静态值即可。

$$I_{C1} = I_{C2} = I_C$$
$$I_{B1} = I_{B2} = I_B$$
$$U_{CE1} = U_{CE2} = U_{CE}$$

对图 3-6 电路，将输入端短路，得到电路的静态通路如图 3-9 所示。

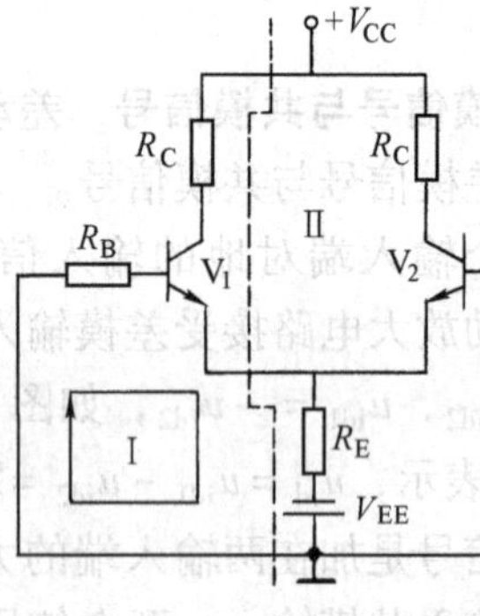

对路径 I 可列出 KVL 方程，此时应注意流过 $R_E$ 上的电流是 $I_{E1} + I_{E2} = 2I_E$。KVL 方程如下：

$$I_B R_B + V_{BE} + 2R_E(1+\beta)I_B = V_{EE}$$

解得
$$I_B = \frac{V_{EE} - V_{BE}}{R_B + 2R_E(1+\beta)}$$

图 3-9 典型差动放大电路的静态通路

$$I_C = \beta I_B \approx I_E$$

由路径 II 可列出 KVL 方程如下：

$$I_C R_C + U_{CE} + 2I_E R_E = V_{CC} + V_{EE}$$

解得
$$U_{CE} \approx V_{CC} + V_{EE} - I_C(R_C + 2R_E)$$

### 3.2.4 典型差动放大电路的动态分析

动态分析的任务是讨论差动放大电路对差模与共模信号的放大能力，以及各种输入/输出方式下电路的电压放大倍数和电路的输入/输出电阻。

**1. 双端输入、双端输出的差动电路** 双端输入的差动放大电路要考虑共模输入和差模输入两种情况。

(1) 共模输入 图 3-6 电路中，如果 $u_{i1} = u_{i2}$，则相当于电路接受共模信号，两个信号可表示为 $u_{iC1}$ 和 $u_{iC2}$，由于 $u_{iC1} = u_{iC2}$，且极性相同，则由此引起的两管集电极电位的变化相同，总的输出电压为零。这说明双端输出的差动放大电路对共模信号无放大作用，电路完全对称时，共模放大倍数 $A_C = 0$。

(2) 差模输入 差模输入的电路如图 3-8 所示。两个信号 $u_{id1}$ 和 $u_{id2}$ 大小相等，方向相反，共同通过 $R_E$ 作用于两管的基极，显然 $u_{id1}$ 引起 $V_1$ 管集电极电流增大 $\Delta I_{C1}$，相应地集电极电位下降 $\Delta U_{C1}$；$u_{id2}$ 引起 $V_2$ 管的集电极电流减小 $\Delta I_{C2}$，$V_2$ 集电极电位增加 $\Delta U_{C2}$。这时两管集电极电位分别为 $(U_{C1} - \Delta U_{C1})$ 和 $(U_{C2} + \Delta U_{C2})$，由于两管参数对称，应有

$$U_{C1} = U_{C2}$$
$$\Delta U_{C1} = \Delta U_{C2}$$

电路输出信号为

$$u_o = (U_{C1} - \Delta U_{C1}) - (U_{C2} + \Delta U_{C2}) = -2\Delta U_{C1}$$

应用前面学过的分析晶体管放大电路的方法可以计算出此电路的差模电压放大倍数 $A_d$。这里注意，两管流过 $R_E$ 的动态电流大小相等，方向相反，因此 $\Delta I_E = 0$，可见 $R_E$ 的存在并不影响差模放大倍数。图 3-8 电路单边放大倍数分别为

$$A_{d1} = \frac{-\Delta U_{C1}}{u_{id1}} = -\frac{\beta R_{C1}}{R_{B1} + r_{be1}} = \frac{-\beta R_C}{R_B + r_{be}}$$

$$A_{d2} = \frac{\Delta U_{C2}}{-u_{id2}} = -\frac{\beta R_{C2}}{R_{B2} + r_{be2}} = -\frac{\beta R_C}{R_B + r_{be}}$$

整个电路的差模电压放大倍数为

$$A_d = \frac{u_o}{u_{id}} = \frac{-2\Delta U_{C1}}{2u_{id1}} = -\frac{\beta R_C}{R_B + r_{be}} \qquad (3-5)$$

当图 3-8 电路两管集电极间接有负载 $R_L$ 时，差模电压放大倍数为

$$A_d = -\frac{\beta R_L'}{R_B + r_{be}} \qquad (3-6)$$

由于电路完全对称，两管集电极电位一增一减，且变化量相等，在 $R_L/2$ 处必然是信号的零电位点。所以式(3-6)中的 $R_L' = R_C /\!/ (R_L/2)$。

双端输入的差动放大电路的输入电阻是从两个输入端看进去的等效电阻，用 $R_{id}$ 表示。由于 $R_E$ 对差模信号不起作用，所以

$$R_{id} = 2(r_{be} + R_B) \qquad (3-7)$$

电路的输出电阻为

$$R_o = 2R_C \qquad (3-8)$$

**2. 双端输入、单端输出的差动放大电路** 双端输入、单端输出的差动放大电路如图 3-10 所示。对于差模信号，$u_{i1} = -u_{i2} = u_i/2$。由上面分析的双端输入、双端输出的差动放大电路可知，其单边输出信号为 $\Delta U_{C1}$，即 $u_o = -\Delta U_{C1}$，所以差模电压放大倍数为

$$A_d = \frac{u_o}{u_{id}} = \frac{-\Delta U_{C1}}{2u_{i1}} = -\frac{1}{2}\frac{\beta R_L'}{R_B + r_{be}} \qquad (3-9)$$

$$R_L' = R_C /\!/ R_L$$

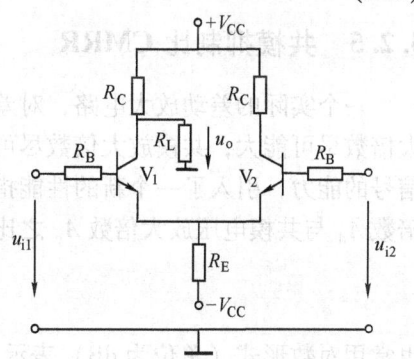

图 3-10 双端输入、单端输出方式

可见，双端输入、单端输出的差动电路的差模电压放大倍数是双端输入、双端输出电路的一半。

对于共模信号，$u_{i1} = u_{i2}$，这两个信号在两个三极管内所引起的两个发射极电流的增量，同时同方向流经 $R_E$，不难求出单端输出的共模电压放大倍数为

$$A_c = \frac{u_o}{u_{ic}} = -\frac{\beta R_L'}{R_B + r_{be} + 2(1+\beta)R_E} \qquad (3-10)$$

可见单端输出的差动电路对共模信号亦有放大作用，但放大倍数较小。从式(3-10)可看出，放大倍数的大小，主要取决于 $R_E$ 的取值。当 $R_E \gg (R_B + r_{be})$ 时，可以认为

$$A_c \approx -\frac{R'_L}{2R_E} \tag{3-11}$$

当 $R_E$ 取值很大时，$A_c$ 会很小。

双端输入的差动电路，当输入既有差模信号又有共模信号时，其输出电压应为差模输出与共模输出的代数和，即

$$u_o = A_d u_{id} + A_c u_{ic} \tag{3-12}$$

**3. 单端输入、双端输出的差动电路** 单端输入、双端输出的差动电路如图 3-11 所示。在这种方式下，当没有 $R_E$ 即 $R_E = 0$ 时，因输入信号只加在 $V_1$ 管上，所以 $V_1$ 管有放大作用，$V_2$ 管因无输入信号而无放大作用。当接入 $R_E$ 时，通过 $R_E$ 的耦合作用，$V_2$ 管获得信号电压为 $\Delta U_{BE2}$，其极性与 $\Delta U_{BE1}$ 相反，大小取决于 $R_E$ 值的大小，$R_E$ 越大，$\Delta U_{BE2}$ 越接近 $\Delta U_{BE1}$。当 $R_E$ 足够大时，相当于输入信号 $u_i$ 均分在两管的输入回路上，使得 $\Delta I_{E1} = -\Delta I_{E2}$。因此射极电阻 $R_E$ 起到了把单端输入转换为双端输入的作用。电路的工作状态与双端输入时近似一致。其差模电压放大倍数 $A_d$ 及电路输入输出电阻均与双端输入、双端输出的差动电路相同。注意，这一结论是在 $R_E$ 足够大的前提下得到的。

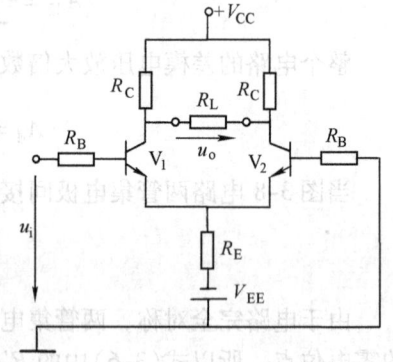

图 3-11 单端输入、双端输出的差动电路

**4. 单端输入、单端输出的差动电路** 电路如图 3-7 所示。根据单端输入、双端输出电路的分析结果不难看出，当 $R_E$ 足够大时，单端输入、单端输出电路的差模、共模电压放大倍数及电路输入/输出电阻均与双端输入、单端输出差动电路相同，这里不再赘述。

### 3.2.5 共模抑制比 CMRR

一个实际的差动放大电路，对差模信号和共模信号都有放大作用，我们总是希望差模放大倍数尽可能大，共模放大倍数尽可能小。为了衡量差动放大电路放大差模信号、抑制共模信号的能力，引入了一个新的性能指标，即共模抑制比 CMRR。其定义为电路差模电压放大倍数 $A_d$ 与共模电压放大倍数 $A_c$ 之比

$$\text{CMRR} = \left| \frac{A_d}{A_c} \right| = \rho$$

也常用对数形式（单位为 dB）表示

$$\text{CMRR} = 20 \lg \left| \frac{A_d}{A_c} \right|$$

显然，CMRR 越大越好。CMRR 越大，表明电路分辨有用差模信号的能力越强，受共模干扰及零漂影响越小，性能越优良。

在电路完全对称的理想差动放大电路中，双端输出时 $A_c = 0$，CMRR 为无穷大，但实际上，差动放大电路不可能完全对称，所以 $A_c$ 不会为零，故 CMRR 仅是一个较大的有限值。电路中的射极电阻 $R_E$ 是直接影响 $A_c$ 的一个电阻值。$R_E$ 越大，$A_c$ 越小，CMRR 越大。增加典型差动放大电路中的 $R_E$ 值，可以提高电路的共模抑制比。

一般要求 CMRR 为 $10^3 \sim 10^4$（亦可表示为 60~120dB）。

**例 3-2** 典型差动放大电路(见图 3-6)为双端输入方式。$V_{CC} = 12V$,$V_{EE} = 12V$,$R_C = 6.8k\Omega$,$R_E = 6.8k\Omega$,$R_B = 1k\Omega$,$\beta_1 = \beta_2 = 50$,$r_{be} = 1.8k\Omega$。试计算:1) 两管静态工作点;2) 双端输出的差模电压放大倍数 $A_d$ 及输入/输出电阻;3) 单端输出的差模和共模电压放大倍数 $A_d$、$A_c$ 及共模抑制比。

**解** 1) 因电路对称,故两管静态工作点相同。列静态时输入回路的 KVL 方程

$$V_{BE} + I_B R_B + 2(1+\beta)I_B R_E = V_{EE}$$

解得

$$I_B = \frac{V_{EE} - V_{BE}}{R_B + 2(1+\beta)R_E} \approx \frac{2}{1 + 2 \times 51 \times 6.8}\text{mA} = 17 \times 10^{-3}\text{mA} = 17\mu\text{A}$$

$$I_C = \beta I_B = 50 \times 17 \times 10^{-3}\text{mA} = 0.85\text{mA}$$

$$U_{CE} = V_{CC} - I_C(R_C + 2R_E) + V_{EE} = [12 - 0.85 \times (6.8 + 2 \times 6.8) + 12]\text{V} = 6.66\text{V}$$

2) 根据式(3-5)、式(3-7)、式(3-8)可求出

$$A_d = \frac{u_o}{u_i} = -\frac{\beta R_C}{R_B + r_{be}} = -\frac{50 \times 6.8}{1 + 1.8} = -121$$

$$R_{id} = 2(R_B + r_{be}) = 2 \times (1 + 1.8)\text{k}\Omega = 5.6\text{k}\Omega$$

$$R_o = 2R_C = 13.6\text{k}\Omega$$

3) 单端输出时差模与共模电压放大倍数分别为

$$A_d = \frac{u_o}{u_{id}} = -\frac{1}{2}\frac{\beta R_C}{(R_B + r_{be})} = -\frac{1}{2} \times 121 = -60.5$$

$$A_c = \frac{u_o}{u_{iC}} = -\frac{\beta R_C}{R_B + r_{be} + 2(1+\beta)R_E} = -\frac{50 \times 6.8}{1 + 1.8 + 2 \times 51 \times 6.8} = -0.49$$

$$R_{id} = 2(R_B + r_{be}) = 2 \times (1 + 1.8)\text{k}\Omega = 5.6\text{k}\Omega$$

$$R_o = R_C = 6.8\text{k}\Omega$$

$$\text{CMRR} = \left|\frac{A_d}{A_c}\right| = \frac{60.5}{0.49} \approx 124$$

计算结果表明,单端输出时的共模抑制比仅为 124,这是因为 $R_E$ 的阻值太小。

### 3.2.6 具有恒流源的差动放大电路

前面分析的差动放大电路中,射极耦合电阻 $R_E$,也称共模反馈电阻,它的取值大小直接影响到电路抑制共模干扰及零漂的能力。$R_E$ 越大,抑制零漂的效果越好。但 $R_E$ 大,上面的直流压降也大,这样就需要增加负电源 $V_{EE}$ 数值以保证电路有一个合适的静态工作点,而这是不经济的。

图 3-12a 是一个具有恒流源的差动放大电路原理图,经常把此电路简化为图 3-12b。三极管 $V_3$ 及电阻 $R_1$、$R_2$、VD 及 $R_{E3}$ 构成恒流源电路。$R_1$、$R_2$ 的分压固定了 $V_3$ 管的基极电位 $V_{B3}$,并保证 $V_3$ 管工作在放大区,$I_{C3}$ 趋近于恒值,且有

$$I_{C3} = I_{E1} + I_{E2} \approx I_{C1} + I_{C2}$$

以确保 $V_1$、$V_2$ 管的静态工作点合适。VD 为温度补偿二极管,保证当温度变化时 $I_{C3}$ 仍为恒值。由于 $V_3$ 管工作在放大区,所以静态电阻较低,而由于恒流特性,则呈现的动态电阻很高,可达数十千欧到几兆欧。因此这种电路对共模信号具有强烈的负反馈作用,能很好地抑

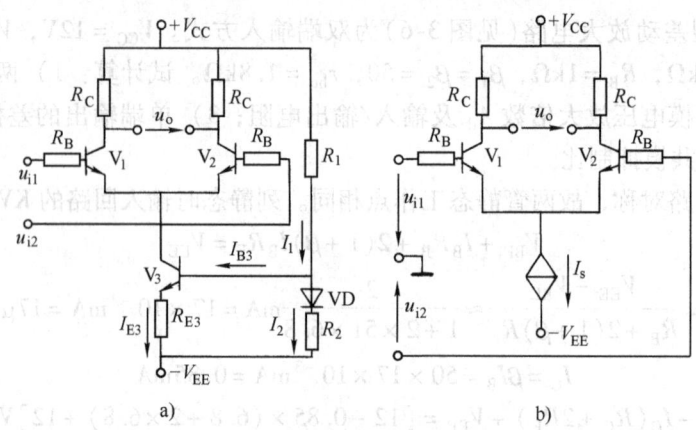

图 3-12 具有恒流源的差动放大电路
a) 原理电路 b) 简化电路

制零漂,大大提高电路的共模抑制比 CMRR。

从前面分析的各种输入/输出方式的典型差动放大电路中可看出,$R_E$ 与电路的输入电阻 $R_{id}$、输出电阻 $R_o$ 无关,对双端输入、双端输出的差模放大倍数亦无影响。在其他情况下,也讨论了 $R_E$ 大小对各指标的影响。因此对具有恒流源差动电路的分析可参比前面典型差动电路的分析。相对地,具有恒流源的差动放大电路,抑制共模信号的能力更强。理想情况下,共模放大倍数 $A_c$ 为零。但实际上,电路不可能完全对称,恒流源内阻也非无穷大,所以,共模电压放大倍数不为零。往往通过实测以获得 $A_c$。

表3-2 给出了具有恒流源差动电路 4 种输入输出方式的性能比较,以供参考。

表 3-2 具有恒流源的差动电路 4 种输入输出方式性能比较

| 输入输出方式 | 双端输入<br>双端输出 | 单端输入<br>双端输出 | 双端输入<br>单端输出 | 单端输入<br>单端输出 |
|---|---|---|---|---|
| 电路图 | | | | |
| 差模电压放大倍数 | $A_d = -\dfrac{\beta R_L'}{R_B + r_{be}}$<br>$R_L' = R_C // \dfrac{1}{2}R_L$ | $A_d = -\dfrac{\beta R_L'}{R_B + r_{be}}$<br>$R_L' = R_C // \dfrac{1}{2}R_L$ | $A_d = -\dfrac{1}{2}\dfrac{\beta R_L'}{R_B + r_{be}}$<br>$R_L' = R_C // R_L$ | $A_d = -\dfrac{1}{2}\dfrac{\beta R_L'}{R_B + r_{be}}$<br>$R_L' = R_C // R_L$ |
| 差模输入电阻 | $R_{id} = 2(R_B + r_{be})$ | $R_{id} = 2(R_B + r_{be})$ | $R_{id} = 2(R_B + r_{be})$ | $R_{id} = 2(R_B + r_{be})$ |
| 输出电阻 | $R_o = 2R_C$ | $R_o = 2R_C$ | $R_o = R_C$ | $R_o = R_C$ |
| 用途 | 适用于对称输入、对称输出,输入/输出不需要接地的场合 | 适用于单端输入变为双端输出的场合 | 适用于双端输入变为单端输出的场合 | 适用于输入/输出都需要接地的场合 |

### 练习与思考

3-2-1 具有恒流源的差动放大电路与典型差动放大电路相比有什么优点?

3-2-2 有甲、乙两个直流放大器,已知它们输出端的漂移电压分别为 0.8V 和 0.5V,甲、乙两个放大器的电压放大倍数分别为 2000 和 200,试问甲、乙两个放大器中,哪个零漂指标好?为什么?

## 3.3 集成运算放大器的输出级——功率放大电路

### 3.3.1 功率放大电路概述

功率放大电路处于多级放大电路中的末级或末前级,其任务是输出足够大的功率去驱动负载(如扬声器、伺服电动机、显示器等)。

功率放大电路有自己的特点,在电路结构上也与第二章的电压放大电路有所不同。

**1. 功率放大电路的特点** 功率放大电路经常在大幅度信号状态下工作,因此与电压放大器有不同的特点。

1) 输入、输出的电压幅度都较大,并且输出电流的幅度也较大。只有如此,才能使电路输出足够大的功率。

2) 在大幅度信号的作用下,功放管的工作点有可能进入饱和区和截止区,从而使输出信号产生严重的非线性失真。

3) 由于是在大信号条件下工作,不允许采用微变等效电路法分析功放管的动态过程,因此一般只用图解法来分析。

**2. 对功率放大电路的要求**

1) 在不失真的情况下能输出尽可能大的功率。为了获得较大的输出功率,往往让功放管工作在极限状态,但同时要考虑到功放管的极限参数 $P_{CM}$、$I_{CM}$ 和 $U_{(BR)CEO}$。

2) 由于是功率放大,就要求提高效率。所谓效率,就是负载得到的交流信号功率与电源提供的直流功率之比值。

3) 非线性失真要小。输出较大功率使功放管的电压和电流都有足够大的输出幅度,这就不可避免地会产生非线性失真。对同一功放管而言,输出功率越大,非线性失真越严重。要求在输出最大功率时,非线性失真要小。

4) 要考虑功放管的管耗和热保护。由于功放管往往在接近极限状态下工作,因而其管耗也较大,因此要考虑对功放管的散热和热保护措施。

**3. 功率放大器的类型** 按照放大电路的工作状态分类把功放分为甲类、乙类、甲乙类三种,如图 3-13 所示。在图 3-13a 中,静态工作点 Q 大致在交流负载线的中点,称为甲类功放。在此状态下,功放管在一个周期内总是处于导通状态,无论有无输入信号,电源供给的功率 $P_E = V_{CC}I_C$ 总是不变的,当无信号输入时,电源功率全部消耗在管子和电阻上。在图 3-13c 中,静态工作点 Q 下移到 $I_C \approx 0$ 处,称为乙类功放。在此状态下,功放管只在信号的半个周期处于导通状态,管耗最小。在 3-13b 中,静态工作点 Q 设置在靠近截止区,为甲乙类功放。在此状态下,功放管的导通状态持续时间大于信号的半个周期而小于信号的一个周期。由图 3-13 可见,在甲乙类和乙类状态下工作时,虽然提高了效率,但也产生了严重的失真。

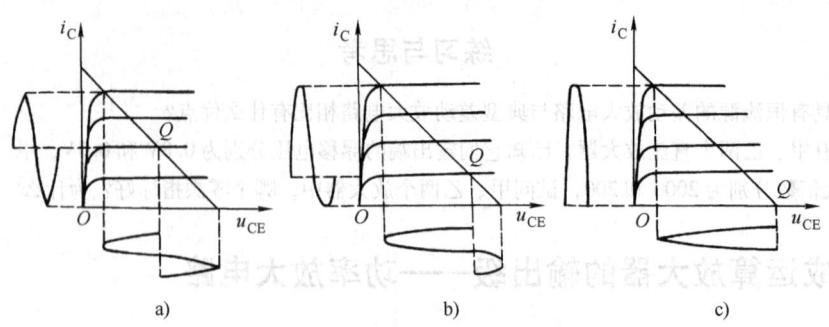

图 3-13 放大电路的工作状态
a) 甲类  b) 甲乙类  c) 乙类

按照功放电路与末级负载间的耦合方式来分类，又可分为变压器耦合功放、OTL（无输出变压器）功放、OCL（无输出电容）功放和 BTL（双向推挽无输出变压器）功放。

此外，功率放大器又可分为分立元件功放和集成功放。

### 3.3.2 互补对称功率放大电路

**1. 无输出电容（OCL）乙类互补对称功率放大电路**  电路如图 3-14 所示。其中 $V_1$、$V_2$ 为导电类型（NPN、PNP）互异（互补）性能参数相同的功放管，每管组成射极输出电路，输出与负载 $R_L$ 直接耦合（无输出电容所以称 OCL），双电源供电。两管都无偏置，因而都工作在乙类，并且交替导通、互相补足，所以称为 OCL 乙类互补对称功率放大电路。

当输入信号 $u_i = 0$ 时，因两管无偏置所以 $V_1$、$V_2$ 都截止，负载 $R_L$ 上电流 $i_o = 0$，输出电压 $u_o = 0$。

当输入信号 $u_i$ 处于正半周时，只要 $u_{BE1}$ 大于死区电压，则 $V_1$ 导通、$V_2$ 截止。$V_1$ 以射极输出的形式将正方向的信号传给负载 $R_L$，正半周电流 $i_{C1}$ 通过负载 $R_L$，并在 $R_L$ 上形成正半周输出电压 $u_o > 0$。

当输入信号 $u_i$ 处于负半周时，同理 $V_1$ 截止 $V_2$ 导通。$V_2$ 也以射极输出的形式将负方向的信号传给负载，负半周电流 $i_{C2}$ 通过负载 $R_L$，并在 $R_L$ 上形成负半周输出电压 $u_o < 0$。

如果两管特性完全对称，就能在负载 $R_L$ 上得到完整的输出电流 $i_o$ 的波形，如图 3-16 所示。$i_o$ 再乘以 $R_L$，则可得到输出电压 $u_o$。

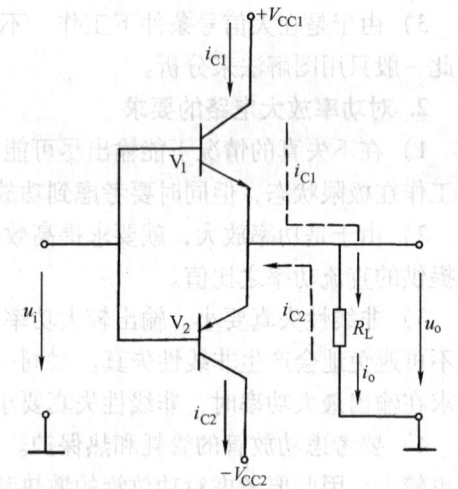

图 3-14 OCL 乙类互补对称功率放大电路

图 3-14 的 OCL 乙类互补对称功率放大电路的图解分析如图 3-16 所示。可知输出电流 $i_o$ 的最大变化范围为 $2I_{cm}$，最大幅值为 $I_{cm}$，输出电压 $u_o$ 的变化范围为 $2(V_{CC} - U_{CES}) = 2I_{cm}R_L$。如果忽略管子的饱和压降 $U_{CES}$，则输出电压的最大幅值 $U_{cem} = I_{cm}R_L \approx V_{CC}$。信号输出最大功率 $P_{om}$ 为

$$P_{om} = \frac{I_{cm}}{\sqrt{2}} \frac{U_{cem}}{\sqrt{2}} = \frac{1}{2} \frac{U_{cem}^2}{R_L} \approx \frac{1}{2} \frac{V_{CC}^2}{R_L} \tag{3-13}$$

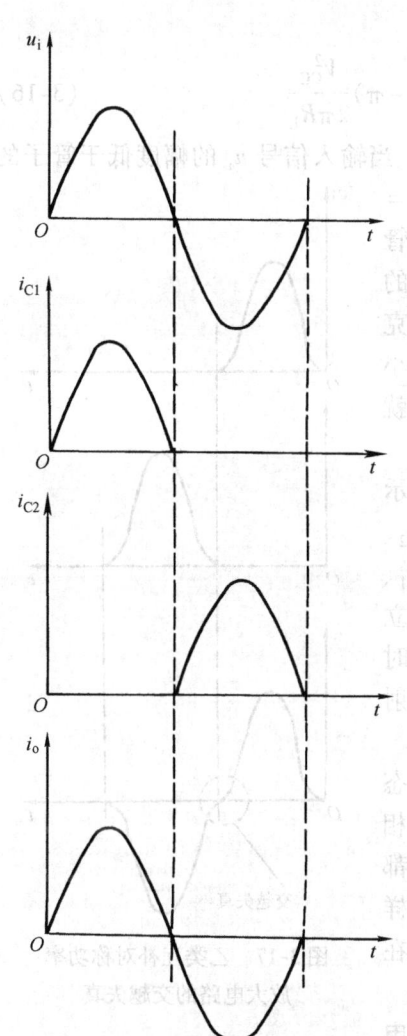

图 3-15 图 3-2 的工作波形图

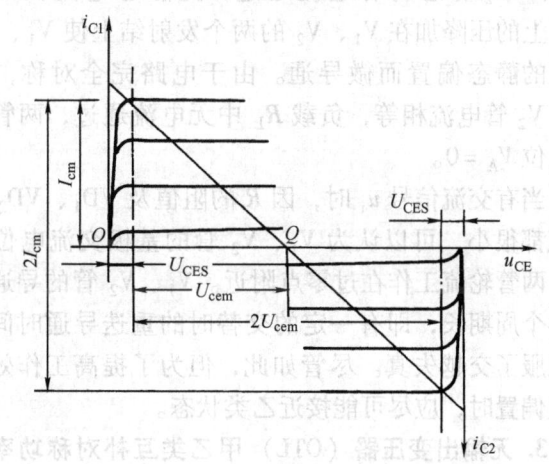

图 3-16 乙类互补对称功率放大电路的图解分析

因为在一个周期内 $V_1$ 和 $V_2$ 轮流导通,每个直流电源只在半个周期内供给功率,每个直流电源提供的功率为

$$P'_E = \frac{1}{2\pi} \int_0^\pi V_{CC} i_{C1} d(\omega t) = \frac{1}{2\pi} \int_0^\pi V_{CC} I_{cm} \sin\omega t d(\omega t) = \frac{V_{CC}^2}{\pi R_L}$$

两个直流电源提供的总功率为

$$P_E = 2P'_E = \frac{2V_{CC}^2}{\pi R_L} \tag{3-14}$$

故效率为

$$\eta = \frac{P_{om}}{P_E} = \frac{\pi}{4} = 78.5\% \qquad (3\text{-}15)$$

两管的总管耗 $P_{2V}$ 为

$$P_{2V} = P_E - P_{om} = \frac{2V_{CC}^2}{\pi R_L} - \frac{V_{CC}^2}{2R_L} = (4 - \pi)\frac{V_{CC}^2}{2\pi R_L} \qquad (3\text{-}16)$$

对乙类互补对称功率放大电路，由于没有直流偏置，当输入信号 $u_i$ 的幅度低于管子的死区电压时，$V_1$、$V_2$ 均截止，$i_{C1} = i_{C2} = 0$，$i_o = 0$，且 $u_o = 0$，就使得输出的电流、电压的波形发生畸变。这种由于管子的死区电压使输出电流的波形在正负半周过零处产生的非线性失真叫作交越失真，如图 3-17 所示。为了减小和克服交越失真，通常在两个互补管子的基极间建立一个较小的静态偏压，使两个管子在静态时都处于微导通状态，就是下面要说的甲乙类互补对称功率放大电路。

**2. OCL 甲乙类互补对称功率放大电路** 图 3-18 所示是一种 OCL 甲乙类互补对称电路的原理图。$R_1$、$R$、$R_2$、$VD_1$、$VD_2$ 静态时有电流通过，此静态电流在 $R$、$VD_1$、$VD_2$ 上的压降加在 $V_1$、$V_2$ 的两个发射结上使 $V_1$、$V_2$ 建立一定的静态偏置而微导通。由于电路完全对称，静态时 $V_1$、$V_2$ 管电流相等，负载 $R_L$ 中无电流通过，两管的发射极电位 $V_A = 0$。

当有交流信号 $u_i$ 时，因 $R$ 的阻值及 $VD_1$、$VD_2$ 的动态电阻都很小，可以认为 $V_1$、$V_2$ 管的基极交流电位基本相等，两管轮流工作在过零点附近。$V_1$、$V_2$ 管的导通时间都比半个周期长，即有一定的交替时的重迭导通时间，这样就克服了交越失真。尽管如此，但为了提高工作效率，在设置偏置时，应尽可能接近乙类状态。

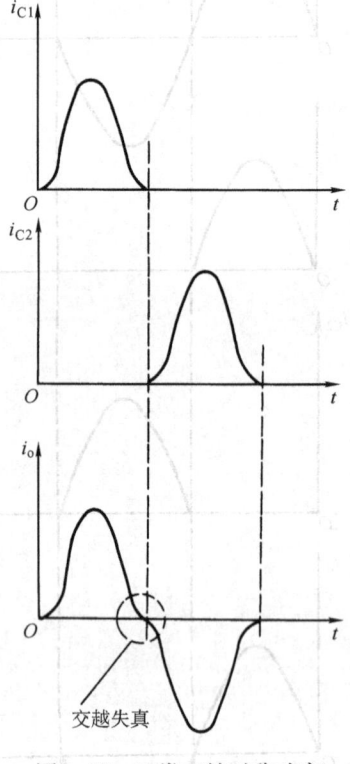

图 3-17 乙类互补对称功率放大电路的交越失真

**3. 无输出变压器（OTL）甲乙类互补对称功率放大电路** 图 3-19 是 OTL 甲乙类互补对称功率放大电路。与图 3-18 相比，省去了一个负电源（$-V_{CC}$），在功率放大级的发射极和负载 $R_L$ 之间增加了电容 $C$。静态时，两管的射极静态电位 $V_A = V_{CC}/2$，电容 $C$ 两端的电压也稳定在 $V_{CC}/2$ 数值上。调整 $R_1$、$R_2$ 和 $R$ 的阻值使 $V_{B1}$ 比 $V_{CC}/2$ 高约 0.5V，$V_{B2}$ 比 $V_{CC}/2$ 低约 0.5V，这样，两管就处于微导通状态。电容 $C$ 代替图 3-18 中负电源的作用担负 $V_2$ 管的供电工作。

该电路的工作原理与 OCL 甲乙类互补电路相类似。可以看出 $V_1$ 管的工作电压为 $V_{CC} - V_A = V_{CC}/2$，$V_2$ 管的工作电压也为 $V_{CC}/2$，因而前面推导的计算 $R_{om}$、$P_E$、$P_{2V}$ 的式 (3-13)、式 (3-14)、式 (3-16) 中的 $V_{CC}$ 必须用 $V_{CC}/2$ 代替。在理想情况下，电路的效率同样可达 78.5%。

要说明的是，在 OTL 互补对称电路中，为保持输出电容 $C$ 的端电压稳定和使电容 $C$ 产生较小的交流压降，必须选用大容量的电解电容，这将影响电路的频率特性，同时也不便于电路的集成。

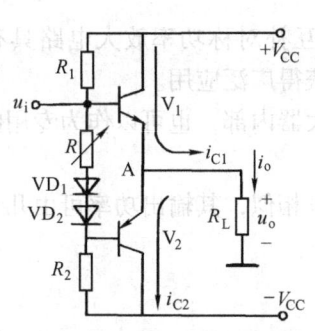
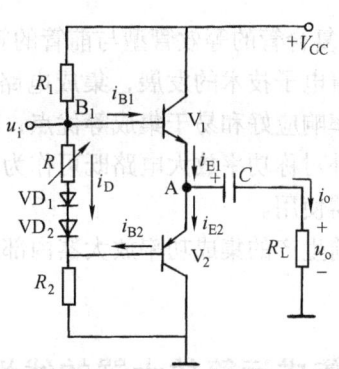

图 3-18　OCL 甲乙类互补对称放大电路　　图 3-19　OTL 甲乙类互补对称放大电路

**4. 采用复合管作功率管**　互补对称功放电路中，在输出功率较大时，输出管要采用大功率的管子，而大功率的 PNP 型和 NPN 型管的特性和参数很难达到所要求的对称程度。为解决此矛盾，把两个型号相同参数亦相同的大功率管通过驱动管变成两个复合管，并把其中的一个管转型，形成准互补功放电路。图 3-20 为 OCL 准互补功放电路。图中 $V_4$、$V_5$ 为同型号大功率管，分别与 $V_2$、$V_3$ 复合，$V_3$ 把 $V_5$ 转型使 $V_2$、$V_4$ 与 $V_3$、$V_5$ 成为互补输出。$R_4$、$R_5$ 是为减小穿透电流而设置的，$R_3$ 是为 $V_2$、$V_4$ 与 $V_3$、$V_5$ 建立静态偏置使其工作在甲乙类，RP 调整静态工作点使静态时 $V_K = 0$。$V_1$ 为前级驱动管，$R_E$ 为 $V_1$ 的发射极直流负反馈电阻用以稳定静态工作点，$C_E$ 为交流旁路电容。整个电路与一般 OCL 互补功放的原理和参数相同。

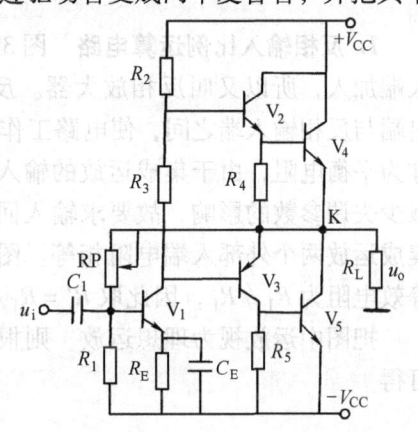

图 3-20　OCL 准互补功放电路

常见的用两管复合成一管的电路如图 3-21 所示。其中 $V_1$ 称为前管，功率较小，$V_2$ 称为后管，功率较大。除此之外，还有其他各种组合情况，所遵循的原则和连接方法如下：

1）无论两管的管型是否相同，复合连接时，两管各极的电流方向必须一致，并且前管连接在后管的集电结上。

2）复合管的总电流放大系数 $\beta \approx \beta_1 \beta_2$，$\beta_1$、$\beta_2$ 分别为 $V_1$ 和 $V_2$ 的电流放大系数。

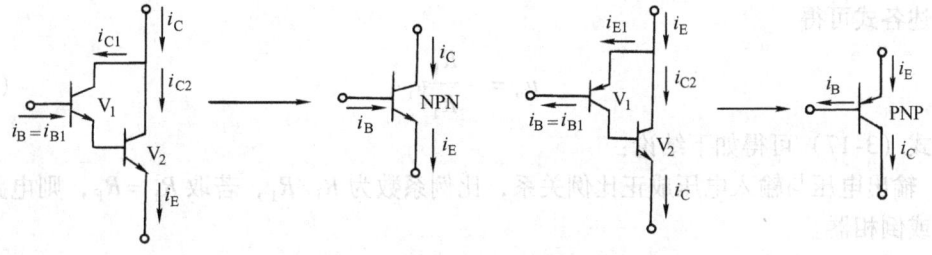

图 3-21　复合管的连接方法和等效管型
a) NPN 型与 NPN 型管的复合　b) PNP 型与 NPN 型管的复合

3）复合管的等效管型与前管的管型相同。

随着电子技术的发展，集成电路的应用日趋广泛。互补对称功率放大电路具有结构简单、频率响应好和易于集成等优点，因而在集成电路中获得广泛应用。

互补对称功率放大电路既可作为输出级置于运算放大器内部，也可以作为专用的集成功率放大器使用。

目前生产的集成功率放大器内部结构大多与集成运放相似，其输出功率可由几十毫瓦到几百瓦。

## 3.4 集成运算放大器的线性应用

集成运算放大器的应用分为线性应用与非线性应用，线性应用时运放工作在具有负反馈的闭环状态，此时虚短和虚断的结论同时成立。

### 3.4.1 三种基本运算电路及其仿真分析

**1. 反相输入比例运算电路** 图 3-22 所示为反相输入比例运算电路，输入信号从反相输入端加入，所以又叫反相放大器。反馈电阻 $R_F$ 跨接在输出端与反相输入端之间，使电路工作在闭环状态。图中 $R'$ 称为平衡电阻，由于集成运放的输入级为差动放大器，为减少失调参数的影响，故要求输入回路两端对称，即要求集成运放两个外部入端电阻相等。图中反相输入端的入端等效电阻为 $R_1 // R_F$，因此取 $R' = R_1 // R_F$。

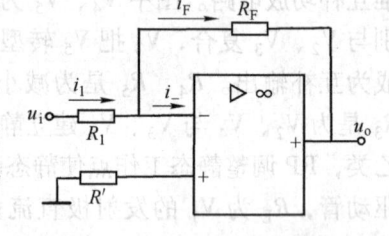

图 3-22 反相输入比例运算电路

把图中运放视为理想运放，则根据虚断和虚短的概念可得

$$i_+ = i_- = 0$$
$$u_- = u_+ = 0$$
$$i_1 = i_F$$
$$i_1 = \frac{u_i - u_-}{R_1}$$
$$i_F = \frac{u_- - u_o}{R_F}$$

综合上述各式可得

$$u_o = -\frac{R_F}{R_1} u_i \tag{3-17}$$

由式（3-17）可得如下结论：

1）输出电压与输入电压成正比例关系，比例系数为 $R_F/R_1$，若取 $R_1 = R_F$，则电路成为反相器或倒相器。

2）式中负号表明输出电压与输入电压反相位，这也是反相比例运算电路名称的由来。

3）比例系数的大小仅与运放外电路参数 $R_F$ 与 $R_1$ 的取值有关，因此选取阻值稳定、精度高的电阻器 $R_F$ 和 $R_1$ 是提高电路运算精度的关键。一般地 $R_1$ 与 $R_F$ 的取值约为

$1\mathrm{k}\Omega \sim 1\mathrm{M}\Omega$。

**2. 同相输入比例运算电路**　图 3-23 所示电路为同相输入比例运算电路，也称同相放大器，它是同相比例运算电路中最基本的形式。输入信号 $u_\mathrm{i}$ 通过 $R_2$ 加到集成运算放大器的同相输入端，负反馈电阻 $R_\mathrm{F}$ 跨接在输出端与反相输入端之间，平衡电阻 $R_2 = R_1 /\!/ R_\mathrm{F}$。

根据虚短与虚断的概念可得

$$u_- = u_+ = u_\mathrm{i}$$

$$i_1 = i_\mathrm{F}$$

$$i_1 = \frac{0 - u_-}{R_1}$$

$$i_\mathrm{F} = \frac{u_- - u_\mathrm{o}}{R_\mathrm{F}}$$

联立上述 4 式得

$$u_\mathrm{o} = \left(1 + \frac{R_\mathrm{F}}{R_1}\right) u_\mathrm{i} \tag{3-18}$$

式(3-18)表明，输出电压 $u_\mathrm{o}$ 与输入电压 $u_\mathrm{i}$ 成比例关系，比例系数是 $(1 + R_\mathrm{F}/R_1)$，而且 $u_\mathrm{o}$ 与 $u_\mathrm{i}$ 同相位。当 $R_\mathrm{F} = 0$ 时，电路称为同号器或电压跟随器，$u_\mathrm{o}$ 与 $u_\mathrm{i}$ 的关系为 $u_\mathrm{o} = u_\mathrm{i}$，如图 3-24 所示。

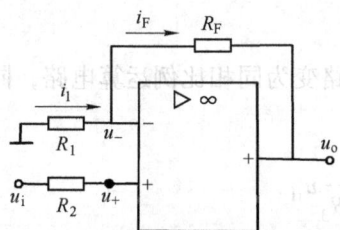
图 3-23　同相输入比例运算电路

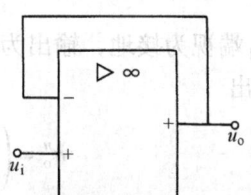
图 3-24　电压跟随器

同相输入比例运算电路还有一种形式，如图 3-25 所示。$u_\mathrm{o}$ 与 $u_\mathrm{i}$ 的关系应为

$$u_\mathrm{o} = \left(1 + \frac{R_\mathrm{F}}{R_1}\right) \frac{R_3}{R_2 + R_3} u_\mathrm{i} \tag{3-19}$$

式(3-19)的推导读者可以自己完成。

**3. 差动输入比例运算电路**　当集成运算放大器的同相输入端和反相输入端都接有输入信号时，称为差动输入运算电路，它的基本电路形式如图 3-26 所示，4 个外接电阻应满足 $R_1 /\!/ R_\mathrm{F} = R_2 /\!/ R_3$。输入与输出关系的推导可采用两种方法。

（1）虚短与虚断　仍用虚短与虚断的概念，可得

$$u_- = u_+ = \frac{R_3}{R_2 + R_3} u_{\mathrm{i}2}$$

$$i_1 = \frac{u_{\mathrm{i}1} - u_-}{R_1}$$

$$i_\mathrm{F} = \frac{u_- - u_\mathrm{o}}{R_\mathrm{F}}$$

$$i = i_F$$

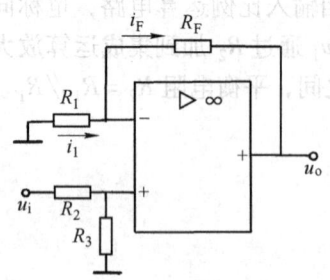

图 3-25 接 $R_3$ 的同相输入比例运算电路

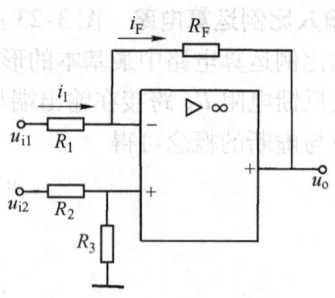

图 3-26 差动输入比例运算电路

联立上述 4 式求得

$$u_o = \left(1 + \frac{R_F}{R_1}\right)\frac{R_3}{R_2 + R_3}u_{i2} - \frac{R_F}{R_1}u_{i1} \tag{3-20}$$

(2) 使用叠加原理 运算放大器作线性应用时，均可使用叠加原理。对图 3-26 电路，令 $u_{i1}$ 单独作用，$u_{i2}$ 端视为接地，输出为 $u'_o$。此时电路变为反相比例运算电路，根据式 (3-17)，可直接写出

$$u'_o = -\frac{R_F}{R_1}u_{i1}$$

令 $u_{i2}$ 单独作用，$u_{i1}$ 端视为接地，输出为 $u''_o$。此时电路变为同相比例运算电路，同样可根据式 (3-19) 直接写出

$$u''_o = \left(1 + \frac{R_F}{R_1}\right)\frac{R_3}{R_2 + R_3}u_{i2}$$

电路总的电压输出为 $u_o$ 为

$$u_o = u'_o + u''_o$$

即

$$u_o = \left(1 + \frac{R_F}{R_1}\right)\frac{R_3}{R_2 + R_3}u_{i2} - \frac{R_F}{R_1}u_{i1}$$

上式显然与式 (3-20) 相同，这说明使用叠加原理，可借用前面推导过的基本反相、同相输入比例运算电路的结果，直接写出式 (3-20)。若取 $R_1 = R_2$，$R_F = R_3$，则式 (3-20) 可简化为

$$u_o = \frac{R_F}{R_1}(u_{i2} - u_{i1}) \tag{3-21}$$

若取 $R_1 = R_F$，则式 (3-21) 又可简化为

$$u_o = u_{i2} - u_{i1} \tag{3-22}$$

由此可知，差动输入放大电路可成为一个减法运算电路。

**例 3-3** 图 3-27 是由集成运放构成的两级放大电路，图中 $R_1 = 10\text{k}\Omega$，$R_F = 50\text{k}\Omega$，$R_3 = R_4 = 20\text{k}\Omega$，$E = 0.5\text{V}$，试求 $u_o$ 值并计算 $R_2$ 与 $R_5$ 的阻值。

**解** 设第一级运放的输出为 $u_{o1}$。两级电路均为基本反相比例运算电路，所以可直接写出

$$u_{o1} = -\frac{R_F}{R_1}E = -\frac{50}{10} \times 0.5\text{V} = -2.5\text{V}$$

$u_{o1}$作为第二级电路的输入,则第二级运放对地输出 $u'_o$ 为

$$u'_o = -\frac{R_4}{R_3}u_{o1} = \frac{R_4 R_F}{R_3 R_1}E = \frac{20 \times 50}{20 \times 10} \times 0.5\text{V}$$
$$= 2.5\text{V}$$

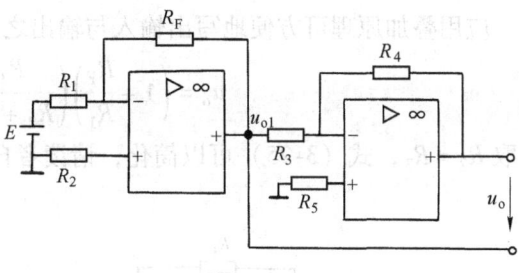

图 3-27 例 3-3 图

所求输出电压为

$$u_o = u'_o - u_{o1} = (2.5 + 2.5)\text{V} = 5\text{V}$$
$$R_2 = R_1 /\!/ R_F = (10 /\!/ 50)\text{k}\Omega = 8.33\text{k}\Omega$$
$$R_5 = R_3 /\!/ R_4 = (20 /\!/ 20)\text{k}\Omega = 10\text{k}\Omega$$

取 $R_2 = 8.2\text{k}\Omega$,$R_5 = 10\text{k}\Omega$。

**例 3-4** 用 EDA 仿真分析图 3-27 所示电路,试求 $u_{o1}$ 和 $u_o$。

**解** 在 EWB 中创建仿真电路,在相应待求处接入电压表,仿真电路及结果如图 3-28 所示。

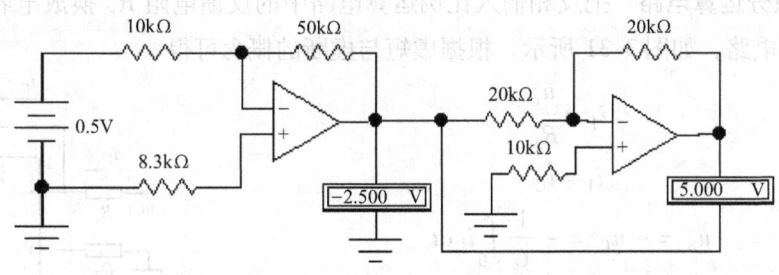

图 3-28 例 3-4 图

### 3.4.2 算数求和运算电路

**1. 反相求和运算电路** 在反相比例运算电路的基础上再增加几个输入支路,就可实现对多个输入信号的求和运算,图 3-29 所示电路是具有三个输入信号的反相求和运算电路,图中平衡电阻 $R_4 = R_F /\!/ R_1 /\!/ R_2 /\!/ R_3$。

根据图 3-29,应用叠加原理,结合式(3-17)可得电路输出为

$$u_o = -\left(\frac{R_F}{R_1}u_{i1} + \frac{R_F}{R_2}u_{i2} + \frac{R_F}{R_3}u_{i3}\right) \tag{3-23}$$

由式(3-23)可看出,输出电压不仅与输入电压反相,而且按不同的比例反映各输入信号的作用,完成了 $Y = -(ax + by + cz)$ 的运算,因此称为反相比例求和。

若取 $R_1 = R_2 = R_3 = R_F$,则

$$u_o = -(u_{i1} + u_{i2} + u_{i3}) \tag{3-24}$$

如果在电路的输出端接一个反相器,则可完成常规的算术加法运算。

**2. 同相求和运算电路** 图 3-30 是一个典型的同相求和运算电路,两个输入信号均加于同相输入端,为做到电路对称,各电阻应满足 $R_2 /\!/ R_3 = R_1 /\!/ R_F$。

应用叠加原理可方便地写出输入与输出之间的关系：

$$u_o = \left(1 + \frac{R_F}{R_1}\right)\left(\frac{R_3}{R_2 + R_3}u_{i1} + \frac{R_2}{R_2 + R_3}u_{i2}\right) \quad (3-25)$$

若取 $R_2 = R_3$，式（3-25）可以简化，请读者自己写出简化式。

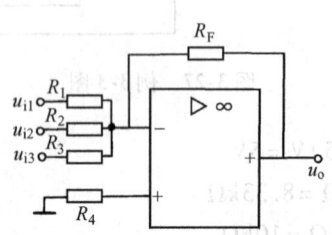

图 3-29 反相求和运算电路

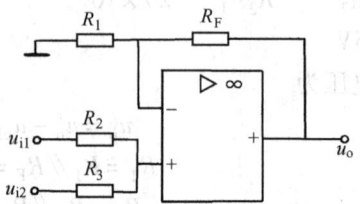

图 3-30 同相求和运算电路

### 3.4.3 积分和微分运算电路

**1. 基本积分运算电路** 把反相输入比例运算电路中的反馈电阻 $R_F$ 换成电容 $C$，则构成基本积分运算电路，如图 3-31 所示。根据虚短与虚断的概念可得

$$i_1 = \frac{u_i}{R_1}$$

$$i_1 = i_C$$

而

$$u_o = -u_C = -\frac{1}{C}\int_0^t i_C dt$$

以上三式联立解得

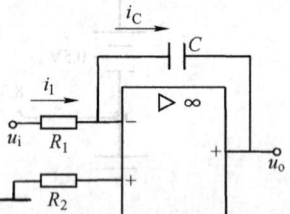

图 3-31 基本积分运算电路

$$u_o = -\frac{1}{R_1 C}\int_0^t u_i dt \quad (3-26)$$

式（3-26）说明输出电压是输入电压 $u_i$ 对时间的积分，式中负号表明输出与输入反相位。

若设 $t = t_0$ 时，输出电压初值为 $U(t_0)$，则 $t_0 \sim t$ 时间内，$u_o$ 值可写为

$$u_o(t) = -\frac{1}{R_1 C}\int_{t_0}^t u_i dt + U(t_0) \quad (3-27)$$

如果输入为直流信号，且 $t = t_0$ 时刻电容电压为 $U(t_0)$，则

$$u_o = -\frac{1}{R_1 C}U_i(t - t_0) + U(t_0) \quad (3-28)$$

式（3-28）说明输入为直流信号时，输出 $u_o$ 将随时间线性增长，但是注意，不可能无限增长下去，当达到集成运放的输出饱和值时，就停止了积分。积分运算电路的输入与输出曲线如图 3-32 所示。图 3-32a 为阶跃输入曲线，图 3-32b 为输出曲线。

**例 3-5** 图 3-31 中，$R_1 = 5k\Omega$，$C = 0.1\mu F$，并且 $t = 0$ 时电容 $C$ 两端电压为零，已知输入电压波形如图 3-33a 所示，试对应画出输出电压 $u_o$ 波形。

**解** 由于矩形波每半个周期内 $u_i$ 都是恒定值，所以引用式（3-27）分段分析比较方便。

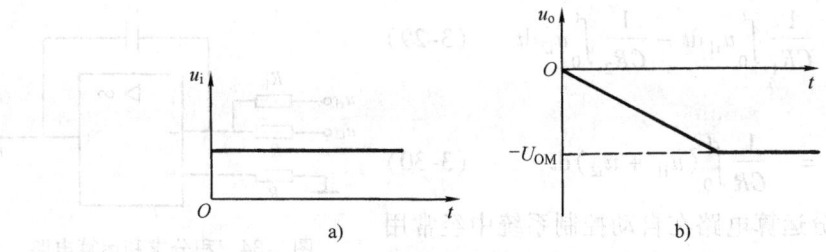

图 3-32  积分运算电路的输入与输出曲线

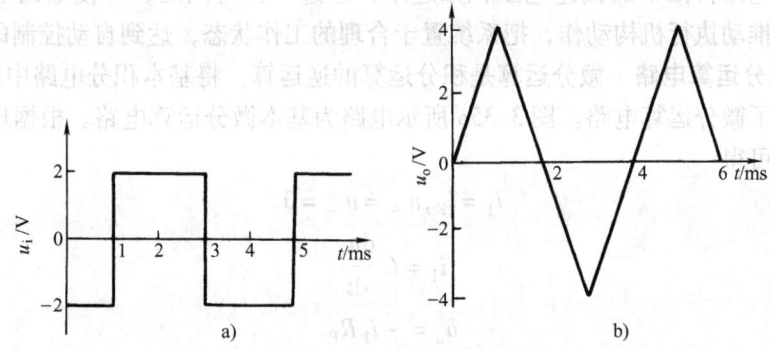

图 3-33  例 3-5 图

$$R_1C = (5 \times 10^3 \times 0.1 \times 10^{-6})s = 5 \times 10^{-4}s$$

$$u_o(t) = -\frac{U_i}{R_1C}(t-t_0) + U(t_0) = -2000U_i(t-t_0) + U(t_0)$$

在 $0 \sim 1$ms 时间内，$U_i = -2$V，$U(0) = 0$，则

$$u_o(t) = -2000U_i t = 4 \times 10^3 t \quad V \quad 0 \leq t \leq 1\text{ms}$$

当 $t = 1$ms 时

$$u_o(1\text{ms}) = 4 \times 10^3 \times 10^{-3}V = 4V$$

在 $1 \sim 3$ms 时间内，$U_i = 2$V，$U(1) = 4$V，则

$$u_o(t) = -2000U_i(t-1) + U(1) = [-2000 \times 2(t-1) + 4]V$$
$$= [-4000(t-1) + 4]V \quad 1\text{ms} \leq t \leq 3\text{ms}$$

当 $t = 3$ms 时

$$u_o(3\text{ms}) = [-4000 \times (3-1) \times 10^{-3} + 4]V = -4V$$

同理在 $3 \sim 5$ms 内可得出

$$u_o(t) = [4000(t-3) - 4]V \quad 3\text{ms} \leq t \leq 5\text{ms}$$

$$u_o(5) = [4000 \times (5-3) \times 10^{-3} - 4]V = 4V$$

根据以上分析结果，画出输出电压 $u_o(t)$ 的波形如图 3-33b 所示，由图可知积分电路能够将矩形波变成三角波。

**2. 积分求和运算电路**  在基本积分电路的输入端再增加输入回路就构成了积分求和运算电路。图 3-34 所示电路是具有两个输入信号的积分求和电路，应用叠加原理和式(3-27)可以写出电路输入与输出的关系式

$$u_o(t) = -\frac{1}{CR_1}\int_0^t u_{i1}dt - \frac{1}{CR_2}\int_0^t u_{i2}dt \quad (3\text{-}29)$$

当取 $R_1 = R_2 = R$ 时

$$u_o(t) = -\frac{1}{CR}\int_0^t (u_{i1} + u_{i2})dt \quad (3\text{-}30)$$

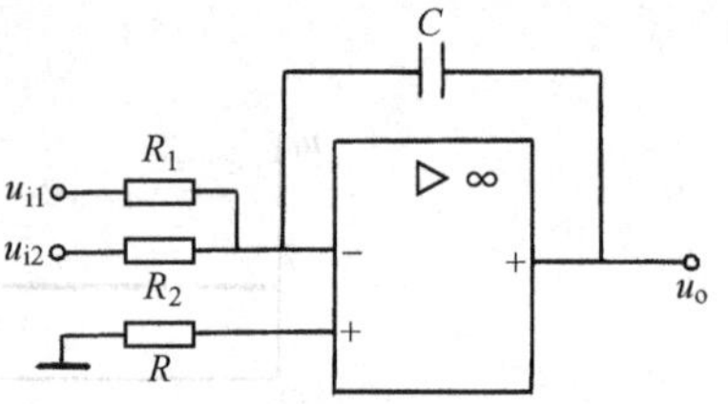

图 3-34 积分求和运算电路

上面讨论的积分运算电路在自动控制系统中经常用到。例如在自动化仪表中，输入信号 $u_i$ 通常是几个信号综合比较后的偏差电压，其值一般很微小，利用一般放大器还不能使执行机构动作，因此可采用积分运算电路将微小的偏差电压积累起来，经过一段时间后，可使输出电压达到较大值，从而能够推动执行机构动作，把系统置于合理的工作状态，达到自动控制的目的。

**3. 基本微分运算电路** 微分运算是积分运算的逆运算，将基本积分电路中的 $R_1$ 和 $C$ 对调位置就构成了微分运算电路。图 3-35a 所示电路为基本微分运算电路。根据理想运放虚短与虚断的概念可得

$$i_1 = i_F, u_+ = u_- = 0$$

$$i_1 = C\frac{du_i}{dt}$$

$$u_o = -i_F R_F$$

整理得

$$u_o = -R_F C \frac{du_i}{dt} \quad (3\text{-}31)$$

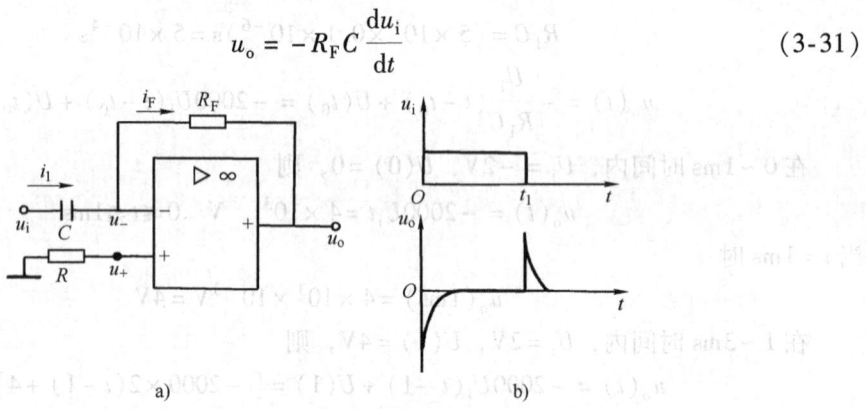

图 3-35 基本微分运算电路及其响应

式（3-31）表明输出电压 $u_o$ 与输入电压对时间的微分成正比。如果在 $t=0$ 时刻有 $u_i = E$ 突然加入，而在 $t = t_1$ 时刻又突然撤除，如图 3-35b 上部所示，则微分电路的输出信号对应波形如图 3-35b 下部所示。可见在输入信号突变时，输出响应为一尖脉冲，脉冲幅度受集成运放输出饱和值的限制。

由上述讨论可知，微分电路对突变信号反应非常灵敏，因此在自动控制系统中，常用微分电路来改善系统的灵敏度。

## *3.4.4 精密整流电路

**1. 精密半波整流电路**

利用二极管的单向导电性可以组成半波整流电路。图 3-36a 即是一个简单的二极管半波

整流电路，电路可以把正弦交流信号变成单向脉动的直流信号。但是二极管存在着约为 0.7V 的正向管压降，也称阈值电压，因此当被整流的信号电压低于此阈值时，信号无法导通二极管，电路就失去了整流作用。而当被整流信号大于阈值电压时，整流出的信号存在着非线性误差，当输入为小信号时，这种误差不能忽略，显然，图 3-36a 所示电路不适合小信号的整流。

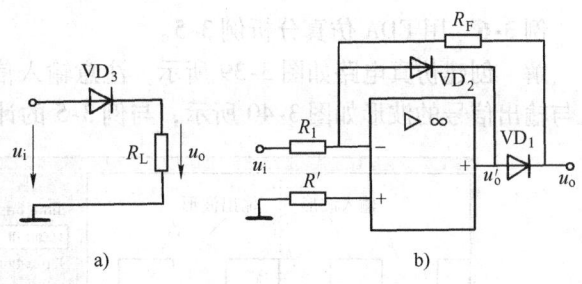

图 3-36 二极管半波整流电路
a) 简单二极管半波整流电路  b) 精密二极管整流电路

利用集成运算放大器构成整流电路可以有效地克服上述两方面的缺点。图 3-36b 是实现精密半波整流的一种方案。由图可分析电路的工作原理，当 $u_i > 0$ 时，$u'_o < 0$，$VD_2$ 导通，$VD_1$ 截止，$u_o = 0$；当 $u_i < 0$ 时，$u'_o > 0$，$VD_2$ 截止，$VD_1$ 导通，（由于运放的开环差模电压放大倍数很大，即使 $u_i$ 的值很小，也可产生较大的 $u'_o$ 而足以使 $VD_1$ 导通）利用虚短的概念，不难得到输出与输入的关系为 $u_o = -R_F/R_1 u_i$，是完全的线性关系。精密半波整流的电路输入/输出波形如图 3-37 所示。由分析结果可知，该电路实现了精密半波整流并兼有比例放大作用，比例系数为 $R_F/R_1$。

**2. 精密全波整流电路**  在半波整流电路的基础上，再接一级加法运算电路，就构成了精密全波整流电路，也称为取绝对值电路，如图 3-38 所示。

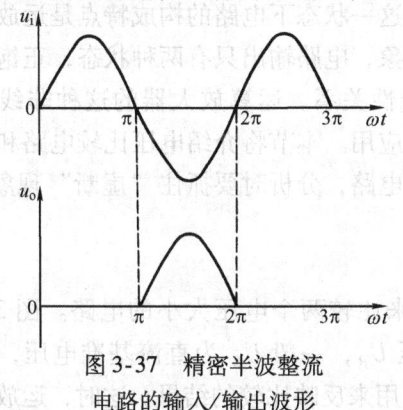

图 3-37 精密半波整流
电路的输入/输出波形

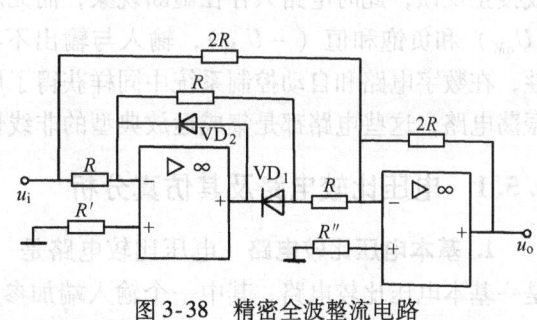

图 3-38 精密全波整流电路

当 $u_i > 0$ 时，$VD_1$ 导通，$VD_2$ 截止，$u'_o = -R/R u_i$，而 $u_o = -2u'_o - u_i$，即 $u_o = u_i$。

当 $u_i < 0$ 时，$VD_2$ 导通，$VD_1$ 截止，$u'_o = 0$，$u_o = -u_i$。

由上面分析可知，无论 $u_i$ 的极性如何，$u_o$ 总是为正，可见电路实现了全波整流。精密整流电路在精密测量及模拟运算电路中得到广泛的应用。

由运算放大器还可以构成其他应用电路，如处理音频、视频信号的交流耦合运算电路，有源滤波电路等。

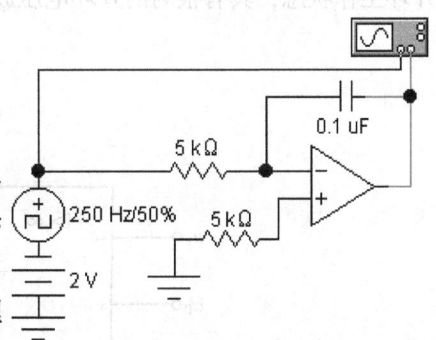

图 3-39 例 3-6 的仿真电路

**例 3-6** 用 EDA 仿真分析例 3-5。

**解** 创建仿真电路如图 3-39 所示，注意输入信号的加入方法。用双踪示波器观测的输入与输出信号的波形如图 3-40 所示，与例 3-5 的计算结果一致。

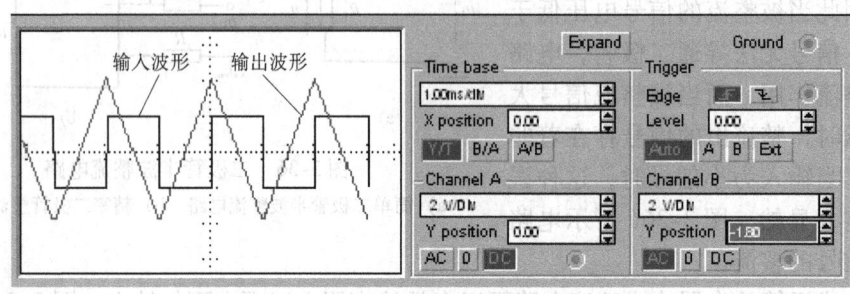

图 3-40 例 3-6 仿真结果

## 3.5 集成运算放大器的非线性应用

上一节所讨论的各种运算与应用电路，均是通过外接反馈网络使集成运放处于深度负反馈状态，此时的集成运放是工作在线性区，电路的输入/输出关系几乎与集成运放本身的特性无关，而主要由外接网络的参数所决定。

集成运放的另一种工作状态是非线性工作状态，这一状态下电路的构成特点是运放开环或接正反馈，此时电路只存在虚断现象，而无虚短现象，电路输出只有两种状态，正饱和值（$U_{oM}$）和负饱和值（$-U_{oM}$），输入与输出不再有线性关系。运算放大器的这种非线性特性，在数字电路和自动控制系统中同样获得了广泛的应用。本节将介绍电压比较电路和自激振荡电路，这些电路都是集成运放典型的非线性应用电路，分析时要抓住"虚断"现象。

### 3.5.1 电压比较电路及其仿真分析

**1. 基本电压比较电路** 电压比较电路是一个用来比较两个电压大小的电路。图 3-41a 是一基本电压比较电路，其中一个输入端加参考电压 $U_R$，一般 $U_R$ 为直流基准电压，另一输入端加信号电压 $u_i$，是被比较的对象，输出电压 $u_o$ 用来反映比较的结果。这时，运放处于开环工作状态，具有很高的开环电压放大倍数。当输入信号 $u_i$ 大于参考电压 $U_R$ 时，运放处于

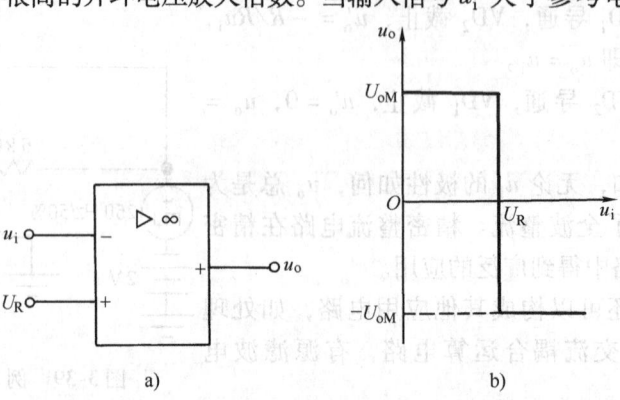

图 3-41 基本电压比较电路及电压传输特性

负饱和状态,输出负饱和值 $-U_{oM}$;当输入信号略低于 $U_R$ 时,运放即转入正饱和状态,输出正饱和值 $U_{oM}$。图 3-41b 是理想的电压传输特性。

若输入信号为一正弦量,则电路输出为一矩形波,如图 3-42 所示。显然矩形波正负半周的宽度受参考电压 $U_R$ 的控制,而幅值将受运放的工作电源的限制。

如果参考电压 $U_R = 0$,则输入信号电压每次过零时,输出就要产生突变,这种比较电路被称为过零比较电路。

**2. 电平检测比较电路** 图 3-43a 是一电平检测比较电路,参考电压 $U_R$ 与输入信号 $u_i$ 均加在运放的反相输入端。根据虚断的概念,当 $u_- > u_+ = 0$ 时,输出 $u_o = -U_{oM}$,当 $u_- < 0$ 时,输出 $u_o = U_{oM}$。而

$$u_- = \frac{R_1}{R_1 + R_2}u_i + \frac{R_2}{R_1 + R_2}U_R$$

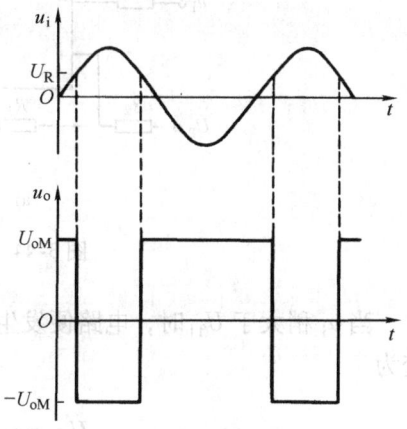

图 3-42 基本电压比较电路的正弦响应

由此得出当 $u_i \geq -R_2/R_1 U_R$ 时,电路输出负饱和值,当 $u_i \leq -R_2/R_1 U_R$ 时,电路输出正饱和值,其电压传输特性如图 3-43c 所示。

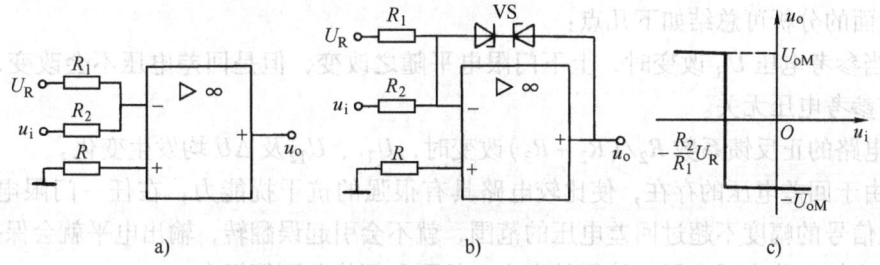

图 3-43 电平检测比较电路

如果希望电路的输出稳定在一定幅值上,可在电路中加装两个对接的相应的稳压管,其接法如图 3-43b 所示,它与图 3-43a 所示电路具有相同的电压传输特性,只是其输出电压的幅值为 $\pm(U_Z + U_D)$。

**3. 滞回比较电路** 滞回比较电路又称施密特电路,其电路构成如图 3-44a 所示。根据运放虚断的概念,则有

$$u_- = u_i$$

$$u_+ = \frac{R_3}{R_2 + R_3}U_R + \frac{R_2}{R_2 + R_3}u_o$$

电路实质上是对 $u_i$ 和 $u_+$ 进行比较。

当 $u_i > u_+$ 时,电路输出 $u_o = -U_{oM}$;当 $u_i < u_+$ 时,电路输出 $u_o = U_{oM}$。现设电路当前输出为正饱和值 $U_{oM}$,这时电路的翻转电平为 $U_{T1}$

$$U_{T1} = u_+ = \frac{R_3}{R_2 + R_3}U_R + \frac{R_2}{R_2 + R_3}U_{oM} \tag{3-32}$$

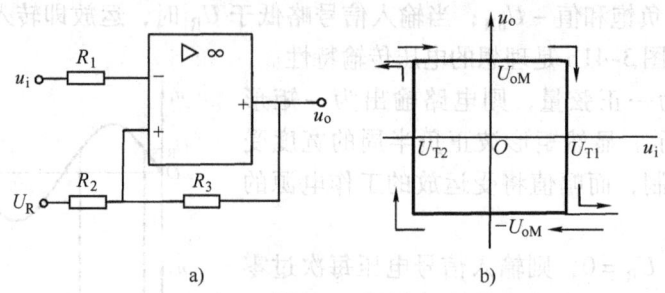

图 3-44 滞回比较电路及电压传输特性

当 $u_i$ 稍大于 $U_{T1}$ 时，电路便发生翻转，输出变为负饱和值 $-U_{oM}$。此后电路的翻转电平变为

$$U_{T2} = u_+ = \frac{R_3}{R_2+R_3}U_R - \frac{R_2}{R_2+R_3}U_{oM} \tag{3-33}$$

当 $u_i$ 稍小于 $U_{T2}$ 时，电路再次发生翻转，输出跳变为正饱和值，其电压传输特性如图3-44b所示。由于 $U_{T1} \neq U_{T2}$，电路出现两个翻转电平，所以传输曲线具有滞回特性，这也是滞回比较电路名称的由来。图中的三个重要参数被称为 $U_{T1}$（上门限电平）、$U_{T2}$（下门限电平）、$\Delta U$（回差电压，简称回差），$\Delta U = U_{T1} - U_{T2}$。

由上面的分析可总结如下几点：

1）当参考电压 $U_R$ 改变时，上下门限电平随之改变，但是回差电压不会改变，可见回差电压与参考电压无关。

2）电路的正反馈系数 $R_2/(R_2+R_3)$ 改变时，$U_{T1}$、$U_{T2}$ 及 $\Delta U$ 均发生变化。

3）由于回差电压的存在，使比较电路具有很强的抗干扰能力，在任一门限电平附近，只要干扰信号的幅度不超过回差电压的范围，就不会引起误翻转，输出电平就会保持稳定。

滞回比较电路广泛应用于波形的产生、整形和幅值鉴别等场合。

**例 3-7** 电路如图 3-44a 所示，$U_R = 0V$，工作电源电压为 ±15V，$R_3 = 9R_2$，$u_i = 2.7\sin\omega t$ V，若集成运放的正负饱和输出值为 ±13.5V。试求电路的上下门限电平和回差电压，并对应画出输出电压 $u_o$ 的波形。

**解** 由于 $U_R = 0$，所以根据式（3-32）、式（3-33）可以得到

$$U_{T1} = \frac{R_2}{R_2+R_3}U_{oM} = \left(\frac{1}{10}\times 13.5\right)V = 1.35V$$

$$U_{T2} = \frac{R_2}{R_2+R_3}(-U_{oM}) = \left[\frac{1}{10}\times(-13.5)\right]V = -1.35V$$

$$\Delta U = U_{T1} - U_{T2} = 2.7V$$

计算结果表明在 $u_i = \pm 1.35V$ 时，电路的状态发生跳转。电路的输出电压波形如图3-45所示。该电路的输入电压是正弦波，输出电压是方波。

**\*4. 双限比较电路** 按比较电路的功能可分为单限比较和双限比较。当输入电压单方向变化时，输出电平只发生一次翻转的比较电路称为单限比较电路，前面讲过的均属单限比较电路。而当输入电压单方向变化时，输出电平发生两次翻转的比较电路称为双限比较电路

(也称窗口比较电路)。能够实现双限比较的电路很多，现仅以图 3-46a 为例，叙述双限比较电路的工作原理。

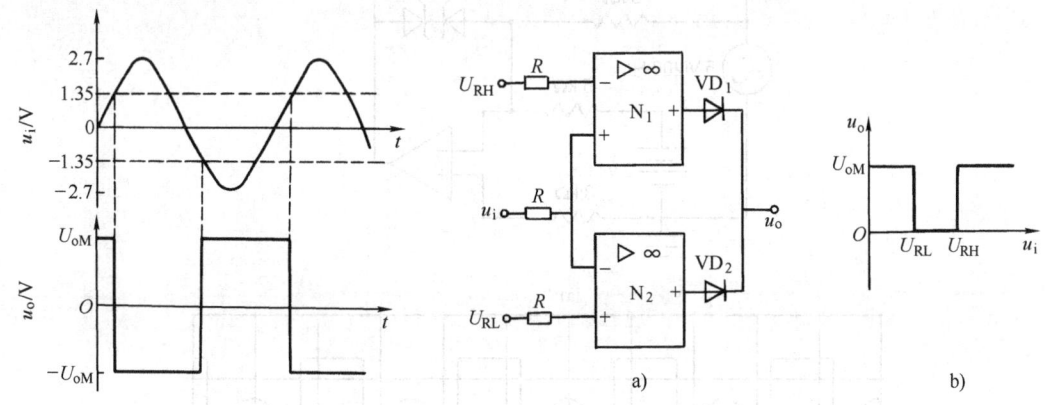

图 3-45　例 3-7 输入输出波形　　　　图 3-46　双限比较电路及其电压传输特性

电路中两个运算放大器分别组成同相输入和反相输入的电压比较电路，有两个参考电压 $U_{RH}$ 和 $U_{RL}$，且 $U_{RH} > U_{RL}$，$VD_1$ 和 $VD_2$ 是隔离二极管，其作用是消除两个运算放大器输出电平的影响，分析时可将 $VD_1$、$VD_2$ 视为理想二极管。

当 $u_i > U_{RH}$ 时，必然有 $u_i > U_{RL}$，所以 $N_1$ 输出正饱和值使 $VD_1$ 导通，而 $N_2$ 输出负饱和值使 $VD_2$ 截止，所以电路最后输出为高电平即 $u_o = U_{oM}$。

当 $u_i < U_{RL}$ 时，必然有 $u_i < U_{RH}$，所以 $N_1$ 输出负饱和值使 $VD_1$ 截止，而 $N_2$ 输出正饱和值使 $VD_2$ 导通，电路最后输出仍为高电平即 $u_o = U_{oM}$。

当 $U_{RL} < u_i < U_{RH}$ 时，运放 $N_1$ 和 $N_2$ 输出均为负饱和值而使 $VD_1$、$VD_2$ 同时截止，所以电路输出为低电平即 $u_o = 0$。

根据以上分析可画出双限比较电路的电压传输特性如图 3-46b 所示，由图可见，双限比较电路有两个门限电压，即 $U_{RL}$、$U_{RH}$，有两种静态输出即 $U_{oM}$ 和 0，当 $u_o = 0$ 时，表明 $u_i$ 处于两个门限电压之间，当 $u_o = U_{oM}$ 时，表明 $u_i$ 处在两个门限电压之外。

各种类型的比较电路在信号测量和自动控制领域中应用广泛。实用的比较器可以由通用型集成运放构成，也有专用集成电压比较器，国产的专用集成电压比较器型号很多，如：BG307；高速电压比较器 CJ0710，CJ0510，CJ0306；双高速电压比较器 CJ1414，CJ0514，CJ0811；双精密电压比较器 CJ0119 等。

**例 3-8**　电平检测比较电路见图 3-43b，设 $U_R = 2V$，$u_i = 5\sqrt{2}\sin\omega t$ V ($f = 200Hz$)，试用 EDA 仿真观测电路输出波形。

**解**　在 EWB 中创建电路如图 3-47a 所示，稳压管稳压值取 6V，则电路的输入与输出波形如图 3-47b 所示，输出为一矩形波。

## 3.5.2　自激振荡波形发生器及其仿真分析

**1. 方波产生电路**　图 3-48a 是一个基本方波产生电路，它是在滞回比较电路的基础上，靠正反馈和电容的充放电延时而构成的自激振荡电路。图中两个稳压管对接，起到正、负向输出的双向限幅作用。

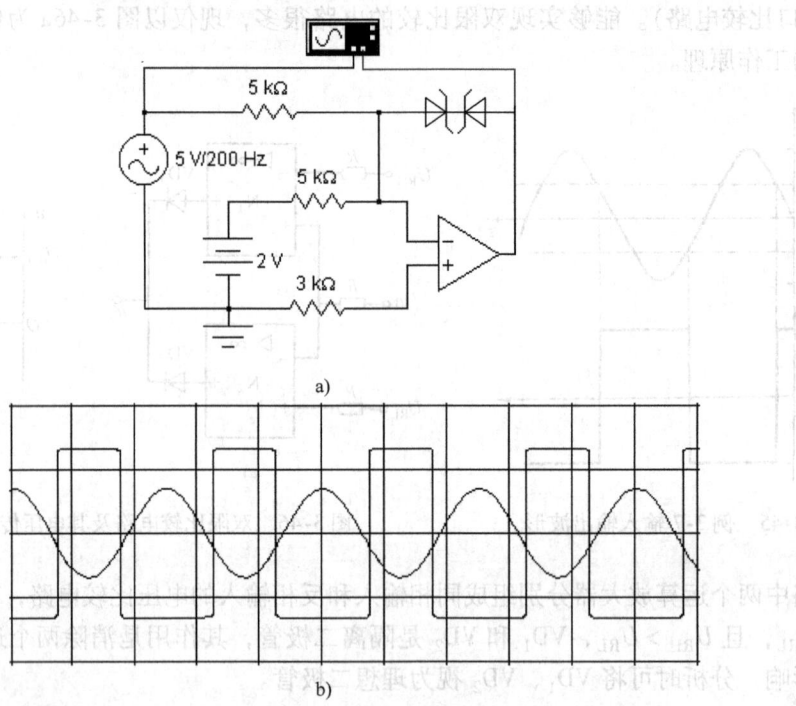

图 3-47 电平检测比较电路仿真结果

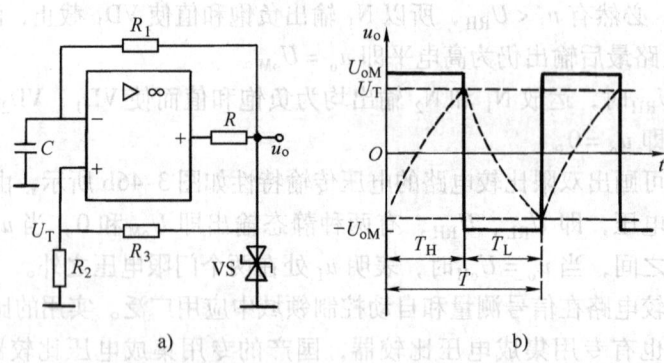

图 3-48 方波产生电路及其波形

根据图中参数计算出滞回比较器的两个门限电压分别是

$$U_{T1} = \frac{R_2}{R_2 + R_3} U_{oM}$$

$$U_{T2} = -\frac{R_2}{R_2 + R_3} U_{oM}$$

式中，$U_{oM}$ 为电路限幅后的最大输出，$U_{oM} = U_Z + U_D$，$U_Z$ 和 $U_D$ 分别为稳压管稳压值和正向导通时的管压降。

设电路稳态工作后的某一时刻输出为 $u_o = U_{oM}$，此时 $u_C$ 一定低于 $U_T = U_{T1}$，同时 $u_o$ 会通过 $R_1$ 为 $C$ 充电使 $u_C$ 不断上升，当出现 $u_C \geq U_T = U_{T1}$ 时，满足滞回比较电路的翻转条件，运放立即变为负饱和，电路输出为 $u_o = -U_{oM}$，门限电压跳变为 $U_T = U_{T2}$。因为 $u_C > u_o$，所以电容通过 $R_1$ 放电，$u_C$ 渐渐变小，经过一段时间后，$u_C \leq U_T = U_{T2}$ 时，又满足滞回比较电路的翻转条件，电路输出变为 $u_o = +U_{oM}$，门限电压跳变为 $U_T = U_{T1}$，电容又开始被充电，这样周而复始地产生振荡。由于电容充放电的时间常数相同，电路正负输出幅值相同，两个门限电压也对称，所以电路的输出电压为对称的方波，其波形如图 3-48b 所示，图中虚线表示电容上电压 $u_C$。$T$ 是方波的周期，显然有 $T = T_H + T_L = 2T_H$。

方波的周期由集成运放的外电路参数所决定，计算如下：

应用一阶电路的三要素法可得出 $t > 0$ 后电容电压随时间的变化规律为

$$u_C = U_{oM} - \left(\frac{R_2}{R_2 + R_3}U_{oM} + U_{oM}\right)e^{-t/(R_1C)}$$

当 $t = T_H$ 时，$u_C(T_H) = R_2/(R_2 + R_3)U_{oM}$，代入上式并整理可解得

$$T_H = R_1 C \ln\left(\frac{2R_2}{R_3} + 1\right) \tag{3-34}$$

$$T = T_H + T_L = 2R_1 C \ln\left(1 + \frac{2R_2}{R_3}\right) \tag{3-35}$$

式（3-35）表明，改变 $R_1$、$C$、$R_2$、$R_3$ 之中的任一参数，均可改变方波的周期。图 3-49 为仿真电路及波形图。

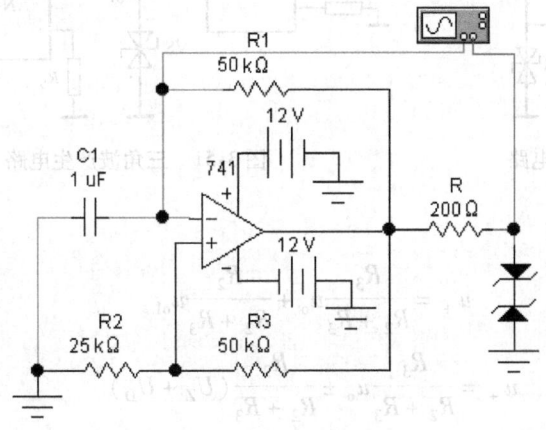

a)

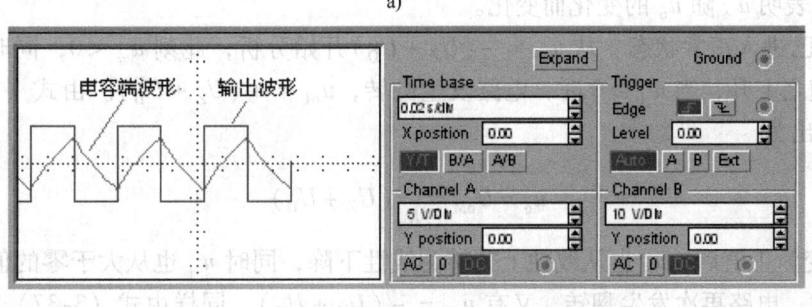

b)

图 3-49　方波发生器仿真电路及输出波形

**2. 矩形波产生电路**  在方波产生电路中，由于电容的充放电时间常数一样，所以输出波形的占空比为 $Q=1/2$，因而形成方波。如果令电路中电容的充放电时间常数不相同，则波形占空比 $Q \neq 1/2$，输出波形就变成了矩形波。图 3-50 就是采用不同充放电时间常数来构成矩形波产生电路的例子。图中充放电时间常数分别为

充电时间常数　　　　　　　　　$\tau_1 = (R_1 + R_D)C$

放电时间常数　　　　　　　　　$\tau_2 = (R_5 + R_D)C$

式中，$R_D$ 为二极管正向电阻。从而导出矩形波的周期为

$$T = T_H + T_L = \tau_1 \ln\left(\frac{2R_2}{R_3} + 1\right) + \tau_2 \ln\left(\frac{2R_2}{R_3} + 1\right) \tag{3-36}$$

**3. 三角波产生电路**  图 3-51 所示电路为三角波产生电路，它是由一滞回比较器 $N_1$ 和反相积分器 $N_2$ 组成的。由于 $N_1$ 构成了比较器，所以其输出 $u_{o1}$ 只有两种状态即 $u_{o1} = \pm(U_Z + U_D)$（$U_D$ 为稳压管正向管压降），而后一级电路接受 $u_{o1}$ 作为输入信号，由于积分的作用，必然得到线性上升（当 $u_{o1} < 0$）或线性下降（当 $u_{o1} > 0$）的输出。下面分析电路的工作原理。

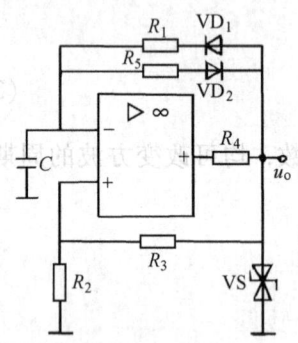
图 3-50　矩形波产生电路

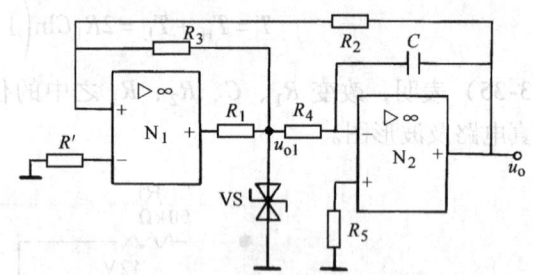
图 3-51　三角波产生电路

对于运算放大器 $N_1$ 有

$$u_+ = \frac{R_3}{R_2 + R_3} u_o + \frac{R_2}{R_2 + R_3} u_{o1}$$

或

$$u_+ = \frac{R_3}{R_2 + R_3} u_o \pm \frac{R_2}{R_2 + R_3} (U_Z + U_D) \tag{3-37}$$

式（3-37）表明 $u_+$ 随 $u_o$ 的变化而变化。

设电路已进入正常状态。从 $u_{o1} = -(U_Z + U_D)$ 开始分析，此刻 $u_+ < 0$，同时 $u_o$ 线性上升，$u_+$ 也随之上升，当 $u_+ \geq 0$ 时，电路发生翻转，$u_{o1} = +(U_Z + U_D)$。由式（3-37）得出电路最大输出为

$$u_o = U_{oM} = \frac{R_2}{R_3}(U_Z + U_D)$$

当 $u_{o1}$ 变为正值后，$u_o$ 也从线性上升转为线性下降，同时 $u_+$ 也从大于零的值渐渐下降。当 $u_+ \leq 0$ 时，电路再次发生翻转，又有 $u_{o1} = -(U_Z + U_D)$，同样由式（3-37）得出电路最小输出为

$$u_o = -U_{oM} = -\frac{R_2}{R_3}(U_Z + U_D)$$

此后电路将重复上述过程。如此周而复始，产生自激振荡，输出端便得到三角波输出，而 $u_{o1}$ 为方波，如图 3-52 所示。由图可见，三角波的峰值为 $\pm U_{oM} = \pm R_2(U_Z + U_D)/R_3$，显然改变 $R_2$、$R_3$ 和 $U_Z$ 中的任一值，均可改变波形的幅值。

三角波的周期可由积分电路输入输出的关系求出

$$2U_{oM} = \frac{1}{R_4 C}\int_0^{T_H}(U_Z + U_D)\mathrm{d}t$$

即

$$2\frac{R_2}{R_3}(U_Z + U_D) = \frac{T_H}{R_4 C}(U_Z + U_D)$$

$$T_H = \frac{2R_2 R_4 C}{R_3}$$

由于积分电路的正反向积分时间常数相等，所以 $T_H = T_L$，因此三角波的周期为

$$T = 2T_H = \frac{4R_2 R_4 C}{R_3}$$

**4. 锯齿波产生电路** 改变三角波产生电路的正反向积分时间常数就可得到锯齿波产生电路，如图 3-53 所示，其电路结构与工作原理与三角波产生电路相同，输出幅度相同，只是 $T_H \neq T_L$。$T_H$ 段和 $T_L$ 段的积分时间常数分别为 $(R_5 + R_D)C$ 和 $(R_4 + R_D)C$，其中 $R_D$ 为二极管正向电阻，借用三角波产生电路的分析结果可得

$$T_H = \frac{2R_2(R_5 + R_D)C}{R_3}$$

$$T_L = \frac{2R_2(R_4 + R_D)C}{R_3}$$

根据 $T_H$、$T_L$ 可以得出 $u_o$ 的周期 $T$ 和频率 $f$。

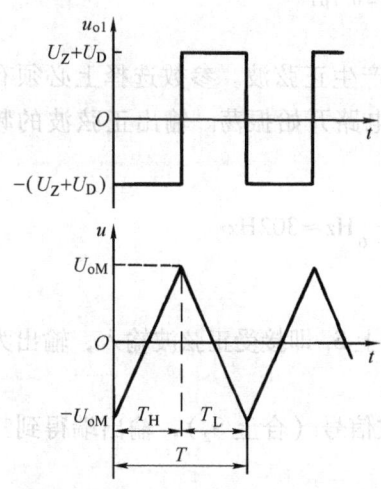

图 3-52 三角波产生电路工作波形

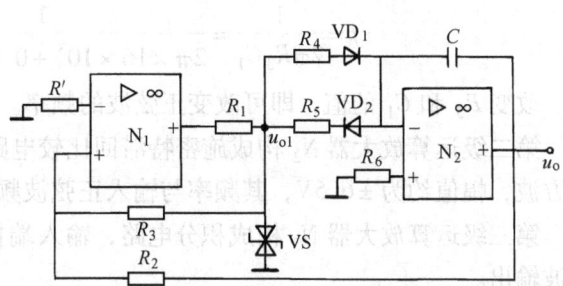

图 3-53 锯齿波产生电路

**练习与思考**

3-5-1 集成运放在线性工作方式时存在虚短与虚断的现象,在非线性工作方式时是否也存在此种现象?

3-5-2 任何一个电压比较电路,其输出只有两种状态,它们分别是正饱和值和负饱和值,这种说法对吗?

3-5-3 如果没有输出限幅,比较电路的输出幅值取决于什么?

3-5-4 方波产生电路如图 3-48a 所示,其输出方波的幅值等于多少?方波的宽度与哪几个参数有关?

## 3.6 集成运算放大器应用实例

**实例 1** 低成本函数发生器。

通过前面的论述可知,各种函数波形可由运算放大器配上阻容元件而获得,图 3-54 所示就是可产生正弦波、矩形波、三角波的电路。整个电路仅使用一片四运放 LM324,供电电源为 ±15V。

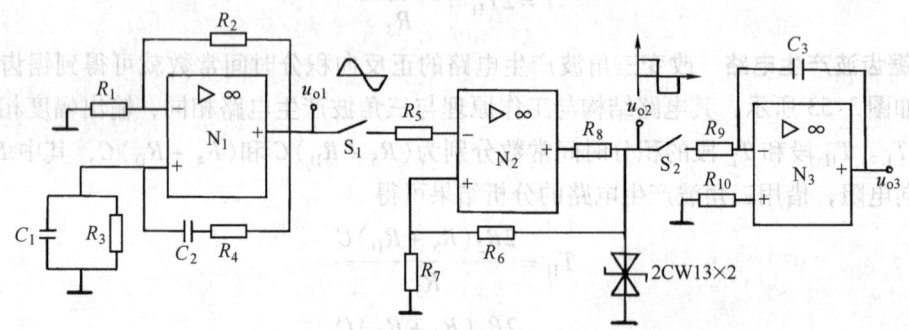

图 3-54 函数发生器

$R_1 = 1.8\text{k}\Omega$　$R_2 = 3.6\text{k}\Omega$　$R_3 = R_4 = 16\text{k}\Omega$　$R_5 = R_7 = 5.6\text{k}\Omega$　$R_6 = 51\text{k}\Omega$
$R_8 = 910\Omega$　$R_9 = R_{10} = 22\text{k}\Omega$　$C_1 = C_2 = C_3 = 0.1\mu\text{F}$

第一级运算放大器 $N_1$ 构成文氏电桥自激振荡电路,产生正弦波。参数选择上必须有 $C_1 = C_2$,$R_3 = R_4$,当满足幅值条件$(1 + R_2/R_1) = 3$ 时,电路开始振荡。输出正弦波的频率为

$$f = \frac{1}{2\pi R_3 C_1} = \frac{1}{2\pi \times 16 \times 10^3 + 0.033 \times 10^{-6}}\text{Hz} \approx 302\text{Hz}$$

改变 $R_3$ 和 $C_1$ 的值,即可改变正弦波的频率。

第二级运算放大器 $N_2$ 构成施密特滞回比较电路,当合上 $S_1$ 即接受正弦波输入,输出为一方波,幅值约为 ±6.5V,其频率与输入正弦波频率相等。

第三级运算放大器 $N_3$ 构成积分电路,输入端接受方波信号(合上 $S_2$),输出端得到三角波输出。

**实例 2** 电池自动充电电路。

图 3-55 所示电路为一电池自动充电电路,12V 工作电源可由交流 220V 变压后经桥式整

流电路提供，也可直接使用直流 12V 电源。

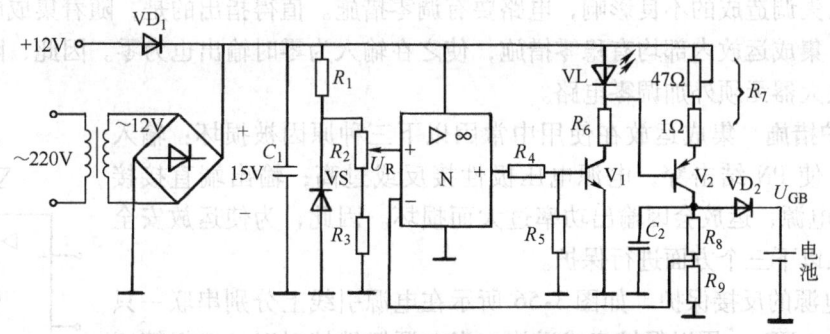

图 3-55　电池自动充电电路

$R_1 = 560\text{k}\Omega$　$R_2 = 2.2\text{k}\Omega$　$R_3 = 3.3\text{k}\Omega$　$R_4 = 5.6\text{k}\Omega$　$R_5 = 1\text{k}\Omega$　$R_6 = 1\text{k}\Omega$　$R_8 = 2.2\text{k}\Omega$

$R_9 = 3.3\text{k}\Omega$　$C_1 = 220\mu\text{F}$　$C_2 = 100\mu\text{F}$　$V_1$ 为 3DK2　$V_2$ 为 3AD6　VS 为 2CW7

运算放大器接成比较器形式，同相端加基准电压 $U_R$，$U_R$ 可通过调节 $R_2$ 来改变大小，反相端取自与电池电压成比例的电压，这样运放就将电池的取样电压 $u_-$ 与 $U_R$ 进行比较，以便控制充电电压。当电池的电压不足（低于预定值）时，$u_- < U_R$，运放输出为高电平（即正饱和值），晶体管 $V_1$ 导通，VL 发光，继而使 $V_2$ 也导通，产生恒定电流流经二极管 $VD_2$ 给电池充电，当电池充电电压上升到预定值 $U_{GB}$ 时，其取样电压 $u_-$ 也相应增加到 $U_R$，比较器输出变为零，$V_1$ 和 $V_2$ 截止，充电停止，充电电流自动切断，防止了电池的过量充电。

充电结束时电池电压为 $U_{GB} = U_R(R_8 + R_9)/R_9 - 0.6\text{V}$，它可按需要调节。充电电流为 $I \approx 1.4\text{V}/R_7$，调节 $R_7$ 可改变充电电流。

图中二极管 $VD_2$ 是为防止电源断开或整流电路出故障时电池对电路的放电而设的。$VD_1$ 则用来隔离交直流电源的相互影响。

## 3.7　使用集成运算放大器应注意的问题

集成运算放大器的应用十分广泛，在设计电路之前，必须学会怎样使用它，这包括要做好筛选、调零、补偿、保护等几项工作，这样才能使设计出来的电路实用、合理，从而确保电路完成预期的功能。

**1. 集成运放的选择**　目前，国内外各厂家生产的集成运放型号数以千计，性能各异，有通用型运放，也有某些方面性能突出的专用型运放。在使用之前，设计者首先要明确选用哪种型号能满足电路要求。由于通用型运放价格便宜容易买到，因此一般首先考虑选用通用型，如果通用型不能满足要求，才会根据需要选用相应的专用型运放。专用型集成运放有高阻、高压、高速、宽带、大功率等各种类型，选用时需仔细查阅手册。

由于器件参数的分散性，运放的实际参数与手册上给出的典型值是不一样的，所以在安装运放芯片之前，应对重要参数进行测试。参数测试可用专门的集成运放参数测试仪，也可参考有关资料自己搭接电路进行测试。

使用集成运放时还应注意手册上对使用环境的要求，如温度、湿度范围、电气、机械条件和安装工艺等。

**2. 调零** 集成运算放大器由于失调电压的存在，当输入信号为零时，输出往往不为零。为补偿输入失调造成的不良影响，电路要有调零措施。值得指出的是，随着集成电路制造水平的提高，集成运放内部均有稳零措施，使之在输入为零时输出也为零。因此，除精密运算外，运算放大器无须外加调零电路。

**3. 保护措施** 集成运放在使用中常因以下三种原因被损坏：输入信号过大，使 PN 结击穿；电源电压极性接反或过高；输出端直接接"地"或接电源，运放会因输出功率过大而损坏。因此，为使运放安全工作，应从以下三个方面进行保护。

（1）电源的反接保护 如图 3-56 所示在电源引线上分别串联一只二极管 $VD_1$、$VD_2$，用以保护集成运放。当电源极性接对时，二极管正向导通，运放获得电源。当电源极性接反时，二极管截止使电源加不到运放上，从而保护了运放芯片。

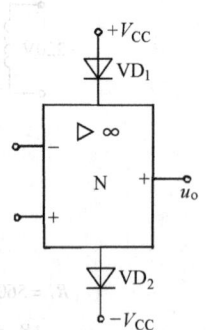

图 3-56 集成运放电源反接保护

（2）输入保护 一般情况下，运放工作在开环状态时，易因差模电压过大而损坏；在闭环状态下，易因共模电压超出极限值而损坏。图 3-57a 是防止输入差模信号过大的保护电路，图 3-57b 是防止输出共模信号过大的保护电路。

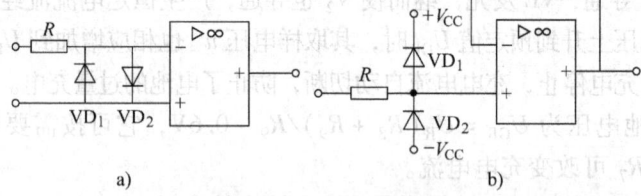

图 3-57 输入保护措施

a）防止输入差模信号幅值过大 b）防止输入共模信号幅值过大

（3）输出保护 一般的运放，内部都有较为完整的输出保护电路，因此使用时通常不需要考虑输出保护的问题。

**4. 单电源供电** 许多集成运放需要正负两组电源供电，才能正常工作，但有些场合为了方便希望采用单电源供电，因此可选用允许单电源工作的集成运放，如国产的 F124/224/324、XC348、F3104 和 F358 等。当特殊场合要求选用双电源运放而只有单电源供电的情况下，可采用如下电路，如图 3-58 所示，电路中采用电阻分压的办法，使得两个输入端 $u_+$ 与 $u_-$ 及输出端 $u_o$ 的静态电位同为 $V_{CC}/2$，即工作电平被抬高到 $V_{CC}/2$，对于此电平来说，集成运放相当于加双电源即 $\pm V_{CC}/2$。图 3-58 是典型的提高电平的电路，利用类似的办法可以方便地将单电源转变为双电源。

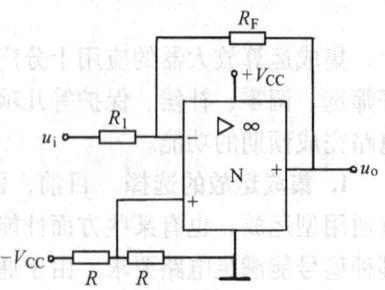

图 3-58 双电源集成运放变为单电源供电的交流放大电路

集成运算放大器是一个应用广泛的器件，在使用它的时候，除了要熟悉它的主要参数、工作原理之外，还应该多查手册，多实践，才能够准确、熟练地运用它。

## 小  结

**1. 运放的输入级——差动放大电路**

处理直流信号的多级放大器,其电路中不能使用电容、变压器等电抗元器件,级间只能采用直接耦合方式。而直接耦合多级放大器存在一个突出的问题就是零点漂移。引起零点漂移的原因很多,如温度变化、电源电压波动、元件老化等均可引起零漂。一般地,温度引起的零漂尤为严重。

克服零点漂移除了采用高稳定电源、元件老化处理外,目前应用较为广泛的是输入级采用差动式放大电路。

差动放大电路克服零漂的关键点有两个:一个是电路对称,这样可以保证电路双端输出时无零漂;另一个是在对称的前提下增大 $R_E$ 值,可抑制单管零漂,从而更有效地抑制整个电路的零漂。具有恒流源的差动放大电路,大大增加了动态 $R_E$ 值,能够更有效地抑制零漂。

当 $R_E$ 足够大时,双端输出的差动电路的差模电压放大倍数 $A_d$ 为

$$A_d = -\frac{\beta R'_L}{R_B + r_{be}}$$

$$R'_L = R_C // \frac{1}{2} R_L$$

单端输出时的差模电压放大倍数为

$$A_d = -\frac{1}{2} \frac{\beta R'_L}{R_B + r_{be}}$$

$$R'_L = R_C // R_L$$

**2. 运放的输出级——功率放大电路**

1) 功放电路的任务是向负载提供较大的输出功率。其工作电压和工作电流的动态幅度都较大,功率管的管耗大,非线性失真比较严重。

2) 对功放电路的要求是:输出尽可能大的功率,提高效率,减小非线性失真,并且改善功放管的散热条件。

3) 提高功放电路的工作效率的措施是改变功放管的工作状态。乙类互补对称功放电路最理想的效率可达 78.5%,但同时存在交越失真现象,实用中多采用甲乙类互补对称功放电路。

**3. 集成运放的应用**

1) 集成运算放大器是一种高放大倍数、高输入阻抗、低输入电阻的直接耦合放大器,它可以在很宽的频率范围内对信号进行运算、处理。集成运放的外形多为双列直插式。

2) 集成运放的工作区可分为两个:一个是线性工作区;另一个是非线性工作区。对运放施加深度负反馈,可使运放进入线性工作区。线性工作区的运放同时存在虚短与虚断的现象,输入与输出呈线性关系。运放处于开环或正反馈状态时便可进入非线性工作区,在非线性工作区时,运放的输出状态只有两个,分别是正饱和值 $U_{o+}$ 和负饱和值 $U_{o-}$。非线性区的运放始终存在虚断现象。

3) 反相输入、同相输入和差动输入三种运算电路是集成运放线性应用电路中最基本的电路。分析运放的线性应用电路,应抓住虚短和虚断两个概念。

4) 集成运放的非线性应用是以开环比较器为基础的,这时的运放处于非线性工作区,输出只有两种稳定状态,分析电路时要抓住虚断的概念,注意电路的翻转电平。对于波形产生电路,注意 RC 电路的瞬态响应,当具体计算时,要把集成运放的 $u_+ = u_-$ 作为电路状态的转换点。

5) 随着集成电路工艺的发展,许多过去需要外加的保护电路及消振电路等均已移至集成运放内部,使用时需查手册。只有在必要时才考虑外加保护等措施。

## 习 题

3-1 一个直流放大器的电压放大倍数为 300,在温度为 25℃时,输入信号 $u_i = 0$,输出端口的电压为 5V,当温度升高到 35℃时,输出端口的电压为 5.15V。试求放大电路折算到输入端的温度漂移($\mu V/℃$)。

3-2 如图 4-1 所示的典型差动放大电器中,已知 $u_{i1} = 10mV$、$u_{i2} = 8mV$,试求电路的差模输入信号 $u_{id}$ 及共模输入信号 $u_{ic}$。

3-3 若已知差动放大电路的差模输入信号为 5mV,而共模输入信号为 4mV,试求两个输入端对地的电压 $u_{i1}$ 和 $u_{i2}$。

3-4 电路如图 3-59 所示,设图中 $\beta_1 = \beta_2 = 60$,晶体管的输入电阻 $r_{be1} = r_{be2} = 1k\Omega$,$U_{BE1} = U_{BE2} = 0.7V$,试求:

1) 计算电路的静态值 $U_{CE1}$ 和 $U_{CE2}$;2) 计算电路差模电压放大倍数;3) 计算电路的差模输入电阻和输出电阻。

3-5 电路如图 3-60 所示。图中毫安表的满偏电流为 100μA,毫安表支路的总电阻为 2kΩ,两晶体管的

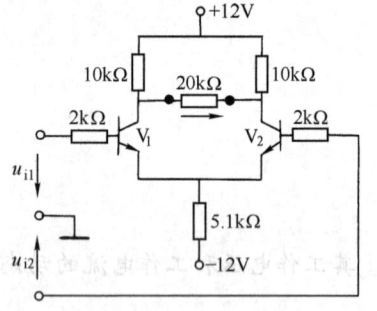

图 3-59 题 3-4 图

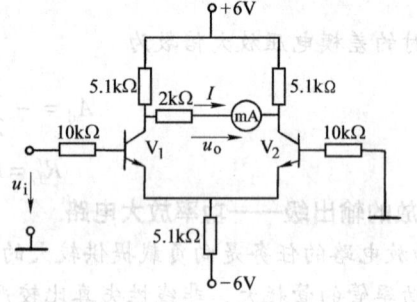

图 3-60 题 3-5 图

$\beta$ 均为 50,试计算:1) 每个管子的静态电流 $I_B$ 和 $I_C$(已知 $U_{BE1} = U_{BE2} = 0.7V$);2) 为使毫安表达到满偏需要加的输入信号 $u_i$ 应是多少?

3-6 电路如图 3-61 所示,在输入信号 $u_i$ 的一个周期内 $V_1$、$V_2$ 轮流导通,通电角度 180°,忽略管子的饱和压降,负载 $R_L = 3\Omega$。求输出最大功率、电源供给的总功率、效率和两管的总管耗。

3-7 电路如图 3-62 所示。1) 该电路属于哪种互补对称电路?2) 电路处于何种工作状态?3) 若输出信号出现交越失真,应调整哪些元件?

3-8 试判断图 3-63 中复合管的接法是否合理?合理者用图来表示它的类型。

3-9 图 3-64 电路中,N 为理想运放,$R = 60k\Omega$,$R_F = 180k\Omega$,$u_i = 1.5V$。试求:1) 输出电压 $u_o$;2) 确定平衡电阻 $R'$;3) 画出电压传输特性。

3-10 电路如图 3-65 所示,求输出电压 $u_o$。

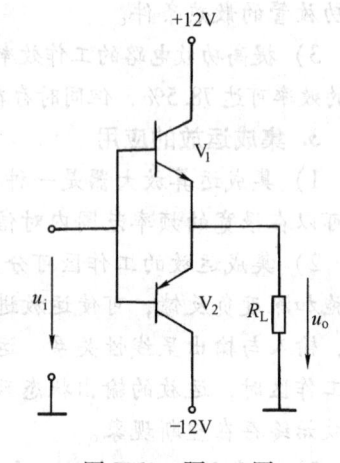

图 3-61 题 3-6 图

# 第3章 集成运算放大电路

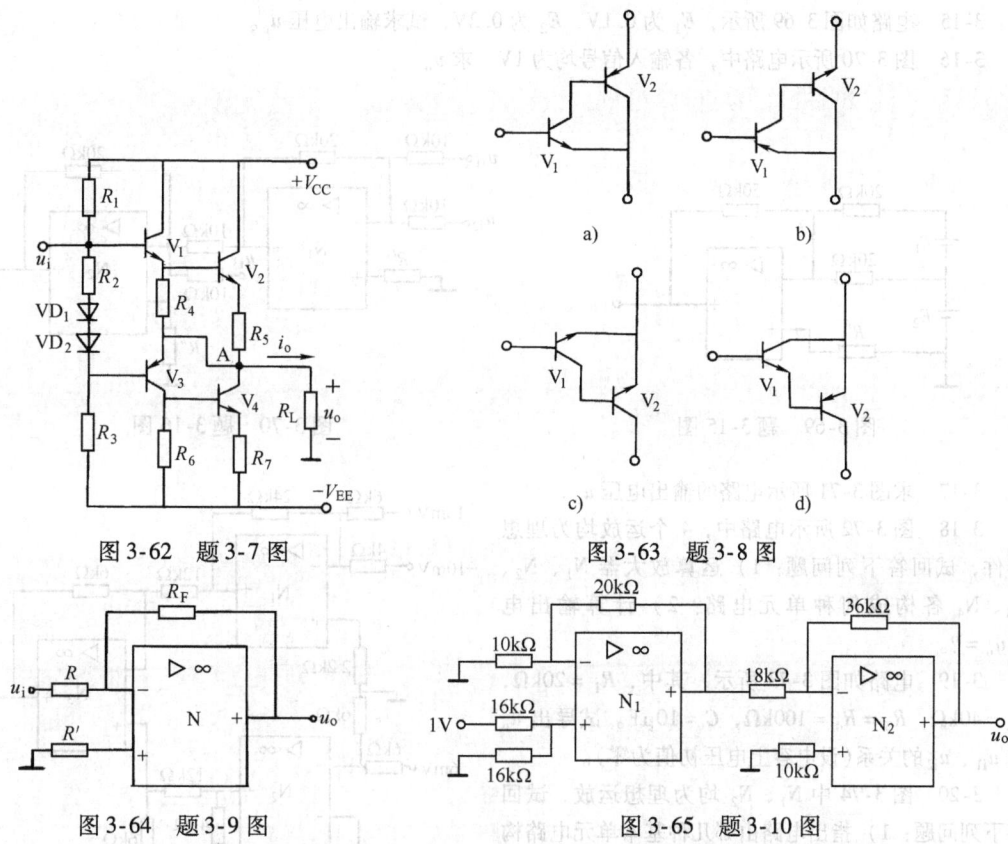

图 3-62 题 3-7 图

图 3-63 题 3-8 图

图 3-64 题 3-9 图

图 3-65 题 3-10 图

3-11 电路如图 3-66 所示，试求开关 S 打开和闭合两种情况下 $u_o$ 与 $u_i$ 的关系式。

3-12 图 3-67 所示电路的电压放大倍数可调，试求放大倍数的调节范围。

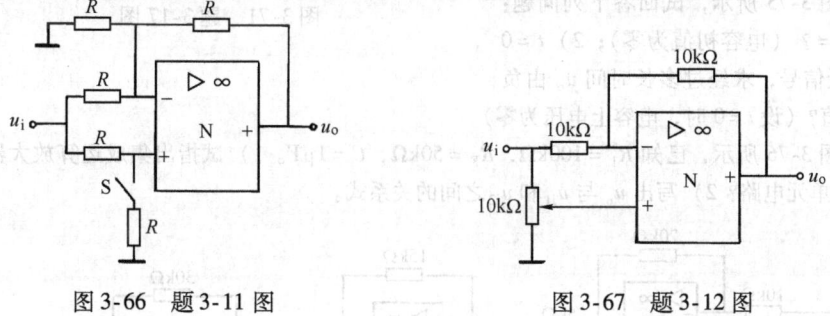

图 3-66 题 3-11 图

图 3-67 题 3-12 图

3-13 试用集成运放设计能完成如下功能的电路图。1) $u_o = 2u_{i1} - u_{i2}$；2) $u_o = 5u_i$。

3-14 电路如图 3-68 所示，试导出 $u_o$ 与 $u_i$ 的关系式并求出平衡电阻 $R'$ 及 $R''$。

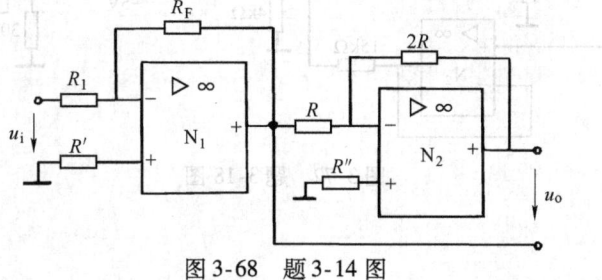

图 3-68 题 3-14 图

3-15 电路如图 3-69 所示，$E_1$ 为 0.1V，$E_2$ 为 0.2V，试求输出电压 $u_o$。

3-16 图 3-70 所示电路中，各输入信号均为 1V，求 $u_o$。

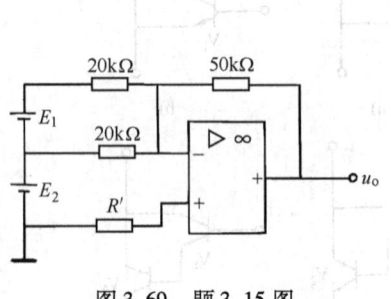

图 3-69 题 3-15 图

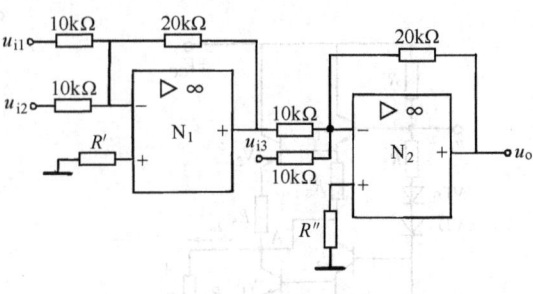

图 3-70 题 3-16 图

3-17 求图 3-71 所示电路的输出电压 $u_o$。

3-18 图 3-72 所示电路中，4 个运放均为理想器件，试回答下列问题：1）运算放大器 $N_1$、$N_2$、$N_3$、$N_4$ 各构成何种单元电路？2）计算输出电压 $u_o = ?$。

3-19 电路如图 3-73 所示，其中，$R_1 = 20\text{k}\Omega$，$R_2 = 40\text{k}\Omega$，$R_3 = R_4 = 100\text{k}\Omega$，$C = 10\mu\text{F}$。试导出 $u_o$ 与 $u_{i1}$、$u_{i2}$ 的关系（设电容上电压初值为零）。

3-20 图 3-74 中 $N_1$、$N_2$ 均为理想运放，试回答下列问题：1）指出电路由哪几种基本单元电路构成？2）设 $t = 0$ 时，$u_{i1} = 1\text{V}$，$u_{i2} = 0.5\text{V}$，$u_C(0) = 0\text{V}$，求 $t = 10\text{s}$ 时，$u_o = ?$。

3-21 电路如图 3-75 所示，试回答下列问题：1）当 $u_i = 0$ 时，$u_o = ?$（电容初值为零）；2）$t = 0$ 时刻，$u_i$ 加 5V 阶跃信号，求经过多长时间 $u_o$ 由负饱和值变为正饱和值？（设 $t = 0$ 时，电容上电压为零）

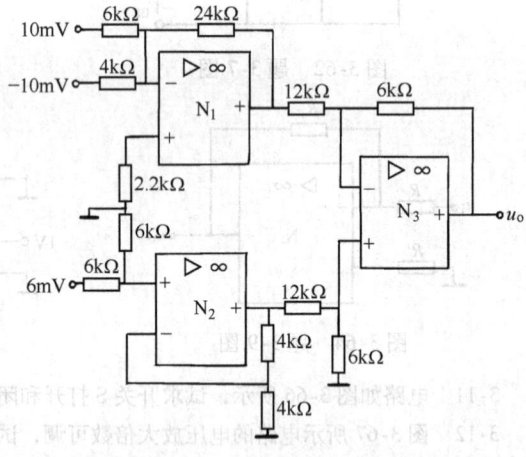

图 3-71 题 3-17 图

3-22 电路如图 3-76 所示，已知 $R_1 = 100\text{k}\Omega$，$R_F = 50\text{k}\Omega$，$C = 1\mu\text{F}$。1）试指出集成运算放大器 $N_1$、$N_2$、$N_3$ 各构成何种单元电路？2）写出 $u_o$ 与 $u_{i1}$ 和 $u_{i2}$ 之间的关系式。

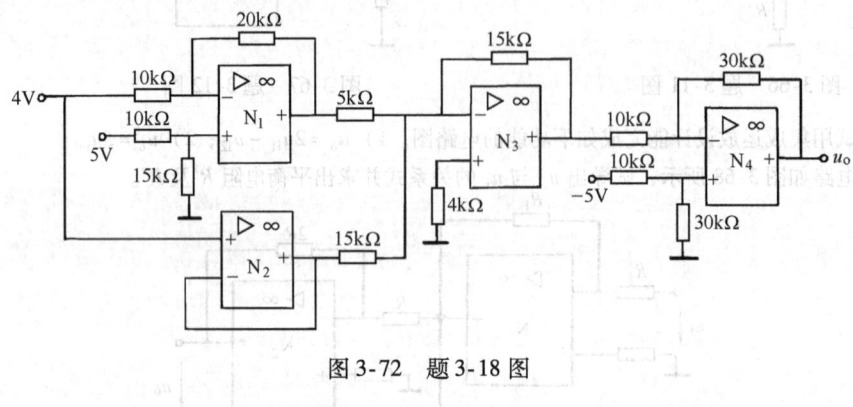

图 3-72 题 3-18 图

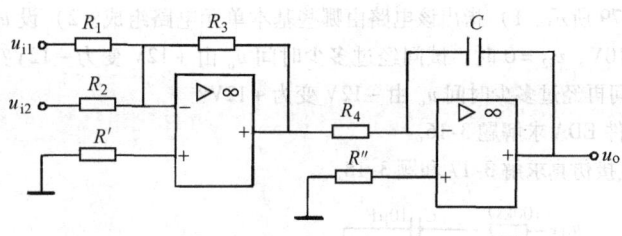

图 3-73  题 3-19 图

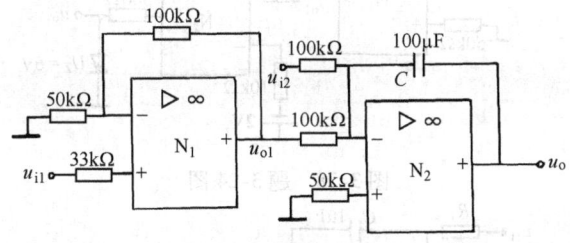

图 3-74  题 3-20 图

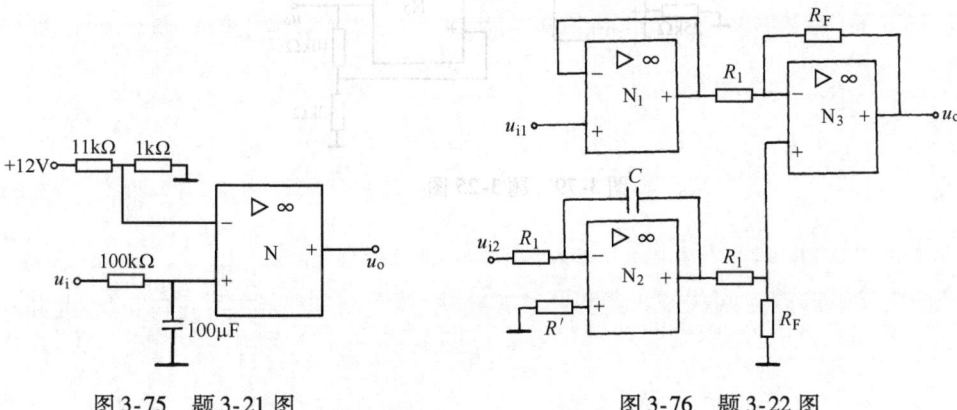

图 3-75  题 3-21 图　　　　　图 3-76  题 3-22 图

3-23　图 3-77 为一监控 $u_i$ 大小的报警电路，试说明其工作原理。

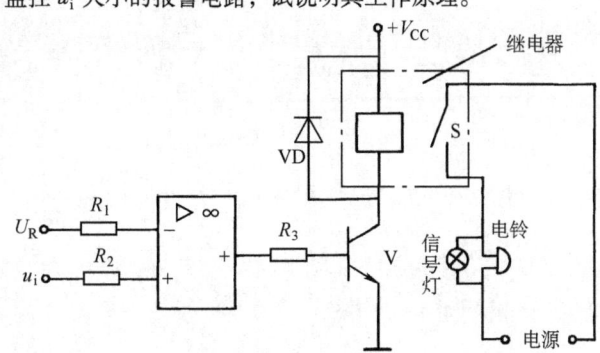

图 3-77  题 3-23 图

3-24　设图 3-78 电路在 $u_{i1} = u_{i2} = 0$ 时，$u_C = 0$。若将 $u_{i1} = -10V$ 加入 0.2s 后再将 $u_{i2} = +15V$ 也加入电路中，求再经过多长时间 $u_o = -6V$。

3-25 电路如图 3-79 所示。1) 指出该电路由哪些基本单元电路组成？2) 设 $u_{i1}=u_{i2}=0$ 时，$u_C=0$，$u_o=+12V$。当 $u_{i1}=-10V$，$u_{i2}=0$ 时，试问经过多少时间 $u_o$ 由 $+12V$ 变为 $-12V$？3) $u_o$ 变为 $-12V$ 后，$u_{i2}$ 由 0 改为 $+15V$，试问再经过多少时间 $u_o$ 由 $-12V$ 变为 $+12V$？

3-26 试用工具软件 EDA 求解题 3-16。

3-27 试用 EDA 直接仿真求解 3-17 和题 3-18。

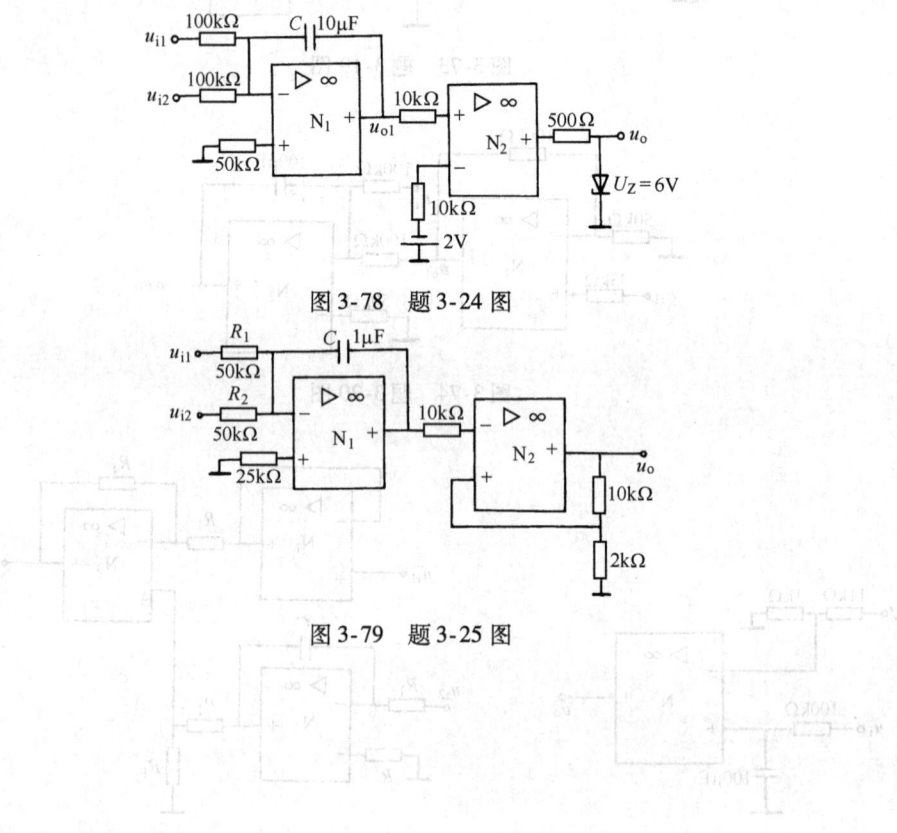

图 3-78 题 3-24 图

图 3-79 题 3-25 图

# 第 4 章 负反馈放大电路

放大电路引入反馈后，称为反馈放大电路或闭环电路。反馈电路又有负反馈电路和正反馈电路之分。

负反馈能改善放大电路的各种性能指标，因而广泛应用于模拟电子技术中。在负反馈放大电路中，当电路参数改变时，负反馈电路有可能变为正反馈电路，引起自激振荡使电路不能正常工作，因此在负反馈电路中要采取措施避免自激振荡的产生。

将放大器通过反馈网络接成正反馈电路时就构成振荡电路。振荡电路能产生一定幅度和一定频率的输出波形，根据振荡波形的不同，振荡电路可分为非正弦波振荡电路和正弦波振荡电路。本章介绍正弦波振荡电路，常用的有 $RC$ 振荡电路、$LC$ 振荡电路和石英晶体振荡电路。振荡电路在测量、自动控制、通信、无线电广播、雷达、声纳、中高频感应加热、超声焊接、探伤、清洗以及电子乐器等领域得到广泛应用。

## 4.1 反馈的基本概念

### 4.1.1 反馈基本概念的引出

图 4-1 是第 2 章讨论过的静态工作点稳定电路，该电路通过射极电阻 $R_E$ 把输出端的静态电流 $I_{CQ}$ 返送到输入端，进而使 $I_{CQ}$ 保持稳定。当由于某些原因，如直流电源电压的变化或环境温度改变等，使 $I_{CQ}$ 增大，则流过 $R_E$ 的电流 $I_{EQ}$ 也增大，$R_E$ 两端电压 $U_{EQ}$ 将升高，这个反映 $I_{CQ}$ 变化的电压又作用于输入回路，使 $U_{BEQ}$ 减小，$I_{BQ}$ 也将减小，从而使 $I_{CQ}$ 减小，达到自动稳定静态工作点的目的。这一过程可表示如下：

$$I_{CQ} \uparrow \rightarrow I_{EQ} \uparrow \rightarrow U_{EQ} \uparrow \rightarrow U_{BEQ}(=U_{BQ}-U_{EQ}) \downarrow$$
$$I_{CQ} \downarrow \longleftarrow I_{BQ} \downarrow$$

上述过程是直流负反馈的过程。

由上述可知，所谓反馈就是把放大电路的输出量（电压或电流信号）的部分或全部，通过一定方式返送到输入回路的过程。那么，反馈放大电路必由两部分组成，即基本放大电路 $\dot{A}$ 和反馈网络 $\dot{F}$，如图 4-2 所示。其中基本放大电路指未加反馈的单级、多级放大电路，或者是集成运算放大器。反馈网络可由电阻、电感、电容或半导体器件等组成。上例的反馈网络就是由射极电阻 $R_E$ 构成的。

反馈可以分为直流反馈和交流反馈。如果反馈网络能把输出的某个直流量返送到输入回路，那么该电路引进的就是直流反馈。图 4-1 所示就是直流反馈电路。若

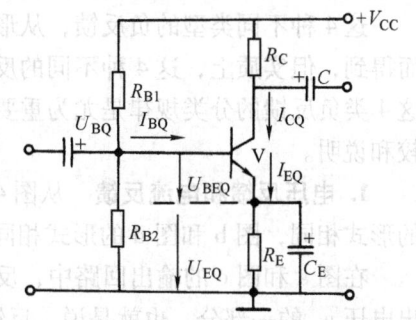

图 4-1 静态工作点稳定电路

将图 4-1 电路中的射极旁路电容 $C_E$ 去掉，如图 4-3 所示。则输出回路中的交流分量 $i_c$ 通过 $R_E$，产生交流电压降 $u_f$，并且出现在输入回路中，这种能把输出的某个交流量返送到输入回路的过程叫作引进了交流反馈。显然，图 4-3 所示电路既有直流反馈，又有交流反馈。

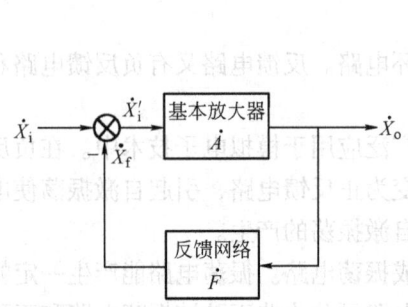

图 4-2 负反馈放大电路的原理框图

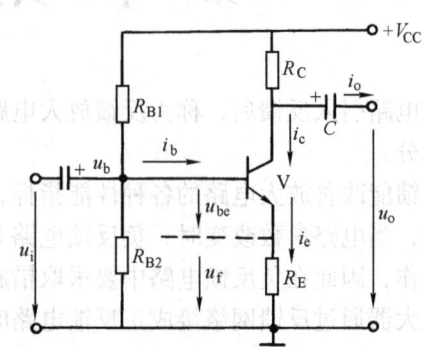

图 4-3 具有交流负反馈的电路

反馈又有负反馈和正反馈之分。当图 4-3 所示电路的输入交流电压 $u_i$ 一定时，若 $\beta$ 值随温度升高而变大，使输出电流 $i_c$ 上升，将产生与图 4-1 电路相似的稳定过程：

$$i_c \uparrow \rightarrow i_e \uparrow \rightarrow u_e \uparrow \rightarrow u_{be}(= u_i - u_f) \downarrow$$
$$i_c \downarrow \leftarrow \qquad\qquad\qquad\qquad\qquad i_b \downarrow$$

即 $i_c$ 有保持稳定不变的趋势。在上述过程中，由于反馈的引入使净输入信号（$u_{be} = u_i - u_f$）减小，从而使放大电路的放大倍数下降，这样的反馈称为负反馈。虽然负反馈使放大倍数下降，但换取了其他许多性能的改善，因此在放大电路中得到广泛应用，这是本章要讨论的主要内容。相反，若把引入反馈后使输入回路的信号增强的反馈称为正反馈。虽然正反馈在放大电路中能适当提高放大倍数，但使放大电路其他性能变差，因此在放大电路中很少采用，而主要应用于振荡电路和数字电路的暂态过程中。

### 4.1.2 反馈的分类

除了正反馈和负反馈两大类反馈外，在负反馈放大电路中，为了达到不同的目的，可以在输出回路和输入回路中采用不同的连接方式，形成不同类型的负反馈放大电路。图 4-4 中给出了负反馈放大电路的 4 种基本类型的框图。其中图 a 是电压串联负反馈，图 b 是电流串联负反馈，图 c 是电压并联负反馈，图 d 是电流并联负反馈。

这 4 种不同类型的负反馈，从形式上看，可由输出量和输入回路按不同方式的排列组合而得到，但实质上，这 4 种不同的反馈类型对放大电路的性能有着不同的影响，因此，研究这 4 类负反馈的分类规律是尤为重要的。现在把输出回路和输入回路的反馈方式分别加以比较和说明。

**1. 电压反馈和电流反馈** 从图 4-4 电路的 4 个框图的输出回路中可以看出，图 a 和图 c 的形式相同，图 b 和图 d 的形式相同。

在图 a 和图 c 的输出回路中，反馈网络跨接于输出电压的两端，即进入反馈网络的是输出电压 $u_o$ 的一部分，也就是说，反馈信号的来源是输出电压。我们把这种反馈信号取自输出电压的反馈方式称为电压反馈。

在图 b 和图 d 的输出回路中，反馈网络串接于输出回路，即进入反馈网络的是输出电流 $i_o$，也就是说，反馈信号的来源是输出电流。我们把这种反馈信号取自输出电流的反馈方式称为电流反馈。

例如图 4-3 电路中，流入反馈网络 $R_E$ 的是射极电流 $i_e$，由于 $i_c \approx i_e$，所以也可认为流入反馈网络的是输出回路中的电流 $i_c$。反馈信号 $u_f = u_e \approx i_c R_E$，即反馈信号正比于输出电流 $i_c$。因此，从输出回路看，这个电路是电流反馈电路。

在放大电路中，电流负反馈电路大多是将反馈电阻串接于射极回路，如图 4-3 所示的电路，反馈信号取自 $i_c$，而不是取自输出电流。因此，通过负反馈稳定的是 $i_c$，而不是 $i_o$。所以对于图 4-3 的电路，用框图 4-4b 来表示时，图中的 $i_o$ 实际应为 $i_c$，而 $R_L$ 实际应为 $R_L' = R_L \mathbin{/\mkern-3mu/} R_C$。

**2. 串联反馈和并联反馈** 从图 4-4 电路的 4 个框图的输入回路中可以看出，图 a 和图 b 的形式相同，图 c 和图 d 的形式相同。

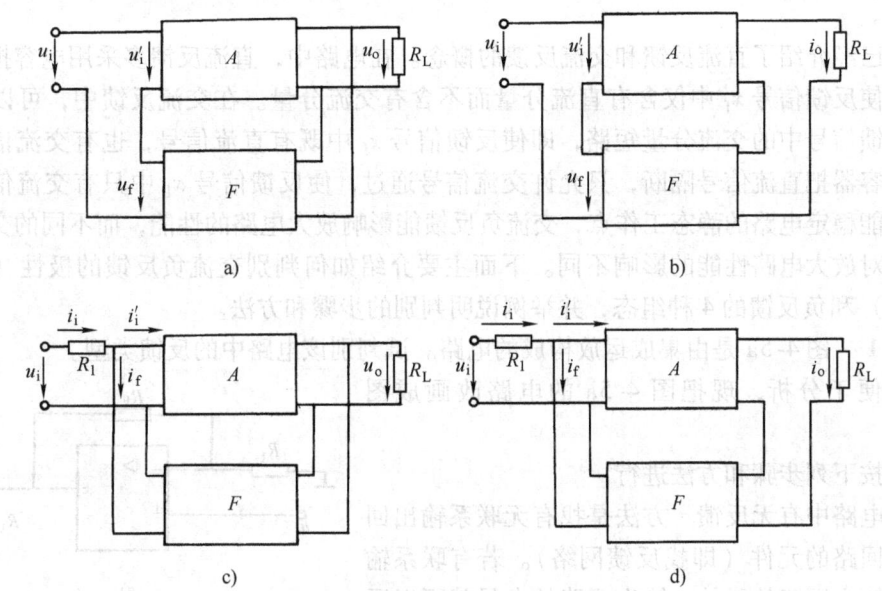

图 4-4  4 类负反馈框图
a) 电压串联  b) 电流串联  c) 电压并联  d) 电流并联

在图 a 和图 b 的输入回路中，反馈网络串联于输入回路，使得反馈电压 $u_f$（由于是串联电路，用电压表示，分析起来比较方便）与输入信号 $u_i$ 串联之后，共同作用于基本放大电路的输入端（即 $u_i'$）。这种反馈信号串联于输入回路的反馈方式被称作串联反馈。

为了得到负反馈，就必须使反馈电压 $u_f$ 减弱输入电压 $u_i$，因此在接入反馈网络时，一定要使反馈电压的极性满足负反馈的条件。在图 a 和图 b 的输入回路中，引入反馈电压后，净输入电压 $u_i'$（即基本放大电路的输入电压 $u_{be}$）为

$$u_i' = u_i - u_f$$

减弱了输入电压（一般 $u_i$、$u_i'$、$u_f$ 相位相同），所以是串联负反馈。

例如图 4-3 电路中，反馈电压 $u_f$ 串联于输入回路，且减弱了输入电压，因此从输入回路的反馈方式来看，这个电路是串联负反馈。

在图 c 和图 d 的输入回路中，反馈网络并联于输入回路中，使得反馈电流 $i_f$（由于是并

联回路,用电流表示,分析起来比较方便)与输入电流 $i_i$ 并联之后,共同作用于基本放大电路的输入端(即 $i'_i$)。这种反馈信号并联于输入回路的反馈方式被称作并联反馈。

为了得到负反馈,必须使反馈电流 $i_f$ 减弱输入电流 $i_i$,因此在接入反馈网络时,一定要使反馈电流的方向满足负反馈的条件。在图 c 和图 d 的输入回路中,引入反馈电流后,净输入电流 $i'_i$(即基本放大电路的输入电流 $i_b$)为

$$i'_i = i_i - i_f$$

从而减弱了输入电流(一般 $i_i$、$i'_i$、$i_f$ 相位相同),所以是并联负反馈。

### 4.1.3 反馈放大器类型的判别

这里所说的反馈类型的判别,是指判别电路中是交流反馈还是直流反馈;判别是正反馈还是负反馈;若判定为交流负反馈,则再进一步判别是属于上述 4 种反馈类型(反馈组态)的哪一种。

上面已经介绍了直流反馈和交流反馈的概念。在电路中,直流反馈多采用电容把交流信号短路,使反馈信号 $x_f$ 中仅含有直流分量而不含有交流分量。在交流反馈中,可以不用电容器把反馈信号中的交流分量短路,即使反馈信号 $x_f$ 中既有直流信号,也有交流信号;或者利用电容器把直流信号隔断,只允许交流信号通过,使反馈信号 $x_f$ 中只有交流信号。直流负反馈能稳定电路的静态工作点,交流负反馈能影响放大电路的性能,而不同的交流负反馈组态,对放大电路性能的影响不同。下面主要介绍如何判别交流负反馈的极性(正反馈或负反馈)和负反馈的 4 种组态,并举例说明判别的步骤和方法。

**例 4-1** 图 4-5a 是由集成运放构成的电路。试判别该电路中的反馈类型。

为了便于分析,现把图 4-5a 的电路改画成图 4-5b。

判别按下列步骤和方法进行:

判别电路中有无反馈 方法是找有无联系输出回路与输入回路的元件(即找反馈网络)。若有联系输出回路和输入回路的元件,输出回路的电量就可以通过这个元件反送到输入回路,则可判定电路中有反馈。否则电路中无反馈。

在图 4-5a 中,$R_F$ 连接了输出回路和输入回路,$R_F$ 和 $R_1$ 构成了反馈网络,所以图 4-5a 的电路中有反馈。

判别反馈极性 采用瞬时极性法,它是指:某瞬时在电路输入端加上一个对"地"为正(或为负)的信号,依次判定在该瞬时电路中有关各点的信号极性,找到反馈信号的极性,若反馈信号使净输入信号削弱,则为负反馈,若反馈信号使净输入信号增强,则为正反馈。

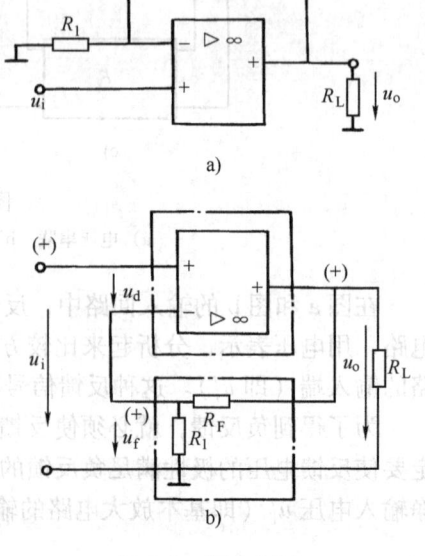

图 4-5 例 4-1 图

在图 4-5b 中,设某瞬时在电路输入端加上一个对"地"为(+)的信号 $u_i$,由于电路的输入端是集成运放的同相输入端,则输出 $u_o$ 为(+),$u_o$ 作用在 $R_1$ 上的电压降 $u_f$ 为反馈

信号，其极性是上（+）下（-）（与图中所标 $u_f$ 的正方向一致），因此，净输入信号 $u_d = u_i - u_f$，可见，反馈信号 $u_f$ 的存在，使净输入信号 $u_d$ 被削弱，故该电路是负反馈。

判别是串联反馈还是并联反馈 采用输入假想开路法。若假想输入开路（指信号源断开）后，反馈信号对净输入信号将失去影响，则为串联反馈。若假想输入开路后，反馈信号对净输入信号仍有影响，则为并联反馈。

在图 4-5 的电路中，若信号源断开，反馈信号就不能加到基本放大电路的输入端，即输入假想开路后，反馈信号对净输入信号无影响，所以图 4-5 的电路为串联反馈。从图 4-5b 可以看出，输入信号、反馈信号、净输入信号，在输入回路是以电压形式叠加，也说明是串联反馈形式。

判别是电压反馈还是电流反馈 采用输出假想短路法。反馈放大电路加上适当的输入信号，假想负载 $R_L$ 短接（即输出短路），$u_o = 0$，经分析后，若这时反馈信号 $x_f = 0$，说明反馈信号与输出电压有关，或说反馈信号是取自输出电压，则为电压反馈。若假想负载短接后，$x_f \neq 0$，说明反馈信号不是取自输出电压，而是反馈信号与输出电流有关，则为电流反馈。

由图 4-5 知，$R_L$ 短路后，$u_o = 0$，由输出引起的反馈信号 $u_f = 0$，说明图 4-5 的电路是电压反馈。

综合上述分析知，图 4-5a 的电路是电压串联负反馈放大电路。实际上图 4-5a 的电路就是在第 3 章中介绍的同相比例运算电路。

**例 4-2** 图 4-6a 是由集成运放构成的电路，试判别该电路中的反馈类型。

同样，为了便于分析，把图 4-6a 的电路改画成图 4-6b。判别仍按照上述的 4 个步骤和方法进行，判断出图 4-6a 的电路是电流并联负反馈放大电路。

用上述判别的步骤和方法，可以判定图 4-7a 的电路是电压并联负反馈。图 4-7b 的电路是电流串联负反馈。对图 4-7a、b 两个电路，这里不做详细说明，请读者自己分析。

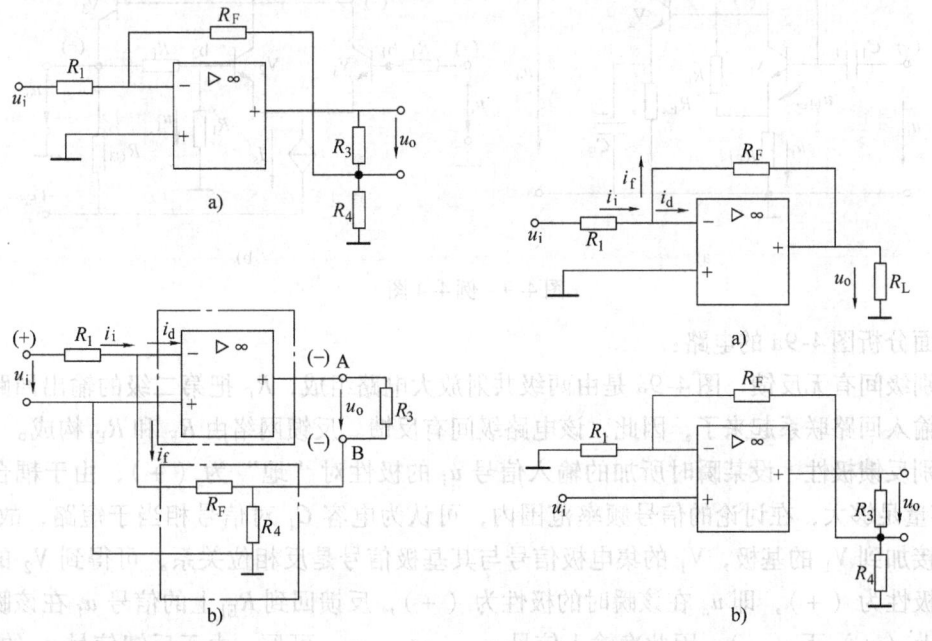

图 4-6 例 4-2 图　　　　图 4-7 电压并联和电流串联负反馈电路

集成运算放大器有两个输入端，由集成运算放大器构成的单级反馈放大电路，在一般情况下可以用下述的简便方法来判别是串联反馈还是并联反馈。当反馈信号和输入信号分别处在集成运算放大器的两个输入端上时为串联反馈，当它们同在一个输入端上时为并联反馈。

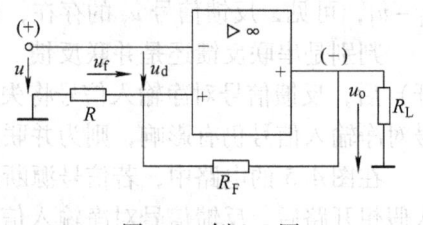

图 4-8　例 4-3 图

**例 4-3**　图 4-8 是由集成运算放大器构成的电路，试判别该电路中的反馈类型。

判别有无反馈：由图 4-8 知，$R_F$ 联系了输出回路和输入回路，所以图 4-8 的电路中有反馈。

判别反馈极性：设某瞬时在电路输入端加上对"地"为（+）的信号 $u_i$，由于输入信号加到了集成运算放大器的反相输入端，所以输出 $u_o$ 为（-），反馈到输入回路的反馈信号 $u_f$ 的实际极性与图 4-8 中 $u_f$ 的正方向一致，这时净输入信号 $u_d = u_i + u_f$，可见，由于反馈信号 $u_f$ 的存在，使净输入信号 $u_d$ 增强了，说明该电路为正反馈。

判定电路为正反馈后，就不需要再判别是串联反馈还是并联反馈，是电压反馈还是电流反馈了。

分立元件放大电路中反馈的判别，同样可以用上述判别反馈的步骤和方法进行。下面举例说明。

**例 4-4**　试判别图 4-9a 和 b 两个电路中的级间反馈。要求找出级间反馈网络，判别反馈极性，若判定是负反馈，再判别其反馈类型。

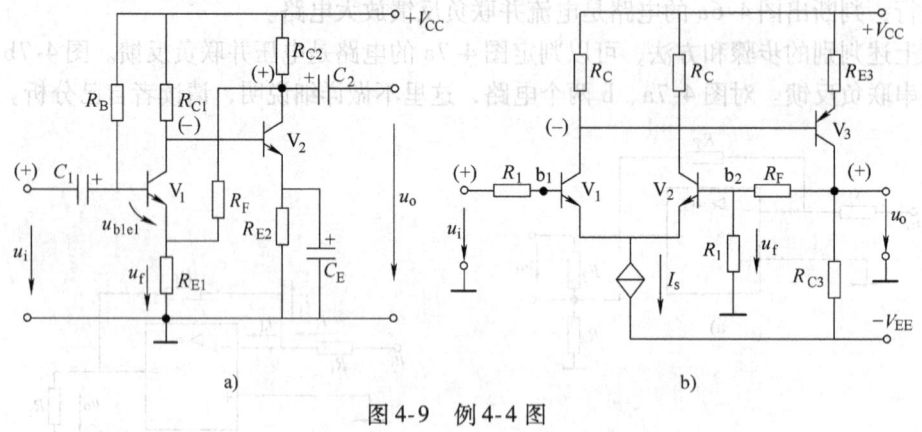

图 4-9　例 4-4 图

下面分析图 4-9a 的电路：

判别级间有无反馈　图 4-9a 是由两级共射放大电路组成，$R_F$ 把第二级的输出回路与第一级的输入回路联系起来了，因此，该电路级间有反馈。反馈网络由 $R_F$ 和 $R_{E1}$ 构成。

判别反馈极性　设某瞬时所加的输入信号 $u_i$ 的极性对"地"为（+），由于耦合电容 $C_1$ 的容量足够大，在讨论的信号频率范围内，可认为电容 $C_1$ 对信号相当于短路，故 $u_i$ 相当于直接加到 $V_1$ 的基极，$V_1$ 的集电极信号与其基极信号是反相位关系，可得到 $V_2$ 的集电极信号极性为（+），即 $u_o$ 在该瞬时的极性为（+），反馈回到 $R_{E1}$ 上的信号 $u_f$ 在该瞬时的极性是上（+）下（-），因此净输入信号 $u_{b1e1} = u_i - u_f$，可见，由于反馈信号 $u_f$ 的存在，

使净输入信号 $u_{b1e1}$ 削弱了，故为负反馈。

判别是串联反馈还是并联反馈　对图 4-9a 的电路，若假想输入开路，反馈信号 $u_f$ 的变化就不会影响净输入信号 $u_{b1e1}$，所以该电路是串联反馈。

判别是电压反馈还是电流反馈　若假想输出短路 $u_o=0$，这时由第二级输出回路送回到第一级输入回路的信号 $u_f=0$，说明反馈信号与输出电压有关，故为电压反馈。

这里输出假想短路后 $u_o=0$，但 $R_{E1}$ 上仍有信号电流流过，要特别注意，这并不是由第二级的输出回路反馈回来的信号，而是第一级的信号，即这时 $R_{E1}$ 上虽有信号电流流过，但它不是级间的反馈信号。

综合上述分析可知，图 4-9a 电路中的级间反馈为电压串联负反馈。

应当注意，在图 4-9a 的电路中，$R_F$ 和 $R_{E1}$ 除了构成两级之间的交流电压串联负反馈之外，还有两级之间的直流负反馈，而 $R_{E1}$ 还构成第一级电路的交流电流串联负反馈和直流负反馈，$R_{E2}$ 因并联有电容 $C_{E2}$，所以 $R_{E2}$ 仅构成第二级的直流负反馈。这里再强调指出，直流负反馈只能稳定放大电路的静态工作点，而交流负反馈才能改善放大电路的性能。

同样分析出图 4-9b 电路的级间反馈为电压串联负反馈。

**例 4-5**　判别图 4-10a 和 b 两个电路中的级间反馈。要求指出反馈网络，判别反馈极性，若判定为负反馈，再判别其反馈类型。

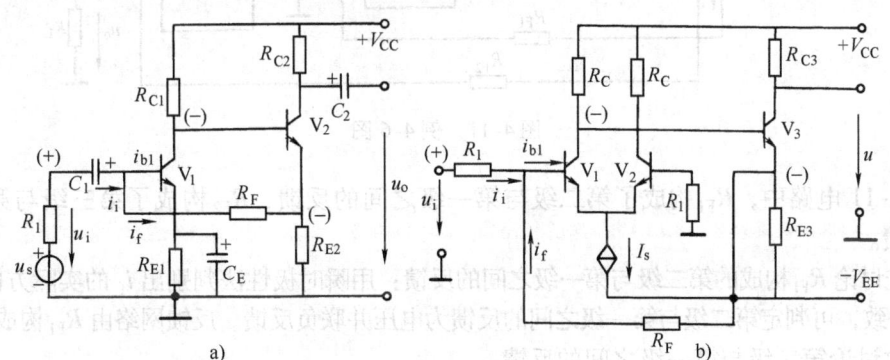

图 4-10　例 4-5 图

下面分析图 4-10a 的电路：

$R_F$ 联系了第二级的输出回路与第一级的输入回路，因此，该电路级间有反馈。反馈网络由 $R_F$ 和 $R_{E2}$ 构成。

用瞬时极性法判别出 $i_f$ 的实际方向与图示方向一致，故可判定为负反馈。

假想输入开路后，反馈信号 $i_f$ 仍然影响净输入信号 $i_{b1}$。所以该电路是并联反馈。

输出假想短路后，$u_o=0$，但输出电流（或输出电流的一部分）仍然流过 $R_{E2}$，在 $R_{E2}$ 上的信号压降仍然存在，故可判定为电流反馈。

综合上述分析可知，图 4-10a 的电路，级间反馈为电流并联负反馈。

下面分析图 4-10b 的电路：

图 4-10b 的电路，第一级是由 $V_1$ 和 $V_2$ 构成的单端输入单端输出的差动放大电路。第二级是共射放大电路，$R_F$ 联系了第二级的输出回路与第一级的输入回路，因此，该电路级间存在反馈。$R_{E3}$ 和 $R_F$ 构成了级间的反馈网络。

用瞬时极性法判别，$i_f$ 这时的实际方向与图示正方向一致，所以该电路是负反馈。

假想输入开路后，$i_f$ 的变化仍然能够影响净输入信号 $i_{b1}$，所以该电路为并联反馈。

输出假想短路后，$u_o = 0$，但 $R_{E3}$ 上仍有输出电流（或输出电流的一部分）流过，故为电流反馈。

综合上述分析可知，图 4-10b 电路的级间反馈为电流并联负反馈。

由分立元件组成的射极输出器是常用的电路之一，用上述的步骤和方法可以判定，射极输出器电路是一个电压串联负反馈放大电路。

由分立元件构成的共射极接法和共集电极接法的电路，可用下述简便的方法判定是并联反馈还是串联反馈：当反馈网络接回到输入回路中晶体管的基极时为并联反馈；当反馈网络接回到输入回路中晶体管的发射极时为串联反馈。

**例 4-6** 判别图 4-11 放大电路中两个级间反馈的反馈极性，若判定是负反馈，再判别其反馈组态。

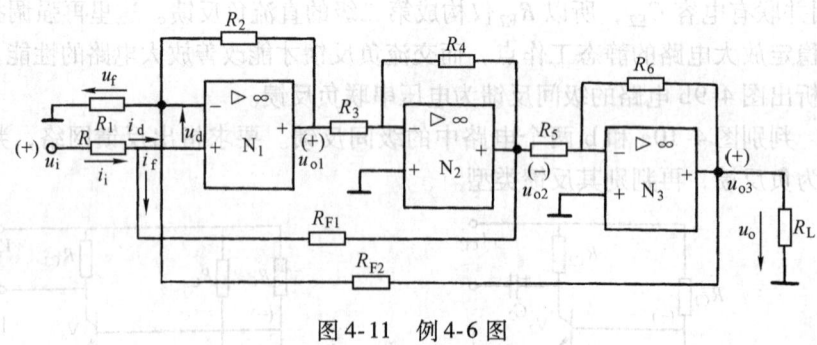

图 4-11 例 4-6 图

图 4-11 电路中，$R_{F1}$ 构成了第二级与第一级之间的反馈，$R_{F2}$ 构成了第三级与第一级之间的反馈。

首先讨论 $R_{F1}$ 构成的第二级与第一级之间的反馈：用瞬时极性法判别出 $i_f$ 的实际方向与图示正方向一致，可判定第二级与第一级之间的反馈为电压并联负反馈。反馈网络由 $R_{F1}$ 构成。

其次讨论第三级与第一级之间的反馈：

用瞬时极性法判别出净输入信号 $u_d = u_i - u_f$。可见，第三级与第一级之间的反馈为负反馈。可以判定它是电压串联负反馈。反馈网络由 $R_{F2}$ 和 $R_1$ 构成。

### 练习与思考

4-1-1　什么是反馈？

4-1-2　什么是直流反馈和交流反馈？

4-1-3　什么是正反馈和负反馈？

4-1-4　负反馈有几种类型（组态）？

## 4.2　负反馈放大电路的一般表达式

### 4.2.1　一般表达式

为了找出负反馈放大电路的一般规律，便于分析负反馈对放大电路性能的影响，可将上述 4 类负反馈放大电路的框图概括为图 4-2 所示的一般形式。图中，$\dot{X}$ 表示信号（可以是电压或电流），并设为正弦量，故用相量表示。反馈网络从放大器的输出信号 $\dot{X}_\text{o}$ 中取出一部分或全部（称为取样）送回到输入端，这就是反馈信号 $\dot{X}_\text{f}$，它和原输入信号 $\dot{X}_\text{i}$ 比较（符号 ⊗ 表示比较电路）所得的差值信号 $\dot{X}_\text{i}'$ 为基本放大器的净输入信号。图中箭头表示信号的传递方向。信号从输入端经放大后输出，同时又把输出的一部分反馈回来重新影响原输入信号，这样从输入到输出间构成了一个闭合环路，包括反馈网络在内的整个放大器就称为闭环放大器。

下面分析图中各变量间的关系。$\dot{A}$ 是基本放大器的放大倍数，称为开环放大倍数，其定义为

$$\dot{A} = \frac{\dot{X}_\text{o}}{\dot{X}_\text{i}'} \tag{4-1}$$

故

$$\dot{X}_\text{o} = \dot{A}\dot{X}_\text{i}' \tag{4-2}$$

反馈信号 $\dot{X}_\text{f}$ 取自输出信号 $\dot{X}_\text{o}$，两者之比称为反馈系数，用 $\dot{F}$ 表示，即

$$\dot{F} = \frac{\dot{X}_\text{f}}{\dot{X}_\text{o}} \tag{4-3}$$

则

$$\dot{X}_\text{f} = \dot{F}\dot{X}_\text{o} \tag{4-4}$$

$\dot{X}_\text{f}$ 与 $\dot{X}_\text{i}$ 在输入端比较的结果得差值信号

$$\dot{X}_\text{i}' = \dot{X}_\text{i} - \dot{X}_\text{f} \tag{4-5}$$

当 $\dot{X}_\text{f}$ 与 $\dot{X}_\text{i}$ 同相时，$\dot{X}_\text{f}$ 也与 $\dot{X}_\text{i}'$ 同相。这时式（4-5）可改写为

$$X_\text{i}' = X_\text{i} - X_\text{f}$$

可见 $X_\text{i}'$ 为 $X_\text{i}$ 与 $X_\text{f}$ 之差，即 $X_\text{f}$ 有削弱 $X_\text{i}$ 的作用，使 $X_\text{i}'$ 减小，故为负反馈。

若将式（4-4）代入式（4-5），式（4-5）代入式（4-2），可得负反馈放大电路的一般表达式为

$$\dot{A}_\text{f} = \frac{\dot{X}_\text{o}}{\dot{X}_\text{i}} = \frac{\dot{A}}{1 + \dot{A}\dot{F}} \tag{4-6}$$

式（4-6）也称为负反馈放大电路的闭环增益方程。式中，$\dot{A}_\text{f}$ 代表负反馈电路的闭环增益；而 $F$ 代表它们的反馈系数。

若放大电路工作在中频段，并且反馈网络中无电抗元件（为纯电阻网络），则 $\dot{A}$ 和 $\dot{F}$ 均为实数，闭环增益方程可写为

$$A_\text{f} = \frac{A}{1 + AF} \tag{4-7}$$

### 4.2.2 反馈深度

式（4-6）表明负反馈放大电路的闭环增益 $\dot{A}_\text{f}$ 是开环增益 $\dot{A}$ 的 $1/(1 + \dot{A}\dot{F})$。同时可以看出增益下降的原因是

$$\dot{X}_\text{i}' = \dot{X}_\text{i} - \dot{X}_\text{f} = \dot{X}_\text{i} - F\dot{X}_\text{o} = \dot{X}_\text{i} - \dot{A}F\dot{X}_\text{i}'$$

即

$$\dot{X}_i' = \frac{\dot{X}_i}{1+\dot{A}\dot{F}}$$

也就是说引入负反馈后，净输入信号 $\dot{X}_i'$ 是输入信号 $\dot{X}_i$ 的 $1/(1+\dot{A}\dot{F})$，从而使闭环增益下降到 $\dot{A}/(1+\dot{A}\dot{F})$，可见 $(1+\dot{A}\dot{F})$ 的大小，直接影响闭环增益的大小，$(1+\dot{A}\dot{F})$ 是一个表示负反馈强弱程度的量，通常称为反馈深度，即

$$反馈深度 = 1+\dot{A}\dot{F} \tag{4-8}$$

反馈深度不仅表示闭环增益下降的倍数，而且负反馈放大电路一系列性能指标的变化都与 $(1+\dot{A}\dot{F})$ 有关。

在一个负反馈放大电路中，如果反馈深度 $(1+AF) \geqslant 10$ 时，称为深度负反馈。由式 (4-7) 可得

$$A_f = \frac{A}{1+AF} \approx \frac{1}{F} \tag{4-9}$$

式 (4-9) 表明在反馈深度 $(1+AF)$ 足够大的条件下，闭环放大倍数 $A_f$ 只取决于反馈系数 $F$，与开环放大倍数 $A$ 几乎无关。它不仅给设计、分析和计算负反馈放大电路时带来了极大的方便，而且说明，只要用精度高、质量（如温度特性等）好的元件组成反馈网络，反馈系数 $F$ 就较为稳定，从而得到较为稳定的闭环放大倍数 $A_f$。

例如，一个负反馈放大电路的开环放大倍数 $A=10^4$，反馈系数 $F=10^{-2}$，则 $AF=100$，由式 (4-6) 可得 $A_f = 10^4/(1+100) \approx 99$。如按式 (4-9) 可得 $A_f = 1/10^{-2} = 100$，误差仅为 1%。因此，若 $AF>100$，则式 (4-9) 的误差小于 1%。若 $AF>10$，则误差总是小于 10%，这样的误差在近似计算中一般是允许的。所以在反馈深度 $(1+AF) \geqslant 10$ 的情况下，一般可用式 (4-9) 来估算它的闭环放大倍数 $A_f$。

当反馈深度的大小改变时，还将使负反馈放大电路的工作状态发生改变。当 $|1+\dot{A}\dot{F}|<1$ 时，$|\dot{A}_f|>|\dot{A}|$，电路工作在正反馈状态。若原来在中频时是接成负反馈的，则在低频或高频时可能在环路中产生 180° 的附加相移，反馈量的极性与原来相反，因此从原来的负反馈变为正反馈。

当 $|1+\dot{A}\dot{F}|=0$ 时，$\dot{A}_f=\infty$，电路工作在自激振荡状态。

若 $|1+\dot{A}\dot{F}|=1$，$|\dot{A}_f|=|\dot{A}|$，电路相当于无反馈工作状态。

### 练习与思考

4-2-1 什么是反馈深度？其含义是什么？

4-2-2 在深度负反馈情况下，闭环增益方程的表达式是什么？说明什么问题？

## 4.3 负反馈对放大电路性能的影响

### 4.3.1 提高放大倍数的稳定性

我们知道，在放大电路中由于各种原因，例如环境温度、管子及元件参数、电源电压以

及负载电阻的变化等,使得在输入信号一定的情况下,输出电压或输出电流将会随之发生变化,因而引起放大倍数的改变。如果引入负反馈,就可稳定输出电压或输出电流,进而使放大倍数稳定。尤其在深度负反馈条件下,由于 $A_f$ 只与 $F$ 有关,使放大倍数更加稳定。为了说明放大倍数稳定的程度,可将开环放大倍数 $A$ 与闭环放大倍数 $A_f$ 的相对变化量进行比较。

在负反馈放大电路中,如果由于某种原因,引起了 $A$ 的变化,那么它的 $A_f$ 也将随着变化。现以 $\Delta A/A$ 和 $\Delta A_f/A_f$ 分别表示它们的相对变化量,并找出两者的数量关系。

负反馈放大电路增益的一般表达式为

$$A_f = \frac{A}{1+AF}$$

对 $A$ 求导数得

$$\frac{dA_f}{dA} = \frac{1}{1+AF} - \frac{AF}{(1+AF)^2} = \frac{1}{(1+AF)^2} = \frac{1}{1+AF} \frac{A_f}{A}$$

其相对变化量为

$$\frac{dA_f}{A_f} = \frac{1}{1+AF} \frac{dA}{A} \tag{4-10}$$

引入负反馈后,$A_f$ 的相对变化量仅为 $A$ 的相对变化量的 $1/(1+AF)$。即放大倍数的稳定性提高了 $(1+AF)$ 倍,但放大倍数也相应下降到开环时的 $1/(1+AF)$。例如,当 $(1+AF)=10$ 时,则 $A_f$ 的相对变化量只有 $A$ 的相对变化量的 $1/10$。若 $A$ 相对变化 $1\%$,即 $dA/A=0.01$,那么 $A_f$ 的相对变化量 $dA_f/A_f=0.001$。由此可见,只要开环放大倍数足够高,就可通过引入负反馈获得满意的闭环放大倍数及其稳定性。

### 4.3.2 扩展通频带

由于在深度负反馈时,闭环增益 $\dot{A}_f$ 基本不随开环增益 $\dot{A}$ 而变化。在上限频率 $f_h$ 和下限频率 $f_l$ 所处的区域,当频率升高或降低引起 $|\dot{A}|$ 减小时,只要满足 $|\dot{A}F| \gg 1$(设 $F$ 为实数),则 $|\dot{A}_f| = |\dot{A}/(1+\dot{A}F)| \approx 1/F$ 就保持不变。因而,闭环增益的幅频特性 $A_f$ 的水平部分向两侧延伸,如图 4-12 所示。当在高频区继续升高频率和在低频区继续降低频率时,$|\dot{A}|$ 继续下降,使 $|\dot{A}_f|$ $\ll 1$,此时 $|\dot{A}_f| = |\dot{A}/(1+\dot{A}F)| \approx |\dot{A}|$,即 $A$ 与 $A_f$ 的幅频特性重合,如图 4-12 所示。由图可见,引入负反馈后放大电路的通频带由原来的 $f_{bw} = f_h - f_l$ 扩展为 $f_{bwf} = f_{hf} - f_{lf}$。其展宽频带的程度与反馈深度有关。

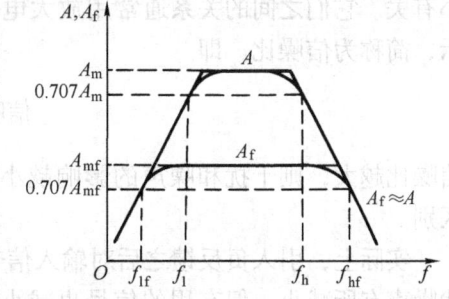

图 4-12 负反馈使通频带展宽

### 4.3.3 减小非线性失真

由于三极管是非线性元件,其输入特性也呈现非线性,在输入信号较大时,将引起基极电流波形的失真,从而使放大电路输出波形也产生失真。如图 4-13a 所示。引入负反馈后,由于反馈网络是线性网络(例如由电阻组成),不会引起失真,所以取自输出信号的反馈信号(如图 b 中 $x_f$ 的波形)也和图 a 中 $x'_o$ 相似。又因净输入信号是输入信号与反馈信号之差,即 $x'_i = x_i - x_f$,所以净输入信号波形(图 b 中 $x_i$)和无反馈时输出波形(图 a 中 $x'_o$)的失真情况相反,这样的净输入信号经过放大以后,将大大减小非线性失真的程度,其输出波形如图 4-13b 中 $x_o$ 所示。当然减小非线性失真的程度也与反馈深度有关。

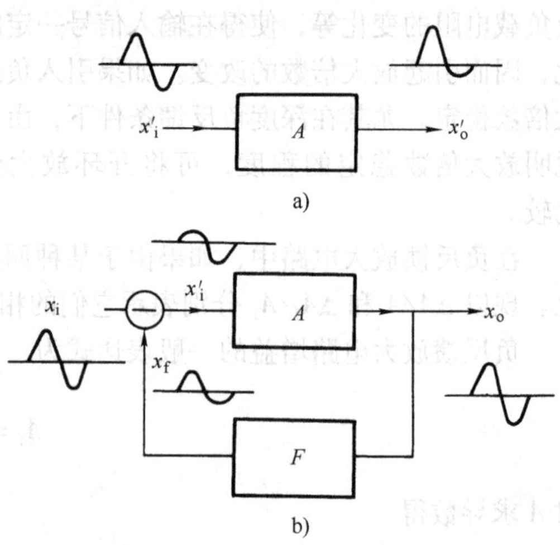

应当指出,由于负反馈的引入,在减小非线性失真的同时,降低了输出幅度。此外,输入信号本身固有的失真,是不能用引入负反馈来改善的。

图 4-13 负反馈减小非线性失真

### 4.3.4 抑制放大电路内部的干扰和噪声

首先需要了解一下什么是干扰和噪声。放大电路中的干扰和噪声,有来自外部的,与输入信号同时混入;有放大电路本身产生的,即没有输入信号时($u_i = 0$),也会有杂乱无章的波形输出,这就是放大电路内部的干扰和噪声,它的来源是多方面的,如晶体管和电阻中有载流子随机性不规则的热运动引起的热噪声,以及电源电压波动等原因造成的电路内部的干扰等。

放大电路中如有较大的干扰和噪声,在输入微弱信号时,则输出信号也较弱,甚至可能淹没在噪声之中而无法区别,如图 4-14a 所示。在这种情况下,只有增大输入信号才能将信号从干扰和噪声中区别出来。这就是说,由于放大电路内部的干扰和噪声的存在,限制了放大电路输入信号不能太小。

上述分析说明,干扰和噪声对信号的影响,不完全取决于其本身的大小,也与信号的大小有关。它们之间的关系通常用放大电路的输出信号功率与输出端的噪声功率之比值来表示,简称为信噪比。即

$$信噪比 = \frac{信号功率}{噪声功率}$$

信噪比越大,则干扰和噪声的影响越小,如果信噪比太小,则输出端的信号和噪声将难以区别。

实际上,引入负反馈之后对输入信号和内部噪声同时减小,也就是说引入负反馈后,虽然噪声有所减小,但有用的信号也减小了,如图 4-14b 所示,因而输出端的信噪比并未改变。可是,信号的减小可以通过提高输入信号的幅度来弥补,而内部噪声则是固定的,如图 4-14c 所示,这样可以提高信噪比。

需要指出,对于外部的干扰以及与信号同时混入的噪声,采用负反馈的办法是不能抑制的。

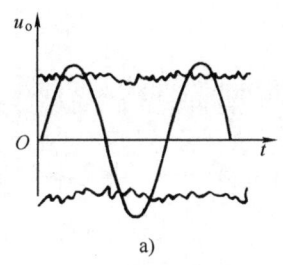 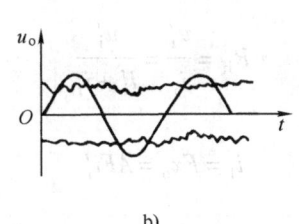 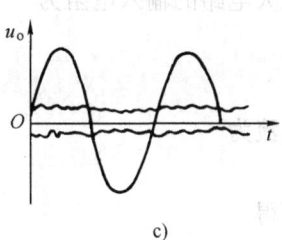

图 4-14 负反馈抑制干扰和噪声

## 4.3.5 对输入电阻和输出电阻的影响

引入负反馈后，由于反馈类型和反馈深度不同，可以不同程度地改变反馈放大电路的输入电阻和输出电阻。

**1. 对输入电阻的影响**

（1）串联负反馈使输入电阻增大　由于反馈信号 $u_f$ 和输入信号 $u_i$ 串联于输入回路，$u_f$ 削弱了 $u_i$ 的作用，所以在同样的 $u_i$ 作用下，串联负反馈的输入电流比无反馈时的要小，也就是串联负反馈具有提高输入电阻的作用。从图 4-15 串联负反馈框图的输入回路中可以看出，输入电阻是增大的。基本放大电路的输入电阻为

$$R_i = \frac{u_i'}{i_i}$$

反馈放大电路的输入电阻为

$$R_{if} = \frac{u_i}{i_i} = \frac{u_i' + u_f}{i_i}$$

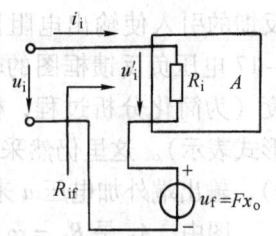

图 4-15 串联负反馈的输入电阻

反馈电压为

$$u_f = Fx_o = FAu_i'$$

输出回路中，若为电压反馈时，这里 $x_o$ 为 $u_o$、$F$ 为 $F_u$、$A$ 为 $A_u$；若为电流反馈时，$x_o$ 为 $i_o$、$F$ 为 $F_{ui}$、$A$ 为 $A_{iu}$。代入整理可得

$$R_{if} = (1 + AF)R_i \tag{4-11}$$

可见，无论输出回路是电压反馈还是电流反馈，只要是串联负反馈，就使反馈环路内的输入电阻增大到开环时的 $(1 + AF)$ 倍。

（2）并联负反馈使输入电阻减小　由于反馈信号 $i_f$ 和输入信号 $i_i$ 并联作用于输入回路，则输入电流 $i_i = i_i' + i_f$。因此在相同的 $u_i'$ 作用下，与无反馈时相比，因 $i_f$ 的存在而使 $i_i$ 增大，也就是输入电阻比无反馈时为小。从图 4-16 并联负反馈框图的输入回路可以看出输入电阻减小的程度。基本放大电路的输入电阻为

$$R_i = \frac{u_i'}{i_i'}$$

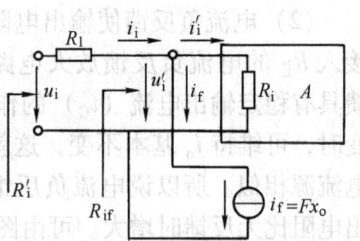

图 4-16 并联负反馈的输入电阻

反馈放大电路的输入电阻为

$$R_{if} = \frac{u_i'}{i_i} = \frac{u_i'}{i_i' + i_f}$$

反馈电流为

$$i_f = Fx_o = AFi_i'$$

整理可得

$$R_{if} = \frac{R_i}{1 + AF} \tag{4-12}$$

可见,无论输出回路是电压反馈,还是电流反馈,只要是并联负反馈,就使反馈环路内的输入电阻减小到开环时的 $1/(1+AF)$。

**2. 对输出电阻的影响**

(1) 电压负反馈使输出电阻减小 由前所述,电压负反馈具有稳定输出电压 $u_o$ 的作用,即在负载电阻变化时,可维持 $u_o$ 不变,可认为是具有内阻很小的电压源。也就是说,电压负反馈的引入使输出电阻比无反馈时为小。可从图4-17 电压负反馈框图的输出回路看出它减小的程度(为简化分析过程,框图的输入回路采用一般形式表示)。这里仍然采用使输入信号为零($x_i = 0$),输出端外加电压 $u$ 来求输出电阻的办法。

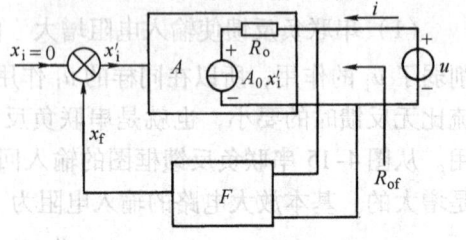

图4-17 电压负反馈的输出电阻

图中,$A_0$ 是 $R_L = \infty$ 时的开环放大倍数。$R_o$ 是基本放大电路的输出电阻。(输入回路中,若为串联负反馈时,$x_i$、$x_i'$ 和 $x_f$ 分别为 $u_i$、$u_i'$ 和 $u_f$,这时 $A_0$ 为 $A_{ou}$、$F$ 为 $F_u$;若为并联负反馈时,$x_i$、$x_i'$ 和 $x_f$ 分别为 $i_i$、$i_i'$ 和 $i_f$,这时 $A_0$ 为 $A_{oui}$、$F$ 为 $F_{iu}$)。

略去反馈网络 $F$ 对 $i$ 的分流作用时,由图 4-17 可得

$$u = iR_o + A_0 x_i' = iR_o - A_0 x_f = iR_o - A_0 Fu$$

整理得

$$R_{of} = \frac{u}{i} = \frac{R_o}{1 + A_0 F} \tag{4-13}$$

可见,无论输入回路是串联负反馈,还是并联负反馈,只要是电压负反馈,就使反馈环路内的输出电阻减小到开环时的 $1/(1+A_0F)$。

(2) 电流负反馈使输出电阻增大 在射极接入 $R_E$ 的电流负反馈放大电路中,电流负反馈具有稳定输出电流($i_C$)的作用,即在 $R_L'$ 改变时,可维持 $i_o$ 基本不变,这就与内阻很大的电流源相似。所以说电流负反馈的引入,使输出电阻比无反馈时增大。可由图4-18 电流负反馈框图的输出端看出它增大的程度。

电流负反馈稳定的是通过总负载 $R_L'$ 的电流

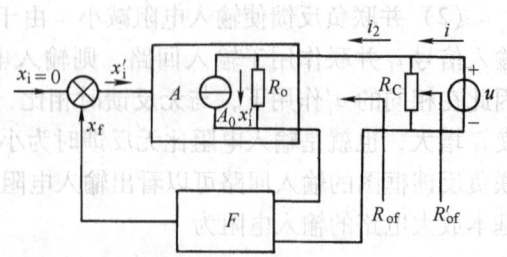

图4-18 电流负反馈的输出电阻

$i_C$，因此，基本放大电路的输出电阻 $R_o$（即 $r_{ce}$）中不包含 $R_C$，$R_C$ 属于反馈环路以外的电阻，不考虑 $R_C$ 时的反馈放大电路的输出电阻 $R_{of}$，如图 4-18 所示。

图中，$A_0$ 是 $R_L' = 0$ 时的短路开环放大倍数。输入回路中，若为串联负反馈时，$x_i$、$x_i'$ 和 $x_f$ 分别为 $u_i$、$u_i'$ 和 $u_f$，$A_0$ 为 $A_{oiu}$，$F$ 为 $F_{ui}$；若为并联负反馈时，$x_i$、$x_i'$ 和 $x_f$ 分别为 $i_i$、$i_i'$ 和 $i_f$，$A_0$ 为 $A_{oi}$，$F$ 为 $F_i$。

略去 $i_2$ 在反馈网络 $F$ 上的压降，由图 4-18 可得

$$i_2 = \frac{u}{R_o} + A_0 x_i' = \frac{u}{R_o} - A_0 x_f = \frac{u}{R_o} - A_0 F i_2$$

整理可得

$$R_{of} = \frac{u}{i_2} = R_o(1 + A_0 F) \tag{4-14}$$

可见，无论输入回路是串联负反馈，还是并联负反馈，只要是电流负反馈，就使反馈环路以内的输出电阻增大到开环时的 $(1+A_0F)$ 倍。

实际上，电流负反馈放大电路的输出电阻要考虑 $R_C$ 的并联作用，即应为

$$R_{of}' = R_{of} // R_C \approx R_C$$

应指出式（4-13）和式（4-14）中的 $A_0 \neq A$，其中 $A_0$ 为开路或短路开环放大倍数，$A$ 为开环放大倍数，使用时不能混淆。

### 练习与思考

4-3-1 两级放大电路中，若前级用电压负反馈，后级用并联负反馈，是否合理？如果前级用电流负反馈，后级用串联负反馈，是否合理？

4-3-2 在放大电路中，应该引入哪种类型的负反馈才能分别实现如下要求：1) 稳定输出电压；2) 稳定输出电流；3) 提高输入电阻；4) 降低输出电阻。

4-3-3 负反馈可改善放大电路哪几个方面的性能？

## 4.4 负反馈放大电路的近似估算

对负反馈放大电路主要指标 $A_{uf}$、$R_{if}$ 和 $R_{of}$ 的定量计算，可分为两种情况：其一是深度负反馈电路（一般都属深度负反馈，尤其是集成运算放大电路），可利用深度负反馈的特点，很方便地进行近似计算；其二是非深度负反馈，为了得到较精确的计算，可采用微变等效电路法或方框图法，这两种方法也适用深度负反馈电路的较精确的计算。本书仅讨论第一种情况。

深度负反馈放大电路的近似估算，就是估算电压放大倍数 $A_{uf}$ 及 $R_{if}'$ 和 $R_{of}'$。

**1. 估算闭环电压放大倍数 $A_{uf}$**

(1) 应用公式 $A_f \approx 1/F$ 的近似估算　首先根据反馈类型求出相应的反馈系数 $F$（$F_u$、$F_{iu}$、$F_{ui}$ 和 $F_i$），再应用式 $A_f \approx 1/F$ 求出相应的 $A_f$（$A_{uf}$、$A_{uif}$、$A_{iuf}$ 和 $A_{if}$）。除电压串联负反馈外，还要进一步求出闭环电压放大倍数 $A_{uf}$。

(2) 应用式 $x_f = x_i$ 的近似估算　从一般形式的负反馈框图（见图4-11）可以看出，在满足深度负反馈条件时，开环放大倍数 $A$ 必然很大，但由于电路参数的限制，输出信号 $x_o$

则是一个不大的值，所以净输入信号 $x'_i$ 是一个非常小的值，为便于分析，可认为 $x'_i \approx 0$，而 $x'_i = x_i - x_f$，所以有

$$x_f \approx x_i \qquad (4\text{-}15)$$

串联负反馈时

$$u_f \approx u_i \qquad (4\text{-}16)$$

并联负反馈时

$$i_f \approx i_i \qquad (4\text{-}17)$$

利用深度负反馈的上述特点，可以大大简化其计算过程，得到近似结果。

**2. 估算输入电阻 $R'_{if}$ 和输出电阻 $R'_{of}$** 为使估算简化，在反馈深度很大的情况下，可把电路看成是理想的深度负反馈电路，即 $1 + AF \approx \infty$，由式（4-11）~式（4-14）可知此时反馈环路内的输入电阻和输出电阻如下：串联负反馈的 $R_{if} \approx \infty$，并联负反馈的 $R_{if} \approx 0$，电压负反馈的 $R_{of} \approx 0$，电流负反馈的 $R_{of} \approx \infty$。然后考虑反馈环外的电阻的影响，求出反馈放大电路的输入电阻 $R'_{if}$ 和输出电阻 $R'_{of}$。

**例 4-7** 设图 4-19 中各电路均为深度负反馈放大电路。试分别计算它们的 $A_{uf}$、$R'_{if}$、$R'_{of}$。

**解** 下面分析图 4-19a 的电路：

可以判定图 4-19a 是电压并联负反馈放大电路。由于图 4-19a 的电路中，集成运放反相输入端的电位近似为零，利用式（4-17）可得到电压放大倍数为

$$A_{uf} = \frac{u_o}{u_i} = \frac{-i_f R_F}{i_i R_1} = -\frac{R_F}{R_1}$$

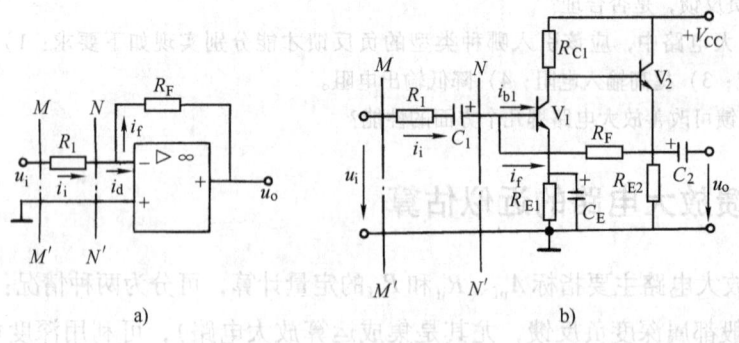

图 4-19 例 4-7 图

因为是并联反馈，由输入端 $NN'$ 向放大器看过去的等效电阻为 $R_{if} = 0$。考虑到反馈环外的电阻 $R_1$ 后，则得到从 $MM'$ 向放大器看过去的等效电阻为 $R'_{if} = R_1 + R_{if} = R_1$。

因为是电压反馈 $R_{of} = 0$，对图 4-19a 的电路，从输出端看，无反馈环以外的电阻影响输出电阻，所以 $R'_{of} = 0$。

下面分析图 4-19b 的电路：

判断图 4-19b 的电路可知，级间反馈是电压并联负反馈。由于 $V_1$ 管发射结的信号压降 $u_{b1e1}$ 很小，可以忽略。利用式（4-17）可以得到

$$A_{uf} = \frac{u_o}{u_i} = \frac{u_o}{i_i(R_1 + R_{if})} = \frac{u_o}{i_f R_1} = \frac{u_o}{\frac{-u_o}{R_F}R_1} = -\frac{R_F}{R_1}$$

而

$$R'_{if} = R_1 + R_{if} = R_1$$
$$R'_{of} = R_{of} = 0$$

由本例题可以看出,图 4-19 中的两个电路结构不同,但因为都是深度电压并联负反馈放大电路,分析结果,得到的闭环电压放大倍数的表达式相同,都是 $A_{uf} = -R_F/R_1$。

## *4.5 负反馈放大电路的自激振荡及消除方法简介

由前面的分析中知道,负反馈放大电路反馈深度的大小,决定着放大电路性能改善的程度。反馈深度 $|1 + \dot{A}_0 \dot{F}|$ 的值越大,放大电路的性能越好,但反馈太深,有时不加任何输入信号,电路也会产生一定频率的信号输出,这时电路产生了振荡现象,称为自激振荡。自激振荡破坏了放大电路的正常工作,应尽量避免,或在产生了自激现象后,设法消除。下面简单介绍自激振荡产生的原因及消除自激振荡的方法。

### 4.5.1 产生自激振荡的原因及负反馈放大电路自激振荡的条件

负反馈放大电路中的净输入信号为 $\dot{X}_d = \dot{X}_i - \dot{X}_f$。由于前面讨论的是局限于中频范围内,且反馈网络中无电抗元件,$\dot{X}_i$ 与 $\dot{X}_f$ 是同相关系,因此有 $X_d = X_i - X_f$。可见 $\dot{X}_f$ 的存在,使净输入信号减小,电路是负反馈。

当输入信号的频率较高或较低时,输出要产生附加相移,若附加相移达到 180°,使 $\dot{X}_f$ 与 $\dot{X}_i$ 反相位,则有 $X_d = X_i + X_f$。可见,这时由于 $\dot{X}_f$ 的存在,使净输入信号 $\dot{X}_d$ 增大了,电路实际上成为正反馈,此时电路有可能产生自激振荡。从负反馈放大电路闭环放大倍数的一般表达式

$$\dot{A}_f = \frac{\dot{A}_0}{1 + \dot{A}_0 \dot{F}}$$

来看,若 $\dot{A}_0 \dot{F} = -1$,则有 $A_f = \infty$。也就是说,这是放大电路不加输入信号也会有输出,即放大电路出现了自激振荡。因此,负反馈放大电路产生自激振荡的条件是

$$\dot{A}_0 \dot{F} = -1 \tag{4-18}$$

自激振荡的幅值条件是:

$$|\dot{A}_0 \dot{F}| = 1 \text{ 或 } 20\lg|\dot{A}_0 \dot{F}| = 0\text{dB} \tag{4-19}$$

自激振荡的相位条件是:

$$\varphi_A + \varphi_F = \text{arctg}|\dot{A}_0 \dot{F}| = \pm(2n+1)\pi \quad n = 0,1,2,\cdots \tag{4-20}$$

式中,$\varphi_A$ 和 $\varphi_F$ 分别为基本放大电路和反馈网络的输出与其输入信号之间的相位差。

设反馈网络是在纯电阻性质的情况下,单级负反馈放大电路是稳定的,因为单级放大电路最大附加相移不会超过 90°,不满足自激振荡的相位条件,所以单级负反馈放大电路不会

产生自激振荡。两级放大电路其最大附加相移可达180°，但这时$|\dot{A}_0\dot{F}|=0$，不满足自激振荡的幅值条件，所以两级负反馈放大电路也是稳定的。三级放大电路，最大附加相移可达270°，在低频段和高频段附加相移为±180°时，只要$|\dot{A}_0\dot{F}|=1$，电路就满足自激振荡的相位条件和幅值条件，所以三级或三级以上的负反馈放大电路，在深度负反馈的情况下，必须采取措施，否则电路会产生自激振荡，使电路不能正常工作。

集成运算放大器实际上是一个高放大倍数的多级直接耦合放大电路，而集成运算放大器在线性应用时，都要通过外部连接成深度负反馈，所以在集成运算放大器的线性应用当中，要注意避免或消除自激振荡现象。

### 4.5.2 负反馈放大电路稳定工作的条件及消除自激振荡的方法

由前面知道，式（4-19）和式（4-20）分别是自激振荡的幅值条件和相位条件，因此，要使负反馈放大电路不产生自激振荡现象，而能够稳定工作，就要设法破坏自激振荡的两个条件。如在基本放大电路和反馈网络的附加相移为±180°时，设法使$|\dot{A}_0\dot{F}|<1$，或在$|\dot{A}_0\dot{F}|=1$时，设法使附加相移小于180°。最简单的办法是减小负反馈放大电路的反馈系数或反馈深度，使附加相移在180°时，$|\dot{A}_0\dot{F}|<1$。但是，这样做不利于负反馈放大电路性能的改善，因此常采用校正技术（又称频率补偿技术），即在基本放大电路$\dot{A}_0$或反馈网络$\dot{F}$中加入一些元件（如R、C等），组成校正网络（又称补偿网络），其目的是改变开环频率特性，使放大电路远离自激振荡的相位条件或幅值条件，使放大电路具有足够的相位裕度或幅度裕度，保证电路不产生自激振荡。

常用的校正方法有滞后校正和超前—滞后校正。滞后校正就是在基本放大电路中插入一个RC校正网络（即是一个低通滤波电路），如图4-20a所示。由于插入RC校正网络后，信号的相位关系改变了，破坏了自激振荡的相位条件。实际上校正网络中的R，可以用插入基本放大电路处的等效电阻代替。由于这种校正网络的$\dot{U}_2$滞后$\dot{U}_1$，所以称为滞后校正。又由于这种校正网络接入放大电路后，会导致放大电路的频带变窄很多，所以这种校正又称为窄带校正。频带变窄是这种校正方法的缺点，但利用这种校正方法，用户可以根据需要，灵活地控制放大电路的频响。

一个实际的集成运算放大器，只需要在其补偿端外接一个电容器就可以消除自激现象。图4-20b是一个典型电路。另外，有些集成运算放大器不需要外接补偿电容，而是在制造过程中，在内部电路中某晶体管的集电极与其基极间制造一个小电容，起到高频补偿的作用。国产集成运算放大器F007就是这样一个内补偿型的例子。

如图4-21a所示，在基本放大电路中引入的这种校正网络，比引入滞后校正网络频带加宽了，所以这种校正方法又称为宽带校正。由于采用这种校正网络，可以引入一个新的零点和极点，零点使相移超前，极点使相移滞后，故又称为超前—滞后校正。

一个实际的集成运算放大器，只要在其补偿端外接上RC串联电路，就可以实现超前—滞后校正，如图4-21b所示。

读者若对校正方法需要详细了解和深入分析，可参阅有关文献。

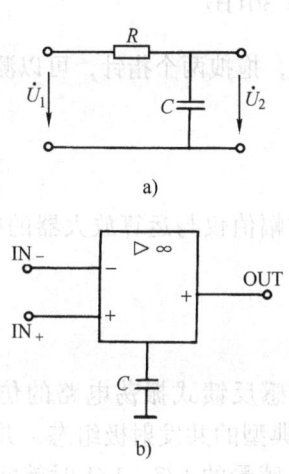
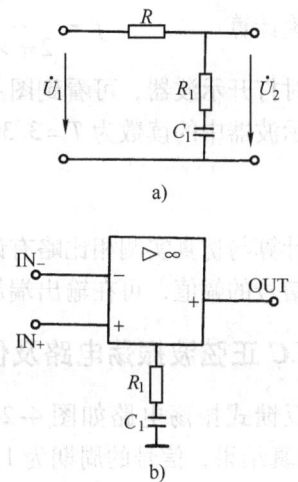

图 4-20 滞后校正网络　　　　　图 4-21 超前—滞后校正网络

## *4.6 正弦波振荡电路

　　RC 正弦波振荡电路是一种低频振荡电路，其振荡频率一般可以从 1Hz 以下到几百千赫。而 LC 振荡电路是由 LC 并联回路作为选频网络的振荡电路，它能产生几十兆赫以上的正弦波信号。本节仅介绍两种正弦波振荡电路的仿真分析。

### 4.6.1 RC 正弦波振荡电路及仿真分析

　　正反馈振荡电路广泛应用于信号发生装置中，RC 串并联选频网络振荡电路，如图 4-22 所示，其仿真电路如图 4-23a 所示。两个 16kΩ 电阻和两个 0.033μF 电容构成串并联选频网络，起振条件是电路放大倍数≥3，而 RC 的值决定输出信号的频率。理论上信号的频率按下式计算：

$$f = \frac{1}{2\pi RC}$$

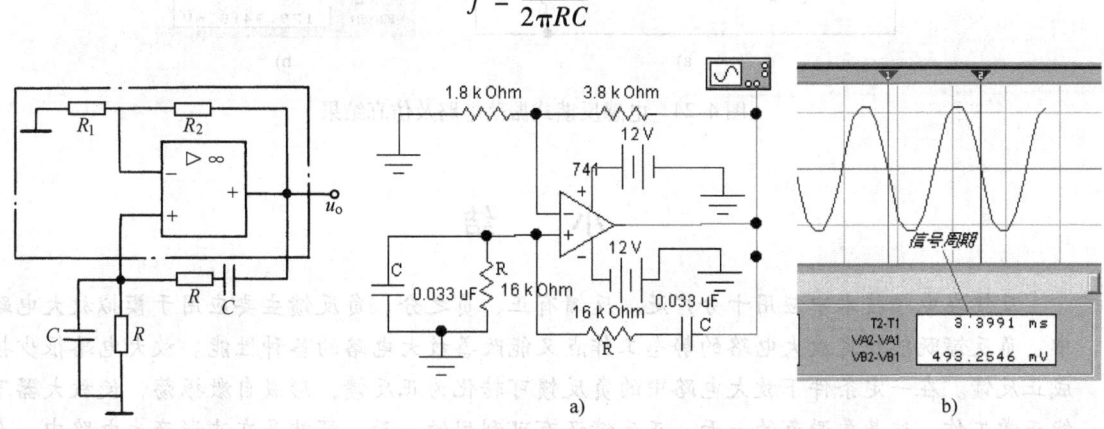

图 4-22 RC 串并联选频网络振荡电路　　　　图 4-23 RC 串并联选频网络振荡电路及仿真结果

此例中理论计算 $$f = \frac{1}{2\pi \times 16 \times 0.033 \times 10^{-3}}\text{s} = 301\text{Hz}$$

仿真时打开示波器，可看到图 4-23b 所示的正弦波形，拖拽两个指针，可以测量出信号的周期。示波器中的读数为 $T = 3.3991\text{ms}$，算出频率为

仿真实测 $$f = \frac{1}{T} = 294\text{Hz}$$

理论计算与仿真实测相比略有误差。注意输出信号的幅值仅与运算放大器的电源有关，若想控制信号的幅值，可在输出端加稳压管限幅。

### 4.6.2 LC 正弦波振荡电路及仿真分析

电感反馈式振荡电路如图 4-24a 所示，这是一个电感反馈式振荡电路的仿真图，图 4-24b 是仿真结果，信号的周期为 1.0276ms。放大电路是典型的共发射极组态，并联选频网络由电容 $C$ 和电感 $L_1$、$L_2$ 组成。通常 $L_2$ 的电感量为总电感量的 1/8~1/4 时就能满足起振条件，振荡频率为

$$f \approx \frac{1}{2\pi\sqrt{LC}}$$

其中 $L = L_1 + L_2 + 2\sqrt{L_1 L_2}$

从仿真结果看出，LC 正弦波振荡电路的输出频率远高于 RC 振荡电路的输出频率。

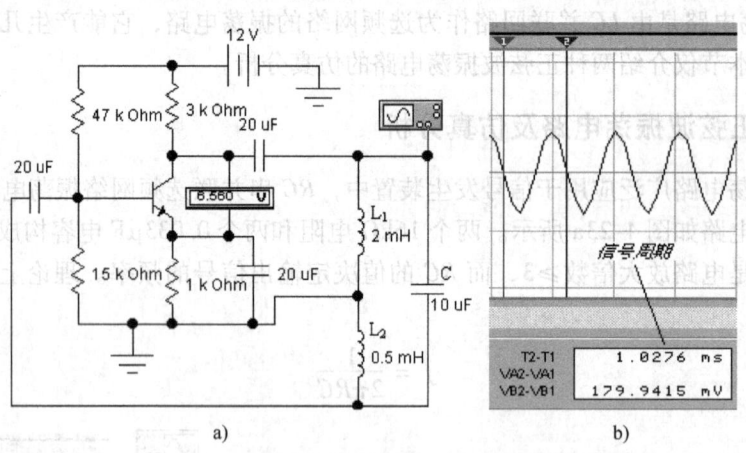

图 4-24 电感反馈式振荡电路及仿真结果

## 小 结

反馈在电子技术中应用十分广泛。反馈有正、负之分。负反馈主要应用于模拟放大电路中，负反馈既能稳定放大电路的静态工作点又能改善放大电路的各种性能。放大电路很少接成正反馈。在一定条件下放大电路中的负反馈可转化为正反馈，形成自激振荡，使放大器不能正常工作，这是要避免的一面。正反馈还有可利用的一面，那就是在波形产生电路中，人为地把电路接成正反馈形式，产生所需要的波形。本章的内容有两个部分，即反馈放大电路

和振荡电路（波形产生电路）。应掌握好以下要点：

1) 反馈的基本概念。

2) 负反馈类型的判别。

负反馈的类型有 4 种：

电压串联负反馈；

电压并联负反馈；

电流串联负反馈；

电流并联负反馈。

3) 负反馈放大电路的闭环增益方程和反馈深度。

闭环增益方程

$$\dot{A}_{uf} = \frac{\dot{A}}{1 + \dot{A}\dot{F}}$$

反馈深度

$$1 + \dot{A}\dot{F}$$

4) 负反馈对放大器性能的影响。

5) 深负反馈放大器动态指标的估算。

6) 负反馈放大器的自激振荡与补偿。

7) 产生正弦波振荡的条件。

幅值平衡条件

$$\dot{A}\dot{F} = 1$$

$$|\dot{A}\dot{F}| = 1$$

相位平衡条件

$$\varphi_A + \varphi_F = \pm 2n\pi$$

式中，$n = 0, 1, 2, \cdots$

8) 振荡电路的判别，振荡频率的分析。

9) 重点掌握几个典型的正弦波振荡电路。

## 习 题

4-1 试判断图 4-25 所示的各电路，引入的反馈是直流反馈还是交流反馈？是正反馈还是负反馈？并指明反馈网络由哪些元件组成。

4-2 在图 4-25 的各电路中，哪些能够提高输入电阻？哪些能够降低输入电阻？它们分别能够稳定什么输出量？

4-3 图 4-26 的电路是由两级放大电路构成，$R_{F1}$ 构成第一级的反馈，$R_{F2}$ 构成第二级的反馈，$R_F$ 构成两级之间的反馈。试判别它们分别是正反馈还是负反馈？若是负反馈，并判别其反馈组态。

4-4 在图 4-27 所示的各电路中，说明哪些是直流反馈？哪些是交流反馈？哪些是正反馈？哪些是负反馈？并分别指出那些交流负反馈的反馈类型。

4-5 在图 4-28 所示的放大电路中，引入负反馈后，希望：1) 能够降低输入电阻；2) 输出端接上（或改变）负载电阻 $R_L$ 时，输出电压变化小。试问应引入何种组态的负反馈？在图上接入反馈网络。

4-6 在图 4-29 的放大电路中，引入负反馈后，希望：1) 能够使电路带负载能力增强；2) 信号源向放大电路提供的电流较小。试问电路应引入何种组态的负反馈？在图上接入反馈网络。

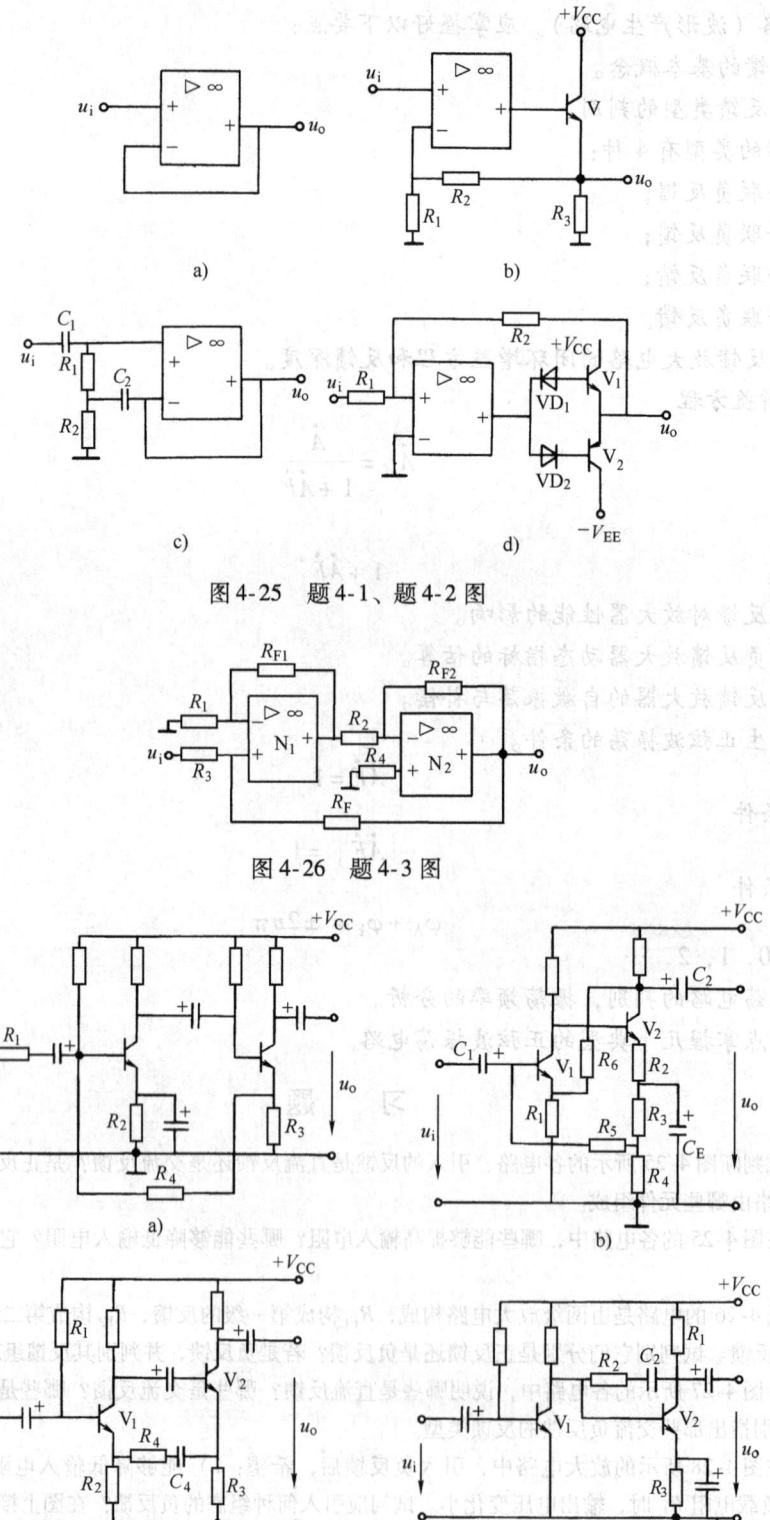

图 4-25 题 4-1、题 4-2 图

图 4-26 题 4-3 图

图 4-27 题 4-4 图

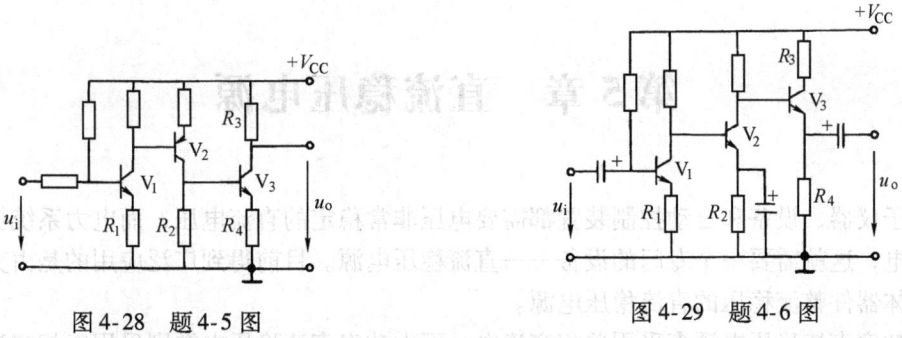

图 4-28 题 4-5 图  　　　　　　　图 4-29 题 4-6 图

4-7 在图 4-30 所示的两个电路中，集成运算放大器的最大输出电压 $U_{om} = \pm 13V$。试分别说明，在下列三种情况下，是否存在反馈？若有反馈是什么类型的反馈？1）当 m 点接至 a 点时；2）当 m 点接至 b 点时；3）当 m 点接"地"时。

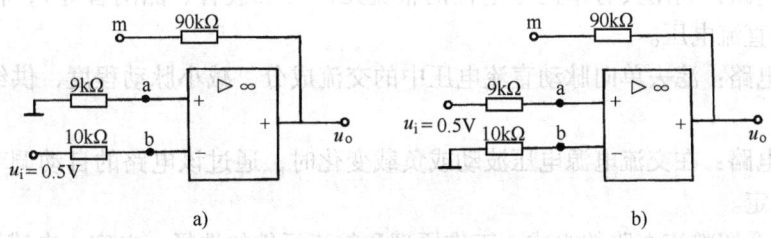

图 4-30 题 4-7 图

# 第 5 章 直流稳压电源

电子仪器、设备和自动控制装置都需要电压非常稳定的直流电压，而电力系统提供的却是交流电，这就需要一个专门的设备——直流稳压电源。目前得到广泛应用的是由交流电通过半导体器件整流稳压的直流稳压电源。

小功率直流稳压电源多采用单相交流电，而大功率直流稳压电源则采用三相交流电。小功率直流稳压电源的原理框图如图 5-1 所示。各部分功能如下：

1) 电源变压器：将交流电源电压变换为符合整流电路需要的交流电压。

2) 整流电路：利用具有单向导电性的整流元件（二极管、晶闸管等），将交流电压变为单向脉动的直流电压。

3) 滤波电路：滤去单向脉动直流电压中的交流成分，减小脉动程度，供给负载平滑的直流电压。

4) 稳压电路：在交流电源电压波动或负载变化时，通过该电路的自动调节作用，使直流输出电压稳定。

本章主要介绍整流电路的组成、工作原理和整流元件的选择；电容、电感及其组合滤波电路的工作原理；稳压管稳压电路和串联型稳压电路的工作原理；集成稳压电路及其应用。

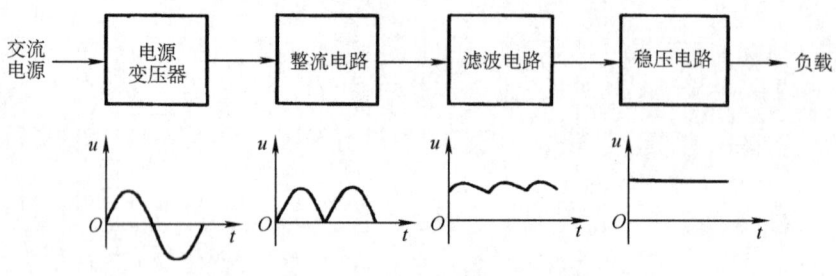

图 5-1 小功率直流稳压电源的原理框图

## 5.1 单相桥式整流电路

**1. 电路组成** 单相桥式整流电路由单相电源变压器 T、4 个二极管 $VD_1 \sim VD_4$ 和负载电阻 $R_L$ 组成，如图 5-2 所示。其中 4 个二极管接成电桥形式，因此称为桥式整流电路。

**2. 工作原理与波形** 为了分析方便起见，假设电源变压器和二极管是理想器件，即忽略变压器绕组阻抗上的压降、二极管的正向压降和反向电流。

在图 5-2a 中，设电源变压器二次电压为

$$u_2 = \sqrt{2}U_2\sin\omega t$$

波形如图 5-3a 所示。

在变压器二次电压 $u_2$ 的正半周，a 点电位高于 b 点，二极管 $VD_1$、$VD_3$ 正偏导通，

# 第 5 章 直流稳压电源

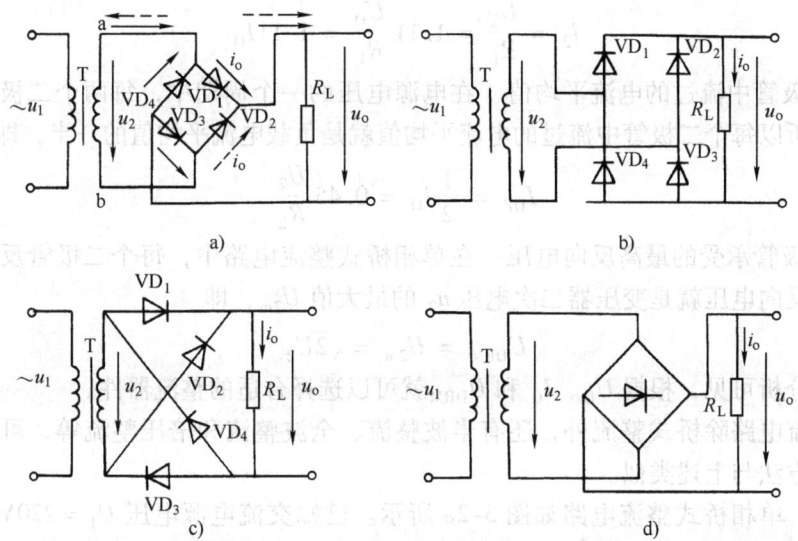

图 5-2 单相桥式整流电路的四种画法

$VD_2$、$VD_4$ 反偏截止。电流 $i$ 的路径是

$$a \to VD_1 \to R_L \to VD_3 \to b \to a$$

如图 5-2a 中实线箭头所示，负载电阻 $R_L$ 上得到一个半波电压，$u_o \approx u_2$，如图 5-3b 所示。

在变压器二次电压 $u_2$ 的负半周，b 点电位高于 a 点，因此二极管 $VD_2$、$VD_4$ 正偏导通，$VD_1$、$VD_3$ 反偏截止，电流 $i$ 的路径是

$$b \to VD_2 \to R_L \to VD_4 \to a \to b$$

如图 5-2a 中虚线箭头所示，负载电阻 $R_L$ 上得到又一个半波电压，$u_o \approx -u_2$，如图 5-3b 所示。

因此，变压器二次电压 $u_2$ 变化一周，负载电阻 $R_L$ 上就会得到一个全波单向脉动的电压 $u_o$ 和电流 $i_o$，如图 5-3b 所示。

### 3. 定量计算

（1）整流电压平均值

$$U_O = \frac{1}{\pi} \int_0^\pi u_o d(\omega t) = \frac{1}{\pi} \int_0^\pi \sqrt{2} U_2 \sin\omega t d(\omega t)$$

$$= \frac{\sqrt{2} U_2}{\pi} \times 2 = 0.9 U_2 \quad (5\text{-}1)$$

（2）负载电流平均值

$$I_O = \frac{U_O}{R_L} = 0.9 \frac{U_2}{R_L} \quad (5\text{-}2)$$

（3）变压器二次电压有效值

$$U_2 = \frac{U_O}{0.9} = 1.11 U_O \quad (5\text{-}3)$$

（4）变压器二次电流有效值

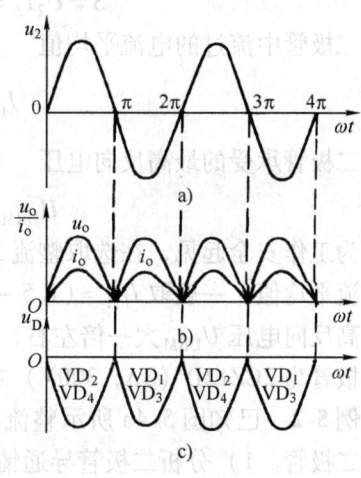

图 5-3 单相桥式整流电路 $u_2$、$u_o$ 和 $u_D$ 的波形

$$I_2 = \frac{U_2}{R_L} = 1.11\frac{U_O}{R_L} = 1.11 I_O \tag{5-4}$$

（5）二极管中流过的电流平均值　在电源电压的一个周期中，每两个二极管串联导通半个周期，所以每个二极管中流过的电流平均值就是负载电流平均值的一半，即

$$I_{DF} = \frac{1}{2}I_O = 0.45\frac{U_2}{R_L} \tag{5-5}$$

（6）二极管承受的最高反向电压　在单相桥式整流电路中，每个二极管反偏截止时所承受的最高反向电压就是变压器二次电压 $u_2$ 的最大值 $U_{2m}$，即

$$U_{DRM} = U_{2m} = \sqrt{2}U_2 \tag{5-6}$$

由上述分析可见，根据 $U_O$、$I_O$ 和 $U_{DRM}$ 就可以选择合适的整流器件。

单相整流电路除桥式整流外，还有半波整流、全波整流和倍压整流等，可参见本章习题，其分析方法与上述类似。

**例 5-1**　单相桥式整流电路如图 5-2a 所示。已知交流电源电压 $U_1 = 220\text{V}$，负载电阻 $R_L = 50\Omega$，整流电压平均值 $U_O = 100\text{V}$，试求变压器的电压比和容量，并选取二极管。

**解**　变压器二次电压有效值

$$U_2 = \frac{U_O}{0.9} = \frac{100}{0.9}\text{V} = 111\text{V}$$

变压器的电压比

$$K = \frac{U_1}{U_2} = \frac{220}{111} \approx 2$$

负载电流平均值

$$I_O = 1.11 I_O = 1.11 \times 2\text{A} = 2.22\text{A}$$

变压器的容量

$$S = U_2 I_2 = 111 \times 2.22\text{V} \cdot \text{A} = 246.4\text{V} \cdot \text{A}$$

二极管中流过的电流平均值

$$I_{DF} = \frac{1}{2}I_O = \frac{1}{2} \times 2\text{A} = 1\text{A}$$

二极管承受的最高反向电压

$$U_{DRM} = \sqrt{2}U_2 = \sqrt{2} \times 122\text{V} = 172\text{V}$$

为工作安全起见，在选取整流二极管时，二极管的最大整流电流 $I_{FM}$ 应大于流过二极管的电流平均值，一般取 $I_{FM} = (1.5 \sim 2)I_{DF}$；二极管的最大反向工作电压 $U_{RM}$ 应比二极管承受的最高反向电压 $U_{DRM}$ 大一倍左右，一般取 $U_{RM} = (2 \sim 3)U_{DRM}$。由此，依据手册或附录，选取二极管为 2CZ12D（3A，300V）或者 2CZ12E（3A，400V）。

**例 5-2**　已知图 5-4a 所示整流电路，能输出对地正、负两种直流电压，假定二极管为理想二极管。1）分析二极管导通情况，画出当变压器二次侧抽头在中心位置时的 $u_{o1}$ 和 $u_{o2}$ 波形，并指出对地极性；2）求 $U_{21} = U_{22} = 20\text{V}$ 时的 $U_{O1}$ 和 $U_{O2}$；3）求 $U_{21} = 22\text{V}$，$U_{22} = 18\text{V}$ 时的 $U_{O1}$ 和 $U_{O2}$。

**解**　1）当 $u_2$ 为正半周时，a 点电位高于 b 点电位，二极管 $VD_1$、$VD_3$ 导通，$u_{o1} = u_{21}$，$u_{o2} = -u_{22}$；当 $u_2$ 为负半周时，b 点电位高于 a 点电位，二极管 $VD_2$、$VD_4$ 导通，$u_{o1} =$

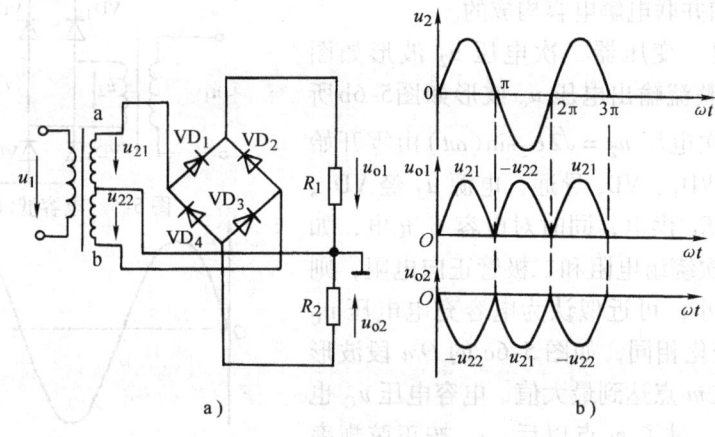

图 5-4 例 5-2 图及波形图

$-u_{22}$,$u_{o2} = u_{21}$,波形如图 5-4b 所示,$u_{o1}$ 对地极性为正,$u_{o2}$ 对地极性为负。

2) 由图 5-4b 所示 $u_{o1}$ 和 $u_{o2}$ 的波形可知,$u_{o1}$ 和 $u_{o2}$ 均为全波整流电压,即二极管 VD$_1$ 和 VD$_2$ 构成一个全波整流电路,对地输出正电压;VD$_3$ 和 VD$_4$ 构成另一个全波整流电路,对地输出负电压。因为 $U_{21} = U_{22} = 20\text{V}$,所以整流电压平均值

$$U_{O1} = 0.9U_{21} = 0.9 \times 20\text{V} = 18\text{V}$$

$$U_{O2} = -0.9U_{22} = -0.9 \times 20\text{V} = -18\text{V}$$

3) 当 $U_{21} = 22\text{V}$,$U_{22} = 18\text{V}$ 时,二极管导通情况与上面相同,由于 $u_{21}$ 和 $u_{22}$ 幅值不同,故 $u_{o1}$ 和 $u_{o2}$ 两个半波的幅值也不同,则整流电压平均值

$$U_{O1} = 0.45U_{21} + 0.45U_{22} = 0.45 \times (22+18)\text{V} = 18\text{V}$$

$$U_{O2} = -0.45U_{21} - 0.45U_{22} = -0.45 \times (22+18)\text{V} = -18\text{V}$$

**练习与思考**

5-1-1 在图 5-2a 所示的单相桥式整流电路中,如果二极管 VD$_3$ ①反接;②短路;③开路,试说明三种情况下,电路的工作状态。

5-1-2 试比较单相半波整流电路和单相桥式整流电路在变压器二次电压和负载电阻相同的情况下,整流电压平均值 $U_O$、流过二极管的电流平均值 $I_{DF}$ 和二极管承受的最高反向电压 $U_{DRM}$ 的大小。

## 5.2 滤波电路

前面介绍的几种整流电路输出电压均是单向脉动的直流电压,其中含有直流分量和交流分量,这种电压作为电镀、蓄电池充电和直流电动机等电源是允许的,但作为电子仪器和设备的电源,在整流电路之后,必须接入滤波电路,以减小输出电压中的交流分量,降低输出电压的脉动程度。

滤波电路通常采用的滤波元件有电容和电感。下面介绍几种常用的滤波电路。

### 5.2.1 电容滤波电路

**1. 电路组成** 图 5-5 所示电容滤波电路是在图 5-2a 所示单相桥式整流电路的输出端和

负载电阻 $R_L$ 之前并联电解电容构成的。

**2. 滤波过程** 变压器二次电压 $u_2$ 波形如图 5-6a 所示，桥式整流输出电压 $u_o$ 波形如图 5-6b 所示。当变压器二次电压 $u_2 = \sqrt{2}U_2\sin(\omega t)$ 由零开始上升时，二极管 $VD_1$、$VD_3$ 导通，电源 $u_2$ 经 $VD_1$、$VD_3$ 向负载电阻 $R_L$ 供电，同时对电容 $C$ 充电，如果忽略变压器二次绕组电阻和二极管正向电阻，则充电时间常数很小，可近似认为电容充电电压 $u_C$ 与正弦电压 $u_2$ 变化相同，如图 5-6c 的 $Om$ 段波形所示，电压 $u_2$ 在 $m$ 点达到最大值，电容电压 $u_C$ 也随之达到最大值。过了 $m$ 点以后，$u_2$ 按正弦规律下降，而 $u_C$ 则按指数规律衰减，当 $u_2 < u_C$ 时，二极管 $VD_1$、$VD_3$ 承受反向电压而截止，电容 $C$ 则继续向负载电阻 $R_L$ 放电，通常放电时间常数 $R_L C$ 较大，故电容电压衰减较慢，如图 5-6c 中 $ng$ 段所示。在 $g$ 点以后，$u_2$ 的负半周使二极管 $VD_2$、$VD_4$ 导通，$u_2$ 经过 $VD_2$、$VD_4$ 向负载电阻 $R_L$ 供电，同时给电容充电，以后重复上述过程。

滤波电容电压 $u_C$ 即为输出电压 $u_o$ 的波形近似为锯齿波，如图 5-6c 所示。实际上整流电路存在内阻（二次绕组电阻和二极管正向电阻），对输出电压 $u_o$ 有影响，其变化如图 5-6d 所示。

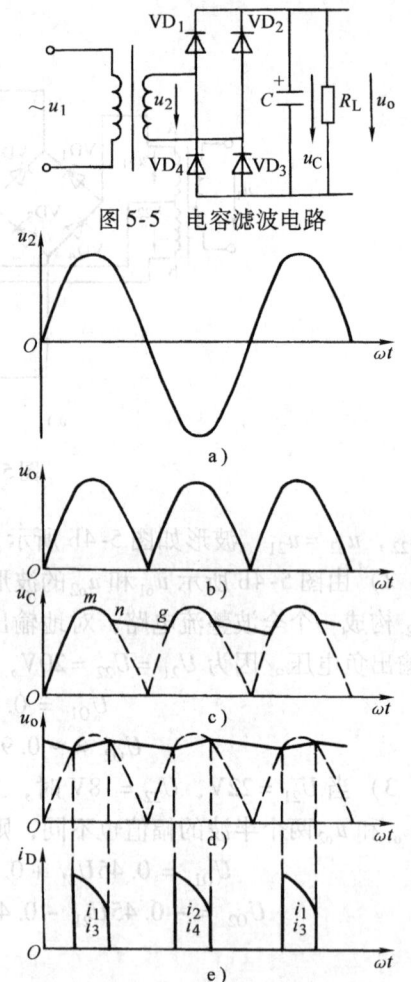

图 5-5 电容滤波电路

图 5-6 电容滤波电路电压、电流波形

**3. 电容滤波电路特点**

1) 输出电压脉动小 由图 5-6c、d 波形可以看到，加入滤波电容 $C$ 之后，由于电容元件两端电压在电路状态改变时不能跃变，因此，输出电压的脉动大为减小且比较平滑。

2) 输出电压平均值高 与单相桥式整流电路相比，加入滤波电容后，输出电压平均值明显提高。电容滤波电路输出电压平均值 $U_O$ 的大小与电容 $C$ 和负载电阻 $R_L$ 的大小即放电时间常数 $\tau = R_L C$ 有关。

① 空载（$R_L = \infty$）时，$U_O = \sqrt{2}U_2$

② 负载电流很大（$R_L$ 很小）时，放电时间常数很小，放电速度快，输出电压脉动大，输出电压平均值 $U_O$ 与单相桥式整流电路输出电压平均值 $U_O$ 接近相等。

由此可见，放电时间常数越大，放电速度越慢，电压脉动越小，输出电压平均值越高，滤波效果越好。

3) 外特性差 输出电压平均值 $U_O$ 与输出电流 $I_O$ 的变化曲线称为整流电路或滤波电路的外特性，如图 5-7 所示。图中曲线 a 是电容滤波电路的外特性。可见，输出电压平均值 $U_O$ 受负载电阻 $R_L$ 的变化影响较大，即外特性差，说明该电路带负载能力差；曲线 b 是整流电路的外特性，与电容滤波电路相比，外特性好，带负载能力强。

4) 二极管的冲击电流大 与单相桥式整流电路相比，电容滤波电路中二极管导通时间短,由图 5-6e 可见,只有当 $u_2 > u_C$ 时二极管才导通,因此会造成二极管导通时电流峰值过大,即产生较大的冲击电流,容易损坏二极管。所以在选取二极管时,电流值要留有充分的余量。

总之,电容滤波电路简单,输出电压平均值高,电压脉动小,但是外特性差,且冲击电流较大。因此,电容滤波电路适用于输出电压较高,负载电流较小且变化较小的场合。

**4. 输出电压平均值的计算** 从上面分析可知,单相桥式整流电容滤波电路的输出电压平均值 $U_O$ 在 $0.9U_2 \sim \sqrt{2}U_2$ 之间,通常按以下经验公式计算:

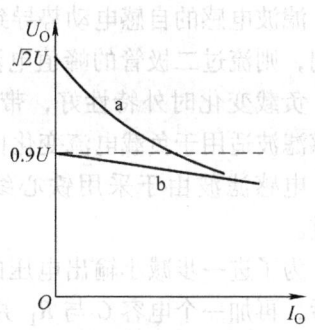

图 5-7 整流电路和滤波电路的外特性曲线

$$\left.\begin{array}{l} 单相半波整流滤波时 \quad U_O = U_2 \\ 单相全波整流滤波时 \quad U_O = 1.2U_2 \end{array}\right\} \quad (5-7)$$

为减小输出电压脉动程度,得到比较平直的输出电压,$R_L C$ 要尽可能大一些,一般要求 $R_L \geq (10 \sim 15) \dfrac{1}{\omega C}$,即

$$R_L C \geq (3 \sim 5) \frac{T}{2} \quad (5-8)$$

式中,$T$ 为交流电源电压的周期。

实际电路中,滤波电容 $C$ 值都很大,通常在几十微法到几千微法之间,视负载电流大小而定;电容的耐压应大于输出电压的最大值;电容均采用具有正、负极性的电解电容。

## 5.2.2 电感滤波电路

在整流电路的输出端和负载电阻 $R_L$ 之间串联一个电感量较大的铁心线圈 $L$,就构成了电感滤波电路,如图 5-8 所示。

电感滤波作用可从两方面来理解:当电感中的电流发生变化时,电感线圈中将产生自感电动势阻碍电流的变化。当电流增大时,自感电动势阻碍电流增加,同时将能量储存起来,使电流缓慢增加;当电流减小时,自感电动势阻碍电流减小,同时将能量释放出来,使电流缓慢减小,结果使得负载电流和负载电压脉动大为减小。

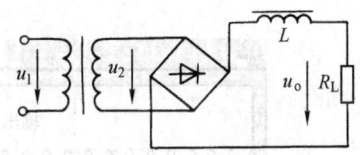

图 5-8 电感滤波电路

从另一个角度看,交流电压 $u_2$ 经整流后成为单向脉动直流电压,既含有各次谐波分量,又含有直流分量,铁心线圈电感很大,交流阻抗很大,直流电阻很小,具有隔交通直的作用。所以直流分量大部分降在负载电阻 $R_L$ 上。对交流分量,谐波频率越高,感抗越大,因而交流分量大部分降在电感上,因此在负载上得到比较平直的电压和电流波形。忽略电感线圈的电阻,桥式整流电感滤波电路的输出电压平均值为

$$U_O = 0.9U_2 \quad (5-9)$$

电感滤波电路的特点:

滤波电感的自感电动势导致二极管的导通角比电容滤波电路时增大，若负载电流平均值相同，则流过二极管的峰值电流小，承受的冲击电流小；负载变化时外特性好，带负载能力较强，因此，电感滤波适用于负载电流变化比较大的场合。

电感滤波由于采用铁心线圈，体积大，故比较笨重。

为了进一步减小输出电压的脉动，可在电感滤波之后，再加一个电容 $C$ 与 $R_L$ 并联，组成 $LC$ 滤波电路，如图 5-9 所示。这样电容再一次滤掉交流分量，可得到更为平直的直流输出电压。

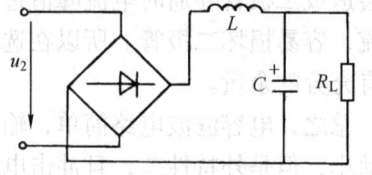

图 5-9  $LC$ 滤波电路

### 5.2.3 整流滤波电路的仿真分析

**1. 单相桥式整流电路的仿真分析**  在 EWB 元器件库中取出变压器、二极管、负载电阻等，创建单相桥式整流电路，接上交流电源和测量仪器仪表，得到如图 5-10 所示的仿真电路图。

接通仿真开关，在虚拟示波器上可观查到输入正弦交流电压波形和输出的单向脉动电压波形，如图 5-11 所示。

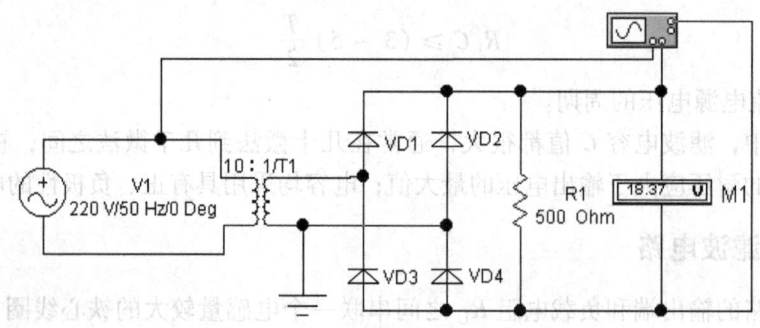

图 5-10  单相桥式整流电路仿真图

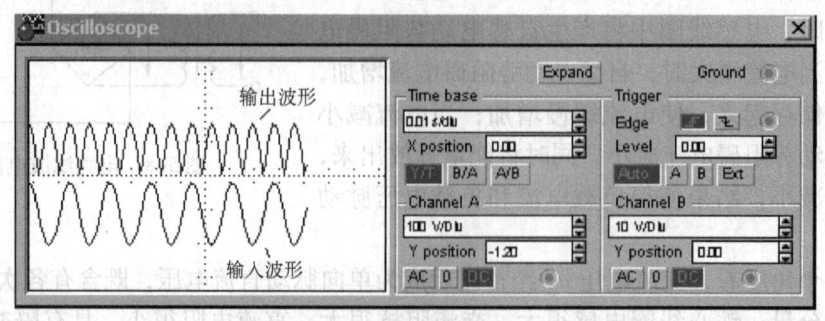

图 5-11  单相桥式整流电路输入输出电压仿真波形

**2. 单相桥式整流电容滤波电路的仿真分析**  EWB 主界面上创建单相桥式整流电容滤波电路，如图 5-12 所示。

接通仿真开关，在虚拟示波器上可观测到输入正弦交流电压波形和输出的锯齿波形，如

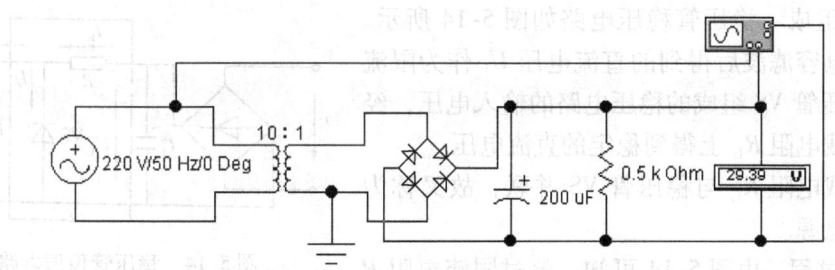

图 5-12　单相桥式整流电容滤波电路仿真图

图 5-13 所示。

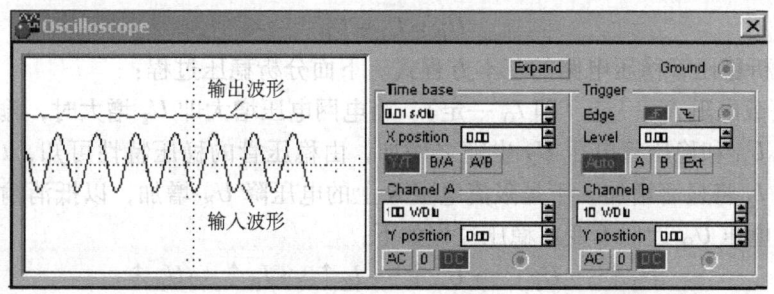

图 5-13　单相桥式整流电容滤波电路输入/输出电压仿真波形

## 练习与思考

5-2-1　单相半波整流电容滤波电路中,二极管截止时所承受的最高反向电压是多大?

5-2-2　图 5-9LC 滤波电路中的 $L$ 和 $C$ 的位置是否可以互换?

5-2-3　图 5-9LC 滤波电路,把 $C$ 平移到 $L$ 前面,试比较两种滤波电路的优缺点?

5-2-4　图 5-5 电容滤波电路中,电容足够大,变压器二次电压有效值 $U_2 = 20V$,如果输出端用电压表直流档测量输出端可能会有以下情况:

1) $U_O = 28V$; 2) $U_O = 18V$; 3) $U_O = 24V$; 4) $U_O = 9V$,试回答哪些正常? 哪些不正常? 并说明原因。

## 5.3　稳压电路

经过变压、整流和滤波后的输出电压,虽然脉动的交流成分很小,但仍随交流电网电压的波动和负载电流的变化而变化。由 $U_O = 1.2U_2$ 和图 5-7 所示电容滤波电路的外特性可知,输出电压是不稳定的。当其作为放大电路、精密测量仪器、计算机的电源时,会带来很大误差,甚至不能正常工作,因此有必要进行稳压。

### 5.3.1　稳压管稳压电路

稳压管稳压电路是最简单的稳压电路。它是利用稳压管反向击穿区的稳压特性(即进入反向击穿区后,在 $I_{Zmin} \sim I_{Zmax}$ 电流变化范围内,电压 $U_Z$ 的变化值 $\Delta U_Z$ 很小)进行稳压。

**1. 电路组成**　稳压管稳压电路如图 5-14 所示。将桥式整流电容滤波后得到的直流电压 $U_I$ 作为限流电阻 $R$ 和稳压管 VS 组成的稳压电路的输入电压,经过稳压使负载电阻 $R_L$ 上得到稳定的直流电压。

由于负载电阻 $R_L$ 与稳压管 VS 并联,故又称为并联型稳压电源。

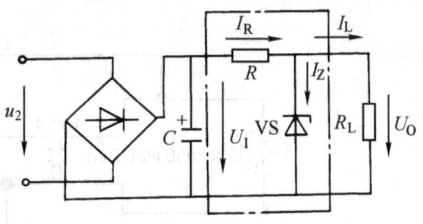

图 5-14　稳压管稳压电路

**2. 稳压过程**　由图 5-14 可知,流过限流电阻 $R$ 上的电流 $I_R$ 等于流过稳压管的电流 $I_Z$ 与负载电流 $I_O$ 之和,即 $I_R = I_Z + I_O$

限流电阻 $R$ 上的电压降

$$U_R = U_I - U_O$$

以上两式是分析稳压管稳压电路的基本方程式。下面分析稳压过程:

(1) 若负载电阻 $R_L$ 一定（即 $I_O$ 一定）　当电网电压增大即 $U_2$ 增大时,输入电压 $U_I$ 增加,输出电压 $U_O$ 和稳压管电压 $U_Z$ 也随之增加,由稳压管的稳压特性可知,$U_Z$ 稍有增加,稳压管的电流 $I_Z$ 将显著增加,于是限流电阻 $R$ 上的电压降 $U_R$ 增加,以抵消输入电压 $U_I$ 的增加,使输出电压 $U_O$ 近似不变。稳压过程如下:

$$U_2\uparrow \to U_I\uparrow \to U_O\uparrow \to I_Z\uparrow \to I_R\uparrow \to U_R\uparrow$$
$$U_O\downarrow \longleftarrow$$

这是一个电压负反馈的过程。

同理,当 $U_2$ 减小时,经过分析同样可以得出输出电压 $U_O$ 近似不变。

(2) 若电网电压不变即 $U_2$ 不变　当负载电阻 $R_L$ 减小时,负载电流 $I_O$ 增加,限流电阻 $R$ 上的电压降 $U_R$ 也随之增加,使输出电压 $U_O$ 和稳压管电压 $U_Z$ 减小,由稳压管的稳压特性可知,$U_Z$ 稍有减小稳压管的电流 $I_Z$ 将显著减小,于是限流电阻 $R$ 上的电压降 $U_R$ 减小,以补偿输出电压 $U_O$ 的减小,使其近似不变,其稳压过程如下:

$$I_O\uparrow \to U_O\downarrow \to I_Z\downarrow \to I_R\downarrow \to U_R\downarrow$$
$$U_O\uparrow \longleftarrow$$

这也是一个电压负反馈的过程。

由此可见,稳压管稳压电路是由稳压管的电流调节作用和限流电阻上的电压调节作用相互配合来实现稳压的。值得注意的是,电阻 $R$ 除了起电压调整作用外,还起限流作用,如果没有 $R$,则不仅没有稳压作用,还会使稳压管流过很大电流,烧坏稳压管,故电阻 $R$ 称为限流电阻。

**3. 稳压管和限流电阻的选取**

(1) 稳压管的选取　由于稳压管与负载电阻 $R_L$ 并联,故稳压管的稳定电压 $U_Z$ 应该等于输出电压 $U_O$,即负载所需的电压,如果一只稳压管的稳定电压值不够,可用多只稳压管串联实现,即每只稳压管稳定电压相加等于输出电压。一般来说,不容易正好相等。

稳压管的最大稳定电流 $I_{Zmax}$ 应大于负载电流的最大值 $I_{Omax}$。选取原则是

$$\left.\begin{array}{l}U_Z = U_O \\ I_{Zmax} = (1.5 \sim 3)I_{Omax}\end{array}\right\} \quad (5\text{-}10)$$

(2) 滤波后电压的选取　整流滤波后的电压 $U_I$ 应该大于输出电压 $U_O$。由于限流电阻 $R$ 上有电压降，因此 $U_I$ 不能过小，否则调整效果差；但也不能过大，否则能量损耗过大。通常选取

$$U_I = (2 \sim 3)U_O \tag{5-11}$$

(3) 限流电阻的选取　限流电阻 $R$ 应满足两种极端情况：

1) 当整流滤波后的电压为最高值 $U_{Imax}$（即交流电源电压最高值）时，负载电流为最小值 $I_{Omin}$ 时，此时流过稳压管电流最大，但是不应超过稳压管的最大稳定电流 $I_{Zmax}$，则有

$$\left(\frac{U_{Imax} - U_O}{R} - I_{Omin}\right) < I_{Zmax}$$

$$R > \frac{U_{Imax} - U_O}{I_{Zmax} + I_{Omin}}$$

2) 当整流滤波后的电压为最小值 $U_{Imin}$ 时，负载电流为最大值 $I_{Omax}$ 时，流过稳压管的电流应大于稳压管的最小稳定电流 $I_{Zmin}$，即

$$\left(\frac{U_{Imin} - U_O}{R} - I_{Omax}\right) > I_{Zmin}$$

$$R < \frac{U_{Imin} - U_O}{I_{Zmin} + I_{Omax}}$$

两式合一起，$R$ 应满足下式：

$$\frac{U_{Imax} - U_O}{I_{Zmax} + I_{Omin}} < R < \frac{U_{Imin} - U_O}{I_{Zmin} + I_{Omax}} \tag{5-12}$$

限流电阻 $R$ 的额定功率为

$$P_R = (2 \sim 3)\frac{(U_{Imax} - U_O)^2}{R} \tag{5-13}$$

**例 5-3**　已知图 5-14 所示稳压管稳压电路中，负载电阻 $R_L$ 由开路变到 $2\text{k}\Omega$，整流滤波后的电压 $U_I = 30\text{V}$（假定电网电压变化 $\pm 10\%$），负载两端电压 $U_O = 10\text{V}$，试选取稳压管和限流电阻 $R$。

**解**　负载电流最大值

$$I_{Omax} = \frac{U_L}{R_L} = \frac{10}{2}\text{mA} = 5\text{mA}$$

由式（5-12）选取

$$I_{Zmax} = 2I_{Omax} = 2 \times 5\text{mA} = 10\text{mA}$$
$$U_O = U_Z = 10\text{V}$$

依据附录 B：2CW18（$U_Z = 10 \sim 12\text{V}$，$I_{Zmin} = 5\text{mA}$，$I_{Zmax} = 20\text{mA}$）满足要求。

电网电压变化 $\pm 10\%$，$U_I$ 也变化 $\pm 10\%$，则

$$U_{Imax} = 1.1 \times 30\text{V} = 33\text{V}$$
$$U_{Imin} = 0.9 \times 30\text{V} = 27\text{V}$$

根据式（5-14）

$$\frac{33-10}{20+0}\text{k}\Omega < R < \frac{27-10}{5+5}\text{k}\Omega$$

$$1.15\text{k}\Omega < R < 1.7\text{k}\Omega$$

选取电阻值 $R = 1.5\text{k}\Omega$

限流电阻的额定功率 $\quad P_N = 2.5 \times \dfrac{(33-10)^2}{1.5 \times 10^3}\text{W} = 0.88\text{W}$

最后取限流电阻 $R$ 为 $1.5\text{k}\Omega$，$1\text{W}$。

由上述分析可见：稳压管稳压电路结构简单，输出电压范围不可调节，输出电流较小，仅适用于负载变动不大，输出电压不需要调节，输出电流小，稳压精度要求不太高的场合。

## 练习与思考

5-3-1　如果图 5-14 稳压管稳压电路中，稳压管接反，会出现什么后果？如果滤波电容开路，则输出电压 $U_L$ 波形如何？如果限流电阻 $R$ 被短路，将会出现何种结果？

5-3-2　有两只稳压管，稳定电压分别为 $U_{Z1}$、$U_{Z2}$，如果两只稳压管反向击穿稳压串联使用，稳定电压是多少？如果两只稳压管串联使用，一只管工作于反向击穿区，另一只管工作于正向导通区，稳定电压又是多少？如果两只稳压管并联使用，稳定电压是多少？

### 5.3.2　串联型稳压电路

前面介绍的稳压管稳压电路，输出电压不能调节，负载电流较小。为了克服这种缺点，故采用串联型稳压电路。

**1. 简单的串联型稳压电路**　在图 5-14 电路中，稳压管和负载电阻之间加一级射极跟随器，如图 5-15 所示，此时输出电压 $U_O = U_Z - U_{BE}$，负载电流 $I_O = (1+\beta)\Delta I_B$，与前面电路比较，扩大了负载电流变化范围。其中限流电阻 $R$ 和稳压管 VS 组成基准电压，也是晶体管的基极偏置电路，晶体管起调整电压作用，称为调整管。它与负载电阻串联，组成串联型稳压电路。稳压过程如下：

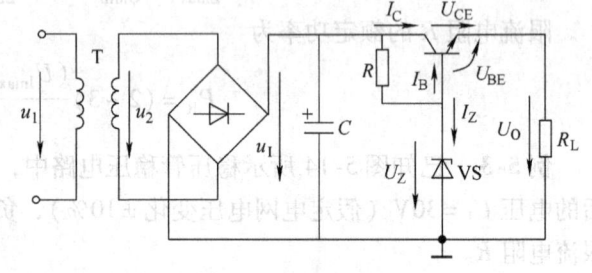

图 5-15　简单串联型稳压电路

$$U_O \downarrow \rightarrow U_{BE} \uparrow (= U_Z - U_O) \rightarrow I_C \uparrow$$
$$U_O \uparrow \leftarrow \qquad\qquad\qquad U_{CE} \downarrow$$

**2. 具有放大环节的串联型稳压电路**　图 5-15 所示电路是由 $U_O$ 的变化直接控制调整管，如果把 $U_O$ 的变化量经放大后再去控制调整管，其稳压性能将进一步提高。

（1）串联型稳压电路的组成　具有放大环节的串联型稳压电路组由①采样电路；②基准电路；③比较放大电路；④调整电路；⑤保护电路构成，其框图如图 5-16a 所示。

（2）基本串联型稳压电路　串联型稳压电路形式较多，图 5-16b 是最基本类型之一。其中电阻 $R_1$、$R_2$ 和电位器 RP 组成取样电路；限流电阻 $R_3$ 和稳压管 VS 组成基准电路；晶体管 $V_2$ 和电阻 $R_4$ 组成比较放大电路；晶体管 $V_1$ 和电阻 $R_4$ 组成调整电路；电阻 $R$（约

$0.5\sim1\Omega$)和二极管 $VD_3$ 构成限流型过电流保护电路。

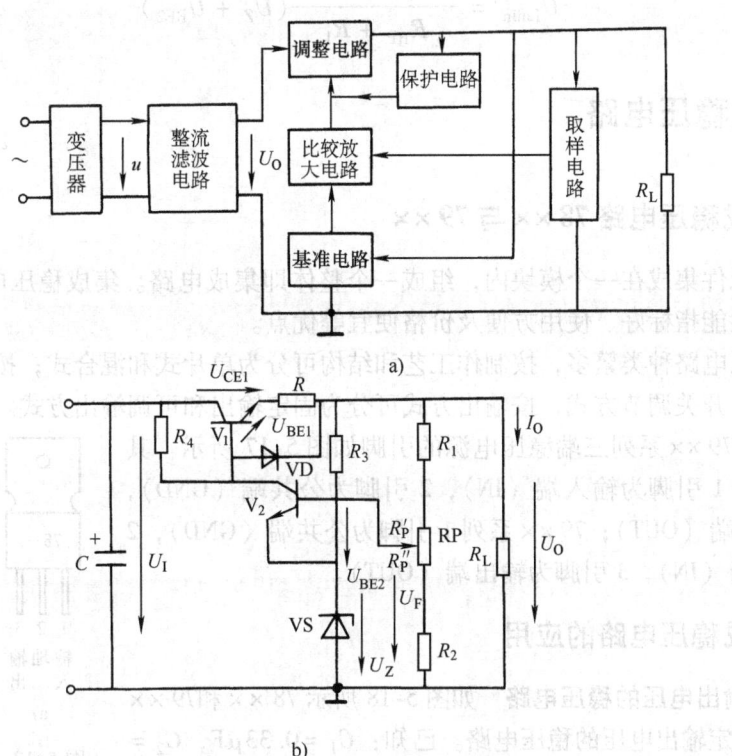

图 5-16 具有放大环节的串联型稳压电路

(3) 稳压过程　假定 $U_I$ 一定，则

$$I_O \uparrow \to U_O \uparrow \to U_{B2} \uparrow \to U_{BE2} \uparrow \to I_{C2} \uparrow \to U_{CE2} \downarrow$$
$$U_O \downarrow \leftarrow U_{CE1} \uparrow \leftarrow I_{C1} \downarrow \leftarrow U_{BE1} \downarrow$$

由此可见，稳压过程是一个电压负反馈自动调节过程，其余三种调节过程读者可自行分析。

(4) 稳压电路输出电压 $U_O$ 的调节范围　假定流过 $R_2$ 的电流比 $I_{B2}$ 大得多，略去 $I_{B2}$ 的分流作用，$V_2$ 管基极对地电位为

$$U_{B2} = \frac{R_2 + R_P''}{R_1 + R_P + R_2} U_O$$

$$U_{B2} = U_Z + U_{BE2}$$

则

$$U_O = \frac{R_1 + R_P + R_2}{R_P'' + R_2}(U_Z + U_{BE2}) \qquad (5\text{-}14)$$

电位器 RP 滑点向下滑动时，输出电压 $U_O$ 增大，滑动到最下端时，$R_{RP}'' = 0$。

$$U_{Omax} = \frac{R_1 + R_{RP} + R_2}{R_2}(U_Z + U_{BE2}) \qquad (5\text{-}15)$$

电位器 RP 滑点向上滑动时，输出电压 $U_O$ 减小，滑动到最上端时，$R''_{RP} = R_{RP}$。

$$U_{Lmin} = \frac{R_1 + R_{RP} + R_2}{R_{RP} + R_1}(U_Z + U_{BE2})  \quad (5\text{-}16)$$

## 5.4 集成稳压电路

### 5.4.1 集成稳压电路 78×× 与 79××

把分立元件集成在一个模块内，组成一个整体即集成电路。集成稳压电路具有体积小、可靠性高、性能指标好、使用方便及价格便宜等优点。

集成稳压电路种类繁多，按制作工艺和结构可分为单片式和混合式；按工作原理可分为串联、并联、开关调节方式；按输出方式可分为固定输出和可调输出方式。

78×× 和 79×× 系列三端稳压电源的引脚如图 5-17 所示。其中 78×× 系列 1 引脚为输入端（IN），2 引脚为公共端（GND），3 引脚为输出端（OUT）；79×× 系列 1 引脚为公共端（GND），2 引脚为输入端（IN），3 引脚为输出端（OUT）。

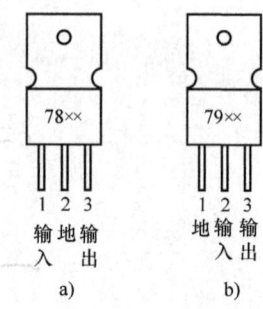

图 5-17　78×× 和 79×× 集成稳压电路
a) 78××　b) 79××

### 5.4.2 集成稳压电路的应用

**1. 固定输出电压的稳压电路**　如图 5-18 所示 78×× 和 79×× 系列构成的固定输出电压的稳压电路。已知：$C_1 = 0.33\mu F$，$C_2 = 0.1\mu F$。其中 78×× 系列，输出正电压；79×× 系列，输出负电压。输入端的电容 $C_1$ 一般取 $(0.1 \sim 1)\mu F$，用来抵消输入端引接线过长的电感效应，防止产生自激振荡。输出端的电容 $C_L$ 用来改善暂态响应，使瞬时增减负载电流时不致引起输出电压有较大的波动，以削弱电路的高频噪声，一般取值 $0.1\mu F$。

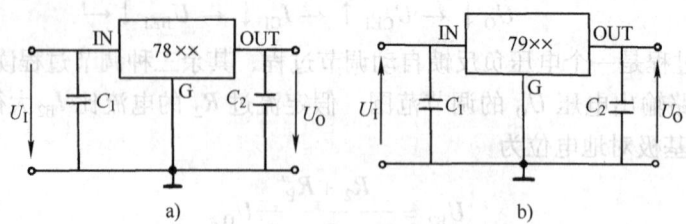

图 5-18　固定输出电压的稳压电路

**2. 提高输出电压的稳压电路**　如果需要的直流稳定电压值高出集成电路稳压值，可以通过外接元件提高输出电压，如图 5-19 所示。

用 $U_{xx}$ 表示 78×× 的固定输出电压值，图 a 输出电压为

$$U_O = U_{xx} + U_Z$$

图 b 中稳压电路公共端接在电阻 $R_1$、$R_2$ 之间，因此 $R_1$ 两端电压为 $U_{xx}$，流过电流 $I_{R1} =$

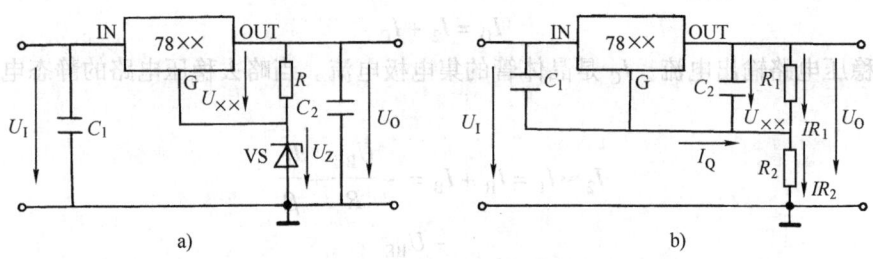

图 5-19  提高输出电压的稳压电路

$U_{\times\times}/R_1$，假定集成稳压电路的静态电流为 $I_Q$，则流过 $R_2$ 的电流为

$$I_{R2} = I_{R1} + I_Q$$

则输出电压

$$U_O = U_{\times\times} + I_{R2}R_2 = \left(1 + \frac{R_2}{R_1}\right)U_{\times\times} + I_Q R_2$$

通常，$I_{R1} \gg I_Q$，故 $I_Q R_2$ 可忽略，则输出电压

$$U_O = \left(1 + \frac{R_2}{R_1}\right)U_{\times\times} \tag{5-17}$$

改变外接电阻 $R_1$、$R_2$ 可以改变输出电压。

**3. 输出电压可调的稳压电路**  输出电压可调的稳压电路如图 5-20 所示。其中集成运算放大器起电压跟随作用，忽略集成稳压电路的静态电流 $I_Q$，当电位器 RP 滑点移动到最下端时

$$U_{Omin} = \frac{R_1 + R_{RP} + R_2}{R_{RP} + R_1}U_{\times\times} \tag{5-18}$$

当滑点移动到最上端时

$$U_{Omax} = \frac{R_1 + R_{RP} + R_2}{R_1}U_{\times\times}$$

因此，滑动 RP 可调节输出电压。

**4. 扩大输出电流的稳压电路**  当负载所需电流大于集成稳压电路输出电流时，采用外接晶体管 V 的方法，可以扩大输出电流，如图 5-21 所示。

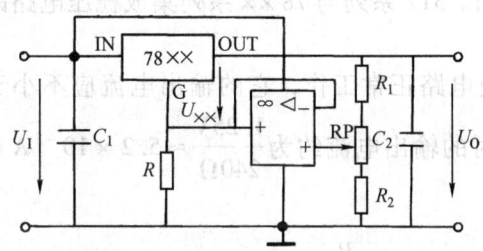

图 5-20  输出电压可调的稳压电路

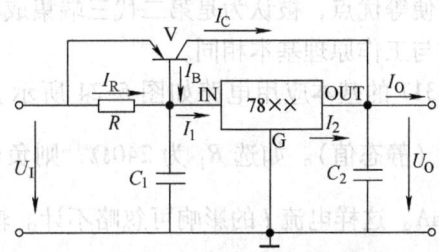

图 5-21  扩大输出电流电路

由图可知，输出电流

$$I_O = I_2 + I_C$$

$I_2$ 是集成稳压电路输出电流，$I_C$ 是晶体管的集电极电流。当略去稳压电路的静态电流 $I_Q$ 时，有

$$I_2 \approx I_1 = I_R + I_B = -\frac{U_{BE}}{R} + \frac{I_C}{\beta}$$

$$R = \frac{-U_{BE}}{I_1 - I_C/\beta} \tag{5-19}$$

输出电流较小时由集成稳压电路提供，只有输出电流较大，$R$ 上电压降达到 $U_{BE}$ 导通值时，晶体管 V 才导通，提供较大输出电流。

**5. 输出正、负电压的稳压电路** 78×× 和 79×× 系列集成稳压电路构成输出正、负电压的稳压电路，如图 5-22 所示。

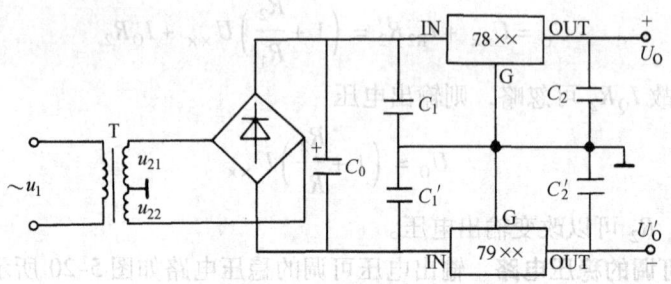

图 5-22 输出正、负电压的稳压电路

**6. 恒流源电路** 图 5-23 为恒流源电路。负载电流 $I_O$ 为

$$I_O = \frac{U_{xx}}{R} + I_Q$$

$U_{xx}$、$R$ 是一定的，通常 $I_Q$ 也是一定值且较小，因此 $I_O$ 是恒定的，对负载电阻 $R_L$ 相当于恒流源。

### 5.4.3 三端可调式集成稳压电路 317

三端可调式集成稳压电路 317 系列可实现输出电压 1.25～37V 连续可调，且最大输出电流可达 1.5A。输入电压 2～40V。由于它只有三个接线端，外接元件少，具有接线简单、使用方便等优点，被认为是第二代三端集成稳压电路。317 系列与 78×× 系列集成稳压电路的结构与工作原理基本相同。

317 的基本应用电路如图 5-24 所示。为了使电路正常工作，它的输出电流应不小于 5mA（静态值）。如选 $R_1$ 为 240Ω，则负载开路时的输出电流约为 $\frac{1.25V}{240\Omega} \approx 5.2 \times 10^{-3}$A = 5.2mA。这样电流 $I$ 的影响可忽略不计。输出电压

$$U_O = U_{xx} \times \left(1 + \frac{R_2}{R_1}\right) = 1.25 \times \left(1 + \frac{R_2}{R_1}\right)V$$

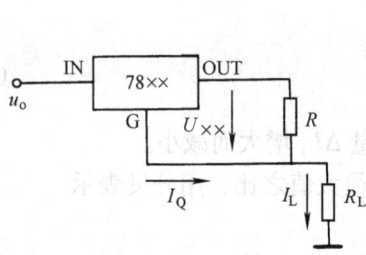

图 5-23 恒流源电路

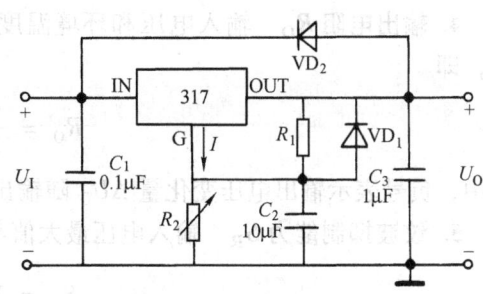

图 5-24 W317 基本应用电路

选择元件时，应选 $R_1$ 和 $R_2$ 为同类型，因温度特性比较一致而使输出电压稳定。若选 $R_1 = 240\Omega$，$R_2$ 为 $6.8k\Omega$ 的电位器，可实现 $U_O = 1.25 \sim 37V$ 连续调节。图 5-24 中其他元件的作用如下：

$C_1$：抑制高频干扰，防止电路自激振荡。

$C_2$：旁路 $R_2$ 两端的纹波电压，以减小输出电压的纹波成份。因 $U_{R2}$ 是 $U_O$ 的主要组成部分，尤其是输出电压 $U_O$ 较高时。

$C_3$：并联在输出端，改善负载的瞬态响应，吸收负载的脉冲电流，负载电流突变时输出电压稳定。

$VD_1$：输出短路时，$C_2$ 将通过 317 内比较放大管的发射结放电，造成其损坏。接入 $VD_1$ 后构成 $C_2$ 的放电回路，起到保护稳压电路的作用。

$VD_2$：输入端短路时，输出端接有较大电容 $C_3$，尤其在输出电压较高时，可能击穿调整管发射结，二极管 $VD_2$ 提供了电容 $C_3$ 的放电回路，以保护稳压电路。

### 5.4.4 稳压电路的主要性能参数

**1. 稳压系数** 环境温度和负载电流不变时，稳压电路输出电压的相对变化与输入电压的相对变化的百分比，即

$$S_r = \frac{\Delta U_O / U_O}{\Delta U_I / U_I} \times 100\% \bigg|_{\substack{\Delta I_O = 0 \\ \Delta T = 0}} \tag{5-20}$$

稳压系数 $S_r$ 反映电网电压波动对输出电压的影响。

**2. 电压调整率 $S_U$** 环境温度和负载电流不变时，电网电压波动 ±10% 作为极限条件，输出电压相对变化 $\Delta U_O / U_O$ 与对应的输入电压增量 $\Delta U_I$ 的百分比，即

$$S_U = \frac{\Delta U_O / U_O}{\Delta U_I} \times 100\% \bigg|_{\substack{\Delta I_O = 0 \\ \Delta T = 0}} \tag{5-21}$$

电压调整率 $S_U$ 是反映电网电压波动对输出电压影响的又一性能参数，$S_U$ 越小，稳压性能越好。

**3. 电流调整率** 输入电压和环境温度不变时，负载电流 $I_O$ 从零变化到最大值（稳压电路允许的电流值）所引起输出电压的相对变化量，即

$$S_I = \frac{\Delta U_O}{U_O} \times 100\% \bigg|_{\substack{\Delta U_I = 0 \\ \Delta T = 0}} \tag{5-22}$$

电流调整率 $S_I$ 反映负载电流变化对输出电压的影响，$S_I$ 越小，带负载能力越强。

**4. 输出电阻 $R_O$**　输入电压和环境温度不变时,输出电压变化量与输出电流变化量之比,即

$$R_O = \left. \frac{-\Delta U_O}{\Delta I_O} \right|_{\substack{\Delta U_I = 0 \\ \Delta T = 0}} \quad (5\text{-}23)$$

式中,负号表示输出电压变化量 $\Delta U_O$ 随输出电流变化量 $\Delta I_O$ 增大而减小。

**5. 纹波抑制能力 $S_R$**　输入电压最大值与输出电压最大值之比,用分贝表示

$$S_R = 20\lg \frac{U_{Im}}{U_{Om}} \text{dB} \quad (5\text{-}24)$$

纹波抑制能力 $S_R$ 反映稳压电路输出电压中含有交流分量的多少。

**6. 温度系数**　输入电压和负载电流不变时,环境温度每变化 1℃ 所引起的输出电压相对变化的百分比,即

$$S_T = \left. \frac{\Delta U_O / U_O}{\Delta T} \times 100\% \right|_{\substack{\Delta U_I = 0 \\ \Delta I_O = 0}} \quad (5\text{-}25)$$

温度系数 $S_T$ 反映了环境温度变化时,输出电压的稳压程度。$S_T$ 越小,稳压电路的温度稳定性越好。

**7. 最大输出电流 $I_{Omax}$**　稳压电路能够输出的电流最大值。

**8. 最大输入电压 $U_{Imax}$**　稳压电路输入端允许加的最大电压值,与其击穿电压有关。

**9. 最小输入与输出电压差 $(U_I - U_O)_{min}$**　保证稳压电路正常工作,对输入与输出电差差值的限定。

其他参数不再列举,可参阅附录 E。

## 练习与思考

5-4-1　在图 5-16b 中调整管 $V_1$ 一般是大功率晶体管,它在此应满足什么条件? 如果需要增大输出电流,$V_1$ 管基极电流过大,应采取何种措施?

5-4-2　测量稳压电路的稳压系数时,应注意什么条件不变? 用什么样仪表,怎样进行测量?

5-4-3　你会用示波器测量稳压电路的纹波电压吗? 怎样测量?

## 小　结

1. 直流稳压电源由电源变压器、整流电路、滤波电路和稳压电路四部分组成。

2. 把交流电压,通过二极管单方向导电的性能,变为脉动直流电,叫整流。整流电路有单相半波、全波、桥式、倍压几种形式,另外还有三相半波及三相桥式整流等。

3. 电容滤波适用较高电压,较小电流,且电流变化不大的场合。电感滤波适用低电压,大电流的场合。电容滤波时整流二极管有较大的冲击电流,而电感滤波冲击电流很小。

4. 稳压管是简单的稳压电路,集成稳压电路由取样、基准电压、比较放大、调整、起动及保护等电路组成。重点是 78××、79×× 和 317 系列集成稳压电路的基本应用。

## 习　题

5-1　图 5-25 为变压器二次绕组有中心抽头的单相全波整流电路,二次绕组电压 $U_{21} = U_{22} = U_2$,试

分析：

1）标出负载电阻 $R_L$ 上电压 $u_o$ 和滤波电容 $C$ 的极性；2）分别画出无滤波电容和有滤波电容两种情况下 $u_o$ 的波形，整流电压平均值 $U_O$ 与变压器二次电压有效值 $U_2$ 的定量关系？3）有无滤波电容两种情况下，二极管上所承受的最高反向电压 $U_{DRM}$ 各是多大？4）如果二极管 $VD_2$ 虚焊，极性接反或短路，会出现什么问题？5）如果变压器二次侧中心抽头虚焊，输出端短路两种情况下电路又会出现什么问题？

5-2 已知交流电源电压为220V，频率 $f=50Hz$，输出电压平均值为20V，输出电流平均值为50mA，试设计单相桥式整流滤波电路，并求变压器电压比，选取整流二极管和滤波电容？

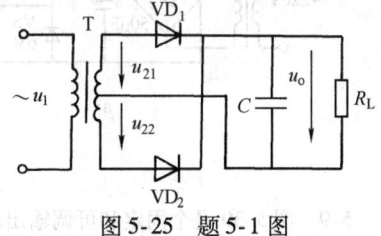

图 5-25 题 5-1 图

5-3 图 5-26 电路中，已知 $R_{L1}=5k\Omega$，$R_{L2}=0.3k\Omega$，其他值已标在图中，试求：1）二极管 $VD_1$、$VD_2$、$VD_3$ 各组成何种整流电路？2）计算 $U_{O1}$、$U_{O2}$ 及流过二极管电流平均值各是多少？

5-4 图 5-27 是二倍压整流电路，试标出输出电压 $u_o$ 的极性。当 $R_L$ 较大时，说明 $U_O \approx 2\sqrt{2}U_2$。

5-5 图 5-14 为稳压管稳压电路，已知 $U_2=15V$、$C=100\mu F$、稳压管稳定电压 $U_Z=5V$、负载电流 $I_L$ 在 0~30mA 之间变化，交流电源电压不变，试估算使 $I_Z$ 不小于 5mA 时所需的限流电阻 $R$ 应多大？$R$ 确定后，$I_Z$ 的最大数值是多少？

5-6 图 5-14 稳压电路，已知整流滤波后的输出电压 $U_O=25V$、波动 ±10%，负载电压 $U_L=10V$，负载电流 $I_L=0$~10mA，选取稳压管 VS 及限流电阻 $R$？

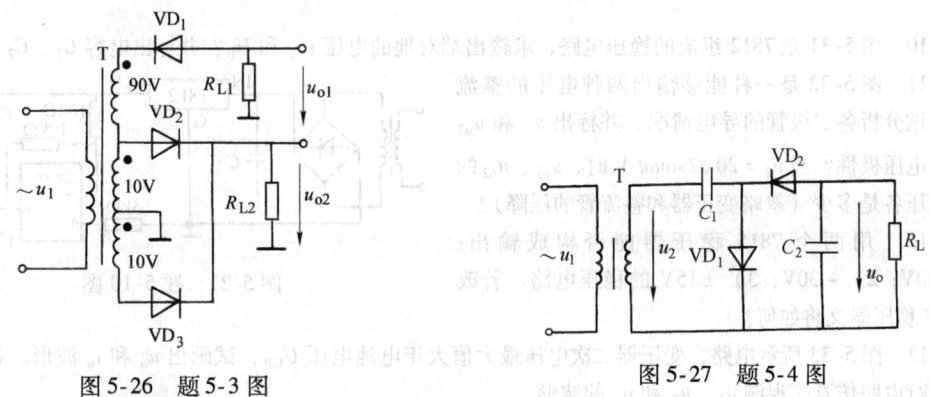

图 5-26 题 5-3 图　　　　图 5-27 题 5-4 图

5-7 图 5-28 是串联型稳压电路，其中 VS 为 2CW13（$U_Z=5$~6.5V）、$R_1=50\Omega$、$R_2=560\Omega$、$R_3=750\Omega$、$R_L=40\Omega$，晶体管都是 PNP 型管。1）求该电路输出电压 $U_L$ 调节范围？2）当交流电源电压增加时，说明 $U_O$、$U_L$ 如何变化？$U_{B1}$、$U_{C1}$ 和 $U_{E1}$ 各点电位是升高还是降低？

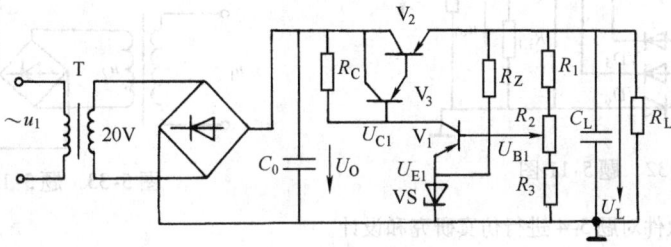

图 5-28 题 5-7 图

5-8 在图 5-29a、b 所示两种简单稳压电路中，当电网电压增加时，说明稳压过程？两种电路在结构和原理上有什么不同？

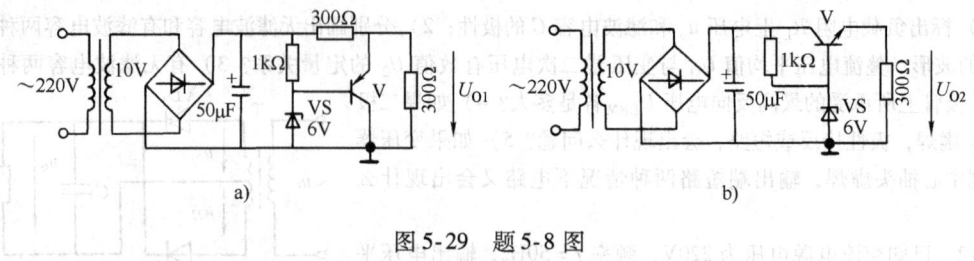

图 5-29　题 5-8 图

5-9　图 5-30 是个固定和可调输出的稳压电路，其中 $R_1 = R_3 = 3.3\text{k}\Omega$、$R_2 = 5.1\text{k}\Omega$。1）计算固定输出电压的大小？2）计算可调输出电压的范围？

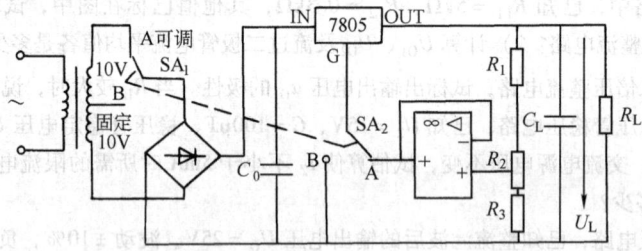

图 5-30　题 5-9 图

5-10　图 5-31 是 7812 组成的稳压电路，求输出端对地的电压 $U_A$ 和 $U_B$？并标出电容 $C_1$、$C_2$ 的极性？

5-11　图 5-32 是一种能够输出两种电压的整流电路。试分析各二极管的导电情况，并标出 $u_{o1}$ 和 $u_{o2}$ 对地的电压极性？当 $u_2 = 20\sqrt{2}\sin\omega t$ V 时，$u_{o1}$、$u_{o2}$ 的平均电压各是多少（忽略变压器和整流管的压降）？

5-12　用两个 7815 稳压器能否构成输出：1）+30V；2）-30V；3）±15V 的稳压电路。若改用 7915 稳压器又将如何？

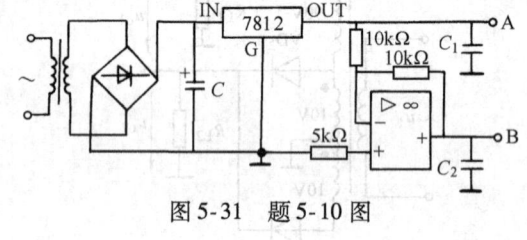

图 5-31　题 5-10 图

5-13　图 5-33 所示电路，变压器二次电压最大值大于电池电压 $U_{GB}$，试画出 $u_o$ 和 $i_o$ 波形。再用 EDA 软件进行电路仿真，观测 $u_1$、$u_2$ 和 $u_o$ 的波形。

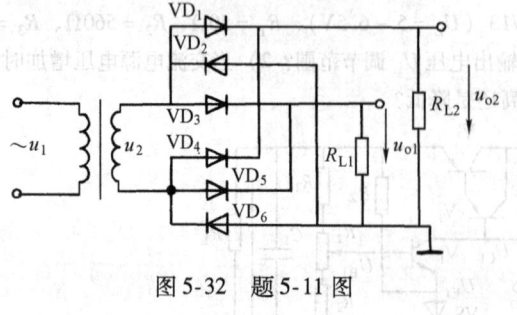

图 5-32　题 5-11 图

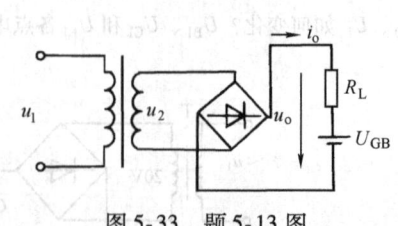

图 5-33　题 5-13 图

5-14　用 EDA 软件对题 5-4 进行仿真研究和设计。

5-15　用 EDA 软件对题 5-8 进行仿真研究。

# 第 6 章 电力电子器件及基本电力变换电路

通常把电力电子技术分为电力电子器件制造技术和交流技术两个分支。电力电子器件是电力电子技术的基础。变流技术也称为电力电子器件的应用技术,包括用电力电子器件构成各种电力变换电路和对这些电路进行控制的技术。变流技术是电力电子技术的核心和主体。

## 6.1 常用电力电子器件

按照器件被控制信号所控制的程度,电力电子器件可分为以下三类。

**1. 不可控器件** 器件不能用控制信号来控制通断,这类器件就是功率二极管,也称为电力二极管。

**2. 半控型器件** 器件的门极只能控制器件开通而不能控制器件关断。晶闸管及其大部分晶闸管派生器件属于这一类器件。

**3. 全控型器件** 器件的门极既能控制器件开通又能控制器件关断,也称为自关断器件。可关断晶闸管(GTO)、功率晶体管(GTR)、功率场效应晶体管(功率 MOSFET)、绝缘栅双极型晶体管(IGBT)等都属于这一类器件。

功率二极管、功率晶体管、功率场效应晶体管等的结构与工作原理分别与前几章所讲的二极管、晶体管、绝缘栅场效应晶体管等类似。故本节只介绍晶闸管和绝缘栅双极晶体管。

### 6.1.1 晶闸管

晶闸管是晶体闸流管的简称,以前被简称为可控硅。在电力二极管开始得到应用后不久,1956 年美国贝尔实验室发明了晶闸管,1957 年美国通用电气公司开发出世界上第一只晶闸管产品,并于 1958 年达到商业化。由于其开通时刻可以控制,而且各方面性能均明显胜过以前的汞弧整流器,因而立即受到普遍欢迎,从此开辟了电力电子技术迅速发展和广泛应用的崭新时代,其标志就是以晶闸管为代表的电力半导体器件的广泛应用,有人称之为继晶体管发明和应用之后的又一次电子技术革命。自 20 世纪 80 年代以来,晶闸管的地位开始被各种性能更好的全控型器件所取代,但是由于其所能承受的电压和电流容量仍然是目前电力电子器件中最高的,而且工作可靠,因此在大容量的应用场合仍然具有比较重要的地位。

晶闸管这个名称往往专指晶闸管的一种基本类型——普通晶闸管。但从广义上讲,晶闸管还包括许多类型的派生器件。

**1. 晶闸管的结构与工作原理** 图 6-1 所示为晶闸管的外形、结构和电气图形符号。从外形上来看,晶闸管也主要有螺栓形和平板形两种封装结构,均引出阳极 A、阴极 K 和门极(控制端)G 三个连接端。对于螺栓形封装,通常螺栓是其阳极,做成螺栓状是为了能与散热器紧密连接且安装方便;另一侧较粗的端子为阴极,细的为门极。平板形封装的晶闸管可由两个散热器将其夹在中间,两个平面分别是阳极和阴极,引出的细长端子为门极。

晶闸管内部是 PNPN 四层半导体结构,分别命名为 $P_1$、$N_1$、$P_2$、$N_2$ 四个区。$P_1$ 区引出阳极 A，$N_2$ 区引出阴极 K，$P_2$ 区引出门极 G。四个区形成 $J_1$、$J_2$、$J_3$ 三个 PN 结。如果正向电压（阳极高于阴极）加到器件上，则 $J_2$ 处于反向偏置状态，器件 A、K 两端之间处于阻断状态，只能流过很小的漏电流；如果反向电压加到器件上，则 $J_1$ 和 $J_3$ 反偏，该器件也处于阻断状态，仅有极小的反向漏电流通过。

晶闸管导通的工作原理可以用双晶体管模型来解释，如图 6-2 所示。如在器件上取一倾斜的截面，则晶闸管可以看作由 $P_1N_1P_2$ 和 $N_1P_2N_2$ 构成的两个晶体管 $V_1$、$V_2$ 组合而成。如果外电路向门极注入电流 $I_G$，也就是注入驱动电流，则 $I_G$ 流入晶体管 $V_2$ 的基极，即产生集电极电流 $I_{C2}$，它构成晶体管 $V_1$ 的基极电流，放大成集电极电流 $I_{C1}$，又进一步增大 $V_2$ 的基极电流，如此形成强烈的正反馈，最后 $V_1$ 和 $V_2$ 进入完全饱和状态，即晶闸管导通。此时如果撤掉外电路注入门极的电流 $I_G$，晶闸管由于内部已开成了强烈的正反馈会仍然维持导通状态。而若要使晶闸管关断，必须去掉阳极所加的正向电压，或者给阳极施加反压，或者设法使流过晶闸管的电流降低到接近于零的某一数值以下，晶闸管才能关断。所以，对晶闸管的驱动过程更多的称为触发，产生注入门极的触发电流 $I_G$ 的电路称为门极触发电路。也正是由于通过其门极只能控制其开通，不能控制其关断，晶闸管才被称为半控制器件。

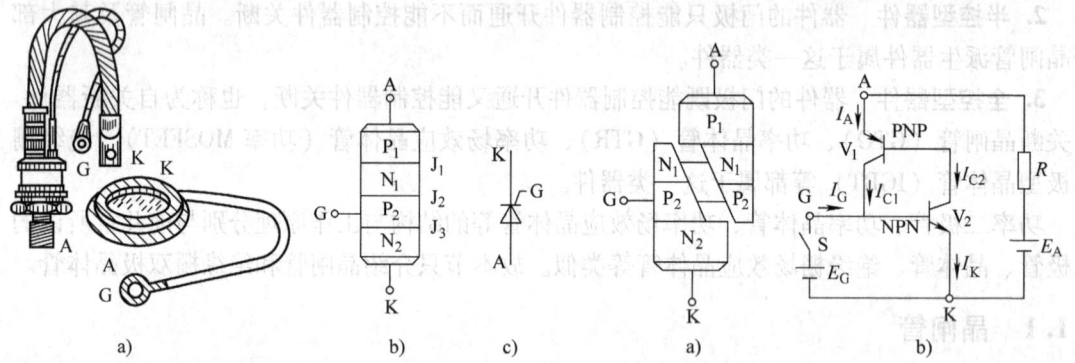

图 6-1　晶闸管的外形、结构和电气图形符号
a) 外形　b) 结构　c) 电气图形符号

图 6-2　晶闸管的双晶体管模型及其工作原理
a) 双晶体管模型　b) 工作原理

按照晶体管的工作原理，可列出如下方程：

$$I_{C1} = \alpha_1 I_A + I_{CBO1} \qquad (6-1)$$

$$I_{C2} = \alpha_2 I_K + I_{CBO2} \qquad (6-2)$$

$$I_K = I_A + I_G \qquad (6-3)$$

$$I_A = I_{C1} + I_{C2} \qquad (6-4)$$

式中，$\alpha_1$ 和 $\alpha_2$ 分别是晶体管 $V_1$ 和 $V_2$ 的共基极电流增益；$I_{CBO1}$ 和 $I_{CBO2}$ 分别是 $V_1$ 和 $V_2$ 的共基极漏电流。

由式 (6-1)~式 (6-4) 可得

$$I_A = \frac{\alpha_2 I_G + I_{CBO1} + I_{CBO2}}{1 - (\alpha_1 + \alpha_2)} \qquad (6-5)$$

晶体管的特性是：在低发射极电流下 $\alpha$ 是很小的，而当发射极电流建立起来之后，$\alpha$ 迅速增大。因此，在晶体管阻断状态下，$I_G = 0$，而 $\alpha_1 + \alpha_2$ 是很小的。由式 (6-5) 可看出，此时流过晶闸管的漏电流只是稍大于两个晶体管漏电流之和。如果注入触发电流使各个晶体管的发射极电流增大以致 $\alpha_1 + \alpha_2$ 趋近于 1 的话，流过晶闸管的电流 $I_A$（阳极电流）将趋近于无穷大，从而实现器件饱和导通。当然，由于外电路负载的限制，$I_A$ 实际上会维持有限值。

晶闸管在以下几种情况下也可能被触发导通：阳极电压升高至相当高的数值造成雪崩效应；阳极电压上升率 $du/dt$ 过高；结温较高，光直接照射硅片，即光触发。这些情况除了由于光触发可以保证控制电路与主电路之间的良好绝缘而应用于高压电力设备中之外，其他都因不易控制而难以应用于实践。只有门极触发是最精确、迅速而可靠的控制手段。光触发的晶闸管称为光控晶闸管（Light Triggered Thyristor，LTT），将在晶闸管的派生器件中简单介绍。

**2. 晶闸管的基本特性**（静态）  总结前面介绍的工作原理，可以简单归纳晶闸管正常工作时的特性如下：

1）当晶闸管承受反向电压时，不论门极是否有触发电流，晶闸管都不会导通。
2）当晶闸管承受正向电压时，仅在门极有触发电流的情况下晶闸管才能开通。
3）晶闸管一旦导通，门极就失去控制作用，不论门极触发电流是否还存在，晶闸管都保持导通。
4）若要使已导通的晶闸管关断，只能利用外加电压和外电路的作用使流过晶闸管的电流降到接近于零的某一数值以下。

晶闸管的导通和阻断是由阳极和阴极之间的电压 $U_{AK}$、阳极电流 $I_A$ 及门极电流 $I_G$ 控制的，$I_A$ 与 $U_{AK}$ 之间的关系 $I_A = f(U_{AK})$ 即为晶闸管的伏安特性。如图 6-3 所示。

（1）正向特性  当 $U_{AK} > 0$ 时，晶闸管承受正向电压，若门极不加电压，即 $I_G = 0$，则晶闸管处于正向阻断状态，只有很小的正向漏电流，对应正向特性的 OA 段。当 $U_{AK}$ 增大到 $U_{BO}$ 时，$J_2$ 结被击穿，漏电流突然增大，曲线由 A 点跳到 B 点，晶闸管转入导通状态，$U_{BO}$ 称为正向转折电压。这种导通是由正向击穿造成的，容易造成晶闸管的损坏，实际使用时应避免。而当门极加正向电压时，转折电压减小，门极电流越大，转折电压越低，如图 6-3 所示。

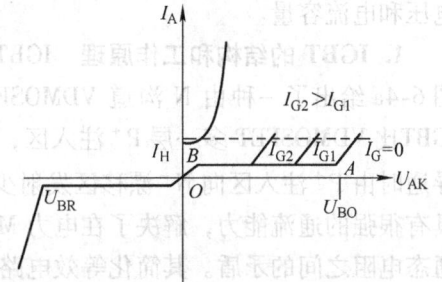

图 6-3  晶闸管的伏安特性

晶闸管导通后，可以通过很大的电流，而导通管压降只有 1V 左右。其正向特性类似于二极管的正向特性。

（2）反向特性  晶闸管的反向特性与二极管类似。当 $U_{AK} < 0$ 时，晶闸管承受反向电压，处于阻断状态，只流过很小的反向漏电流，当反向电压 $U_{AK}$ 数值增大到 $U_{BR}$ 时，晶闸管反向击穿，反向电流剧增，$U_{BR}$ 称为反向击穿电压。

**3. 主要参数**  为了合理地选择和正确地使用晶闸管，有必要了解晶闸管主要参数的意义。

（1）正向平均电流 $I_F$  在规定温度和标准散热条件下，晶闸管可以连续通过的工频正弦半波电流在一个周期内的平均值。

（2）维持电流 $I_H$  门极断开后，维持晶闸管通态所需最小电流。

（3）正向重复峰值电压 $U_{FRM}$  在晶闸管门极开路和正向阻断情况下，可以重复加在晶闸管上的正向峰值电压。$U_{FRM}$为$U_{BO}$的80%。

(4) 反向重复峰值电压 $U_{RRM}$  在晶闸管门极开路时,可以重复加在晶闸管上的反向峰值电压。$U_{RRM}$为$U_{RR}$的80%。

除以上几项主要参数,晶闸管的参数还包括开通时间、关断时间、通态电流上升率、断态电压上升率等。使用时可查阅有关手册。

晶闸管广泛应用于整流、逆变、交直流调压和开关等方面。在稳压电流方面的应用主要是构成可控整流电路。

### 6.1.2 绝缘栅双极型晶体管

GTR 和 GTO 是双极型电流驱动器件,由于具有电导调制效应,其通流能力很强,但开关速度较慢,所需驱动功率大,驱动电路复杂。而电力 MOSFET 是单极型电压驱动器件,开关速度快,输入阻抗高,热稳定性好,所需驱动功率小而且驱动电路简单。将这两类器件相互取长补短适当结合而成的复合器件,通常称为 Bi – MOS 器件。绝缘栅双极型晶体管(Insulated – gate Bipolar Transistor,IGBT 或 IGT)综合了 GTR 和 MOSFET 的优点,因而具有良好的特性。因此,自从其1986年开始投入市场,就迅速扩展了其应用领域,目前已取代了原来 GTR 和 GTO 的市场,成为中、大功率电力电子设备的主导器件,并在继续努力提高电压和电流容量。

**1. IGBT 的结构和工作原理**  IGBT 也是三端器件,具有栅极 G、集电极 C 和发射极 E。图 6-4a 给出了一种由 N 沟道 VDMOSFET 与双极型晶体管组合而成的 IGBT 的基本结构。IGBT 比 VDMOSFET 多一层 $P^+$ 注入区,因而形成了一个大面积的 $P^+N$ 结 $J_1$。这样使得 IGBT 导通时由 $P^+$ 注入区向 $N^-$ 漂移区发射少子,从而实现对漂移区电导率进行调制,使得 IGBT 具有很强的通流能力,解决了在电力 MOSFET 中无法解决的 $N^-$ 漂移区追求高耐压与追求低通态电阻之间的矛盾。其简化等效电路如图 6-4b 所示,由图可以看出,这是用双极型晶体管与 MOSFET 组成的达林顿结构,相当于一个由 MOSFET 驱动的厚基区 PNP 型晶体管。图中 $R_N$ 为晶体管基区内的调制电阻。因此,IGBT 的驱动原理与电力 MOSFET 基本相同,是一种场控器件。其开通和关断是由栅极和发射极间的电压 $u_{GE}$ 决定的,当 $u_{GE}$ 为正且大于开启电压 $U_{GE(th)}$ 时,MOSFET 内形成沟道,并为晶体管提供基极电流进而使 IGBT 导通。由于前面提到的电导调制效应,使得电阻 $R_N$ 减小,这样高耐压的 IGBT 也具有很小的通态压降。当栅极与发射极间施加反向电压或不加信号时,MOSFET 内的沟道消失,晶体管的基极电流被切断,使得 IGBT 关断。

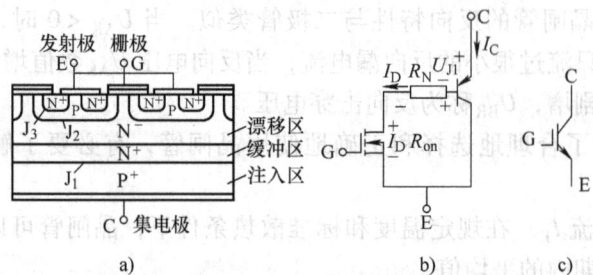

图 6-4  IGBT 的结构、简化等效电路和电气图形符号
a) 内部结构断面示意图  b) 简化等效电路  c) 电气图形符号

以上所述 PNP 型晶体管与 N 沟道 MOSFET 组合而成的 IGBT 称为 N 沟道 IGBT，记为 N-IGBT，其电气图形符号如图 6-4c 所示。相应的还有 P 沟道 IGBT，记为 P-IGBT，其电气图形符号与图 6-4c 箭头相反。实际当中 N 沟道 IGBT 应用较多，因此下面仍以其为例进行介绍。

**2. IGBT 的基本特性**（静态） 图 6-5a 所示为 IGBT 的转移特性，它描述的是集电极电流 $I_C$ 与栅射电压 $U_{GE}$ 之间的关系，与电力 MOSFET 的转移特性类似。开启电压 $U_{GE(th)}$ 是 IGBT 能实现电导调制而导通的最低栅射电压。$U_{GE(th)}$ 随温度升高而略有下降，温度每升高 1℃，其值下降 5mV 左右。在 +25℃时，$U_{GE(th)}$ 的值一般为 2~6V。

图 6-5b 所示为 IGBT 的输出特性，也称伏安特性，它描述的是以栅射电压为参考变量时，集电极电流 $I_C$ 与集射极间电压 $U_{GE}$ 之间的关系。此特性与 GTR 的输出特性相似，不同的是参考变量，IGBT 为栅射电压 $U_{GE}$，而 GTR 为基极电流 $I_B$。IGBT 的输出特性也分为三个区域：正向阻断区、有源区和饱和区。这分别与 GTR 的截止区、放大区和饱和区相对应。此外，当 $u_{CE} < 0$ 时，IGBT 为反向阻断工作状态。在电力电子电路中，IGBT 工作在开关状态，因而是在正向阻断区和饱和区之间来回转换。

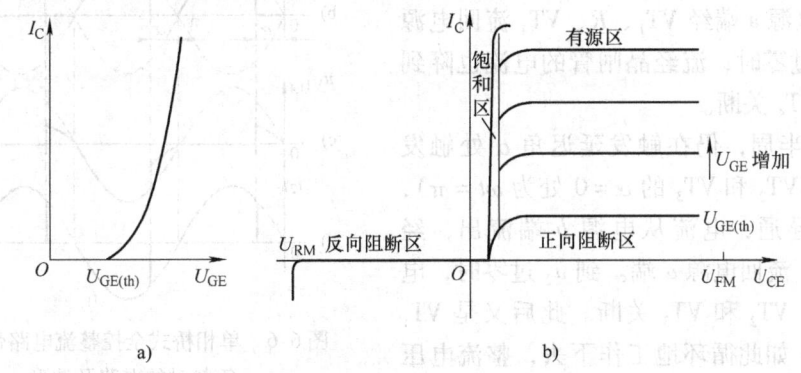

图 6-5 IGBT 的转移特性和输出特性
a) 转移特性 b) 输出特性

**3. IGBT 的主要参数** 除了前面提到的各参数之外，IGBT 的主要参数还包括：

（1）最大集射极间电压 $U_{CES}$ 这是由器件内部的 PNP 型晶体管所能承受的击穿电压所确定的。

（2）最大集电极电流 包括额定直流电流 $I_C$ 和 1ms 脉宽最大电流 $I_{CP}$。

（3）最大集电极功耗 $P_{CM}$ 在正常工作温度下允许的最大耗散功率。

IGBT 的特性和参数特点可以总结如下：

1）IGBT 开关速度高，开关损耗小。有关资料表明，在电压为 1000V 以上时，IGBT 的开关损耗只有 GTR 的 1/10，与电力 MOSFET 相当。

2）在相同电压和电流定额的情况下，IGBT 的安全工作区比 GTR 大，而且具有耐脉冲电流冲击的能力。

3）高压时 IGBT 的通态压降比 VDMOSFET 低，特别是在电流较大的区域。

4）IGBT 的输入阻抗高，其输入特性与电力 MOSFET 类似。

5）与电力 MOSFET 和 GTR 相比，IGBT 的耐压和通流能力还可以进一步提高，同时可保持开关频率高的特点。

## 6.2 可控整流电路

在桥式整流电路中,若整流管由晶闸管组成即构成可控整流电路。如果整流管全部采用晶闸管,则组成单相桥式全控整流电路,如图 6-6a 所示。

**1. 带电阻负载的工作情况** 在单相桥式全控整流电路中,晶闸管 $VT_1$ 和 $VT_4$ 组成一对桥臂,$VT_2$ 和 $VT_3$ 组成另一对桥臂。在 $u_2$ 正半周(即 a 点电位高于 b 点电位),若 4 个晶闸管均不导通,负载电流 $i_d$ 为零,$u_d$ 也为零,$VT_1$、$VT_4$ 串联承受电压 $u_2$,设 $VT_1$ 和 $VT_4$ 的漏电阻相等,则各承受 $u_2$ 的一半。若在触发延迟角 $\alpha$ 处给 $VT_1$ 和 $VT_4$ 加触发脉冲,$VT_1$ 和 $VT_4$ 即导通,电流从电源 a 端经 $VT_1$、R、$VT_4$ 流回电源 b 端。当 $u_2$ 过零时,流经晶闸管的电流也降到零,$VT_1$ 和 $VT_4$ 关断。

在 $u_2$ 负半周,仍在触发延迟角 $\alpha$ 处触发 $VT_2$ 和 $VT_3$($VT_2$ 和 $VT_3$ 的 $\alpha=0$ 处为 $\omega t=\pi$),$VT_2$ 和 $VT_3$ 导通,电流从电源 b 端流出,经 $VT_3$、R、$VT_2$ 流回电源 a 端。到 $u_2$ 过零时,电流又降为零,$VT_2$ 和 $VT_3$ 关断。此后又是 $VT_1$ 和 $VT_4$ 导通,如此循环地工作下去,整流电压 $u_d$ 和晶闸管 $VT_1$、$VT_4$ 两端电压波形分别如图

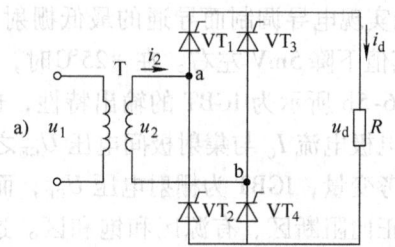

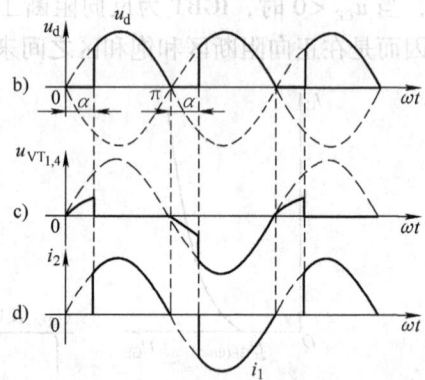

图 6-6 单相桥式全控整流电路带电阻负载时的电路及波形

6-6b 和 c 所示。晶闸管承受的最大正向电压和反向电压分别为 $\frac{\sqrt{2}}{2}U_2$ 和 $\sqrt{2}U_2$。

由于在交流电源的正负半周都有整流输出电流流过负载,故该电路为全波整流。在 $u_2$ 一个周期内,整流电压波形脉动两次,脉动次数多于半波整流电路,该电路属于双脉波整流电路。变压器二次绕组中,正负两个半周电流方向相反且波形对称,平均值为零,即直流分量为零,如图 6-6d 所示,不存在变压器直流磁化问题,变压器绕组的利用率也高。

整流电压平均值为

$$U_d = \frac{1}{\pi}\int_\alpha^\pi \sqrt{2}U_2\sin\omega t\,d(\omega t) = \frac{2\sqrt{2}U_2}{\pi}\frac{1+\cos\alpha}{2} = 0.9U_2\frac{1+\cos\alpha}{2} \quad (6\text{-}6)$$

$\alpha=0$ 时,$U_d=U_{d0}=0.9U_2$;$\alpha=180°$ 时,$U_d=0$。可见,$\alpha$ 角的移相范围为 $0°\sim180°$。

向负载输出的直流电流平均值为

$$I_d = \frac{U_d}{R} = \frac{2\sqrt{2}U_2}{\pi R}\frac{1+\cos\alpha}{2} = 0.9\frac{U_2}{R}\frac{1+\cos\alpha}{2} \quad (6\text{-}7)$$

晶闸管 $VT_1$、$VT_4$ 和 $VT_2$、$VT_3$ 轮流导电,流过晶闸管的电流平均值只有输出直流电流平均值的一半,即

$$I_{dVT} = \frac{1}{2}I_d = 0.45\frac{U_2}{R}\frac{1+\cos\alpha}{2} \tag{6-8}$$

为选择晶闸管、变压器容量、导线截面积等定额,需考虑发热问题,为此需计算电流有效值。流过晶闸管的电流有效值为

$$I_{VT} = \sqrt{\frac{1}{2\pi}\int_\alpha^\pi \left(\frac{\sqrt{2}U_2}{R}\sin\omega t\right)^2 d(\omega t)} = \frac{U_2}{\sqrt{2}R}\sqrt{\frac{1}{2\pi}\sin2\alpha + \frac{\pi-\alpha}{\pi}} \tag{6-9}$$

变压器二次电流有效值 $I_2$ 与输出直流电流有效值 $I$ 相等,为

$$I = I_2 = \sqrt{\frac{1}{\pi}\int_\alpha^\pi \left(\frac{\sqrt{2}U_2}{R}\sin\omega t\right)^2 d(\omega t)}$$

$$= \frac{U_2}{R}\sqrt{\frac{1}{2\pi}\sin2\alpha + \frac{\pi-\alpha}{\pi}} \tag{6-10}$$

由式 (6-9) 和式 (6-10) 可见

$$I_{VT} = \frac{1}{\sqrt{2}}I \tag{6-11}$$

不考虑变压器的损耗时,要求变压器的容量为 $S = U_2I_2$。

**2. 带阻感负载的工作情况**

电路如图 6-7a 所示。为便于讨论,假设电路已工作于稳态,$i_d$ 的平均值不变。

$u_2$ 的波形如图 6-7b 所示,在 $u_2$ 的正半周期,触发延迟角 $\alpha$ 处给晶闸管 $VT_1$ 和 $VT_4$ 加触发脉冲使其开通,$u_d = u_2$。负载中有电感存在使负载电流不能突变,电感对负载电流起平波作用,假设负载电感很大,负载电流 $i_d$ 连续且波形近似为一水平线,其波形如图 6-7d 所示。$u_2$ 过零变负时,由于电感的作用晶闸管 $VT_1$ 和 $VT_4$ 中仍流过电流 $i_d$,并不关断。至 $\omega t = \pi + \alpha$ 时刻,给 $VT_2$ 和 $VT_3$ 加触发脉冲,因 $VT_2$ 和 $VT_3$ 本已承受正电压,故两管

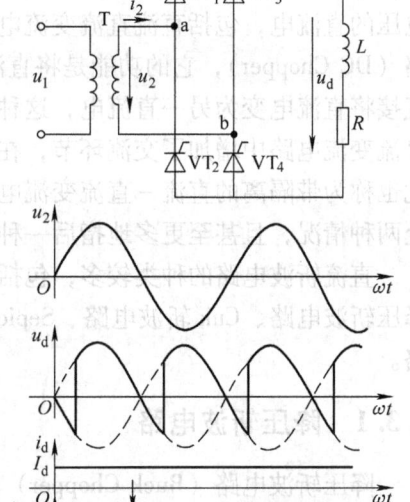

图 6-7 单相桥式全控整流电路带阻感负载时的电路及波形

导通。$VT_2$ 和 $VT_3$ 导通后,$u_2$ 通过 $VT_2$ 和 $VT_3$ 分别向 $VT_1$ 和 $VT_4$ 施加反压使 $VT_1$ 和 $VT_4$ 关断,流过 $VT_1$ 和 $VT_4$ 的电流迅速转移到 $VT_2$ 和 $VT_3$ 上,此过程称为换相,亦称换流。至下一周期重复上述过程,如此循环下去,$u_d$ 的波形如图 6-7c 所示,其平均值为

$$U_d = \frac{1}{\pi}\int_\alpha^{\pi+\alpha}\sqrt{2}U_2\sin\omega t d(\omega t) = \frac{2\sqrt{2}}{\pi}U_2\cos\alpha = 0.9U_2\cos\alpha \tag{6-12}$$

当 $\alpha = 0$ 时,$U_{d0} = 0.9U_2$;$\alpha = 90°$ 时,$U_d = 0$。晶闸管移相范围为 $0° \sim 90°$。

单相桥式全控整流电路带阻感负载时,晶闸管 $VT_1$、$VT_4$ 的电压波形如图 6-7h 所示,晶闸管承受的最大正反向电压均为 $\sqrt{2}U_2$。

晶闸管导通角 $\theta$ 与 $\alpha$ 无关,均为 $180°$,其电流波形如图 6-7e 和 f 所示,平均值和有效

值分别为：$I_{dVT} = \frac{1}{2}I_d$ 和 $I_{VT} = \frac{1}{\sqrt{2}}I_d = 0.707I_d$。

变压器二次电流 $i_2$ 的波形为正负各 180°的矩形波，如图 6-7g 所示，其相位由 $\alpha$ 角决定，有效值 $I_2 = I_d$。

## 6.3 基本斩波电路

直流–直流变流电路（DC–DC Converter）的功能是将直流电变为另一固定电压或可调电压的直流电，包括直流直流变流电路和间接直流变流电路。直接直流变流电路也称斩波电路（DC Chopper），它的功能是将直流电变为另一固定电压或可调电压的直流电，一般是指直接将直流电变为另一直流电，这种情况下输入与输出之间不隔离。间接直流变流电路是在直流变流电路中增加了交流环节，在交流环节中通常采用变压器实现输入输出间的隔离，因此也称为带隔离的直流–直流变流电路或直–交–直电路。习惯上，DC–DC 变换器包括以上两种情况，且甚至更多地指后一种情况。

直流斩波电路的种类较多，包括 6 种基本斩波电路：降压斩波电路、升压斩波电路、升降压斩波电路、Cuk 斩波电路、Sepic 斩波电路和 Zeta 斩波电路，其中前两种是最基本的电路。

### 6.3.1 降压斩波电路

降压斩波电路（Buck Chopper）的原理图及工作波形如图 6-8a 所示。该电路使用一个全控型器件 V，图中为 IGBT，也可使用其他器件，若采用晶闸管，需设置使晶闸管关断的辅助电路。图 6-8a 中，为在 V 关断时给负载中电感电流提供通道，设置了续流二极管 VD。斩波电路主要用于电子电路的供电电源，也可拖动直流电动机或带蓄电池负载等，后两种情况下负载中均会出现反电动势，如图中 $E_m$ 所示。若负载中无反电动势时，只需令 $E_m = 0$，以下的分析及表达式均可适用。

如图 6-8b 中 V 的栅射电压 $u_{GE}$ 波形所示，在 $t = 0$ 时刻驱动 V 导通，电源 E 向负载供电，负载电压 $u_o = E$，负载电流 $i_o$ 按指数曲线上升。

当 $t = t_1$ 时刻，控制 V 关断，负载电流经二极管 VD 续流，负载电压 $u_o$ 近似为零，负载电流呈指数曲线下降。为了使负载电流连续且脉动小，通常使串联的电感 L 值较大。

至一个周期 T 结束，再驱动 V 导通，重复上一周期的过程。当电路工作于稳态时，负载电流在一个周期的初值和终值相等，如图 6-8b 所示。负载电压的平均值为

$$U_o = \frac{t_{on}}{t_{on} + t_{off}}E = \frac{t_{on}}{T}E = \alpha E \tag{6-13}$$

式中，$t_{on}$ 为 V 处于通态的时间；$t_{off}$ 为 V 处于断态的时间；T 为开关周期；$\alpha$ 为导通占空比，简称占空比或导通比。

由式（6-13）可知，输出到负载的电压平均值 $U_o$ 最大为 E，减小占空比 $\alpha$，$U_o$ 随之减小。因此将该电路称为降压斩波电路。也有很多文献中直接使用其英文名称，称为 buck 变换器（Buck Converter）。

负载电流平均值为

$$I_o = \frac{U_o - E_m}{R} \qquad (6\text{-}14)$$

若负载中 L 值较小,在 V 关断后,到了 $t_2$ 时刻,如图 6-8c 所示,负载电流已衰减至零,出现负载电流断续的情况。

由图 6-8b 和 c 可见,负载电压 $u_o$ 平均值会被抬高,一般不希望出现电流断续的情况。

根据对输出电压平均值进行调制的方式不同,斩波电路有三种控制方式:

1) 保持开关周期 T 不变,调节开关导通时间 $t_{on}$,称为脉冲宽度调制(Pulse Width Modulation,PWM)或脉冲调宽型。

2) 保持开关导通时间 $t_{on}$ 不变,改变开关周期 T,称为频率调制或调频型。

3) $t_{on}$ 和 T 都可调,使占空比改变,称为混合型。

其中第 1 种方式应用最多。

以上关系还可从能量传递关系简单地推得。由于 L 为无穷大,故负载电流维持为 $I_o$ 不变。电源只在 V 处于通态时提供能量,为 $EI_o t_{on}$。从负载看,在整个周期 T 中负载一直在消耗能量,消耗的能量为 $(RI_o^2 T + E_m I_o T)$。一个周期中,忽略电路中的损耗,则电源提供的能量与负载消耗的能量相等,即

$$EI_o t_{on} = RI_o^2 T + E_m I_o T \qquad (6\text{-}15)$$

则

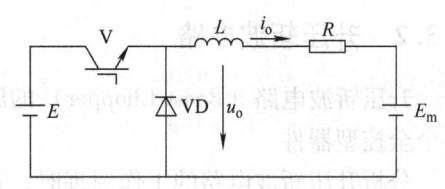
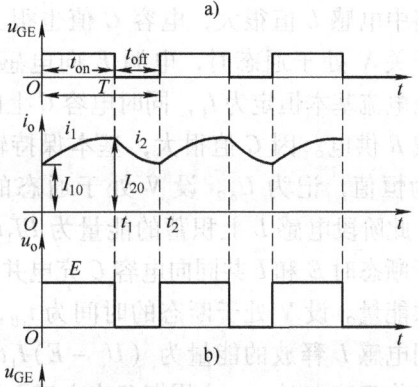
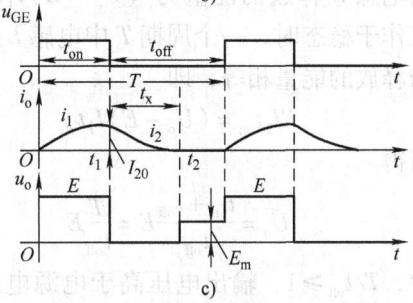

图 6-8 降压斩波电路的原理图及工作波形
a)电路图 b)电流连续时的波形 c)电流断续时的波形

$$I_o = \frac{\alpha E - E_m}{R} \qquad (6\text{-}16)$$

与式(6-14)结论一致。

在上述情况中,均假设 L 值为无穷大,负载电流平直的情况。这种情况下,假设电源电流平均值为 $I_1$,则有

$$I_1 = \frac{t_{on}}{T} I_o = \alpha I_o \qquad (6\text{-}17)$$

其值小于等于负载电流 $I_o$,由式(6-17)得

$$EI_1 = \alpha E I_o = U_o I_o \qquad (6\text{-}18)$$

即输出功率等于输入功率,可将降压斩波器看作直流降压变压器。

假如负载中 L 值较小,则有可能出现负载电流断续的情况。

## 6.3.2 升压斩波电路

升压斩波电路（Boost Chopper）的原理图及工作波形如图 6-9 所示。该电路中也是使用一个全控型器件。

分析升压斩波电路的工作原理时，首先假设电路中电感 $L$ 值很大，电容 $C$ 值也很大。当可控开关 V 处于通态时，电源 $E$ 向电感 $L$ 充电，充电电流基本恒定为 $I_1$，同时电容 $C$ 上的电压向负载 $R$ 供电。因 $C$ 值很大，基本保持输出电压 $u_o$ 为恒值，记为 $U_o$。设 V 处于通态的时间为 $t_{on}$，此阶段电感 $L$ 上积蓄的能量为 $EI_1t_{on}$。当 V 处于断态时 $E$ 和 $L$ 共同向电容 $C$ 充电并向负载 $R$ 提供能量。设 V 处于断态的时间为 $t_{off}$，则在此期间电感 $L$ 释放的能量为 $(U_o - E)I_1t_{off}$。当电路工作于稳态时，一个周期 $T$ 中电感 $L$ 积蓄的能量与释放的能量相等，即

$$EI_1t_{on} = (U_o - E)I_1t_{off} \tag{6-19}$$

化简得

$$U_o = \frac{t_{on} + t_{off}}{t_{off}}E = \frac{T}{t_{off}}E \tag{6-20}$$

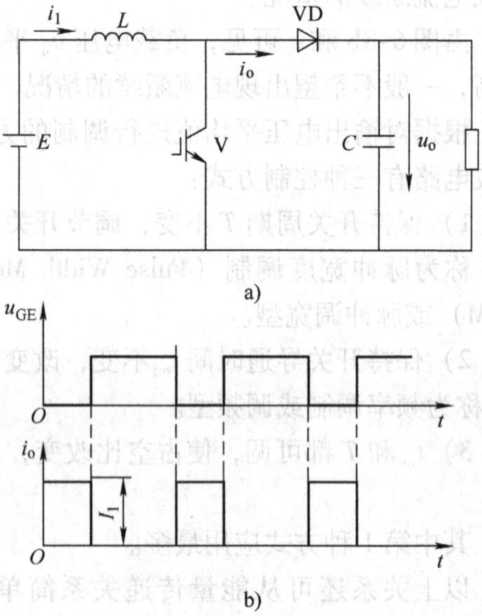

图 6-9 升压斩波电路原理及工作波形
a) 电路图  b) 波形

式中，$T/t_{off} \geq 1$，输出电压高于电源电压，故称该电路为升压斩波电路。也有的文献中直接采用其英文名称，称为 boost 变换器（Boost Converter）。

式（6-20）中 $T/t_{off}$ 表示升压比，调节其大小，即可改变输出电压 $U_o$ 的大小，调节的方法与 6.3.1 节中介绍的改变占空比 $\alpha$ 的方法类似。将升压比的倒数记作 $\beta$，即 $\beta = \frac{t_{off}}{T}$。则 $\beta$ 和占空比 $\alpha$ 有如下关系

$$\alpha + \beta = 1 \tag{6-21}$$

因此，式（6-20）可表示为

$$U_o = \frac{1}{\beta}E = \frac{1}{1-\alpha}E \tag{6-22}$$

升压斩波电路之所以能使输出电压高于电源电压，关键有两个原因：一是电感 $L$ 储能之后具有使电压泵升的作用；二是电容 $C$ 可将输出电压保持住。在以上分析中，认为 V 处于通态期间因电容 $C$ 的作用使得输出电压 $U_o$ 不变，但实际上 $C$ 值不可能为无穷大，在此阶段其向负载放电，$U_o$ 必然会有所下降，故实际输出电压会略低于式（6-22）所得结果。不过，在电容 $C$ 值足够大时，误差很大，基本可以忽略。

如果忽略电路中的损耗，则由电源提供的能量仅由负载 $R$ 消耗，即

$$EI_1 = U_oI_o \tag{6-23}$$

该式表明，与降压斩波电路一样，升压斩波电路也可看成是直流变压器。

根据电路结构并结合式（6-22）得出输出电流的平均值 $I_o$ 为

$$I_o = \frac{U_o}{R} = \frac{1}{\beta}\frac{E}{R} \quad (6-24)$$

由式（6-23）即可得出电源电流 $I_1$ 为

$$I_1 = \frac{U_o}{E}I_o = \frac{1}{\beta^2}\frac{E}{R} \quad (6-25)$$

### 6.3.3 升降压斩波电路

升降压斩波电路（Buck – Boost Chopper）的原理图如图 6-10a 所示。设电路中电感 $L$ 的值很大，电容 $C$ 的值也很大。使电感电流 $i_L$ 和电容电压即负载电压 $u_o$ 基本为恒值。

该电路的基本工作原理是：当可控开关 V 处于通态时，电源 $E$ 经 V 向电感 $L$ 供电使其储存能量，此时电流为 $i_1$，方向如图 6-10a 所示。同时，电容 $C$ 维持输出电压基本恒定并向负载 $R$ 供电。此后，使 V 关断，电感 $L$ 中储存的能量向负载释放，电流为 $i_2$，方向如图 6-10a 所示。可见，负载电压极性为上负下正，与电源电压极性相反，与前面介绍的降压斩波电路和升压斩波电路的情况正好相反，因此该电路也称作反极性斩波电路。

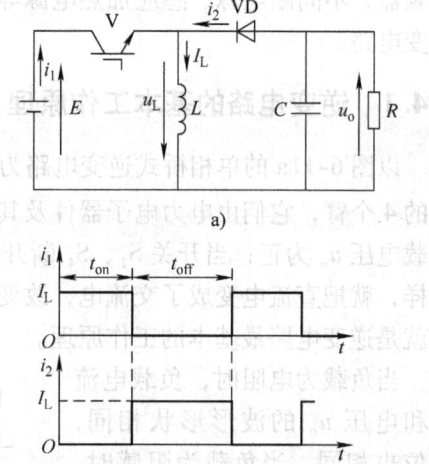

图 6-10 升降压斩波电路原理及其工作波形
a) 电路图 b) 波形

稳态时，一个周期 $T$ 内电感 $L$ 两端电压 $u_L$ 对时间的积分为零，即

$$\int_0^T u_L \mathrm{d}t = 0 \quad (6-26)$$

当 V 处于通态期间，$u_L = E$；而当 V 处于断态期间，$u_L = -u_o$。于是

$$Et_{on} = U_o t_{off} \quad (6-27)$$

所以输出电压为

$$U_o = \frac{t_{on}}{t_{off}}E = \frac{t_{on}}{T - t_{on}}E = \frac{\alpha}{1-\alpha}E \quad (6-28)$$

改变占空比 $\alpha$，输出电压既可以比电源电压高，也可以比电源电压低。当 $0 < \alpha < 1/2$ 时为降压，当 $1/2 < \alpha < 1$ 时为升压，因此将该电路称作升降压斩波电路。也有文献直接按英文称为 buck – boost 变换器（Buck – Boost Converter）。

图 6-10b 给出了电源电流 $i_1$ 和负载电流 $i_2$ 的波形，设两者的平均值分别为 $I_1$ 和 $I_2$，当电流脉动足够小时，有

$$\frac{I_1}{I_2} = \frac{t_{on}}{t_{off}} \quad (6-29)$$

由式（6-29）可得

$$I_2 = \frac{t_{off}}{t_{on}}I_1 = \frac{1-\alpha}{\alpha}I_1 \quad (6-30)$$

如果 V、VD 为没有损耗的理想开关，则

$$EI_1 = U_oI_2 \tag{6-31}$$

其输出功率和输入功率相等，可看作直流变压器。

## 6.4 基本逆变电路

与整流相对应，把直流电变成交流电称为逆变。当交流侧接在电网上，即交流侧接有电源时，称为有源逆变；当交流侧直接和负载连接时，称为无源逆变。在不加说明时，逆变电路一般多指无源逆变电路。

逆变电路的应用非常广泛。在已有的各种电源中，蓄电池、干电池、太阳能电池等都是直流电源，当需要这些电源向交流负载供电时，就需要逆变电路。另外，交流电动机调速用变频器、不间断电源、感应加热电源等电力电子装置使用非常广泛，其电路的核心部分都是逆变电路。

### 6.4.1 逆变电路的基本工作原理

以图 6-11a 的单相桥式逆变电路为例说明其最基本的工作原理。图中 $S_1 \sim S_4$ 是桥式电路的 4 个臂，它们由电力电子器件及其辅助电路组成。当开关 $S_1$、$S_4$ 闭合，$S_2$、$S_3$ 断开时，负载电压 $u_o$ 为正；当开关 $S_1$、$S_4$ 断开，$S_2$、$S_3$ 闭合时，$u_o$ 为负，其波形如图 6-11b 所示。这样，就把直流电变成了交流电，改变两组开关的切换频率，即可改变输出交流电的频率。这就是逆变电路最基本的工作原理。

当负载为电阻时，负载电流 $i_o$ 和电压 $u_o$ 的波形形状相同，相位也相同。当负载为阻感时，$i_o$ 的基波相位滞后于 $u_o$ 的基波，两者波形的形状也不同，图 6-11b 给出的就是阻感负载时的 $i_o$ 波形。设 $t_1$ 时刻以前 $S_1$、$S_4$

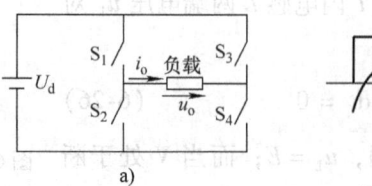 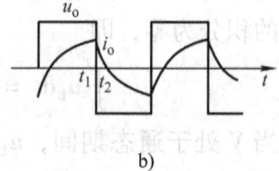

图 6-11 逆变电路及其波形举例

导通，$u_o$ 和 $i_o$ 均为正。在 $t_1$ 时刻断开 $S_1$、$S_4$，同时合上 $S_2$、$S_3$，则 $u_o$ 的极性立刻变为负。但是，因为负载中有电感，其电流极性不能立刻改变而仍维持原方向。这时负载电流从直流电源负极流出，经 $S_2$、负载和 $S_3$ 流回正极，负载电感中储存的能量向直流电源反馈，负载电流逐渐减小，到 $t_2$ 时刻降为零，之后 $i_o$ 才反向并逐渐增大。$S_2$、$S_3$ 断开，$S_1$、$S_4$ 闭合时的情况类似。上面是 $S_1 \sim S_4$ 均为理想开关时的分析，实际电路的工作过程要复杂一些。

### 6.4.2 换流方式分类

在图 6-11 的逆变电路工作过程中，在 $t_1$ 时刻出现了电流从 $S_1$ 到 $S_2$，以及从 $S_4$ 到 $S_3$ 的转移。电流从一个支路向另一个支路转移的过程称为换流，换流也常被称为换相。在换流过程中，有的支路要从通态转移到断态，有的支路要从断态转移到通态。从断态向通态转移时，无论支路是由全控型还是半控型电力电子器件组成，只要给门极适当的驱动信号，就可以使其开通。但从通态向断态转移的情况就不同。全控型器件可以通过对门极的控制使其关断，而对于半控型器件的晶闸管来说，就不能通过对门极的控制使其关断，必须利用外部条件或采取其他措施才能使其关断。一般来说，要在晶闸管电流过零后再施加一定时间的反向电压，才能使其关断。因为使器件关断，主要是使晶闸管关断，要比使其开通复杂得多，因此，研究换流方式主要是研究如何使器件关断。

一般来说，换流方式可分为以下几种：

**1. 器件换流** 利用全控型器件的自关断能力进行换流称为器件换流（Device Commutation）。在采用 IGBT、电力 MOSFET、GTO、GTR 等全控型器件的电路中，其换流方式即为器件换流。

**2. 电网换流** 由电网提供换流电压称为电网换流（Line Commutation）。对于 6.2 节讲述的相控整流电路，无论其工作在整流状态还是有源逆变状态，都是借助于电网电压实现换流的，都属于电网换流。在换流时，只要把负的电网电压施加在欲关断的晶闸管上即可使其关断。这种换流方式不需要器件具有门极可关断能力，也不需要为换流附加任何元件，但是不适用于没有交流电网的无源逆变电路。

**3. 负载换流** 由负载提供换流电压称为负载换流（Load Commutation）。凡是负载电流的相位超前于负载电压的场合，都可以实现负载换流。当负载为电容性负载时，就可实现负载换流。另外，当负载为同步电动机时，由于可以控制励磁电流使负载呈现容性，因而也可以实现负载换流。

**4. 强迫换流** 设置附加的换流电路，给欲关断的晶闸管强迫施加反向电压或反向电流的换流方式称为强迫换流（Forced Commutation）。强迫换流通常利用附加电容上所储存的能量来实现，因此也称为电容换流。

在强迫换流方式中，由换流电路内电容直接提供换流电压的方式称为直接耦合式强迫换流。

如果通过换流电路内的电容和电感的耦合来提供换流电压或换流电流，则称为电感耦合式强迫换流。

### 6.4.3 单相电压型逆变电路

**1. 半桥逆变电路** 半桥逆变电路原理图如图 6-12a 所示，它有两个桥臂，每个桥臂由一个可控器件和一个反并联二极管组成。在直流侧接有两个相互串联的足够大的电容，两个电容的连接点便成为直流电源的中点。负载连接在直流电源中点和两个桥臂连接点之间。

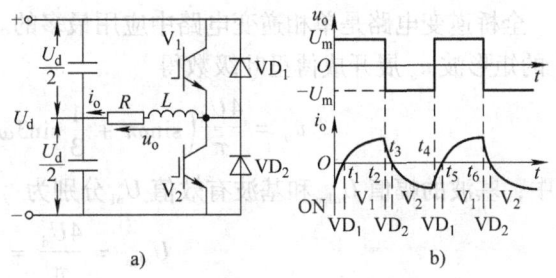

图 6-12 单相半桥电压型逆变电路及其工作波形

设开关器件 $V_1$ 和 $V_2$ 的栅极信号在一个周期内各有半周正偏，半周反偏，且二者互补。当负载为感性时，其工作波形如图 6-12b 所示。输出电压 $u_o$ 为矩形波，其幅值为 $U_m = U_d/2$。输出电流 $i_o$ 波形随负载情况而异。设 $t_2$ 时刻以前 $V_1$ 为通态，$V_2$ 为断态。$t_2$ 时刻给 $V_1$ 关断信号，给 $V_2$ 开通信号，则 $V_1$ 关断，但感性负载中的电流 $i_o$ 不能立即改变方向，于是 $VD_2$ 导通续流。当 $t_3$ 时刻 $i_o$ 降为零时，$VD_2$ 截止，$V_2$ 开通，$i_o$ 开始反向。同样，在 $t_4$ 时刻给 $V_2$ 关断信号，给 $V_1$ 开通信号后，$V_2$ 关断，$VD_1$ 先导通续流，$t_5$ 时刻 $V_1$ 才开通。各段时间内导通器件的名称标于图 6-12b 的下部。

当 $V_1$ 或 $V_2$ 为通态时，负载电流和电压同方向，直流侧向负载提供能量；而当 $VD_1$ 或 $VD_2$ 为通态时，负载电流和电压反向，负载电感中储存的能量向直流侧反馈，即负载电感将其吸收的无功能量反馈回直流侧。反馈回的能量暂时储存在直流侧电容器中，直流侧电容器起着缓冲这种无功能量的作用。因为二极管 $VD_1$、$VD_2$ 是负载向直流侧反馈能量的通道，故称为反馈二极管；又因为 $VD_1$、$VD_2$ 起着使负载电流连续的作用，因此又称为续流二极管。

当可控器件是不具有门极可关断能力的晶闸管时，必须附加强迫换流电路才能正常工作。

半桥逆变电路的优点是简单，使用器件少。其缺点是输出交流电压的幅值 $U_m$ 仅为 $U_d/2$，且直流侧需要两个电容器串联，工作时还要控制两个电容器电压的均衡。因此，半桥电路常用于几千瓦以下的小功率逆变电源。

以下讲述的单相全桥逆变电流、三相桥式逆变电路都可看成由若干个半桥逆变电路组合而成，因此，正确分析半桥电路的工作原理很有意义。

**2. 全桥逆变电路**　电压型全桥逆变电路的原理图已在图 6-13 中给出，它共有 4 个桥臂，可以看成由两个半桥电路组合而成。把桥臂 1 和 4 作为一对，桥臂 2 和 3 作为另一对，成对的两个桥臂同时导通，两对交替各导通 180°。其输出电压 $u_o$ 的波形和图 6-12b 的半桥电路的波形 $u_o$ 形状相同，也是矩形波，但其幅值高出一倍，$U_m = U_d$。在直流电压和负载都相同的

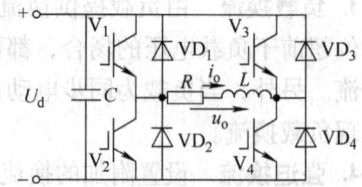

图 6-13　单相全桥电压型逆变电路

情况下，其输出电流 $i_o$ 的波形当然也和图 6-12b 中的 $i_o$ 形状相同，仅幅值增加一倍。图 6-12 中的 $VD_1$、$V_1$、$VD_2$、$V_2$ 相继导通的区间，分别对应于图 6-13 中的 $VD_1$ 和 $VD_4$、$V_1$ 和 $V_4$、$VD_2$ 和 $VD_3$、$V_2$ 和 $V_3$ 相继导通的区间。关于无功能量的交换，对于半桥逆变电路的分析也完全适用于全桥逆变电路。

全桥逆变电路是单相逆变电路中应用最多的。下面对其电压波形做定量分析。把幅值为 $U_d$ 的矩形波 $u_o$ 展开成傅里叶级数得

$$u_o = \frac{4U_d}{\pi}\left(\sin\omega t + \frac{1}{3}\sin3\omega t + \frac{1}{5}\sin5\omega t + \cdots\right) \quad (6\text{-}32)$$

其中，基波的幅值 $U_{o1m}$ 和基波有效值 $U_{o1}$ 分别为

$$U_{o1m} = \frac{4U_d}{\pi} = 1.27U_d \quad (6\text{-}33)$$

$$U_{o1} = \frac{2\sqrt{2}U_d}{\pi} = 0.9U_d \quad (6\text{-}34)$$

上述公式对于半桥逆变电路也是适用的，只是式中的 $U_d$ 要换成 $U_d/2$。

前面分析的都是 $u_o$ 为正负电压各为 180° 的脉冲时的情况。在这种情况下，要改变输出交流电压的有效值只能通过改变直流电压 $U_d$ 来实现。

由以上分析可得电压型逆变电路有以下主要特点：

1) 直流侧为电压源，或并联有大电容，相当于电压源。直流侧电压基本无脉动，直流回路呈现低阻抗。

2) 由于直流电压源的钳位作用，交流侧输出电压波形为矩形波，并且与负载阻抗角无

关。而交流侧输出电流波形和相位因负载阻抗情况的不同而不同。

3）当交流侧为阻感负载时需要提供无功功率，直流侧电容起缓冲无功能量的作用。为了给交流侧向直流侧反馈的无功能量提供通道，逆变桥各臂都并联了反馈二极管。

### 6.4.4 单相电流型逆变电路

图 6-14 是一种单项桥式电流型逆变电路的原理图。电路由四个桥臂构成，每个桥臂的晶闸管各串联一个电抗器 $L_T$。$L_T$ 用来限制晶闸管开通时的 $di/dt$，各桥臂的 $L_T$ 之间不存在互感。使桥臂 1、4 和桥臂 2、3 以 1000~2500Hz 的中频轮流导通，就可以在负载上得到中频交流电。

该电路是采用负载换相方式工作的，要求负载电流略超前于负载电压，即负载略呈现容性。实际负载一般是电磁感应线圈，用来加热置于线圈内的钢料。图 6-14 中 $R$ 和 $L$ 串联即为感应线圈的等效电路。因为功率因数很低，故并联补偿电容 $C$。电容 $C$ 和 $L$、$R$ 构成并联谐振电路，故这种逆变电路也被称为并联谐振式逆变电路。负载换流方式要求负载电流超前于电压，因此补偿电容应使负载过补偿，使负载电路总体上工作在容性，并略失谐的情况下。

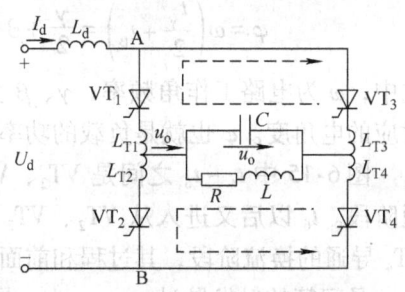

图 6-14 单相桥式电流型逆变电路

因为是电流型逆变电路，故其交流输出电流波形接近矩形波，其中包含基波和各奇次谐波，且谐波幅值远小于基波。因基波频率接近负载电路谐振频率，故负载电路对基波呈现高阻抗，而对谐波呈现低阻抗，谐波在负载电路上产生的压降很小，因此负载电压的波形接近正弦波。

图 6-15 是单相桥式电流型逆变电路的工作波形。在交流电流的一个周期内，有两个稳定导通阶段和两个换流阶段。

$t_1 \sim t_2$ 之间为晶闸管 $VT_1$ 和 $VT_4$ 稳定导通阶段，负载电流 $i_o = I_d$，近似为恒值，$t_2$ 时刻之前在电容 $C$ 上，即负载上建立了左正右负的电压。

在 $t_2$ 时刻触发晶闸管 $VT_2$ 和 $VT_3$，因在 $t_2$ 前 $VT_2$ 和 $VT_3$ 的阳极电压等于负载电压，为正值，故 $VT_2$ 和 $VT_3$ 导通，开始进入换流阶段。由于每个晶闸管都串有换流电抗器 $L_T$，故 $VT_1$ 和 $VT_4$ 在 $t_2$ 时刻不能立刻关断，其电流有一个减小过程。同样，$VT_2$ 和 $VT_3$ 的电流也有一个增大过程。$t_2$ 时刻后，4 个晶闸管全部导通，负载电容电压经两个并联的放电回路同时放电。其中一个回路是经 $L_{T1}$，$VT_1$、$VT_3$、$L_{T3}$ 回到电容 $C$；另一个回路是经 $L_{T2}$、$VT_2$、$VT_4$、$L_{T4}$ 回到电容 $C$，如图 6-14 中虚线所示。在这个过程中，$VT_1$、$VT_4$ 电流逐渐减小，$VT_2$、$VT_3$ 电流逐渐增大。当 $t = t_4$ 时，$VT_1$、$VT_4$ 电流减至零而关断，直流侧电流 $I_d$ 全部从 $VT_1$、$VT_4$ 转移到 $VT_2$、$VT_3$，换流阶段结束。$t_4 - t_2 = t_\gamma$ 称为换流时间。因为负载电流 $i_o = i_{VT_1} - i_{VT_2}$，所以 $i_o$ 在 $t_3$ 时刻，即 $i_{VT_1} = i_{VT_2}$ 时刻过零，$t_3$ 时刻大体位于 $t_2$ 和 $t_4$ 的中点。

晶闸管在电流减小到零后，尚需一段时间才能恢复正向阻断能力。因此，在 $t_4$ 时刻换流结束后，还要使 $VT_1$、$VT_4$ 承受一段反压时间 $t_\beta$ 才能保证其可靠关断。$t_\beta = t_5 - t_4$ 应大于晶闸管的关断时间 $t_q$。如果 $VT_1$、$VT_4$ 尚未恢复阻断能力就被加上正向电压，将会重新导通，使逆变失败。

为了保证可靠换流，应在负载电压 $u_o$ 过零前 $t_δ = t_5 - t_2$ 时刻去触发 $VT_2$、$VT_3$。$t_δ$ 称为触发引前时间，从图6-15可得

$$t_δ = t_γ + t_β \qquad (6-35)$$

从图6-15还可以看出，负载电流 $i_o$ 超前于负载电压 $u_o$ 的时间 $t_φ$ 为

$$t_φ = \frac{t_γ}{2} + t_β \qquad (6-36)$$

把 $t_φ$ 表示为电角度 $φ$（弧度）可得

$$φ = ω\left(\frac{t_γ}{2} + t_β\right) = \frac{γ}{2} + β \qquad (6-37)$$

式中，$ω$ 为电路工作角频率；$γ$、$β$ 分别是 $t_γ$、$t_β$ 对应的电角度。$φ$ 也就是负载的功率因数角。

图6-15中 $t_4 \sim t_6$ 之间是 $VT_2$、$VT_3$ 的稳定导通阶段。$t_6$ 以后又进入从 $VT_2$、$VT_3$ 导通向 $VT_1$、$VT_4$ 导通的换流阶段，其过程和前面的分析类似。

晶闸管的触发脉冲 $u_{G1} \sim u_{G4}$、晶闸管承受的电压 $u_{VT_1} \sim u_{VT_4}$ 以及 A、B 间的电压 $u_{AB}$ 也都示于图6-15中。在换流过程中，上下桥臂的 $L_T$ 上的电压极性相反，如果不考虑晶闸管压降，则 $u_{AB} = 0$。可以看出，$u_{AB}$ 的脉动频率为交流输出电压频率的两倍。在 $u_{AB}$ 为负的部分，逆变电路从直流电源吸收的能量为负，即补偿电容 C 的能量向直流电源反馈。这实际上反映了负载和直流电源之间无功能量的交换。在直流侧，$L_d$ 起到缓冲这种无功能量的作用。

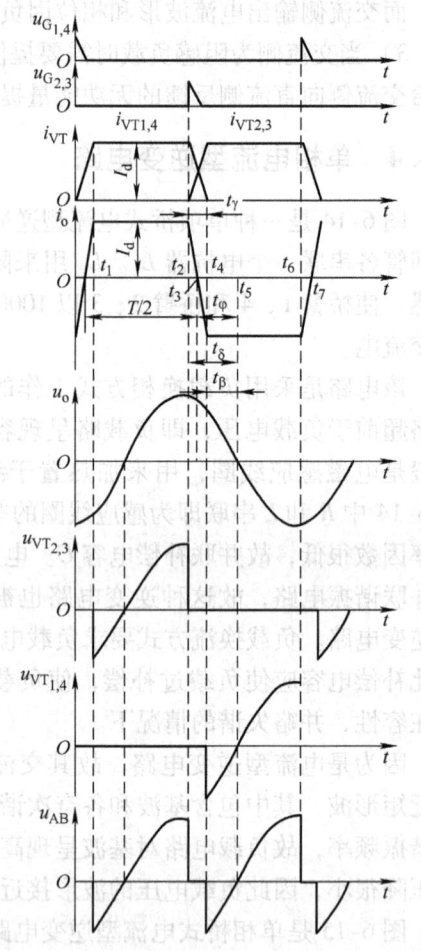

图 6-15 单相桥式电流型逆变电路工作波形

如果忽略换流过程，$i_o$ 可近似看成矩形波，展开成傅里叶级数可得

$$i_o = \frac{4I_d}{π}\left(\sinωt + \frac{1}{3}\sin3ωt + \frac{1}{5}\sin5ωt + \cdots\right) \qquad (6-38)$$

其基波电流有效值 $I_{o1}$ 为

$$I_{o1} = \frac{4I_d}{\sqrt{2}π} = 0.9I_d \qquad (6-39)$$

由以上分析可得电流型逆变电路有以下主要特点：

1）直流侧串联大电感，相当于电流源。直流侧电流基本无脉动，直流回路呈现高阻抗。

2）电路中开关器件的作用仅是改变直流电流的流通路径，因此交流侧输出电流为矩形波，并且与负载阻抗角无关。而交流侧输出电压波形和相位则因负载阻抗情况的不同而不同。

3）当交流侧为阻感负载时需要提供无功功率，直流侧电感起缓冲无功能量的作用。因

为反馈无功能量时直流电流并不反向,因此不必像电压型逆变电路那样要给开关器件反并联二极管。

## 小 结

电力电子技术通常分为电力电子器件和变流技术两个分支。

电力电子器件按被控制信号所控制的程度分为不可控器件、半控器件和全控器件。晶闸管是半控器件,只能控制其开通而不能控制其关断。IGBT是全控器件,既能控制其开通又能控制其关断,也称自关断器件。IGBT与其他全控器件相比,其综合性能最好。

整流电路是电力电子电路中出现和应用最早的形式之一。本章讲述了单相全控桥式整流电路。重点掌握带电阻负载和带阻感负载电路的原理、波形分析和数值计算。

本章讲述了降压、升压、升降压三种基本斩波电路,应掌握其电路原理和数值计算。

本章讲述了单相电压型逆变电路和单相电流型逆变电路的结构和工作原理,应掌握其原理和各类型电路的主要特点。

## 习 题

6-1 单相桥式全控整流电路,电阻负载,$U_2=100V$,负载中 $R=2\Omega$,当 $\alpha=30°$ 时,要求:
1)画出 $u_d$、$i_d$ 和 $i_2$ 的波形;
2)求整流输出平均电压 $U_d$、电流 $I_d$ 以及变压器二次电流有效值 $I_2$。

6-2 单相桥式全控整流电路,阻感负载,$U_2=200V$,负载中 $R=2\Omega$,$L$ 值极大,当 $\alpha=45°$ 时,要求:
1)画出 $u_d$、$i_d$ 和 $i_2$ 的波形;
2)求整流输出平均电压 $U_d$、电流 $I_d$ 以及变压器二次电流有效值 $I_2$。

6-3 在图 6-8a 所示的降压斩波电路中,已知 $E=200V$,$R=10\Omega$,$L$ 值极大,$E_m=50V$。采用脉宽调制控制方式,当 $T=40\mu s$,$t_{on}=20\mu s$ 时,计算输出电压平均值 $U_o$ 和输出电流平均值 $I_o$。

6-4 简述图 6-9a 所示升压斩波电路的基本工作原理。

6-5 在图 6-9a 所示的升压斩波电路中,已知 $E=50V$,$L$ 值和 $C$ 值极大,$R=25\Omega$,采用脉宽调制控制方式,当 $T=50\mu s$,$t_{on}=20\mu s$ 时,计算输出电压平均值 $U_o$ 和输出电流平均值 $I_o$。

6-6 什么是电压型逆变电路?什么是电流型逆变电路?二者各有何特点?

6-7 换流方式有哪几种?

# 第 2 篇　数字电子技术

# 第 7 章　逻辑代数及逻辑门电路

早在 1845 年，英国数学家布尔创立了用符号来表达语言和思维的逻辑性数学，将这种逻辑用数（0 或 1）来表示，形成了逻辑代数，也称布尔代数。逻辑代数是以数学形式来分析和研究逻辑问题，是分析和设计数字电路的重要数学工具。在各种逻辑关系中，当输入变量的取值确定之后，输出变量的取值便随之而定，因而输入与输出之间乃是一种函数关系，将这种函数关系称为逻辑函数。能实现一些基本逻辑关系的电路称为逻辑门电路。逻辑门电路是构成各种数字电路或系统的基本单元。本章首先介绍逻辑代数中的三种基本逻辑关系及逻辑代数的基本公式和基本定理，然后介绍逻辑函数及其化简方法，最后介绍数字电路的基本逻辑单元——门电路的相关知识。

## 7.1　逻辑代数基础知识

### 7.1.1　基本逻辑关系

在逻辑代数中，最基本的逻辑运算有"与"、"或"、"非"三种，其他任何复杂逻辑运算都可以由这三种基本逻辑运算组成。

**1. "与"逻辑运算**　日常事物中往往会有这种情况，要得到某种"结果"，必须同时满足几个"条件"，这种"条件"和"结果"的关系就是"与"逻辑关系。"与"逻辑运算可以用图 7-1 所示串联电路来实现。图中 A、B 表示输入逻辑变量，是得到某种结果的"条件"；F 表示输出逻辑变量，电灯 F 的状态就是输出的"结果"。设 A、B 两开关闭合状态为"1"，断开状态为"0"，电灯 F 亮为"1"，灭为"0"。由图 7-1 可知，只有当 A 和 B 全为"1"时，F 为"1"，否则 F 均为"0"，故"与"逻辑关系的表达式为

$$F = A \cdot B$$

为了详细描述"与"逻辑关系，经常把"条件"和"结果"的各种可能性列写表格对应地表示出来，这种表示逻辑关系的表格称为真值表。表 7-1 是"与"逻辑关系的真值表。由表 7-1 可以看出，两个输入变量共有 4 种（$2^2=4$）组合状态。

**2. "或"逻辑运算**　在几个"条件"中，只要满足一个或一个以上"条件"，则能得到某个"结果"，这种"条件"和"结果"的关系就是"或"逻辑关系。"或"逻辑关系可以用图 7-2 并联电路来实现。图中 A、B 是输入逻辑变量，F 是输出逻辑变量。显然 A、B 全断开时，电灯 F 才灭，只要有一个闭合，电灯 F 就亮，故"或"逻辑关系的表达式为

$$F = A + B$$

其真值表如表 7-2 所示。

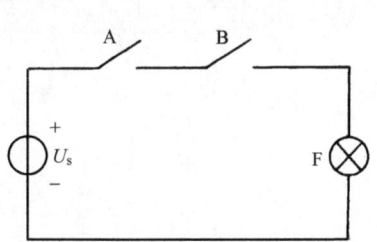

图 7-1 "与"逻辑关系电路

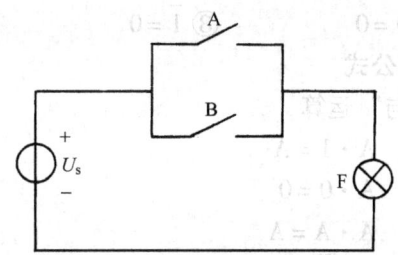

图 7-2 "或"逻辑关系电路

表 7-1 "与"逻辑真值表

| A | B | F |
|---|---|---|
| 0 | 0 | 0 |
| 0 | 1 | 0 |
| 1 | 0 | 0 |
| 1 | 1 | 1 |

表 7-2 "或"逻辑真值表

| A | B | F |
|---|---|---|
| 0 | 0 | 0 |
| 0 | 1 | 1 |
| 1 | 0 | 1 |
| 1 | 1 | 1 |

**3. "非"逻辑运算**　当某个"条件"满足的时候，却得不到某一"结果"；当此"条件"不满足时，才能得到此"结果"。这种"条件"和"结果"的关系就是"非"逻辑关系。"非"逻辑运算可以用图 7-3 电路来实现。图中 A 为输入逻辑变量，F 为输出逻辑变量。显然，A 断 F 亮，A 合则 F 灭，故"非"逻辑关系的表达式为

$$F = \overline{A}$$

其中输入逻辑变量 A 上方加符号"—"表示"非"的意思。若 A = 0，则 $\overline{A}$ = 1。表 7-3 是"非"逻辑关系的真值表。

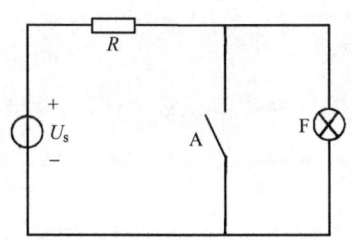

图 7-3 "非"逻辑电路

表 7-3 "非"逻辑真值表

| A | F |
|---|---|
| 0 | 1 |
| 1 | 0 |

## 7.1.2　逻辑代数的基本公式和定理

逻辑代数中的公理基本公式和基本定理是逻辑运算及逻辑函数化简的基本依据。下面分别做一介绍。

**1. 公理**

① $0 \cdot 0 = 0$　　　⑤ $0 + 1 = 1$

② $0 \cdot 1 = 0$　　⑥ $1 + 1 = 1$
③ $1 \cdot 1 = 1$　　⑦ $\bar{0} = 1$
④ $0 + 0 = 0$　　⑧ $\bar{1} = 0$

2. 基本公式

(1) "与"运算

公式① $A \cdot 1 = A$

公式② $A \cdot 0 = 0$

公式③ $A \cdot A = A$

公式④ $A \cdot \bar{A} = 0$

(2) "或"运算

公式⑤ $A + 1 = 1$

公式⑥ $A + 0 = A$

公式⑦ $A + A = A$

公式⑧ $A + \bar{A} = 1$

(3) "非"运算

公式⑨ $A = \bar{\bar{A}}$

3. 代数定理

(1) 交换律

公式⑩ $A \cdot B = B \cdot A$

公式⑪ $A + B = B + A$

(2) 结合律

公式⑫ $(A \cdot B) \cdot C = A \cdot (B \cdot C)$

公式⑬ $(A + B) + C = A + (B + C)$

(3) 分配律

公式⑭ $A \cdot (B + C) = A \cdot B + A \cdot C$

公式⑮ $A + BC = (A + B) \cdot (A + C)$

4. 摩根定理

公式⑯ $\overline{A \cdot B} = \bar{A} + \bar{B}$

公式⑰ $\overline{A + B} = \bar{A} \cdot \bar{B}$

5. 若干常用公式

公式⑱ $A \cdot B + A \cdot \bar{B} = A$

公式⑲ $A + A \cdot B = A$

公式⑳ $A + \bar{A} \cdot B = A + B$

公式㉑ $A \cdot B + \bar{A} \cdot C + B \cdot C = A \cdot B + \bar{A} \cdot C$

公式㉒ $A \cdot B + \bar{A} \cdot C = A \cdot \bar{B} + \bar{A} \cdot \bar{C}$

## 7.2 逻辑函数的化简

从上节讲到的各种逻辑关系中可以看出，输入逻辑变量与输出逻辑变量之间是一种函数

关系，将这种函数称为逻辑函数，写作

$$Y = F(A, B, C, \cdots)$$

任何一件具体事物的因果关系都可以用一个逻辑函数来描述。同一个逻辑功能，其逻辑函数的表达式可以有不同的形式。逻辑函数的表达式越简单越好，因为逻辑表达式越简单，组成逻辑元件的数量就越少，这不仅可以节省材料，还可以提高系统的可靠性。所以设计逻辑电路时，将逻辑式化成最简式十分重要，这就是逻辑函数的化简。

## 7.2.1 逻辑函数的公式化简法

公式化简法的实质就是反复使用逻辑代数的基本公式和常用公式消去多余的乘积项和每个乘积项中多余的因子，以求得逻辑表达式的最简形式。下面举例说明，并引入化简时经常使用的方法——并项法、吸收法和消去多余项法。

**例 7-1** 用逻辑代数的基本公式和定理证明常用公式⑱~公式㉒。

公式⑱ $A \cdot B + A \cdot \bar{B} = A$（并项法）

证明：左式 $= A(B + \bar{B}) = A =$ 右式

公式⑲ $A + A \cdot B = A$

证明：左式 $= A(1 + B) = A =$ 右式

公式⑳ $A + \bar{A}B = A + B$（吸收法）

证明：左式 $= (A + \bar{A})(A + B) = A + B =$ 右式

公式㉑ $A \cdot B + \bar{A} \cdot C + B \cdot C = A \cdot B + \bar{A} \cdot C$（消去多余项法）

证明：左式 $= A \cdot B + \bar{A} \cdot C + B \cdot C \cdot (A + \bar{A})$
$= A \cdot B + A \cdot B \cdot C + \bar{A} \cdot C + \bar{A} \cdot C \cdot B$
$= A \cdot B(1 + C) + \bar{A} \cdot C(1 + B)$
$= A \cdot B + \bar{A} \cdot C =$ 右式

公式㉒ $\overline{A \cdot B} + \overline{\bar{A} \cdot C} = \overline{A \cdot \bar{B}} + \overline{\bar{A} \cdot \bar{C}}$

证明：左式 $= \overline{A \cdot B} \cdot \overline{\bar{A} \cdot C} = (\bar{A} + \bar{B})(A + \bar{C})$
$= A \cdot \bar{A} + \bar{A} \cdot \bar{C} + A \cdot \bar{B} + \bar{B} \cdot \bar{C}$
$= \bar{A} \cdot \bar{C} + A \cdot \bar{B} =$ 右式

在这里要注意一个问题，当逻辑函数表达式中输入变量是"与"关系时，其符号可以省略，例如：$A \cdot B \cdot C$ 可以写成 $ABC$，两者均表示三个输入变量是"与"关系。

在逻辑代数中，除了三种基本逻辑关系外，还有两种逻辑关系，即"同或"和"异或"逻辑关系。这两种逻辑关系在数字电路中经常用到。"异或"逻辑的逻辑表达式为

$$F = A \oplus B = A \cdot \bar{B} + \bar{A} \cdot B$$

其真值表如表 7-4 所示。从真值表中可以看出，"异或"逻辑是当两个输入逻辑变量相同时，"结果"不发生，当两个输入逻辑变量不相同时，"结果"发生。

"同或"逻辑的表达式为

$$F = A \odot B = AB + \bar{A}\bar{B}$$

其真值表如表 7-5 所示。从真值表中可以看出，"同或"逻辑的逻辑关系是当两个输入的逻辑变量取值相同时，"结果"发生，当两个输入的逻辑变量取值不同时，"结果"不发生。

表7-4 "异或"逻辑真值表

| A | B | F |
|---|---|---|
| 0 | 0 | 0 |
| 0 | 1 | 1 |
| 1 | 0 | 1 |
| 1 | 1 | 0 |

表7-5 "同或"逻辑真值表

| A | B | F |
|---|---|---|
| 0 | 0 | 1 |
| 0 | 1 | 0 |
| 1 | 0 | 0 |
| 1 | 1 | 1 |

**例 7-2** 证明下列等式：

① $A \oplus 1 = \bar{A}$
② $A \oplus 0 = A$
③ $A \odot 1 = A$
④ $A \odot 0 = \bar{A}$
⑤ $\overline{A \oplus B} = A \odot B$

证明：

等式①左边 $= A \cdot \bar{1} + \bar{A} \cdot 1 = \bar{A} = $ 右式

等式②左边 $= A \cdot \bar{0} + \bar{A} \cdot 0 = A = $ 右式

等式③左边 $= A \cdot 1 + \bar{A} \cdot \bar{1} = A = $ 右式

等式④左边 $= A \cdot 0 + \bar{A} \cdot \bar{0} = \bar{A} = $ 右式

等式⑤左边 $= \overline{A\bar{B} + \bar{A}B} = \overline{A\bar{B}} \cdot \overline{\bar{A}B} = (\bar{A}+B)(A+\bar{B})$
$= \bar{A}A + \bar{A}\bar{B} + AB + B\bar{B} = AB + \bar{A}\bar{B} = A \odot B = $ 右式

**例 7-3** 利用公式法化简下列逻辑函数：

① $F = A\bar{B} + BD + DCE + D\bar{A}$
② $F = ABC\bar{D} + ABD + BC\bar{D} + ABC + BD + B\bar{C}$
③ $F = AB(C+D) + D + \bar{D}(A+B)(\bar{B}+\bar{C})$
④ $F = (A \oplus B)C + ABC + \bar{A}\bar{B}C + BD$

**解** 利用公式法化简逻辑函数的关键在于熟练地运用逻辑代数中的基本公式和定理。

① $F = A\bar{B} + BD + DCE + D\bar{A}$
$= A\bar{B} + D(B + \bar{A}) + DCE$
$= A\bar{B} + \overline{\bar{B}A} \cdot D + DCE$ （摩根定理）
$= A\bar{B} + D + DCE$ （公式⑳）
$= A\bar{B} + D(1 + CE)$
$= A\bar{B} + D$ （公式⑤）

② $F = ABC\bar{D} + ABD + BC\bar{D} + ABC + BD + B\bar{C}$
$= ABC(\bar{D} + 1) + BD(A + 1) + BC\bar{D} + B\bar{C}$
$= ABC + BD + BC\bar{D} + B\bar{C}$ （公式⑤）
$= B(\bar{C} + AC) + B(D + C\bar{D})$
$= B(\bar{C} + A) + B(D + C)$ （公式⑳）
$= AB + B\bar{C} + BC + BD$ （公式⑭）

$$= AB + B(\overline{C} + C) + BD \quad (公式⑱)$$
$$= AB + B + BD \quad (公式⑤)$$
$$= B(A + 1 + D) = B$$

③ $F = AB(C + D) + D + \overline{D}(A + B)(\overline{B} + \overline{C})$
$$= ABC + ABD + D + (A + B)(\overline{B} + \overline{C}) \quad (公式⑳)$$
$$= ABC + D + A\overline{B} + A\overline{C} + B\overline{C} \quad (公式⑲)$$
$$= ABC + D + A(\overline{B} + \overline{C}) + B\overline{C}$$
$$= D + A(BC + \overline{BC}) + B\overline{C} \quad (公式⑯)$$
$$= D + A + B\overline{C}$$

④ $F = (A\overline{B} + \overline{A}B)C + ABC + \overline{A}\,\overline{B}C + \overline{B}D$
$$= A\overline{B}C + \overline{A}BC + ABC + \overline{A}\,\overline{B}C + \overline{B}D$$
$$= \overline{B}C(A + \overline{A}) + BC(\overline{A} + A) + \overline{B}D \quad (并项)$$
$$= \overline{B}C + BC + \overline{B}D$$
$$= C + \overline{B}D \quad (公式⑱)$$

用公式法化简逻辑函数时，没有固定的步骤和规律方法可循，关键在于熟练地掌握基本公式和定理。因而在化简的过程中，有很大的技巧性，而且结果有时难以肯定是最简、最合理的。为此，下面介绍一种既简便又直观的化简方法——图形化简法，即用卡诺图化简逻辑函数。

### 7.2.2 逻辑函数的卡诺图化简法

**1. 逻辑函数的最小项和卡诺图**  在介绍卡诺图化简法之前，先来熟悉一下与卡诺图化简有关的两个概念——逻辑函数的最小项和卡诺图。

（1）逻辑函数的最小项  在 $n$ 个变量的逻辑函数中，如果一个乘积项包含了所有的变量，而且每个变量都以原变量或反变量的形式在该乘积项中出现一次，那么该乘积项就称 $n$ 个变量的最小项。

例如，A、B、C 三个变量，其最小项有 $2^3 = 8$ 个，即 $\overline{A}\,\overline{B}\,\overline{C}$、$\overline{A}\,\overline{B}C$、$\overline{A}B\overline{C}$、$\overline{A}BC$、$A\overline{B}\,\overline{C}$、$A\overline{B}C$、$AB\overline{C}$、$ABC$，同理，两个变量有 $2^2 = 4$ 个最小项，4 个变量有 $2^4 = 16$ 个最小项。

为了分析最小项的性质，列出三变量全部最小项取值表（见表 7-6），由表可见最小项具有下列性质：

表 7-6  三变量全部最小项取值表

| ABC | $\overline{A}\,\overline{B}\,\overline{C}$ | $\overline{A}\,\overline{B}C$ | $\overline{A}B\overline{C}$ | $\overline{A}BC$ | $A\overline{B}\,\overline{C}$ | $A\overline{B}C$ | $AB\overline{C}$ | $ABC$ |
|---|---|---|---|---|---|---|---|---|
| 000 | 1 | 0 | 0 | 0 | 0 | 0 | 0 | 0 |
| 001 | 0 | 1 | 0 | 0 | 0 | 0 | 0 | 0 |
| 010 | 0 | 0 | 1 | 0 | 0 | 0 | 0 | 0 |
| 011 | 0 | 0 | 0 | 1 | 0 | 0 | 0 | 0 |
| 100 | 0 | 0 | 0 | 0 | 1 | 0 | 0 | 0 |
| 101 | 0 | 0 | 0 | 0 | 0 | 1 | 0 | 0 |
| 110 | 0 | 0 | 0 | 0 | 0 | 0 | 1 | 0 |
| 111 | 0 | 0 | 0 | 0 | 0 | 0 | 0 | 1 |

1) 每个最小项中，因子个数等于逻辑函数变量的个数。
2) 在最小项中，逻辑变量都以原变量或反变量的形式出现一次，且仅出现一次。
3) 每个最小项都对应了一组变量的取值，对于任意一个最小项，只有一组变量的取值使它为 1，其余的取值均为 0。例如，最小项 $A\bar{B}C$ 只有当变量 ABC 取值为 101 时，其值为 1，否则其值均为 0。
4) 任意不同的两个最小项的乘积恒为 0。
5) $n$ 个变量全体最小项之和恒为 1。

(2) 卡诺图　所谓卡诺图，就是按一定规则排列起来的最小项方格图。因为这种方法是由美国工程师卡诺（Karnaugh）首先提出的，所以将这种框图叫作卡诺图。

图 7-4 给出了 3～5 个变量的卡诺图的画法。

图形两侧标注的 0 和 1 表示对应小方格内最小项为 1 的变量取值，同时，这些 0 和 1 组成的二进制数大小也就是对应最小项的编号。由图 7-4 的卡诺图上还可以看到，处在任何一行或一列两端的最小项也具有逻辑相邻性，因此，从几何位置上应当把卡诺图看成是上下、左右闭合的图形。

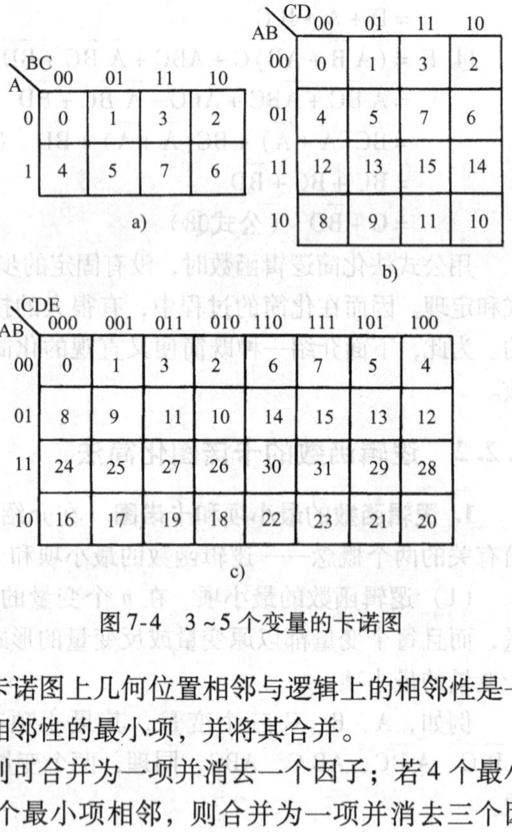

**2. 用卡诺图化简逻辑函数**　既然任何一个逻辑函数都能表示为若干最小项之和的形式，那么自然就可以用卡诺图来表示逻辑函数。卡诺图的化简方法就是将逻辑函数的最小项填入卡诺图内，依据具有相邻性的最小项可以合并的原理，消去不同的因子，由于在卡诺图上几何位置相邻与逻辑上的相邻性是一致的，因而能在卡诺图上直观地找到那些具有相邻性的最小项，并将其合并。

合并最小项的规则是：若两个最小项相邻则可合并为一项并消去一个因子；若 4 个最小项相邻，可合并为一项并消去两个因子；若 8 个最小项相邻，则合并为一项并消去三个因子。

下面举例说明用卡诺图化简逻辑函数的方法。

**例 7-4**　用卡诺图化简逻辑函数：
$$F = \bar{A}\bar{B}\bar{C} + A\bar{B}\bar{C} + BCD + BC\bar{D}$$

**解**　首先将逻辑函数 F 化为最小项之和的形式：
$$F = \bar{A}\bar{B}\bar{C}(D+\bar{D}) + A\bar{B}\bar{C}(D+\bar{D}) + (A+\bar{A})BCD + (A+\bar{A})BC\bar{D}$$
$$= \bar{A}\bar{B}\bar{C}\bar{D} + \bar{A}\bar{B}\bar{C}D + A\bar{B}\bar{C}\bar{D} + A\bar{B}\bar{C}D + \bar{A}BCD + ABCD + \bar{A}BC\bar{D} + ABC\bar{D}$$
$$= m_2 + m_3 + m_4 + m_5 + m_{10} + m_{11} + m_{12} + m_{13}$$

然后画卡诺图，如图 7-5 所示。填写最小项，合并最小项，将可能合并的最小项用线圈出。最后写出最简的"与-或"表达式

$$F = B\bar{C} + \bar{B}C$$

图 7-4　3～5 个变量的卡诺图

由以上例题可知，化简逻辑函数的步骤：
1) 将逻辑函数化为最小项之和的形式。
2) 画出表示该逻辑函数的卡诺图。
3) 找出可以合并的最小项。
4) 选择化简后的乘积项应遵循以下原则：
① 这些乘积项应包含逻辑函数的所有最小项。
② 所用的乘积项数目最少，亦即所圈的圆圈的数目应最少。

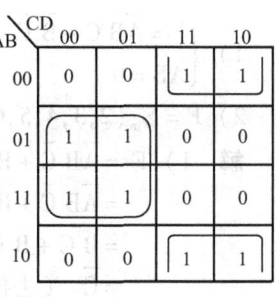

图 7-5　例 7-4 图

③ 每个乘积项所含的因子最少，亦即所圈的圆圈中应包含尽量多的最小项。

**例 7-5**　用卡诺图化简下列逻辑函数：
1) $F = \sum_m(1,3,4,5,7,10,12,14)$
2) $F = \sum_m(0,2,5,6,7,8,9,10,11,14,15)$
3) $F = \sum_m(0,1,3,4,6,7)$

**解**　逻辑函数的最小项之和的形式也可以写成本题的形式。

1) 画卡诺图，如图 7-6a 所示，将最小项填入卡诺图中，并合并最小项，最后得

$$F = \overline{A}D + B\overline{C}\,\overline{D} + AC\overline{D}$$

2) 卡诺图如图 7-6b 所示，则

$$F = \overline{A}BD + \overline{B}\,\overline{D} + A\overline{B} + BC$$

3) 卡诺图如图 7-6c 所示，则

$$F = AB + \overline{B}\,\overline{C} + \overline{A}C$$

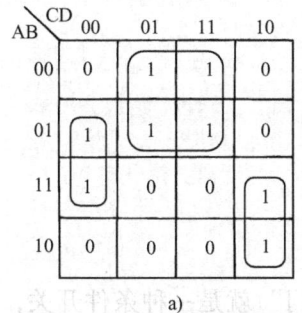 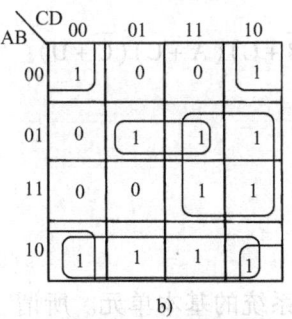 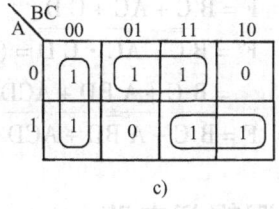

　　　　a)　　　　　　　　　　　b)

图 7-6　例 7-5 图
a) 题 1) 卡诺图　b) 题 2) 卡诺图　c) 题 3) 卡诺图

　　在实际的逻辑问题中，输入逻辑变量的取值不是任意的，而是具有一定的制约关系，人们把这种制约关系称为约束。同时，这一组变量叫作具有约束的一组变量。

　　通常用约束条件来描述约束的具体内容。由于每一组输入变量的取值都使用一个，而且仅有一个最小项的值为 1，所以当限制某些输入变量的取值不能出现时，可以用它们对应的最小项恒等于 0 来表示，这就是约束条件的表示方法。

　　具有约束条件的逻辑函数的化简，可将约束条件直接加入逻辑表达式中或卡诺图中，这样可以合理利用这些约束项，得到更简单的化简结果。

**例 7-6**　化简下列逻辑函数：

1) $\begin{cases} F = \overline{AB}\,\overline{C} + \overline{B}\,\overline{C} \\ AB = 0 \end{cases}$

2) $F = \Sigma_m(2,3,4,5,6) + \Sigma_d(10,11,12,13,14,15)$

**解** 1) $F = \overline{AB}\,\overline{C} + \overline{B}\,\overline{C} + AB$

$= \overline{AB}\,\overline{C} + \overline{B}\,\overline{C} + ABC + AB\overline{C}$

$= \overline{B}\,\overline{C} + B\,\overline{C} + ABC$

$= \overline{C}$ （去掉约束项 ABC）

2) 具有约束项的卡诺图如图 7-7 所示。

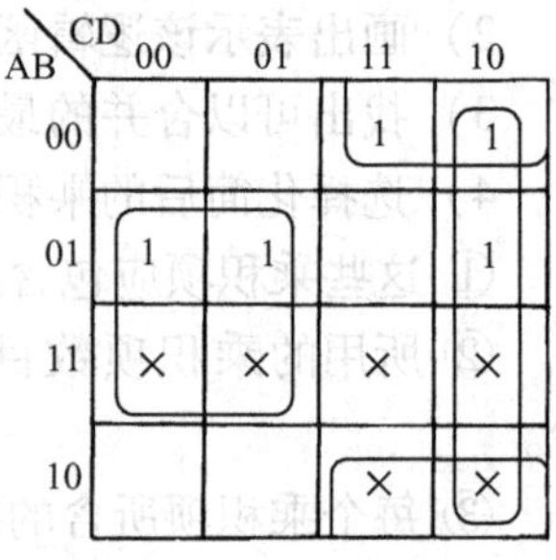

则　　　　　$F = \overline{B}\,\overline{C} + B\overline{C} + C\overline{D}$

约束项可以圈到圈内，也可以不圈，关键在于有利于将逻辑函数化简成更简单的表达式。

图 7-7　例 7-6 图

逻辑函数的卡诺图化简，最后得到的结果均是最简的"与-或"表达式。在实际中，经常应用的是"与-非"、"与-或-非"和"或-非"表达式及其对应的门电路，所以，它们之间的转换是一个十分重要的问题。

**例 7-7**　将最简的"与-或"表达式 $F = B\overline{C} + \overline{A}C + C\overline{D}$ 化成"与非-与非"表达式。

**解**　$F = B\overline{C} + \overline{A}C + C\overline{D}$

$= \overline{\overline{B\overline{C} + \overline{A}C + C\overline{D}}}$

$= \overline{\overline{B\overline{C}} \cdot \overline{\overline{A}C} \cdot \overline{C\overline{D}}}$

**例 7-8**　将上例题逻辑函数化成"与-或-非"表达式。

**解**　$\overline{F} = \overline{B\overline{C} + \overline{A}C + C\overline{D}}$

$= \overline{B\overline{C}} \cdot \overline{\overline{A}C} \cdot \overline{C\overline{D}} = (\overline{B} + C)(A + \overline{C})(\overline{C} + D)$

$= \overline{B}\,\overline{C} + A\overline{B}D + ACD$

$F = \overline{\overline{B}\,\overline{C} + A\overline{B}D + ACD}$

## 7.3　逻辑门电路

逻辑门电路是构成各种数字系统的基本单元。所谓"门"就是一种条件开关，是实现一些基本逻辑关系的电路。由 7.1 节内容可知，最基本的逻辑关系有"与"、"或"、"非"三种，所以最基本的门电路是"与"门、"或"门和"非"门。

由于门电路中的二极管和晶体管及场效应晶体管均工作在开关状态，所以本章首先介绍半导体器件的开关特性。然后从分立元器件着手，说明常用逻辑门电路的一些概念和分析方法。重点讨论目前广泛使用的 TTL 门电路和 CMOS 门电路，最后说明集成门电路在使用中应注意的几个问题，以便为实际应用这些器件打下必要的基础。

### 7.3.1　半导体晶体管的开关特性

**1. 晶体管的开关特性**

（1）晶体管的开关条件和特点　图 7-8 是典型晶体管的开关电路，其中输入信号为 $u_i$，输出信号从晶体管的集电极引出，其输出电压为 $u_o$。

从前面学到的知识可知，晶体管有截止、放大、饱和三个工作区。当 $u_i \leq 0$ 时，$u_{BE} \leq 0$，因而晶体管工作在截止区。截止区的工作特点是基极电流 $i_B = 0$，集电极电流 $i_C = I_{CEO} \approx 0$。所以晶体管的集电极-发射极之间如同一个断开的开关一样。这时的输出电压 $u_o = V_{OH} \approx V_{CC}$。其中 $V_{CC}$ 为电源电压，$V_{OH}$ 为晶体管截止时输出的高电平值。

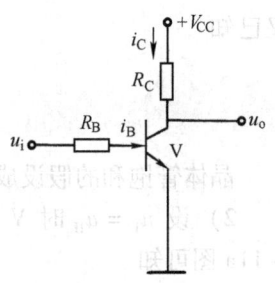

当 $u_i$ 为正时，并且使 $i_B \geq I_{BS} = \dfrac{V_{CC} - U_{CES}}{\beta R_C}$，$u_{BE}$ 和 $u_{BC}$ 同为正向

图 7-8 晶体管开关电路

偏置，晶体管工作在饱和区。饱和区的工作特点是集电极-发射极间的饱和压降 $U_{CES} \approx 0$，而且 $i_C$ 不再随 $i_B$ 增加而增大。此时集电极-发射极间如同开关短路一样，故 $u_o = V_{OL} \approx 0$。

可见，只要有 $u_i$ 的高、低电平控制晶体管分别工作在饱和导通和截止状态，就可以控制它的开关状态，并在输出端得到对应的高、低电平。

图 7-9 给出了晶体管开关的等效电路。

**例 7-9** 在图 7-10 所示电路中，已知晶体管 V 中的 $u_{BE} \leq 0$ 时才能可靠截止，而 V 临界饱和时 $u_{CES} = 0.3V$。$R_1 = 2k\Omega$，$R_2 = 10k\Omega$，$R_C = 1k\Omega$，$V_{CC} = 10V$，$\beta = 20$。试求：

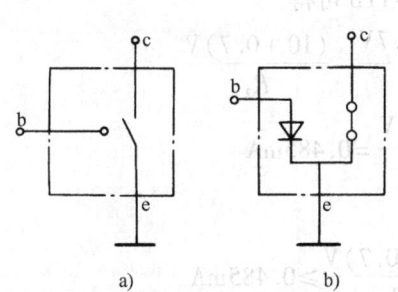

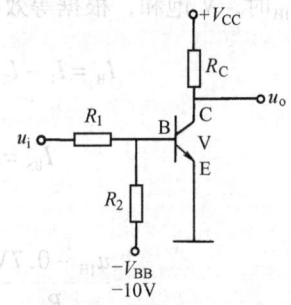

图 7-9 晶体管的开关等效电路
a) 截止状态 b) 饱和状态

图 7-10 例 7-9 图

1) 输入低电平 $u_{IL} = 0.3V$，高电平 $u_{IH} = 5V$，晶体管是否工作在开关状态？2) 求允许输入低电平的最大值 $u_{ILmax}$ 和允许输入高电平的最小值 $u_{IHmin}$。

**解** 1) 当 $u_i = u_{IL} = 0.3V$ 时，假设 V 已截止，故 V 管 B、E 之间断路，其等效电路如图 7-11a 所示，则 $I_B = 0$，此时

$$u_{BE} = -\dfrac{u_{IL} - V_{BB}}{R_1 + R_2} R_1 + u_{IL}$$

$$= -\dfrac{0.3 - (-10)}{2 + 10} \times 2V + 0.3V$$

$$= -1.42V < 0V$$

晶体管截止的假设成立，输出高电平，$u_o = 10V$

当 $u_i = u_{IH} = 5V$ 时，假设 V 已饱和导通，则 V 管 B、E 之间的压降 $U_{BE} = 0.7V$，其等效电路如图 9-11b 所示，此时

$$I_B = I_1 - I_2$$

$$I_B = \dfrac{u_{IH} - U_{BE}}{R_1} - \dfrac{U_{BE} - V_{BB}}{R_2} = \left(\dfrac{5 - 0.7}{2} - \dfrac{0.7 - (-10)}{10}\right)mA = 1.08mA$$

又已知

$$I_{BS} = \frac{V_{CC} - U_{CES}}{\beta R_C} = \frac{10 - 0.3}{20 \times 1}\text{mA} = 0.485\text{mA}$$

$$I_B > I_{BS}$$

晶体管饱和的假设成立，输出为低电平，$u_o = 0.3\text{V}$。

2）设 $u_i = u_{IL}$ 时 V 截止，则由 7-11a 图可知

$$U_{BE} \leq 0\text{V}$$

$$U_{BE} \approx \frac{u_{IL} - V_{BB}}{R_1 + R_2}R_2 + V_{BB}$$

$$0 \geq \frac{u_{IL} + 10\text{V}}{R_1 + R_2}R_2 - 10\text{V}$$

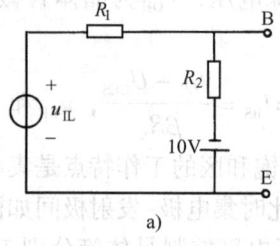 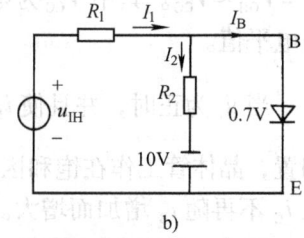

图 7-11 例 7-9 等效电路

$$u_{IL} \leq 2\text{V}$$
$$u_{ILmax} = 2\text{V}$$

由此可知题 1）中的答案是正确的。

设 $u_i = u_{IH}$ 时，V 饱和，根据等效电路图 7-11b 可得

$$I_B = I_1 - I_2 = \frac{u_{IH} - 0.7\text{V}}{R_1} - \frac{(10 + 0.7)\text{V}}{R_2}$$

$$I_{BS} = \frac{V_{CC} - 0.3\text{V}}{\beta R_C} = 0.485\text{mA}$$

要求

$$\frac{u_{IH} - 0.7\text{V}}{R_1} - \frac{(10 + 0.7)\text{V}}{R_2} \geq 0.485\text{mA}$$

$$u_{IH} \geq 3.81\text{V}$$

所以

$$u_{IHmin} = 3.81\text{V}$$

由此可知题 2）中的答案是正确的。

\*（2）晶体管的开关时间　当在晶体管开关电路的输入端加入跳变的矩形波电压时，晶体管是否能及时改变工作状态实现开关作用呢？实践证明是不可能的。它也和二极管一样需要一定的开关时间，这是因为晶体管内部电荷的建立和消散均需一定的时间，所以集电极电流 $i_C$ 的变化滞后于基极电压的变化，当然，输出电压 $u_o$ 的变化也要相应地滞后，如图 7-12 所示。

**2. 场效应晶体管（MOS）的开关特性**

（1）场效应晶体管的开关条件和特点　场效应晶体管同样也有三个各具特点的工作区，即截止区、电阻区和恒流区。

图 7-13 是场效应晶体管的开关电路，假设图中的 MOS 管为 N 沟道增强型的，它的开启电压为 $U_{TN}$，则当 $u_i = u_{GS} < U_{TN}$ 时，MOS 管工作在截止状态。这时，漏极-源极间没有导电沟道，呈现高阻态，阻值一般

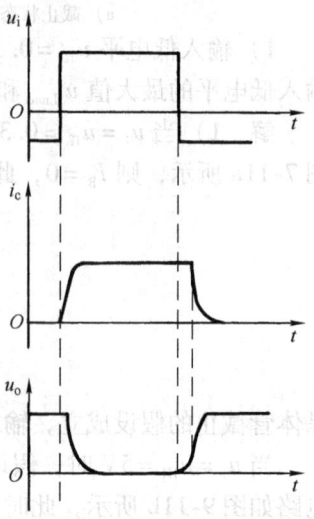

图 7-12 晶体管的开关时间

为 $10^9 \sim 10^{10}\Omega$，所以漏极 - 源极间就像开关断开的状态一样。其等效电路如图 7-14a 所示。

当 $u_i = u_{GS} > U_{TN}$，则场效应晶体管工作在电阻区。这时漏极 - 源极间有导电沟道，呈现低阻状态，阻值在 $1k\Omega$ 以下。因此，只要漏极负载电阻 $R_D$ 远远大于这个导通电阻，就可以把漏极 - 源极间近似地看成接通开关。其等效电路如图 7-14b 所示。在开关电路中 MOS 管的导通压降总是设计成很小的，所以可近似地认为 $u_{DS} \approx 0$，其导通电阻可用下面公式来计算：

$$R_{ON} = \frac{1}{2K(u_{GS} - U_{TN})}$$

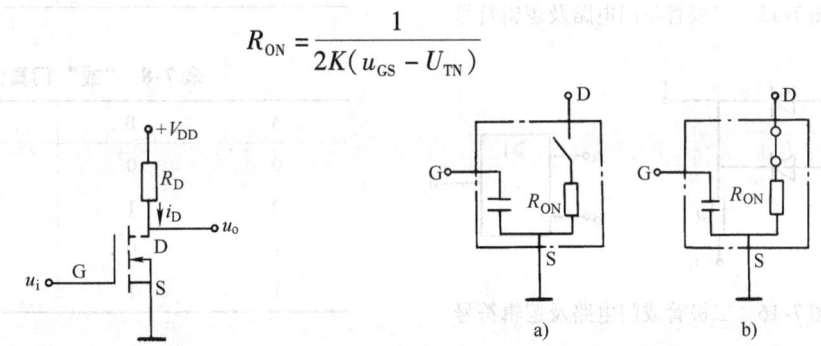

图 7-13 MOS 管开关电路　　　　图 7-14 MOS 管开关特性

上式表明，MOS 管的导通电阻与 $u_{GS}$ 有关，在 $u_{GS} \gg U_{TN}$ 的情况下，$R_{ON}$ 几乎与 $u_{GS}$ 成反比。为了得到较小的导通电阻，必须使 MOS 管工作在较高的 $u_{GS}$ 值之下。

*（2）MOS 管的开关时间　MOS 管的开关时间在原理上与双极型晶体管有着本质的不同。因为 MOS 管是单极型器件，所以沟道的形成和消失所需要的时间在分析电路时可以忽略不计。MOS 管开关电路的开关时间主要取决于输入回路和输出回路中电容的充、放电时间。

## 7.3.2 常用逻辑门电路

目前分立元件门电路已经很少使用了，但所有的集成门电路都是在分立元件门电路的基础上发展、演变而来的，因此有必要简单地介绍一下它们的工作原理，为学习集成门电路打下基础。

**1. 二极管的"与"门和"或"门电路**

（1）二极管"与"门　实现"与"逻辑关系的电路称为"与"门。图 7-15 所示为二极管"与"门电路及其逻辑符号。它有两个输入端 A、B，一个输出端 F。

由图 7-15 可见，A、B 当中只要一个是低电平，则必有一个二极管导通，使 F 为低电平。只有 A、B 同时为高电平时，输出才是高电平。可见 F 和 A、B 间之间是"与"的逻辑关系。其真值表如表 7-7 所示。逻辑表达式 $F = A \cdot B$。

（2）二极管"或"门电路　实现"或"逻辑关系的电路称为"或"门。电路及逻辑符号如图 7-16 所示。其中 A、B 为输入端，F 是它的输出端。

由图 7-16 可见 A、B 中有一个是高电平，F 就是高电平；只有 A、B 同时为低电平时，F 才是低电平。可见 F 和 A、B 之间是"或"的逻辑关系。真值表如表 7-8 所示。逻辑表达式为：$F = A + B$。

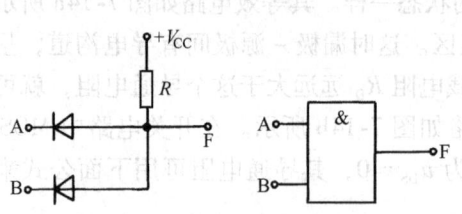

图 7-15 二极管与门电路及逻辑符号

表 7-7 "与"门真值表

| A | B | F |
|---|---|---|
| 0 | 0 | 0 |
| 0 | 1 | 0 |
| 1 | 0 | 0 |
| 1 | 1 | 1 |

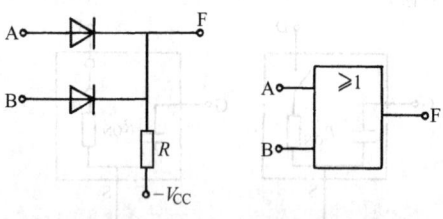

图 7-16 二极管或门电路及逻辑符号

表 7-8 "或"门真值表

| A | B | F |
|---|---|---|
| 0 | 0 | 0 |
| 0 | 1 | 1 |
| 1 | 0 | 1 |
| 1 | 1 | 1 |

**2. 晶体管的"非"门电路** 实现"非"逻辑关系的电路称为"非"门。"非"门就是反相器。图 7-17 给出了其电路及逻辑符号,由图可知,输出端 F 和输入端 A 之间的逻辑关系为: $F = \overline{A}$。

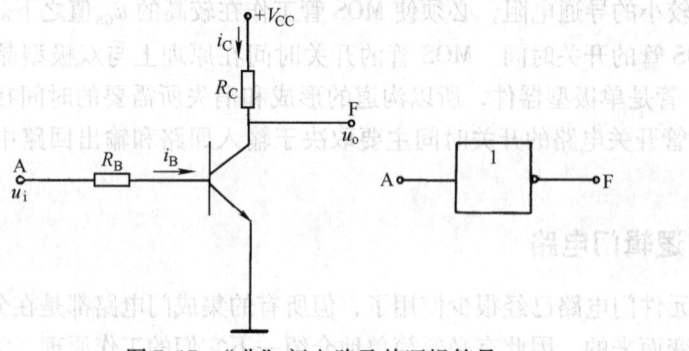

图 7-17 "非"门电路及其逻辑符号

"非"门的真值表如表 7-9 所示。

**3. 复合门电路** 在实际电路中,逻辑门往往需要多级相联,如果将"与"门和"非"门连在一起,或"或"门和"非"门连在一起,便构成了"与非"、"或非"门电路。图 7-18 给出了"与非"门、"或非"门的逻辑符号。

表 7-9 "非"门真值表

| A | F |
|---|---|
| 0 | 1 |
| 1 | 0 |

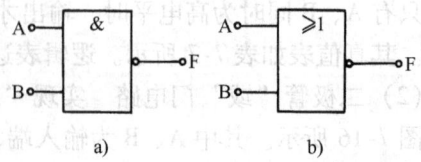

图 7-18 "与非"门和"或非"门逻辑符号
a) "与非"门 b) "或非"门

由图 7-18a 可知，"与非"门输出端 F 和输入端 A、B 之间的逻辑关系为：$F = \overline{AB}$。由图 7-18b 可知"或非"门输出端 F 和输入端 A、B 之间的逻辑关系为：$F = \overline{A + B}$。

"与非"门和"或非"门的真值表分别如表 7-10 和表 7-11 所示。

表 7-10 "与非"门真值表

| A | B | F |
|---|---|---|
| 0 | 0 | 1 |
| 0 | 1 | 1 |
| 1 | 0 | 1 |
| 1 | 1 | 0 |

表 7-11 "或非"门真值表

| A | B | F |
|---|---|---|
| 0 | 0 | 1 |
| 0 | 1 | 0 |
| 1 | 0 | 0 |
| 1 | 1 | 0 |

如果将"与"门、"或"门和"非"门组合在一起将构成"与或非"门，关于"与或非"门的逻辑符号、表达式及真值表将在下节详细介绍。

在复合逻辑门电路中，还经常用到的两种门电路就是"异或"门和"同或"门，其逻辑符号如图 7-19 所示。

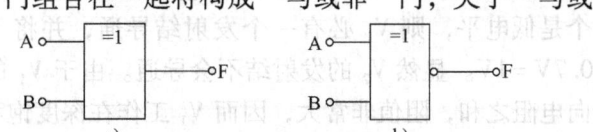

图 7-19 "异或"门和"同或"门逻辑符号
a)"异或"门 b)"同或"门

由图 7-19a 可知，"异或"门输出端 F 和输入端 A、B 之间的逻辑关系为 $F = A \oplus B = A\overline{B} + \overline{A}B$。由图 7-19b 可知，"同或"门输出端 F 和输入端 A、B 之间的逻辑关系为 $F = A \odot B = AB + \overline{A}\,\overline{B}$。由两者的逻辑符号可知"同或"门可以看作"异或"门和"非"门的组合，即"同或"门是"异或"门的"非"门。

## 7.4 典型集成门电路的结构与特性

在双极型数字集成电路中应用最广泛的是 TTL 电路。目前国产的 TTL 电路有 CT1000 系列，该系列为通用型或标准型器件；CT2000 系列，此系列为高速系列，相当于国际上的 SN54H/74H 系列；CT3000 和 CT4000 系列为低功耗肖特基器件，相当于国际上的 SN54LS/74LS 系列。

TTL 型集成电路是一种单片集成电路。这种电路的输入端和输出端电路的结构形式都采用了半导体晶体管，所以称为晶体管-晶体管逻辑电路，简称 TTL 电路。TTL 集成电路具有结构简单、稳定可靠、工作速度快等优点，但它的功耗比 CMOS 集成电路大。

**1. TTL "与非"门电路**

(1) TTL "与非"门的结构及工作原理　图 7-20 是国产 T1000 系列"与非"门的典型电路；该电路由三部分组成；$V_1$ 和 $R_1$ 组成输入级，$V_2$ 和 $R_2$、$R_3$ 组成倒相级，$V_3$、$V_4$、$VD_3$ 和 $R_4$ 组成输出级。$V_1$ 是一个多发射极的晶体管，它可等效成图 7-21 所示的"与"门。

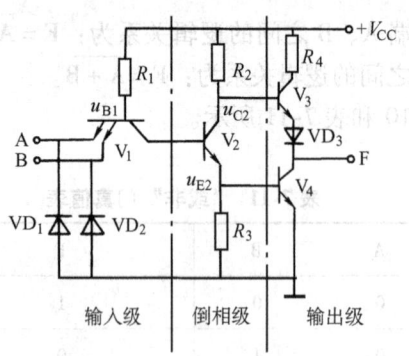
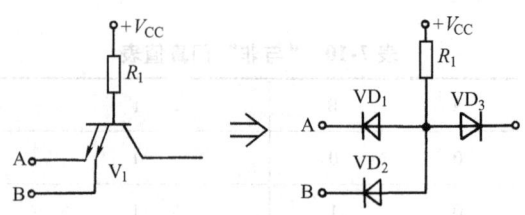

图 7-20  TTL 与非门典型电路
$R_1$ 4kΩ  $R_2$ 1.6kΩ  $R_3$ 1kΩ  $R_4$ 130Ω

图 7-21  $V_1$ 的等效电路

下面分析其工作原理：

设输入信号 A、B 的高、低电平分别为 $u_{IH}=3.6V$，$u_{IL}=0.3V$，这时 A、B 中只要有一个是低电平，则 $V_1$ 必有一个发射结导通，并将 $V_1$ 的基极电位钳位在 $u_{IL}+U_{BE}=0.3V+0.7V=1V$。显然 $V_2$ 的发射结不会导通。由于 $V_1$ 的集电极回路电阻为 $R_2$ 和 $V_2$ 的 b-c 结反向电阻之和，阻值非常大，因而 $V_1$ 工作在深度饱和状态，使 $V_{CES_1}\approx 0$。而且此时 $V_1$ 的集电极电流也极小，可忽略不计，$V_2$ 截止后 $u_{C2}$ 为高电平，而 $u_{E2}$ 为低电平，从而 $V_3$ 导通、$V_4$ 截止，输出为高电平 $V_{OH}$。

当 A、B 同时为高电平时，如果不考虑 $V_2$ 的存在，则应有 $u_{B1}=V_{IH}+U_{BE}=3.6V+0.7V=4.3V$，因而 $V_2$ 和 $V_4$ 的发射结必然同时导通。一旦 $V_2$ 和 $V_4$ 导通之后，$u_{B1}$ 被钳位在 2.1V 左右，所以 $u_{B1}$ 只能是 2.1V。$V_2$ 导通使 $u_{C2}$ 降低而 $u_{E2}$ 升高，所以 $V_3$ 截止、$V_4$ 导通，输出变成了低电平 $V_{OL}$。

可见，F 和 A、B 之间为与非关系，即 $F=\overline{A\cdot B}$。

由于 $V_2$ 从集电极输出的电压信号和从发射极输出的电压信号变化方向相反，所以把这一级又叫作倒相级，输入端 $VD_1$、$VD_2$ 为钳位二极管，它们能限制输入端出现的负极性干扰脉冲，以保护输入端的多发射极晶体管。这两个二极管允许通过的最大电流约为 20mA。

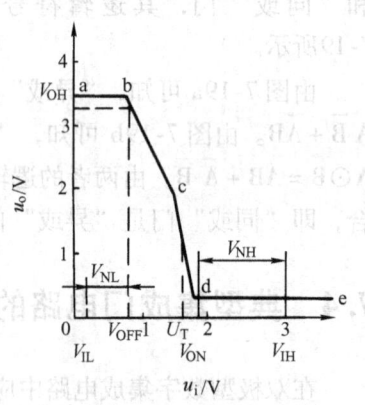

图 7-22  TTL "与非" 门的电压传输特性

（2）TTL 与非门的电压传输特性及噪声容限  电压传输特性是指输出电压 $u_o$ 与输入电压 $u_i$ 的变化关系曲线，如图 7-22 所示，曲线可分为 4 段：

ab 段：$u_i<0.5V$，$V_1$ 正向饱和导通 $V_2$ 和 $V_4$ 均处于截止状态，$u_o$ 保持高电平 3.6V，这一段被称作特性曲线的截止区。

bc 段：$u_i$ 在 0.5~1.3V 之间，$V_2$ 导通而 $V_4$ 依旧截止。而且，因为 $V_2$ 处在放大区，所以 $u_{C2}$ 和 $u_o$ 随 $u_i$ 的升高而线性下降，这一段称作特性曲线的线性区。

cd 段：$u_i$ 在 1.4V 左右，当输入电压稍有增加，$V_4$ 充分导通并进入饱和，使得输出电压急剧下降到低电平，即 $u_{OL}\approx 0.3V$，这一段称之为特性曲线的转折区。转折区中间所对应的输入电压值称为阈值电压或门槛电压，用 $U_T$ 表示。

de 段：$u_i > 1.4V$，随 $u_i$ 继续升高，但 $u_o$ 不再变化，特性曲线进入此段，$V_1$ 进入倒置工作状态，$V_4$ 处于深度饱和导通状态，输出电压维持不变，这段称为饱和区。

在手册中规定输出高电平 $V_{OH} = 3V$ 和输出低电平 $V_{OL} = 0.35V$ 作为标准的逻辑高、低电平。在保证输出为额定高电平（+3V）的 90% 的条件下，允许的最大输入低电平值，称为关门电平 $V_{OFF}$；在保证输出为额定低电平（+0.35V）的条件下，允许的最小输入高电平值，称为开门电平 $V_{ON}$，一般 $V_{OFF} \geq 0.8V$，$V_{ON} \leq 1.8V$。它们是门电路的重要参数。

在集成电路中，经常以噪声容限的数值来定量说明门电路的抗干扰能力的大小。

图 7-22 给出了输入端噪声容限定义的示意图，当输入是低电平时，加上瞬态干扰，其瞬时值以不超过关门电平 $V_{OFF}$ 为原则，否则将造成逻辑功能的错误。输入低电平时允许的干扰容限被称为低电平噪声容限，用 $V_{NL}$ 表示，即

$$V_{NL} = V_{OFF} - V_{IL}$$

同理，输入高电平时允许的干扰容限为高电平噪声容限，用 $V_{NH}$ 表示，即

$$V_{NH} = V_{IH} - V_{ON}$$

可见，为了提高集成门电路的抗干扰能力，应尽可能提高输入信号的噪声容限。

（3）TTL"与非"门的电压传输时间 在 TTL 电路中，由于二极管和晶体管的状态转换都需要一定时间，而且由于元件的寄生电容的存在，使得理想矩形波加到 TTL 电路的输入端时，输出电压波形不仅比输入信号滞后，而且波形的上升沿和下降沿也将变坏，人们把输出波形相对于输入波形的滞后时间叫作传输时间，如图 7-23 所示。通常把从输入电压正跳变开始，到输出电压下降为初始值的 50% 的这段时间称为导通传输时间，用 $t_{p1}$ 表示；从

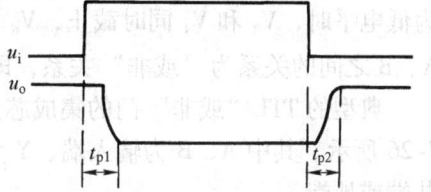

图 7-23 TTL 与非门的传输时间

输入电压负跳变开始，到输出电压上升到终值的 50% 这段时间称为截止传输时间，用 $t_{p2}$ 表示。手册上一般只给出平均传输时间 $t_{pd}$ 并规定：

$$t_{pd} = \frac{t_{p1} + t_{p2}}{2}$$

**2. TTL"与非"门芯片简介**

（1）引脚功能 CT1000、CT2000、CT3000、CT4000 集成"与非"门电路，均为四 2 输入"与非"门，其引脚如图 7-24 所示，其中 1、2 为输入端，3 为输出，$V_{CC}$ 为电源端，通常接 +5V 电源，GND 为公共端或地端。

（2）主要参数

1）输入高电平电压 $V_{IH}$ 在保证输出为额定低电平时所允许的最小高电平输入电压值。典型电路的 $V_{IH} \geq 2V$。

2）输入低电平电压 $V_{IL}$ 在保证输出为额定高电平时允许的最大低电平输入电压值，典型的电路的 $V_{IL} \leq 0.8V$。

3）输出高电平 $V_{OH}$ $V_{OH}$ 是指有一个（或几个）输入端为低电平的输出电平值。

4）输出低电平 $V_{OL}$ $V_{OL}$ 是指输出信号全部为高电平时，输

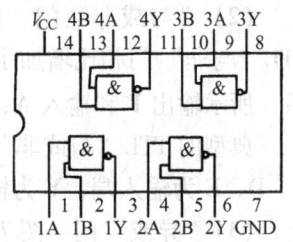

图 7-24 CT1000、CT2000、CT3000 引脚功能图

出的低电平值。

5）输入高电平电流 $I_{IH}$ 是指在输入端加 $V_{OH}$ 电压值时，流入输入端的电流。

6）输入低电平电流 $I_{IL}$ 是指输入端加 $V_{OL}$ 值时，流入输入端的电流。

7）输出高电平电流 $I_{OH}$ 保证输出为逻辑高电平时流经输出端的最大电流。

8）输出低电平电流 $I_{OL}$ 保证输出为逻辑低电平时灌入输出端的电流。

9）扇出系数 $N$ 是指 TTL"与非"门带同样"与非"门的个数，它由以下公式求得：

$$I_{OH} = N_1 I_{IH}; \quad I_{OL} = N_2 I_{IL}; \quad N = \min(N_1, N_2)$$

**3. 其他 TTL 逻辑门电路简介** 在实际的数字系统中，需要实现的逻辑功能是多种多样的，因此出现了 TTL 门电路的系列产品。常用的除了"与非"门外，还有"或非"门、"与或非"门、"异或"门、OC 门以及三态门等。不论哪一种形式，都是由"与非"门稍加改动得到，因此，只要掌握了"与非"门电路的工作原理和分析方法，就不难对其他形式的门电路进行分析了，下面进行简单介绍：

（1）"或非"门 图 7-25 是 TTL"或非"门的电路。图中 $V_2$、$V_4$ 和 $R_2$ 所组成的电路和 $V_1$、$V_3$ 和 $R_1$ 组成的电路完全相同。当 A 为高电平时，$V_3$ 和 $V_6$ 同时导通，$V_5$ 截止，输出低电平。当 B 为高电平时 $V_4$ 和 $V_6$ 同时导通，$V_5$ 截止，输出也是低电平。只有 A、B 都为低电平时，$V_3$ 和 $V_4$ 同时截止，$V_6$ 截止而 $V_5$ 导通，从而输出高电平，因此输出 F 和输入 A、B 之间的关系为"或非"关系，即 $F = \overline{A + B}$。

典型的 TTL"或非"门的集成芯片为 74LS02，为四 2 输入"或非"门，其引脚图如图 7-26 所示，其中 A、B 为输入端、Y 为输出端、$V_{CC}$ 为电源端，通常接 +5V 电源，GND 为公共端或地端。

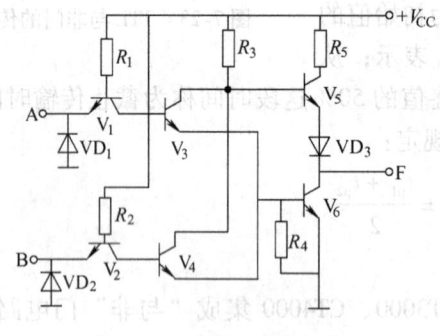
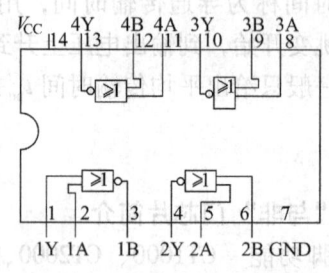

图 7-25　TTL"或非"门　　　　图 7-26　74LS02 引脚功能图

（2）"与或非"门 图 7-27 是 TTL"与或非"门的电路图及其逻辑符号。它和一般 TTL"与非"门相比增加了 $V_6$、$V_7$。由图中可知，增加的部分和原来的部分是"或"的关系，所示输出 F 和输入 A、B、C、D 的关系为：$F = \overline{AB + CD}$。

典型的 TTL"与或非"门的集成芯片为 74LS54，其引脚图如图 7-28 所示，其中 A、B、C、D、E 为输入端，Y 为输出端，$V_{CC}$ 为电源端，GND 来公共端和地端。

（3）"异或"门 图 7-29 是 TTL"异或"门的电路图及其逻辑符号。图中虚线以右部分为倒相、输出级只要 $V_6$、$V_7$ 当中有一个基极为高电平，都能使 $V_8$ 截止、$V_9$ 导通，输出为低电平。

若 A、B 同时为高电平，则 $V_6$、$V_9$ 导通而 $V_8$ 截止，输出为低电平。反之，若 A、B 同

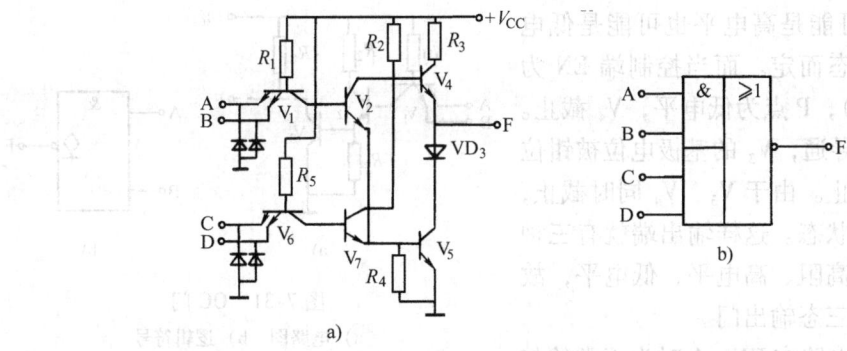

图 7-27 TTL "与或非" 门

时为低电平,则 $V_4$ 和 $V_5$ 同时截止,使 $V_7$ 和 $V_9$ 导通而 $V_8$ 截止,输出也为低电平。

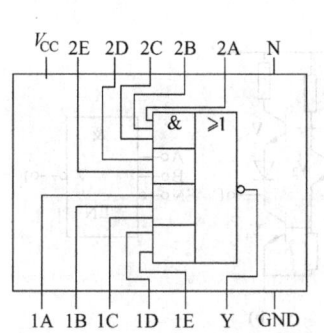

图 7-28 74LS54 引脚功能图

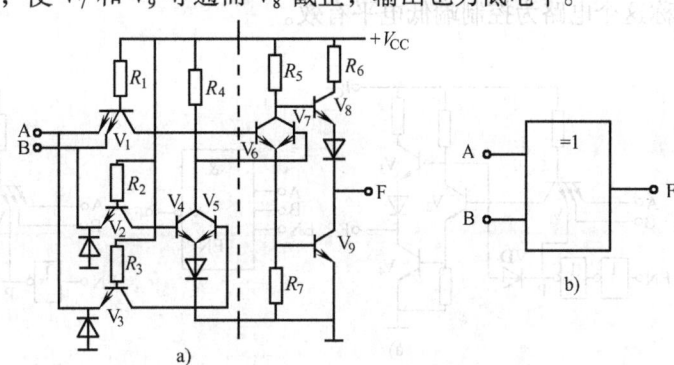

图 7-29 TTL "异或" 门

当 A、B 不同时(即一个是高电平而另一个是低电平),$V_1$ 正向饱和导通、$V_6$ 截止。同时,由于 A、B 中必有一个是高电平,使 $V_4$、$V_5$ 中有一个导通,从而使 $V_7$ 截止。$V_6$、$V_7$ 同时截止以后,$V_8$ 导通、$V_9$ 截止,故输出为高电平。因此,F 和 A、B 间为异或关系,即 $F = A \oplus B$。

典型的 TTL "异或" 门的集成芯片为 74LS86,其引脚图如图 7-30 所示,其中 A、B 为输入端、Y 为输出端,$V_{CC}$ 为电源端,接 +5V 电源,GND 为公共端或地端。

(4)集电极开路 "与非" 门(OC 门) 由于 TTL "与非" 门采用推拉式的输出级,输出端无论是高电平还是低电平,其输出电阻都是很低的。因此,在用 "与非" 门组成逻辑电路时就不能用 "线与" 的方法实现两个输出信号之间 "与" 的关系。

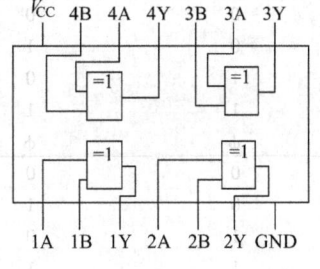

图 7-30 74LS86 引脚功能图

为使 TTL "与非" 门能够实现 "线与",于是产生了集电极开路型的 TTL "与非" 门,即 OC 门,图 7-31 是其电路图及逻辑符号。

(5)三态门(TS 门) 三态输出门(Three-State Output Gate,TS 门)是在普通门电路的基础上附加控制电路而构成的。

图 7-32 给出了三态门的电路结构图及图形符号。其中图 a 电路的控制端 EN 为高电平时(EN = 1),P 点为高电平,二极管 VD 截止,电路的工作状态和普通的与非门没有区别。

这时 $Y = \overline{A \cdot B}$，可能是高电平也可能是低电平，视 A、B 的状态而定。而当控制端 EN 为低电平时（EN = 0），P 点为低电平，$V_4$ 截止。同时，二极管 VD 导通，$V_3$ 的基极电位被钳位在 0.7V，使 $V_3$ 截止。由于 $V_3$、$V_4$ 同时截止，所以输出端呈高阻状态。这样输出端就有三种可能出现的状态：高阻、高电平、低电平，故将这种门电路叫作三态输出门。

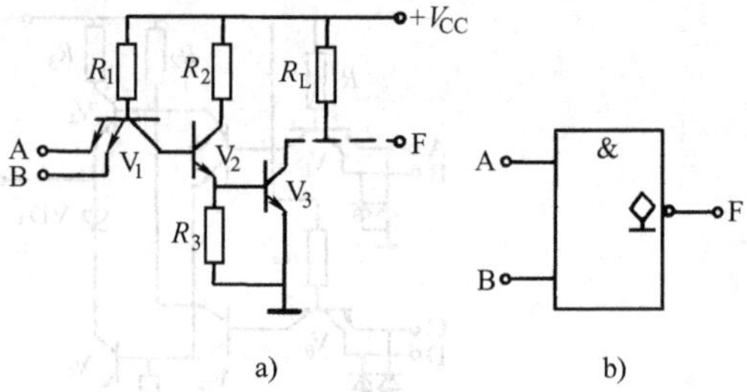

因为图 7-32a 电路在 EN = 1 时为正常的与非工作状态，所以称为控制端高电平有效。而在图 7-32b 电路中，$\overline{EN} = 0$ 时为工作状态，故称这个电路为控制端低电平有效。

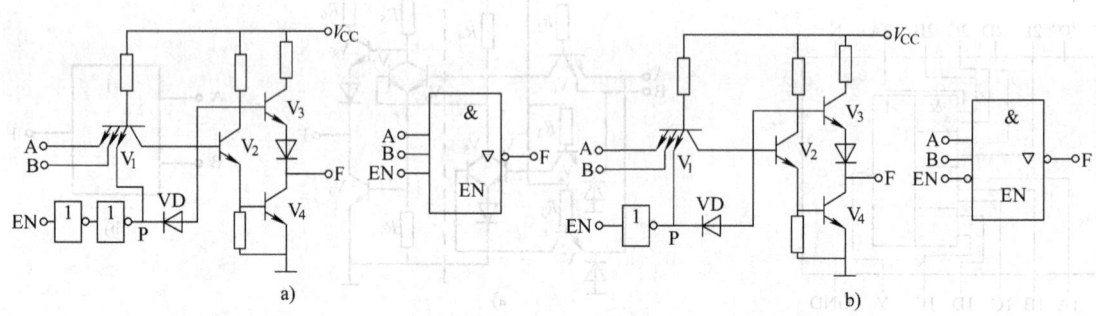

图 7-31 OC 门
a) 电路图  b) 逻辑符号

图 7-32 三态门电路图及符号
a) 控制端高电平有效  b) 控制端低电平有效

三态门的真值表如表 7-12 所示，其中 φ 表示任意状态。

表 7-12 三态门真值表

| A | B | EN | F | 备 注 |
|---|---|----|---|------|
| 0 | 0 | 1 | 1 | |
| 0 | 1 | 1 | 1 | |
| 1 | 0 | 1 | 1 | EN 高电平有效 |
| 1 | 1 | 1 | 0 | |
| φ | φ | 0 | 高阻 | |
| 0 | 0 | 0 | 1 | |
| 0 | 1 | 0 | 1 | |
| 1 | 0 | 0 | 1 | EN 低电平有效 |
| 1 | 1 | 0 | 0 | |
| φ | φ | 1 | 高阻 | |

## 7.5 集成逻辑门电路使用中的几个实际问题

在实际使用各种逻辑门电路时，由于 TTL 和 CMOS 两种电路的存在，所以经常会遇到不同门电路之间的接口问题和门电路多余端的处理问题，下面分别来讨论这两方面问题。

## 7.5.1 接口技术

**1. TTL 与 CMOS 逻辑门之间的接口技术** 从前面知识可知，TTL 电路的高电平输出 $V_{OH} \geq 2.4V$，低电平输出 $V_{OL} \leq 0.35V$，如果 CMOS 电路的电源电压为 +5V，则 CMOS 电路要求高电平输入 $V_{IH} \geq 3.5V$，低电平输入 $V_{IL} \leq 1.5V$。为满足 CMOS 电路对输入电压幅度的要求，在 TTL 电路的输出接一个上拉电阻，以提高输出电压的幅度，如图 7-33 所示。

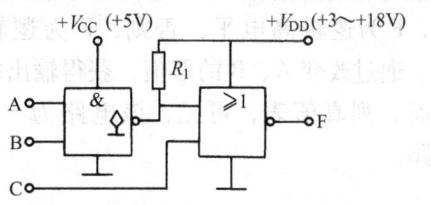

图 7-33 TTL 和 CMOS 接口电路

若 CMOS 的电源电压较高，则 TTL 电路应采用 OC 门，其输出端接一上拉电阻，值得注意的是，上拉电阻的大小，对其工作速度有一定的影响。

**2. CMOS 和 TTL 接口技术** 若 CMOS 电路的电源电压为 +5V，则它能直接驱动一个 CT4000 系列的负载。当 CMOS 电源电压较高时，可采用专用的电平转换电路，或用晶体管反相器作为接口电路，如图 7-34 所示。

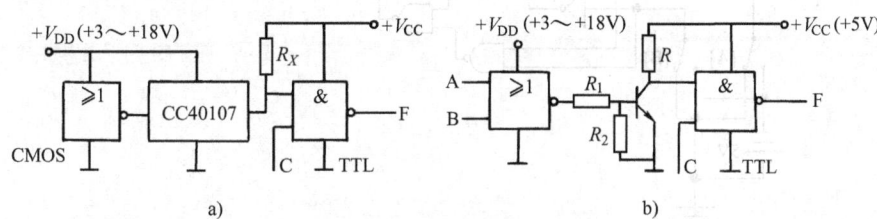

图 7-34 CMOS 和 TTL 接口电路
a) 专用电平转换电路 b) 采用晶体管电路

## 7.5.2 TTL 和 CMOS 逻辑门输入端在使用中应注意的问题

在使用集成门电路时，一般不让多余的输入端悬空，以防止干扰信号的窜入。这就需要对不用的输入端进行处理，其原则是保证不改变其逻辑功能。

对于 TTL 电路，悬空相当于逻辑高电平，但通常情况下不这样处理，而是置相应的电平，例如，若是 TTL "与非"门，则多余端通过一个上拉电阻接电源电压 $V_{CC}$ 上；若是"或非"门，则多余端应接地。

对 CMOS 电路亦如此，若多余的输入端要求逻辑高电平，则将多余端接电源 $V_{DD}$，若多余的输入端要求逻辑低电平，则将多余端接地，切记不能悬空。

## 7.6 逻辑门电路仿真实例

各种逻辑门电路及集成门电路的逻辑功能及其真值表可通过 EDA 进行仿真，利用电压表的测量值或指示灯的显示，可验证逻辑电路的逻辑功能。

**例 7-10** 利用 EDA 验证图 7-35 所示电路是一个"同或"门电路。

**解** 首先在 EWB 工作平面上画出图 7-35 逻辑图。输入端 A、B 经开关接 5V 电源或"地"，输出端 F 接指示灯，如图 7-36 所示。当输入端接 5V 电源时，输入逻辑变量为高电平，即为"1"；当输入端接"地"时，输入逻辑变量为低电平，即为"0"；输出端 F 通过指示灯的亮灭判别逻辑高低电平，指示灯亮，F 为逻辑高电平，否则，F 为逻辑低电平。通过改变 A、B 的取值，获得输出端 F 的状态，列真值表，可见，该电路为"同或"电路。

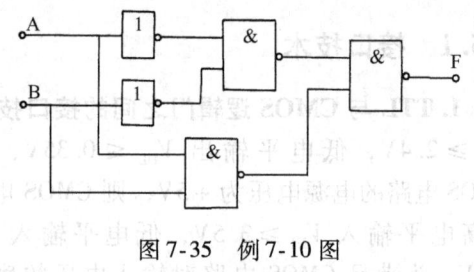

图 7-35  例 7-10 图

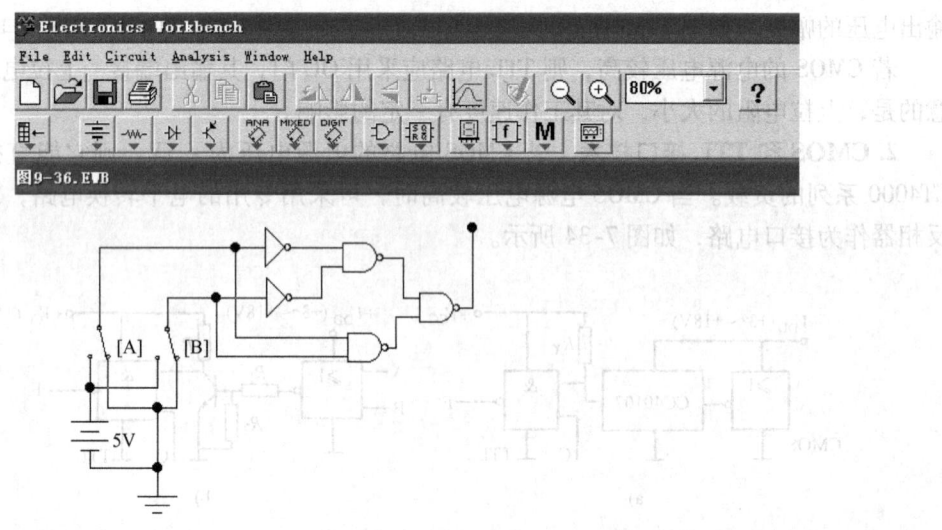

图 7-36  例 7-10 仿真图

**例 7-11**  用 EDA 仿真图 7-37，观察输出端 F 和输入端 A、B 的关系，列真值表。

**解**  在 EWB 平面上画出图 7-37 逻辑图。输入端通过例 7-10 的方法获得逻辑高低电平，输出端 F 通过接电压表获得相应的状态。如图 7-38 所示。通过改变输入端 A、B 的取值，获得输出端 F 的状态，其真值表如表 7-13 所示。

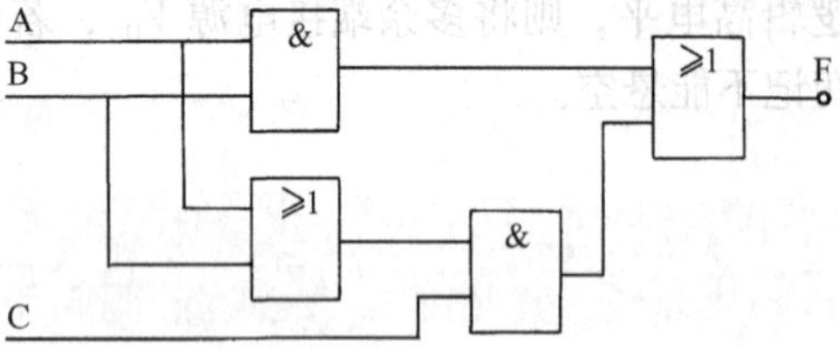

表 7-13  例 7-11 真值表

| A | B | C | F |
|---|---|---|---|
| 0 | 0 | 0 | 0 |
| 0 | 0 | 1 | 0 |
| 0 | 1 | 0 | 0 |
| 0 | 1 | 1 | 1 |
| 1 | 0 | 0 | 0 |
| 1 | 0 | 1 | 1 |
| 1 | 1 | 0 | 1 |
| 1 | 1 | 1 | 1 |

图 7-37  例 7-11 图

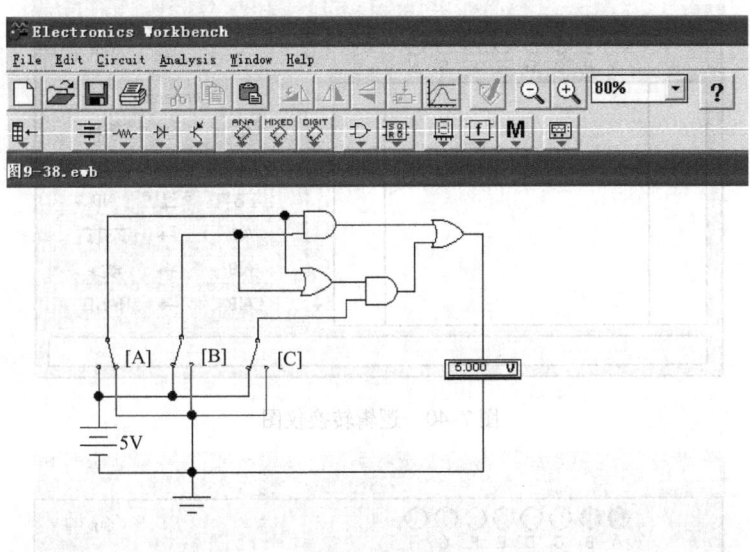

图 7-38 例 7-11 仿真图

**例 7-12** 利用 EDA "仪器库"中的"逻辑转换仪"观察图 7-39 中"与非"门的逻辑图、表示式及真值表之间的相互转换。

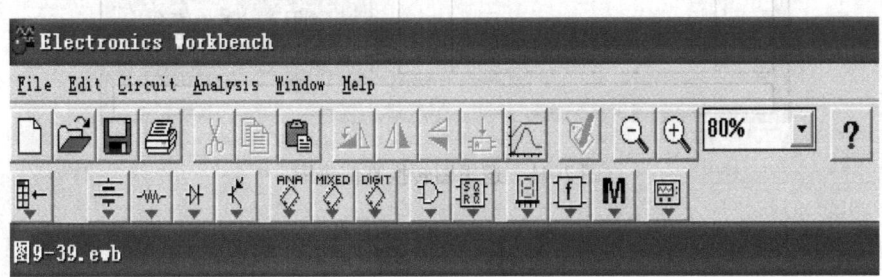

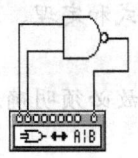

图 7-39 例 7-12 图

**解** 首先将"逻辑转换仪"置成最大化形式；如图 7-40 所示。在"逻辑转换仪"图标右侧，显示了各种逻辑功能之间的相互转换关系，依次为逻辑图→真值表、真值表→表达式、真值表→简化表达式等。

按下第一个按钮，在"逻辑转换仪"上出现真值表。如图 7-41 所示，依次按不同按钮会得到不同逻辑功能的转换。

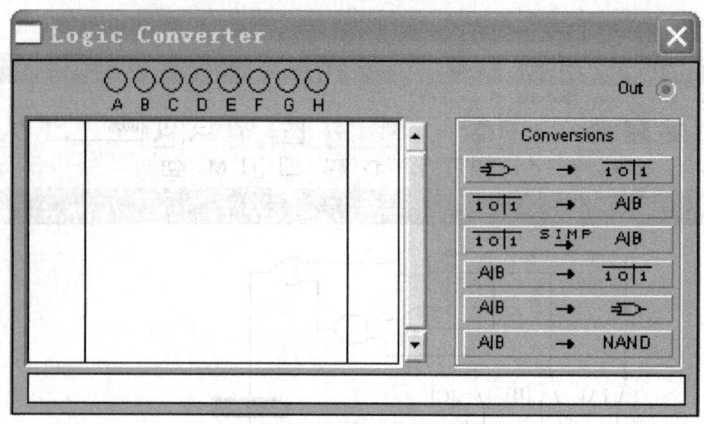

图 7-40　逻辑转换仪图

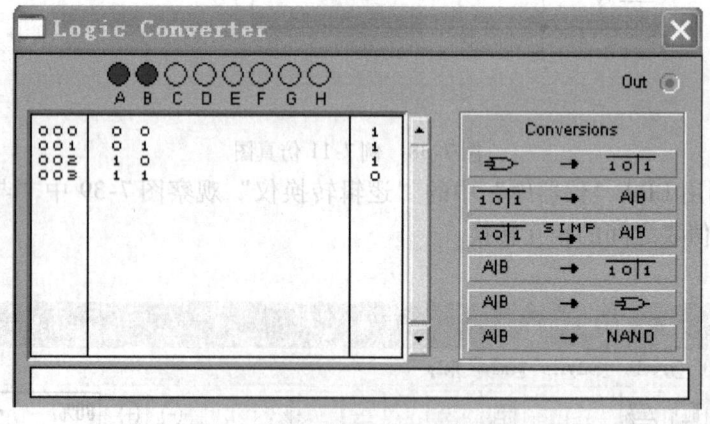

图 7-41　逻辑图转换真值表图

## 小　结

本章所讲的内容可以归纳为基本逻辑关系、逻辑代数的公式和定理、逻辑函数及其表示方法、逻辑函数的化简方法、逻辑门电路和集成逻辑门电路。

基本逻辑运算关系是构成一切复杂逻辑关系的基本单元，故必须明确这些基本逻辑关系式。

逻辑代数的基本公式和定理是公式法化简逻辑函数的前提条件，必须熟记。书中提到的常用公式，是由基本公式导出的，但尽可能多地掌握这些公式仍然是十分有益的，因为它可以提高化简函数的速度。

逻辑函数可以用逻辑函数表达式、真值表、逻辑图和卡诺图表示，它们之间可以相互转换。

逻辑函数可以用公式和卡诺图进行化简。公式法化简的优点是不受任何条件限制，缺点是无规律可循，全凭技巧和经验，所得的表达式是否是最简也难以确定。卡诺图化简的优点是简单、直观，可以看出结果是否为最简。缺点是当逻辑变量超过 5 个时，卡诺图变得复杂，使用起来不方便。

在实际设计数字电路时,为减少所用器件,希望用单一逻辑功能的元器件实现,故逻辑表达式之间的相互转换是十分重要的。本章重点介绍了"与-或"表达式如何转换成"与非-与非"表达式及"与-或-非"表达式。

门电路是构成各种复杂数字电路中的基本单元,所以必须充分了解它们的逻辑功能和电气特性,才能达到正确使用的目的。

晶体管在数字电路中的作用是利用它的开关特性,故应掌握它们的开关条件及定量计算方法。

分立元件是组成逻辑门电路的最原始形式,目前已被集成电路取代,但是它可以帮助我们理解门电路的基本概念,学会定量和定性分析门电路的方法。

## 习 题

7-1 试总结并说出:
1)从真值表写逻辑函数式的方法;2)从函数式列真值表的方法;3)从逻辑图写函数式的方法;4)从函数式画逻辑图的方法。

7-2 已知逻辑函数的真值表如表7-14所示,试写出 F 的逻辑表达式。

表7-14 题7-2真值表

| A | B | C | F |
|---|---|---|---|
| 0 | 0 | 0 | 1 |
| 0 | 0 | 1 | 1 |
| 0 | 1 | 0 | 0 |
| 0 | 1 | 1 | 1 |
| 1 | 0 | 0 | 1 |
| 1 | 0 | 1 | 1 |
| 1 | 1 | 0 | 0 |
| 1 | 1 | 1 | 1 |

7-3 证明下列异或运算公式:
1) $A \oplus B = B \oplus A$
2) $(A \oplus B) \oplus C = A \oplus (B \oplus C)$
3) $A(B \oplus C) = AB \oplus AC$
4) $A \oplus \overline{B} = \overline{A} \oplus B = A \oplus B \oplus 1$

7-4 证明下列等式成立:
1) $A(A + B) = A$
2) $\overline{A + B + C} = \overline{A} \cdot \overline{B} \cdot \overline{C}$
3) $(A + B)(\overline{A} + B) = B$
4) $AB + A\overline{B} + \overline{A}B = A + B$
5) $\overline{A}\,\overline{B} + \overline{B}\,\overline{C} + AC = \overline{B} + AC$

7-5 求下列逻辑表达式的值:
1) $F = \overline{A} + \overline{B} + \overline{C} + ABC$
2) $F = AB + A\overline{B} + \overline{A}B + \overline{A}\,\overline{B}$
3) $F = \overline{C}D + CD + C\overline{D} + \overline{C}\,\overline{D}$
4) $F = (A\overline{B} + \overline{A}B)(AB + \overline{A}\,\overline{B})$

7-6 用摩根定理求下列函数的反:
1) $F = A[\overline{B} + (C\overline{D} + EG)Q]$
2) $F = A\overline{B} + B\overline{C}$

7-7 用公式法对下列函数进行化简:
1) $F = [(A+B)\overline{A} + C]\overline{B}$
2) $F = AD + A\overline{D} + AB + \overline{A}C + BD + A\overline{B}EG + \overline{B}EG$
3) $F = A\overline{B} + B\overline{C} + \overline{B}C + \overline{A}\,\overline{B}$
4) $F = ABC\overline{D} + ABD + BC\overline{D} + ABC + BD + B\overline{C}$

7-8 什么叫最小项、逻辑相邻项及约束项?若逻辑函数有三个变量,则最小项共有多少个?哪些最小项是逻辑相邻项?

7-9 将下列函数写成最小项之和的形式：
1) $F = AB + BC + CA$
2) $F = \overline{A}(B + \overline{C})$

7-10 用卡诺图化简下列逻辑表达式，并将所得到的最简"与-或"式转换成"与非-与非"表达式：
1) $F = (A \oplus B)C + ABC + \overline{A}\,\overline{B}C + \overline{B}D$
2) $F = \overline{A} + \overline{B}\,\overline{C} + AC$
3) $F = \overline{A}BC + \overline{A}\,\overline{B}C + AB\overline{C} + ABC$

7-11 用卡诺图化简下列逻辑函数：
1) $F = \Sigma_m(0,2,6,8,10,14)$
2) $F = \Sigma_m(0,2,4,6)$
3) $F = \Sigma_m(0,1,2,4,5,6)$
4) $F = \Sigma_m(0,1,4,5,6,8,7,10,11,12,13,14,15)$

7-12 列出逻辑函数 $F = \overline{A}B + BC + AC\overline{D}$ 的真值表。

7-13 化简下列具有约束条件的逻辑函数，其约束条件为：$AB + AC = 0$
1) $F = \overline{A}\,\overline{B}C + \overline{A}BD + \overline{A}B\overline{D} + \overline{A}\,\overline{B}\,\overline{C}\,\overline{D}$
2) $F = \overline{A}\,\overline{C}D + \overline{A}BCD + \overline{A}\,\overline{B}D$

7-14 用卡诺图化简具有约束条件的逻辑函数：
1) $F = \Sigma_m(0,1,3,5,8) + \Sigma_d(10,11,12,13,14,15)$
2) $F = \Sigma_m(0,1,2,3,4,7,8,9) + \Sigma_d(10,11,12,13,14,15)$
3) $F = \Sigma_m(2,3,4,7,12,13,14) + \Sigma_d(5,6,8,9,10,11)$
4) $F = \Sigma_m(3,5,6,7) + \Sigma_d(0,1,2)$

7-15 写出图 7-42 各卡诺图所表示的逻辑函数式。

7-16 电路如图 7-43 所示，当输入端加一个方波信号时，试分析晶体管的工作状态。

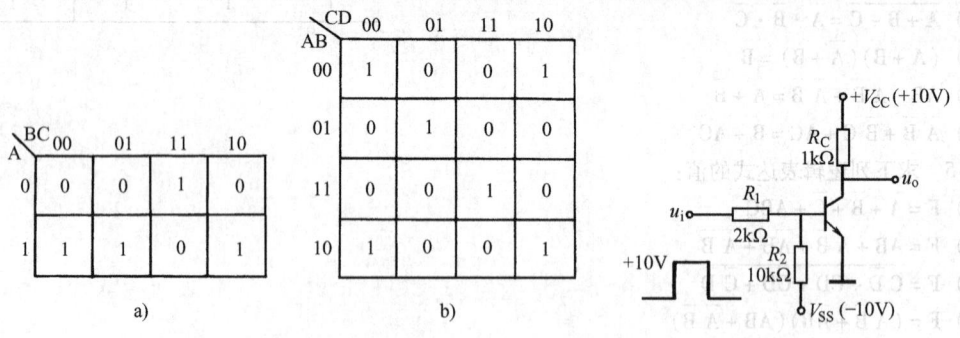

图 7-42 题 7-15 图　　　　图 7-43 题 7-16 图

7-17 试画出实现下列逻辑关系的二极管门电路。
1) $F = A \cdot B \cdot C$
2) $F = A + B + C$
3) $F = A \cdot B + C$
4) $F = (A + B) \cdot C$

7-18 电路如图 7-44a 所示，已知 A、B 的波形，试求：1) F 的逻辑表达式；2) 画出 F 的波形。

7-19 对应图 7-45 所示的各种情况，分别画出 F 的波形。

7-20 某一两输入端 TTL"与非"门，已知 $I_{OL} = 16\text{mA}$，$I_{OH} = -400\mu A$，$I_{IL} = -1.6\text{mA}$，$I_{IH} = 20\mu A$ 求

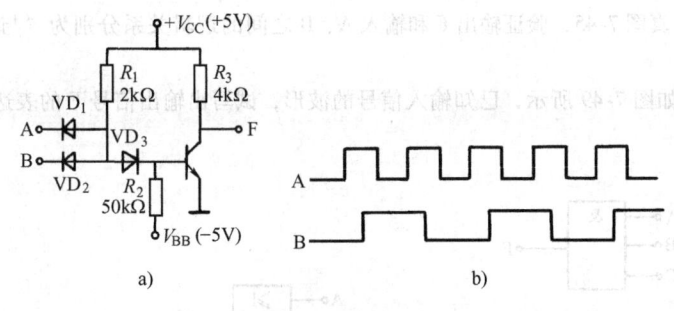

图 7-44  题 7-18 图
a) 电路图  b) 波形图

该"与非"门的扇出系数 $N$。

7-21  有两个同型号的 TTL"与非"门器件,甲电路的开门电平 $V_{ON} = 1.4V$,乙电路的开门电平 $V_{ON} = 1.6V$。试问:输入为高电平时的抗干扰能力 $V_{NH}$ 哪个大?为什么?如果甲电路的关门电平 $V_{OFF} = 1.1V$,乙电路的关门电平 $V_{OFF} = 0.9V$,试问:输入为低电平时的抗干扰能力 $V_{NL}$ 哪个大?为什么?

7-22  在图 7-46 所示 TTL 电路中,已知门电路的 $V_{OH} = 3V$,$V_{OL} = 0.3V$ 和输入波形,定量画出输出电压 $u_{o1}$ 和 $u_{o2}$ 的波形。

7-23  改正图 7-47 所示 TTL 电路中的错误。

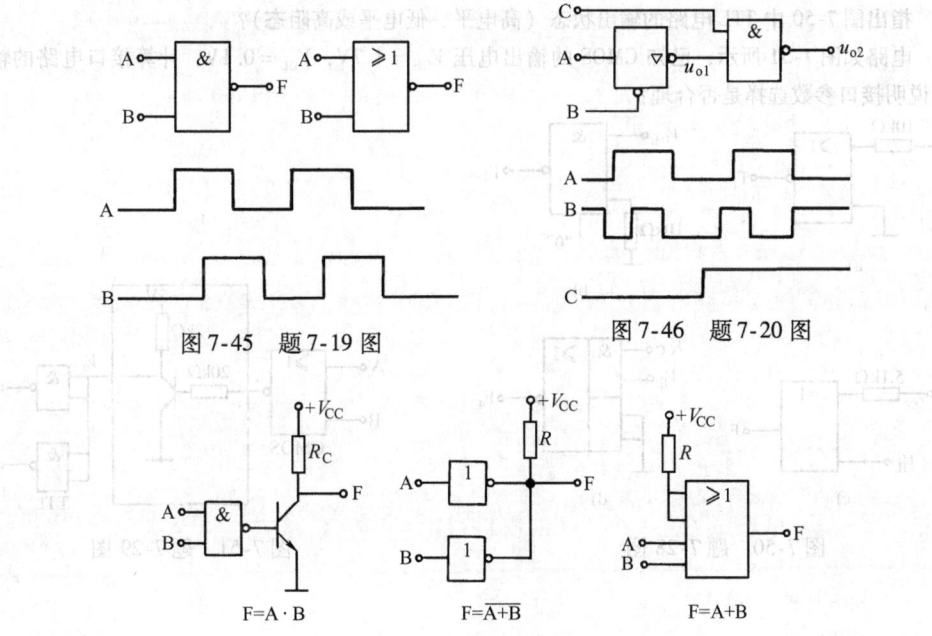

图 7-45  题 7-19 图                图 7-46  题 7-20 图

图 7-47  题 7-23 图

7-24  分析图 7-48 电路中输出端 F 和输入端 A、B 的关系,写出逻辑表达式,画出相应波形。

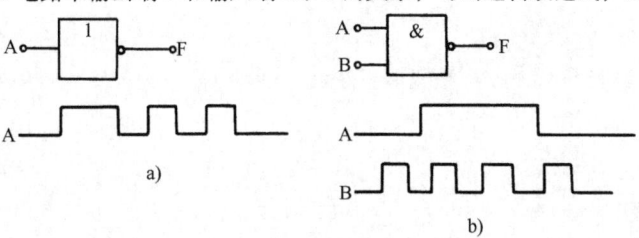

图 7-48  题 7-24 图

7-25 用 EDA 仿真图 7-45，验证输出 F 和输入 A、B 之间的逻辑关系分别为"与非"和"或非"关系。

7-26 TTL 电路如图 7-49 所示，已知输入信号的波形，试写出输出信号 F 的表达式，并画出相应波形。

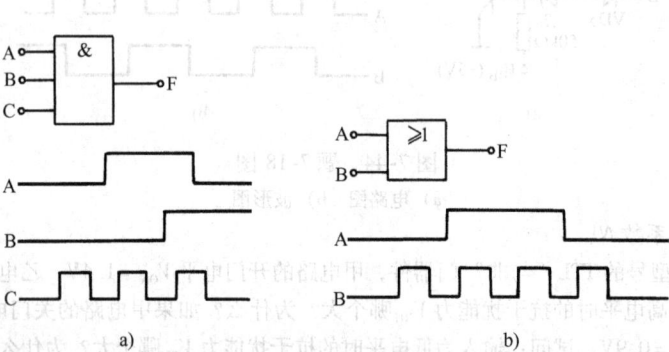

图 7-49 题 7-26 图

7-27 用 EDA 仿真图 7-49，验证输出 F 和输入变量 A、B、C 之间的逻辑关系。

7-28 指出图 7-50 中 TTL 电路的输出状态（高电平、低电平或高阻态）？

7-29 电路如图 7-51 所示，已知 CMOS 的输出电压 $V_{OH} = 4.7V$，$V_{OL} = 0.1V$，计算接口电路的输出电位 $V_o$，并说明接口参数选择是否合理？

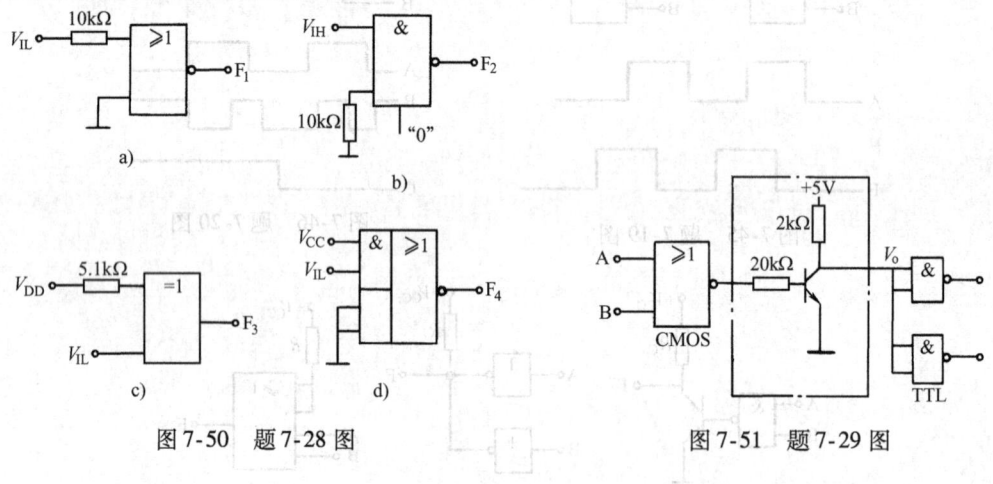

图 7-50 题 7-28 图　　　　　　图 7-51 题 7-29 图

# 第8章 组合逻辑电路

数字电路按其逻辑功能的特点不同可分为组合逻辑电路（简称组合电路）和时序逻辑电路（简称时序电路）两大类。在组合电路中，任意时刻的输出信号仅取决于该时刻的输入信号，与信号作用前电路原来的状态无关，这就是组合电路在逻辑功能上的特点。

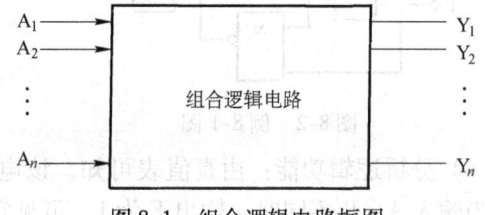

图 8-1 组合逻辑电路框图

组合逻辑电路框图如图 8-1 所示，其输出信号的表达式可表示为

$$Y_i = f(A_1, A_2, \cdots, A_n) \quad (i = 1, 2, \cdots, n)$$

式中，$A_1$，$A_2$，$\cdots$，$A_n$ 为输入逻辑变量。

组合电路的结构特点：
1) 输入、输出间没有时间延迟。
2) 电路中不含记忆单元，由门电路构成。

本章首先讲解组合电路的分析和设计方法，然后介绍几种常用组合逻辑电路（编码器、译码器、数据选择器、加法器，数值比较器）的工作原理和它们的中规模集成电路器件。最后介绍组合电路中的竞争冒险问题。

## 8.1 组合电路的分析和设计

### 8.1.1 组合电路的分析

组合电路的分析是根据给定的逻辑电路图，弄清楚它的逻辑功能，求出描述电路输出与输入之间逻辑关系的表达式，列出真值表。也就是说，电路图是已知的，待求的是真值表。其分析的基本步骤如下：
1) 由已知的逻辑图写出输出端逻辑表达式。
2) 变换和化简逻辑表达式。
3) 列真值表。
4) 根据真值表和逻辑表达式，确定其逻辑功能。

下面通过具体例题来说明组合电路的设计。

**例 8-1** 分析图 8-2 所示电路的逻辑功能。

**解** 按组合逻辑电路分析的步骤进行：
1) 写出输出端的逻辑表达式：

$$F = \overline{\overline{AB} \cdot A} \cdot \overline{\overline{AB} \cdot B}$$

2) 变换和化简表达式：

$$F = \overline{\overline{AB} \cdot A + \overline{AB} \cdot B} = \overline{\overline{AB} \cdot A} + \overline{\overline{AB} \cdot B}$$
$$= (A + \overline{B})A + (\overline{A} + \overline{B}) \cdot B = A\overline{B} + \overline{A}B$$

3) 列真值表，如表 8-1 所示。

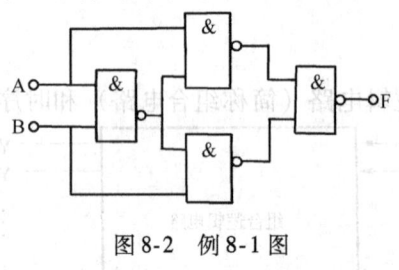

图 8-2 例 8-1 图

表 8-1 例 8-1 真值表

| A | B | F |
|---|---|---|
| 0 | 0 | 0 |
| 0 | 1 | 1 |
| 1 | 0 | 1 |
| 1 | 1 | 0 |

4) 分析逻辑功能：由真值表可知，该电路的逻辑功能为：当输入 A、B 相同时，F 为 0；当输入 A、B 不同时，输出 F 为 1。可见它是"异或"电路。

**例 8-2** 用 EDA 验证例 8-1 逻辑电路功能。

**解** 在 EWB 工作平面上画出图 8-2 逻辑图如图 8-3 所示。将输入端 A、B 经过开关接 5V 电源或地，这样 A、B 端有高、低两个状态的电平。输出端 F 接直流电压表，通过电压表的读数可知输出端 F 的逻辑状态。当输入端 A、B 取不同电平时，测得输出端 F 的状态。结果与表 8-1 相同。可见该电路是一个"异或"电路。

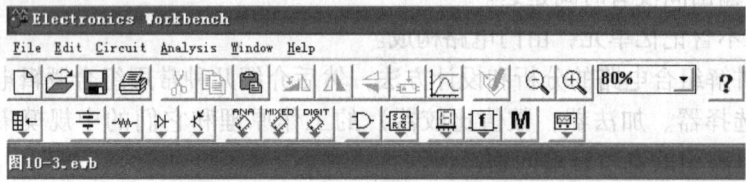

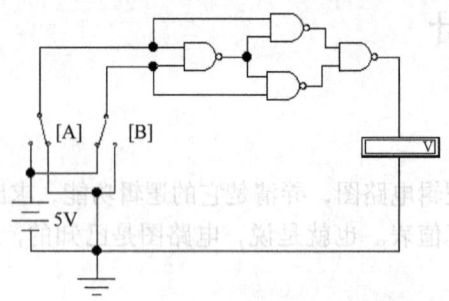

图 8-3 例 8-2 题图

图 8-4 给出了 A、B 取 0、1 时，输出 F 的状态。

### 8.1.2 组合电路的设计

组合电路的设计是组合电路分析的逆运算，就是从给定的逻辑要求出发，求出最简单的逻辑电路图，其设计步骤如下：

1) 根据给定的逻辑要求，列真值表。
2) 根据真值表写逻辑表达式。
3) 化简或变换逻辑表达式。

第 8 章 组合逻辑电路

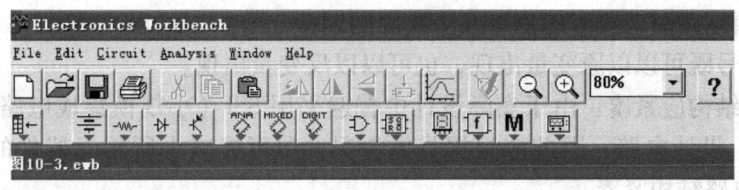

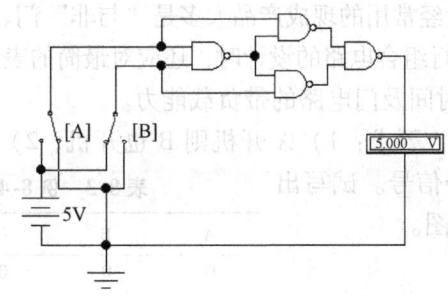

图 8-4 例 8-2 解图

4）根据逻辑表达式画出相应的逻辑图。

下面以例题说明设计方法。

**例 8-3** 设计一个三人投票的表决电路，用 F 表示表决结果，F=1 表示多数赞成，F=0 表示多数不赞成。对于三个人，分别用 A、B、C 三个变量表示，用 1 表示赞成，用 0 表示反对。

**解** 按组合电路设计的步骤进行：

1）根据已知的逻辑要求，列真值表，如表 8-2 所示。

表 8-2 例 8-3 真值表

| A | B | C | F | A | B | C | F |
|---|---|---|---|---|---|---|---|
| 0 | 0 | 0 | 0 | 1 | 0 | 0 | 0 |
| 0 | 0 | 1 | 0 | 1 | 0 | 1 | 1 |
| 0 | 1 | 0 | 0 | 1 | 1 | 0 | 1 |
| 0 | 1 | 1 | 1 | 1 | 1 | 1 | 1 |

2）由真值表写出逻辑表达式：

$$F = \overline{A}BC + A\overline{B}C + AB\overline{C} + ABC$$

3）化简逻辑表达式，化简的方法可任选，可用公式法或卡诺图法。本题采用卡诺图化简法，如图 8-5 所示。

由卡诺图可知：$F = AB + BC + AC$
$= AB + C(A + B)$

4）画出逻辑图，如图 8-6 所示。

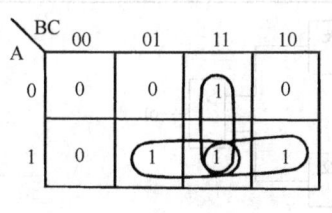

图 8-5 例 8-3 卡诺图

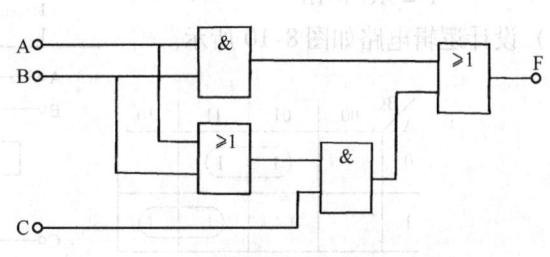

图 8-6 例 8-3 逻辑图

在组成逻辑电路时，要考虑以下几个实际问题：

1) 输入信号既可以以原变量出现，也可以以反变量出现。

2) 电路的结构应紧凑。由于实际设计中普遍采用 SSI（小规模集成电路）和 MSI（中规模集成电路）设计电路，因此应根据具体情况，尽可能减少所用元器件的数量和种类，以使组装好的电路结构紧凑。

3) 考虑实际元件。实际应用中，经常用的现成产品大多是"与非"门、"或非"门、"与或非"门和"非"门电路。因此在进行组合电路的设计时，还应对最简的表达式进行变换。

4) 实际中还应考虑信号的传输时间及门电路的带负载能力。

**例8-4** 设三台电动机 A、B、C，要求：1) A 开机则 B 也开机；2) B 开机则 C 也开机，如果不满足上述要求则发出报警信号。试写出报警信号的逻辑表达式，并画出逻辑图。

**表8-3 例8-4真值表**

| A | B | C | F |
|---|---|---|---|
| 0 | 0 | 0 | 0 |
| 0 | 0 | 1 | 0 |
| 0 | 1 | 0 | 1 |
| 0 | 1 | 1 | 0 |
| 1 | 0 | 0 | 1 |
| 1 | 0 | 1 | 1 |
| 1 | 1 | 0 | 1 |
| 1 | 1 | 1 | 0 |

**解** 根据组合电路设计的步骤

1) 根据已知的逻辑要求，列真值表，如表8-3所示。

2) 由真值表写逻辑表达式：
$$F = \overline{A}B\overline{C} + A\overline{B}\,\overline{C} + A\overline{B}C + AB\overline{C} = \Sigma_m(2,4,5,6)$$

3) 化简逻辑表达式。本题采用卡诺图化简方法，如图8-7所示。

由卡诺图可知，$F = B\overline{C} + A\overline{B}$

4) 画逻辑图，如图8-8所示。

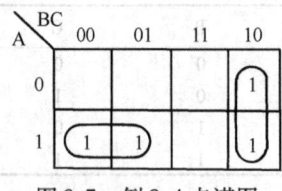

图8-7 例8-4卡诺图

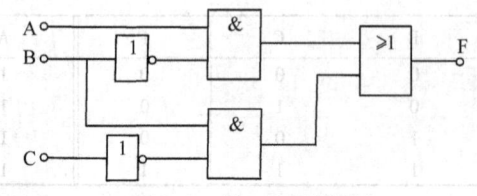

图8-8 例8-4逻辑图

**例8-5** 已知逻辑表达式 $F = \overline{A}BC + \overline{A}\,\overline{B}C + AB\overline{C} + ABC$，要求：1) 列真值表；2) 用卡诺图化简、写出最简表达式；3) 设计逻辑电路。

**表8-4 例8-5真值表**

| A | B | C | F |
|---|---|---|---|
| 0 | 0 | 0 | 0 |
| 0 | 0 | 1 | 1 |
| 0 | 1 | 0 | 0 |
| 0 | 1 | 1 | 1 |
| 1 | 0 | 0 | 0 |
| 1 | 0 | 1 | 0 |
| 1 | 1 | 0 | 1 |
| 1 | 1 | 1 | 1 |

**解** 1) 列真值表如表8-4所示。

2) 画卡诺图，如图8-9所示，并化简，最简单的表达式为
$$F = \overline{A}C + AB$$

3) 设计逻辑电路如图8-10所示。

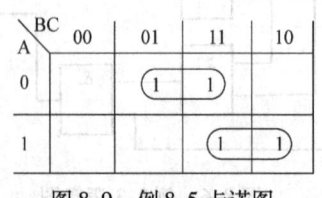

图8-9 例8-5卡诺图

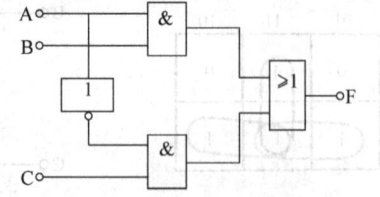

图8-10 例8-5逻辑图

**例 8-6** 组合电路的逻辑真值表如表 8-5 所示，其输入变量 A、B、C，输出变量 F。1) 写出最小项之和的逻辑表达式；2) 用卡诺图化简逻辑函数；3) 用与非门实现该逻辑功能。

表 8-5  例 8-6 真值表

| A | B | C | F |
|---|---|---|---|
| 0 | 0 | 0 | 0 |
| 0 | 0 | 1 | 1 |
| 0 | 1 | 0 | 0 |
| 0 | 1 | 1 | 1 |
| 1 | 0 | 0 | 1 |
| 1 | 0 | 1 | 0 |
| 1 | 1 | 0 | × |
| 1 | 1 | 1 | × |

**解** 1) 写表达式

$$F = \Sigma_m(1,3,4) + \Sigma_d(6,7)$$

2) 化简逻辑函数，卡诺图如图 8-11 所示。由卡诺图可知：

$$F = \overline{A}C + A\overline{C}$$

化成"与非-与非"式为

$$F = \overline{A}C + A\overline{C} = \overline{\overline{\overline{A}C} \cdot \overline{A\overline{C}}}$$

3) 逻辑图如图 8-12 所示。

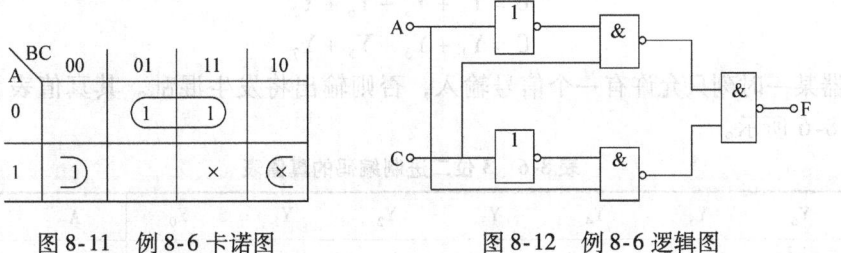

图 8-11  例 8-6 卡诺图　　图 8-12  例 8-6 逻辑图

## 8.2 常用集成组合逻辑电路

由于人们在生产和生活实践中遇到的逻辑问题层出不穷，因而为解决这些逻辑问题而设计的逻辑电路也是多种多样的。其中有一些电路在各类数字系统中经常大量出现。为了使用方便，目前已将这些电路的设计标准化，并且制成中、小规模的单片集成电路产品，其中包括编码器、译码器、数据选择器、运算器等。下面简单介绍一下它们的工作原理及使用。

### 8.2.1 编码器

在数字系统中，经常需要把具有某种特定含义的信号转换成二进制代码，这种用二进制代码表示具有某种特定含义信号的过程称为编码。能够完成编码的数字电路，称为编码器。

例如，在数字系统和计算机中，为了进行人-机对话，必须有输入设备。输入设备是多种多样的，其中以键盘最为简单。键盘控制电路，实际上就是一种将键号转换成二进制信息输出的编码器。

下面从综合的角度介绍几种常用的编码器。

**1. 二进制编码器** 二进制编码能够将 $N = 2^n$ 个输入信号变换成 n 位二进制代码。

图 8-13 是由"与非"门组成的 3 位二进制编码器（或称为 8 线-3 线编码器）的逻辑图。

由图 8-13 不难写出 A、B、C 的函数式：

$$A = Y_4 + Y_5 + Y_6 + Y_7$$

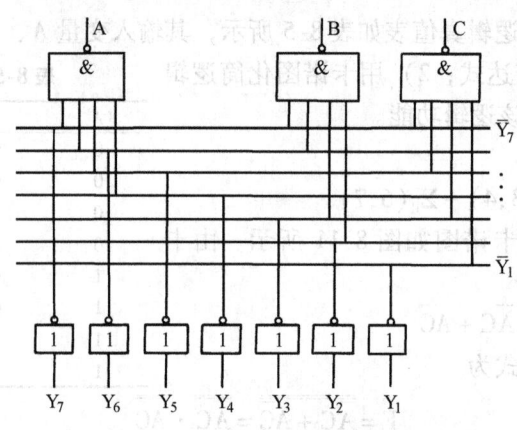

图 8-13 3 位二进制编码器

$$B = Y_2 + Y_3 + Y_6 + Y_7$$
$$C = Y_1 + Y_3 + Y_5 + Y_7$$

编码器某一时刻只允许有一个信号输入,否则输出将发生混乱。其真值表(也叫编码表)如表 8-6 所示。

表 8-6  3 位二进制编码的真值表

| $Y_7$ | $Y_6$ | $Y_5$ | $Y_4$ | $Y_3$ | $Y_2$ | $Y_1$ | $Y_0$ | A | B | C |
|---|---|---|---|---|---|---|---|---|---|---|
| 0 | 0 | 0 | 0 | 0 | 0 | 0 | 1 | 0 | 0 | 0 |
| 0 | 0 | 0 | 0 | 0 | 0 | 1 | 0 | 0 | 0 | 1 |
| 0 | 0 | 0 | 0 | 0 | 1 | 0 | 0 | 0 | 1 | 0 |
| 0 | 0 | 0 | 0 | 1 | 0 | 0 | 0 | 0 | 1 | 1 |
| 0 | 0 | 0 | 1 | 0 | 0 | 0 | 0 | 1 | 0 | 0 |
| 0 | 0 | 1 | 0 | 0 | 0 | 0 | 0 | 1 | 0 | 1 |
| 0 | 1 | 0 | 0 | 0 | 0 | 0 | 0 | 1 | 1 | 0 |
| 1 | 0 | 0 | 0 | 0 | 0 | 0 | 0 | 1 | 1 | 1 |

为克服上述电路的局限性,又产生了优先编码器。

在优先编码器中,允许几个信号同时加到输入端,不过输入信号按优先顺序排队,当几个输入信号同时出现时,只对其中优先权最高的一个进行编码。

图 8-14 是优先编码器 T4148 管脚图。该芯片有 8 个输入信号线,可将 8 个信号 $I_7 \sim I_0$ 按高位优先原则编成"421" 3 位二进制码。输入低电平有效,反码输出。该编码器设有选通输入端 $\overline{S}$。当 $\overline{S}=0$ 时,允许编码;当 $\overline{S}=1$ 时,输出端 $\overline{Y_2}$、$\overline{Y_1}$、$\overline{Y_0}$ 和 $\overline{Y_S}$、$\overline{Y_{EX}}$ 均被封锁,编码被禁止。$\overline{Y_S}$ 为选通输出端,在串接应用时,高位片的 $\overline{Y_S}$ 与低位片 $\overline{S}$ 相连,以便扩展优先编码功能。$\overline{Y_{EX}}$ 为优先扩展输出端,应用它可以使所编数码输出位得到扩展。

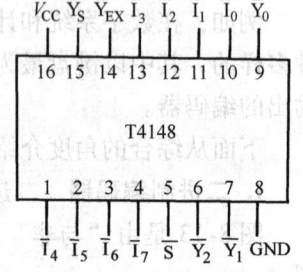

图 8-14  T4148 优先编码器管脚图

T4148 优先编码器的真值表如表 8-7 所示。

表 8-7 T4148 优先编码器的真值表

| \multicolumn{8}{c|}{输 入} | \multicolumn{3}{c}{输 出} |
|---|---|---|---|---|---|---|---|---|---|---|
| $\overline{I_0}$ | $\overline{I_1}$ | $\overline{I_2}$ | $\overline{I_3}$ | $\overline{I_4}$ | $\overline{I_5}$ | $\overline{I_6}$ | $\overline{I_7}$ | $\overline{Y_2}$ | $\overline{Y_1}$ | $\overline{Y_0}$ |
| × | × | × | × | × | × | × | 0 | 0 | 0 | 0 |
| × | × | × | × | × | × | 0 | 1 | 0 | 0 | 1 |
| × | × | × | × | × | 0 | 1 | 1 | 0 | 1 | 0 |
| × | × | × | × | 0 | 1 | 1 | 1 | 0 | 1 | 1 |
| × | × | × | 0 | 1 | 1 | 1 | 1 | 1 | 0 | 0 |
| × | × | 0 | 1 | 1 | 1 | 1 | 1 | 1 | 0 | 1 |
| × | 0 | 1 | 1 | 1 | 1 | 1 | 1 | 1 | 1 | 0 |
| 0 | 1 | 1 | 1 | 1 | 1 | 1 | 1 | 1 | 1 | 1 |

**2. 二-十进制编码器**

(1) 常用二-十进制的编码  因为 4 位二进制代码有 16 种取值组合,故可任选其中 10 种表示 0~9 的 10 个数字,形成多种编码,这些编码统称为 BCD 码。表 8-8 列出了几种常用的二-十进制编码。

最常用是 8421 码,本节以 8421BCD 码为例讲述 8421BCD 码的编码器。

表 8-8 常用二-十进制编码

| 十进制数 \ 编码种类 | 8421 码 | 余 3 码 | 2421(A) 码 | 2421(B) 码 | 5211 码 | 余 3 循环码 | 右移码 |
|---|---|---|---|---|---|---|---|
| 0 | 0000 | 0011 | 0000 | 0000 | 0000 | 0010 | 00000 |
| 1 | 0001 | 0100 | 0001 | 0001 | 0001 | 0110 | 10000 |
| 2 | 0010 | 0101 | 0010 | 0010 | 0100 | 0111 | 11000 |
| 3 | 0011 | 0110 | 0011 | 0011 | 0101 | 0101 | 11100 |
| 4 | 0100 | 0111 | 0100 | 0100 | 0111 | 0100 | 11110 |
| 5 | 0101 | 1000 | 1011 | 1000 | 1000 | 1100 | 11111 |
| 6 | 0110 | 1001 | 0110 | 1100 | 1001 | 1101 | 01111 |
| 7 | 0111 | 1010 | 0111 | 1101 | 1100 | 1111 | 00111 |
| 8 | 1000 | 1011 | 1110 | 1110 | 1101 | 1110 | 00011 |
| 9 | 1001 | 1100 | 1111 | 1111 | 1111 | 1010 | 00001 |
| 权 | 8421 | | 2421 | 2421 | 5211 | | |

(2) 8421BCD 编码器  8421BCD 编码器有 10 个输入端,4 个输出端,能够将十进制的 10 个数字 0~9 编成二进制代码。其编码器框图如图 8-15 所示。

8421BCD 码自左至右每一位权分别为 8、4、2、1,故而得名。每组代码加权系数之和就是它所代表的十进制数。8421BCD 编码器编码表如表 8-9 所示。

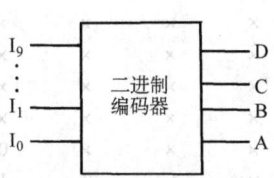

图 8-15 8421BCD 编码器框图

表 8-9  8421BCD 编码表

| 十进制数 | 输入变量 | 8421BCD | | | |
|---|---|---|---|---|---|
| | | A | B | C | D |
| 0 | $I_0$ | 0 | 0 | 0 | 0 |
| 1 | $I_1$ | 0 | 0 | 0 | 1 |
| 2 | $I_2$ | 0 | 0 | 1 | 0 |
| 3 | $I_3$ | 0 | 0 | 1 | 1 |
| 4 | $I_4$ | 0 | 1 | 0 | 0 |
| 5 | $I_5$ | 0 | 1 | 0 | 1 |
| 6 | $I_6$ | 0 | 1 | 1 | 0 |
| 7 | $I_7$ | 0 | 1 | 1 | 1 |
| 8 | $I_8$ | 1 | 0 | 0 | 0 |
| 9 | $I_9$ | 1 | 0 | 0 | 1 |

输出端 A、B、C、D 的表达式为

$$A = I_8 + I_9$$
$$B = I_4 + I_5 + I_6 + I_7$$
$$C = I_2 + I_3 + I_6 + I_7$$
$$D = I_1 + I_3 + I_5 + I_7 + I_9$$

根据以上逻辑表达式即可画出逻辑图。

同二进制编码器一样，二-十进制的编码器也有普通编码器和优先编码器两种类型。

图 8-16 是 T4147 二-十进制优先编码器的管脚图。该电路可以将 10 个输入信号 $I_9$、$I_8$、…、$I_1$、$I_0$（$I_0$ 不需输入端，一般省略），按高位优先原则编成 8421BCD 码，输出为 $\overline{Y}_3$、$\overline{Y}_2$、$\overline{Y}_1$、$\overline{Y}_0$。该电路输入为低电平有效，即 $\overline{I}_9 \sim \overline{I}_1$ 取值为 0 时表示有信号，为 1 时为无信号，其输出为 8421 反码，例如当 $\overline{I}_9 = 0$ 而其他信号任意时，$\overline{Y}_3\overline{Y}_2\overline{Y}_1\overline{Y}_0 = 0110$ 而不是 1001；当 $\overline{I}_9 = 1$、$\overline{I}_8 = 0$ 时，$\overline{Y}_3\overline{Y}_2\overline{Y}_1\overline{Y}_0 = 0111$。表 8-10 是二-十进制优先编码器的真值表。

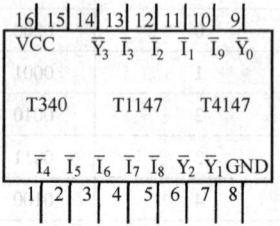

图 8-16  T4147 管脚图

表 8-10  二-十进制优先编码器的真值表

| | | | 输 | 入 | | | | | 输 | 出 | | |
|---|---|---|---|---|---|---|---|---|---|---|---|---|
| $\overline{I}_1$ | $\overline{I}_2$ | $\overline{I}_3$ | $\overline{I}_4$ | $\overline{I}_5$ | $\overline{I}_6$ | $\overline{I}_7$ | $\overline{I}_8$ | $\overline{I}_9$ | $\overline{Y}_3$ | $\overline{Y}_2$ | $\overline{Y}_1$ | $\overline{Y}_0$ |
| 1 | 1 | 1 | 1 | 1 | 1 | 1 | 1 | 1 | 1 | 1 | 1 | 1 |
| × | × | × | × | × | × | × | × | 0 | 0 | 1 | 1 | 0 |
| × | × | × | × | × | × | × | 0 | 1 | 0 | 1 | 1 | 1 |
| × | × | × | × | × | × | 0 | 1 | 1 | 1 | 0 | 0 | 0 |
| × | × | × | × | × | 0 | 1 | 1 | 1 | 1 | 0 | 0 | 1 |
| × | × | × | × | 0 | 1 | 1 | 1 | 1 | 1 | 0 | 1 | 0 |
| × | × | × | 0 | 1 | 1 | 1 | 1 | 1 | 1 | 0 | 1 | 1 |
| × | × | 0 | 1 | 1 | 1 | 1 | 1 | 1 | 1 | 1 | 0 | 0 |
| × | 0 | 1 | 1 | 1 | 1 | 1 | 1 | 1 | 1 | 1 | 0 | 1 |
| 0 | 1 | 1 | 1 | 1 | 1 | 1 | 1 | 1 | 1 | 1 | 1 | 0 |

## 8.2.2 译码器

译码即将代码的含义翻译出来。译码器可以将输入的二进制代码翻译成一定的控制信号或另一种代码。译码器一般都是具有 $n$ 个输入和 $m$ 个输出的组合电路。其框图如图 8-17 所示。

译码器按用途不同,大致可分为以下三大类:

1) 变量译码器:用以表示输入变量状态的组合电路,如二进制译码器。

2) 码制变换译码器:用于一个数据的不同代码之间的相互变换,如二-十进制译码器。

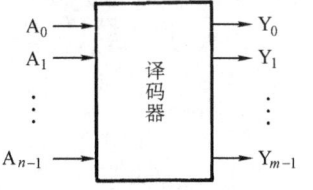

图 8-17 译码器框图

3) 显示译码器:将数字或文字、符号的代码译成数字、文字、符号的电路。下面从综合的角度分别举例进行具体说明。

**1. 二进制译码器** 二进制译码器的输入是一组二进制代码,输出则是一组高、低电平信号。它具有 $n$ 个输入端,$2^n$ 个输出端。对应每一组输入代码,只有其中一个输出端为有效电平,其余输出端为无效电平。二进制译码器真值表如表 8-11 所示。

表 8-11 二进制译码器真值表

| C | B | A | $Y_7$ | $Y_6$ | $Y_5$ | $Y_4$ | $Y_3$ | $Y_2$ | $Y_1$ | $Y_0$ |
|---|---|---|---|---|---|---|---|---|---|---|
| 0 | 0 | 0 | 0 | 0 | 0 | 0 | 0 | 0 | 0 | 1 |
| 0 | 0 | 1 | 0 | 0 | 0 | 0 | 0 | 0 | 1 | 0 |
| 0 | 1 | 0 | 0 | 0 | 0 | 0 | 0 | 1 | 0 | 0 |
| 0 | 1 | 1 | 0 | 0 | 0 | 0 | 1 | 0 | 0 | 0 |
| 1 | 0 | 0 | 0 | 0 | 0 | 1 | 0 | 0 | 0 | 0 |
| 1 | 0 | 1 | 0 | 0 | 1 | 0 | 0 | 0 | 0 | 0 |
| 1 | 1 | 0 | 0 | 1 | 0 | 0 | 0 | 0 | 0 | 0 |
| 1 | 1 | 1 | 1 | 0 | 0 | 0 | 0 | 0 | 0 | 0 |

目前,数字电路所用的译码器均采用集成元件。通用型的 3 线-8 线译码器有 T330、T3138、T4138。下面以 T3138 译码器为例,说明译码器的工作原理。

图 8-18 是 T3138 的引脚图。输入端 $A_0$、$A_1$、$A_2$ 为 3 位二进制代码。输出线共有 8 条,所以称为 3 线-8 线译码器。三个控制输入端 $S_1$、$\overline{S}_2$、$\overline{S}_3$ 的状态决定了电路的状态。当 $S_1 = 1$,$\overline{S}_2 = \overline{S}_3 = 0$ 时,译码器处于工作状态。否则,译码器被禁止,所有输出端同时出现高电平。因此,通常将这三个控制端叫做"片选"端,利用片选的作用还可以将多片连接起来以扩展译码器的功能。

当 T3138 译码器处于工作状态时,输出端的表达式为

$$\overline{Y}_0 = \overline{\overline{A}_2 \overline{A}_1 \overline{A}_0}$$

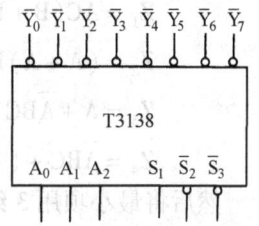

图 8-18 T3138 引脚图

$$\overline{Y}_1 = \overline{\overline{A}_2 \overline{A}_1 A_0}$$
$$\overline{Y}_2 = \overline{\overline{A}_2 A_1 \overline{A}_0}$$
$$\overline{Y}_3 = \overline{\overline{A}_2 A_1 A_0}$$
$$\overline{Y}_4 = \overline{A_2 \overline{A}_1 \overline{A}_0}$$
$$\overline{Y}_5 = \overline{A_2 \overline{A}_1 A_0}$$
$$\overline{Y}_6 = \overline{A_2 A_1 \overline{A}_0}$$
$$\overline{Y}_7 = \overline{A_2 A_1 A_0}$$

带控制输入端的译码器又是一个完整的数据分配器。例如如果把图 8-18 的 $S_1$ 端作为数据输入端，而将 $A_2 A_1 A_0$ 作为"地址"输入端，则当 $\overline{S}_2 = \overline{S}_3 = 0$ 时，从 $S_1$ 端送来的数据只能通过由 $A_2$、$A_1$、$A_0$ 所指定的一根输出线送出去，这就不难理解为什么把 $A_2 A_1 A_0$ 称为地址输入了。

**例 8-7** 试用两片 3 线-8 线译码器 T3138 组成一个 4 线-16 线译码器。

**解** 因为 T3138 仅有三个地址输入端 $A_2 A_1 A_0$，如果想对 4 位二进制代码进行译码，只能利用片选端的其中一个输入端作为第四个输入端，例如以 $S_1$ 作为第四个输入端，同时令 $\overline{S}_2 = \overline{S}_3 = 0$，则连线图如图 8-19 所示。

当最高位 $D_3 = 0$ 时，选中第 1 片 T3138 工作，将 0000~0111 的 8 个代码译成低电平信号。当 $D_3 = 1$ 时，选中第二片 T3138 工作，从 1000~1111 这 8 个代码译成 8 个低电平信号。这样就用两片 3 线-8 线译码器扩展成为一个 4 线-16 线的译码器了。

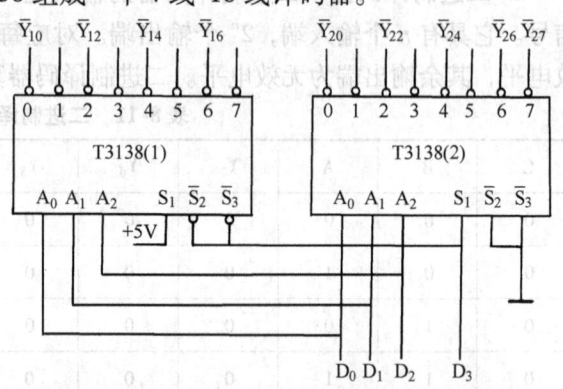

图 8-19 用两片 T3138 组成 4 线-16 线译码器

利用 3 线-8 线译码器还可以产生一组多输出的逻辑函数，下面举例说明。

**例 8-8** 试利用 3 线-8 线译码器产生一组多输出逻辑函数：
$$Z_1 = A\overline{C} + \overline{A}B\overline{C} + \overline{A}BC$$
$$Z_2 = BC + \overline{A}\,\overline{B}\,\overline{C}$$
$$Z_3 = A + \overline{A}BC$$
$$Z_4 = \overline{A}\,\overline{B}\,\overline{C} + B\overline{C} + ABC$$

**解** 首先将 $Z_1 \sim Z_4$ 化成最小项之和。
$$Z_1 = A\overline{C}(B + \overline{B}) + \overline{A}B\overline{C} + \overline{A}BC = AB\overline{C} + A\overline{B}\,\overline{C} + \overline{A}B\overline{C} + \overline{A}BC = m_3 + m_4 + m_5 + m_6$$
$$Z_2 = (A + \overline{A})BC + \overline{A}\,\overline{B}\,\overline{C} = ABC + \overline{A}BC + \overline{A}\,\overline{B}\,\overline{C} = m_1 + m_3 + m_7$$
$$Z_3 = A + \overline{A}BC = A(B + \overline{B})(C + \overline{C}) + \overline{A}BC = m_3 + m_4 + m_5 + m_6 + m_7$$
$$Z_4 = \overline{A}\,\overline{B}\,\overline{C} + (A + \overline{A})B\overline{C} + ABC = m_0 + m_2 + m_4 + m_7$$

然后将最小项用 3 线-8 线译码器的输出端线表示，输入线分别接 A、B、C，则
$$Z_1 = \overline{\overline{m}_3 \overline{m}_4 \overline{m}_5 \overline{m}_6} = \overline{\overline{Y}_3 \overline{Y}_4 \overline{Y}_5 \overline{Y}_6}$$
$$Z_2 = \overline{\overline{m}_1 \overline{m}_3 \overline{m}_7} = \overline{\overline{Y}_1 \overline{Y}_3 \overline{Y}_7}$$

$$Z_3 = \overline{m_3 m_4 m_5 m_6 m_7} = \overline{\overline{Y_3}\,\overline{Y_4}\,\overline{Y_5}\,\overline{Y_7}\,\overline{Y_6}}$$

$$Z_4 = \overline{m_0 m_2 m_4 m_7} = \overline{\overline{Y_0}\,\overline{Y_2}\,\overline{Y_4}\,\overline{Y_7}}$$

上式表明，只需在译码器之外附加 4 个"与非"门，就可以得到 $Z_1 \sim Z_4$ 逻辑电路。电路的具体连接如图 8-20 所示。

**2. 二-十进制译码器** 二-十进制译码器具有将二进制数转换为十进制数的功能，是数字系统中常用的一种译码器。它的典型电路如图 8-21 所示。

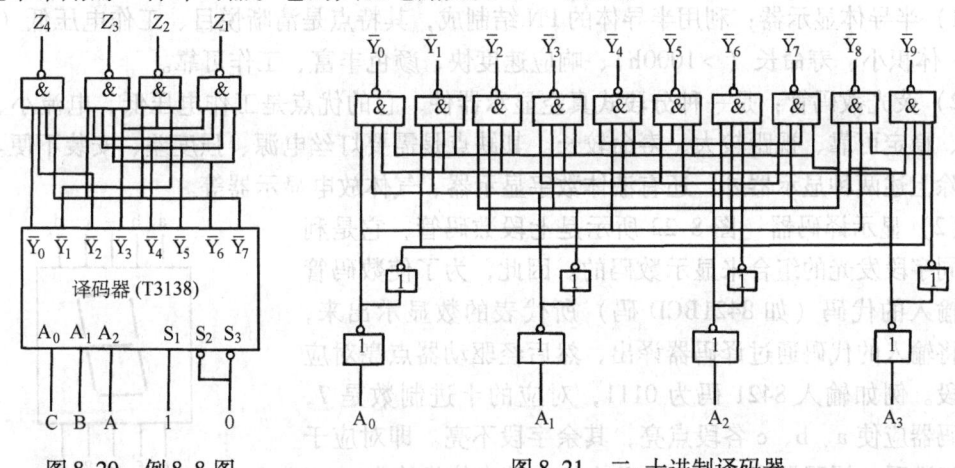

图 8-20　例 8-8 图　　　　　　图 8-21　二-十进制译码器

根据逻辑图可得

$$\overline{Y_0} = \overline{\overline{A_3}\,\overline{A_2}\,\overline{A_1}\,\overline{A_0}} \qquad \overline{Y_5} = \overline{\overline{A_3}\,A_2\,\overline{A_1}\,A_0}$$

$$\overline{Y_1} = \overline{\overline{A_3}\,\overline{A_2}\,\overline{A_1}\,A_0} \qquad \overline{Y_6} = \overline{\overline{A_3}\,A_2\,A_1\,\overline{A_0}}$$

$$\overline{Y_2} = \overline{\overline{A_3}\,\overline{A_2}\,A_1\,\overline{A_0}} \qquad \overline{Y_7} = \overline{\overline{A_3}\,A_2\,A_1\,A_0}$$

$$\overline{Y_3} = \overline{\overline{A_3}\,\overline{A_2}\,A_1\,A_0} \qquad \overline{Y_8} = \overline{A_3\,\overline{A_2}\,\overline{A_1}\,\overline{A_0}}$$

$$\overline{Y_4} = \overline{\overline{A_3}\,A_2\,\overline{A_1}\,\overline{A_0}} \qquad \overline{Y_9} = \overline{A_3\,\overline{A_2}\,\overline{A_1}\,A_0}$$

其真值表如表 8-12 所示。

表 8-12　二-十进制译码器的真值表

| 对应十进制数 | 输入 | | | | 输出 | | | | | | | | | |
|---|---|---|---|---|---|---|---|---|---|---|---|---|---|---|
| | $A_3$ | $A_2$ | $A_1$ | $A_0$ | $Y_0$ | $Y_1$ | $Y_2$ | $Y_3$ | $Y_4$ | $Y_5$ | $Y_6$ | $Y_7$ | $Y_8$ | $Y_9$ |
| 0 | 0 | 0 | 0 | 0 | 0 | 1 | 1 | 1 | 1 | 1 | 1 | 1 | 1 | 1 |
| 1 | 0 | 0 | 0 | 1 | 1 | 0 | 1 | 1 | 1 | 1 | 1 | 1 | 1 | 1 |
| 2 | 0 | 0 | 1 | 0 | 1 | 1 | 0 | 1 | 1 | 1 | 1 | 1 | 1 | 1 |
| 3 | 0 | 0 | 1 | 1 | 1 | 1 | 1 | 0 | 1 | 1 | 1 | 1 | 1 | 1 |
| 4 | 0 | 1 | 0 | 0 | 1 | 1 | 1 | 1 | 0 | 1 | 1 | 1 | 1 | 1 |
| 5 | 0 | 1 | 0 | 1 | 1 | 1 | 1 | 1 | 1 | 0 | 1 | 1 | 1 | 1 |
| 6 | 0 | 1 | 1 | 0 | 1 | 1 | 1 | 1 | 1 | 1 | 0 | 1 | 1 | 1 |
| 7 | 0 | 1 | 1 | 1 | 1 | 1 | 1 | 1 | 1 | 1 | 1 | 0 | 1 | 1 |
| 8 | 1 | 0 | 0 | 0 | 1 | 1 | 1 | 1 | 1 | 1 | 1 | 1 | 0 | 1 |
| 9 | 1 | 0 | 0 | 1 | 1 | 1 | 1 | 1 | 1 | 1 | 1 | 1 | 1 | 0 |
| 伪码 | 1 | 0 | 1 | 0 | 1 | 1 | 1 | 1 | 1 | 1 | 1 | 1 | 1 | 1 |
| | ⋮ | | | | ⋮ | | | | | | | | | |
| | 1 | 1 | 1 | 1 | 1 | 1 | 1 | 1 | 1 | 1 | 1 | 1 | 1 | 1 |

对于 BCD 代码以外的伪码（即 1010～1111 六个代码，$\overline{Y}_0 \sim \overline{Y}_9$ 均无低电平信号产生，译码器拒绝"翻译"），所以这种电路结构具有拒绝伪码的功能。

**3. 显示译码器** 显示译码器能够将数字、文字和符号翻译成人们习惯的形式直观显示出来。数字显示电路是由译码器、驱动器和显示器等部分组成。下面首先介绍两种数码显示器。

（1）两种常用的数码显示器

1）半导体显示器：利用半导体的 PN 结制成，其特点是清晰悦目、工作电压低（1.5～3V）、体积小、寿命长（>1000h）、响应速度快、颜色丰富、工作可靠。

2）荧光数码管：是一种分段式真空显示器件，它的优点是工作电压低、电流小、清晰悦目、稳定可靠、视距较大、寿命较长。其缺点是需要灯丝电源、强度差、安装不便。

除上述两种显示器外，还有液体数字显示器、气体放电显示器等。

（2）显示译码器 图 8-22 所示是七段数码管，它是利用不同字段发光的组合来显示数码的。因此，为了使数码管能把输入的代码（如 8421BCD 码）所代表的数显示出来，必须将输入的代码通过译码器译出，然后经驱动器点亮对应的字段。例如输入 8421 码为 0111，对应的十进制数是 7，则译码器应使 a、b、c 各段点亮，其余字段不亮。即对应于某一组数码，译码器应有确定的几个输出端有信号输出。

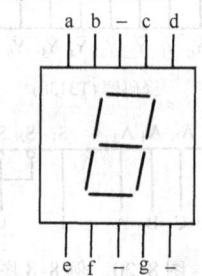

中规模集成的 TTL 电路中也有这种七段字形显示译码器电路，如 T1048、T1049、T1246、T1247 等。CMOS 集成译码器的型号是 CC14513。

图 8-22 七段数码管管脚图

### 8.2.3 运算电路

在数字系统中，实现算术运算和逻辑运算的电路统称数字运算电路。算术运算电路一般用来执行加法、减法、乘法和除法等四则运算功能，它可以组成各种运算器，以便对数据进行加工处理；而逻辑电路主要是指能实现逻辑和、逻辑乘、逻辑非以及异或等运算功能的各种电路。

**1. 加法器** 加法器是数字系统中最基本的运算单元。

（1）半加器和全加器 两个 1 位二进制数相加称为半加，实现半加的运算功能的电路叫半加器，其真值表如表 8-13 所示。其中 $A_i$ 和 $B_i$ 分别代表两个 1 位的二进制数，$S_i$ 表示本位和，$C_i$ 表示向高位的进位。半加器的逻辑符号如图 8-23a 所示。

两个二进制数中，同位的两个数及来自低位的进位数三者相加称作全加，实现全加运算功能的电路叫全加器。

全加器真值表如表 8-14 所示。其中 $A_i$、$B_i$ 表示两个同位加数，$C_{i-1}$ 表示前一位的进位。$S_i$ 和 $C_i$ 分别表示本位和及向高位的进位，其逻辑符号如图 8-23b 所示。

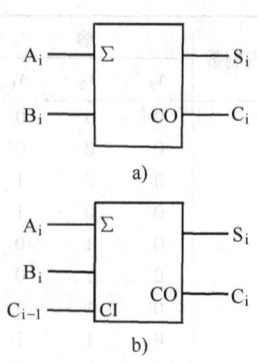

图 8-23 半加器、全加器符号
a) 半加器 b) 全加器

## 第8章 组合逻辑电路

表 8-13 半加器真值表

| $A_i$ | $B_i$ | $S_i$ | $C_i$ |
| --- | --- | --- | --- |
| 0 | 0 | 0 | 0 |
| 0 | 1 | 1 | 0 |
| 1 | 0 | 1 | 0 |
| 1 | 1 | 0 | 1 |

表 8-14 全加器真值表

| $A_i$ | $B_i$ | $C_{i-1}$ | $S_i$ | $C_i$ |
| --- | --- | --- | --- | --- |
| 0 | 0 | 0 | 0 | 0 |
| 0 | 0 | 1 | 1 | 0 |
| 0 | 1 | 0 | 1 | 0 |
| 0 | 1 | 1 | 0 | 1 |
| 1 | 0 | 0 | 1 | 0 |
| 1 | 0 | 1 | 0 | 1 |
| 1 | 1 | 0 | 0 | 1 |
| 1 | 1 | 1 | 1 | 1 |

（2）集成加法器　两个多位数相加时每一位都是带进位相加，所以必须用全加器。这时，只要依次将低位的进位输出接到高位的进位输入，就可构成多位加法器了。

显然，按这种思想设计的加法器每一位的结果必须等到低一位的进位产生以后才能建立起来，因此把这种结构的电路叫作串行进位加法器，如 TTL 集成电路 T692 就属于串行进位加法器。

这种加法器的最大缺点是运算速度慢。为提高运算速度，出现了超前进位加法器。

图 8-24 是 CMOS 集成电路 C662、CC4008 和 TTL 集成电路 T693、T1283、T4283 的引脚图，这些型号的集成电路均是 4 位二进制超前进位加法器。

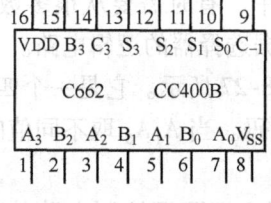
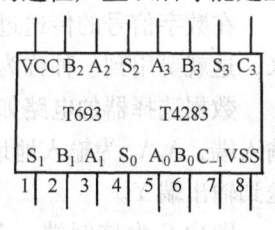

图 8-24　4 位二进制加法器功能图

a) CMOS 引脚图　b) TTL 引脚图

下面举例说明这些集成芯片的应用。

**例 8-9**　试用两片 T4283 组成 8 位二进制加法计数器。

**解**　一片 T4283 可组成 4 位二进制加法计数器，若想组成 8 位二进制加法计数器只需用两片 T4283 即可，电路如图 8-25 所示。其中低 4 位的 $C_{-1}$ 接 0；$C_3$ 接高 4 位的 $C_{-1}$，两个 8 位数分别从 $A_0 \sim A_7$ 和 $B_0 \sim B_7$ 输入，和数从 $S_0 \sim S_7$ 输出，$C_7$ 为最高位的进位端。

**例 8-10**　试用 4 位二进制加法器实现 4 位二进制减法运算，画出逻辑图。

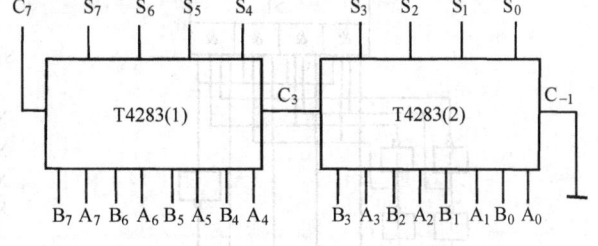

图 8-25　例 8-9 图

**解**　因为二进制减法运算可以转换成二进制加法运算，从以前学过的知识可知：

$$S = A - B = A + [B]_{补}$$

$$[B]_{补} = [B]_{反} + 1$$

可见只要将 B 求反加 1，就能用加法器做减法。$[B]_{反}$ 可通过下面公式求得

$$B_i \oplus 1 = \overline{B_i}$$

所以每一位数和 1 异或即得到该位数的反，实现加 1 只要在最低位 $C_{-1}$ 接 1 即可。4 位加法采用 CC4008，其逻辑图如图 8-26 所示。

**2. 算术逻辑运算单元**　在数字系统中，要求运算电路既能执行两个数的多种算术运

算,又能执行各种逻辑操作,将具有这些功能的电路做成集成单元电路,就构成了算术逻辑运算单元,简称 ALU。

算术逻辑运算单元与超前进位加法器相比,具有下列特点:

1)功能强。它可以实现多种算术和逻辑运算。

2)速度快。它内部有超前进位功能。

3)级连简单,使用方便。

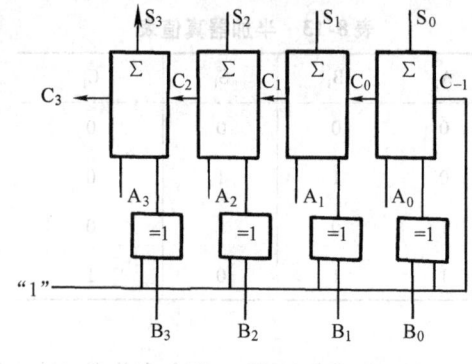

图 8-26 例 8-10 图

### 8.2.4 数据选择器

在数字信号的传送过程中,有时需要从很多数字信号中将任何一个需要的信号挑选出来,这就要用到一种称为数据选择器的逻辑电路。

数据选择器的电路如图 8-27 所示。它是一个四选一数据选择器,其中 $D_0 \sim D_3$ 称为数据输入端,$A_1 A_0$ 为输入地址代码。当 $A_1 A_0$ 取不同值时,可以将 $D_0 \sim D_3$ 四个数中的任何一个送到输出端 Y。

图中 $\overline{S}$ 为控制端。利用 $\overline{S}$ 端既可控制电路的工作状态,又可扩展功能。输出表达式为

$$Y = (D_0 \overline{A_1} \overline{A_0} + D_1 \overline{A_1} A_0 + D_2 A_1 \overline{A_0} + D_3 A_1 A_0)S$$

当控制端 S 为 1 时,可根据 $A_0 A_1$ 不同取值将其中某个值送到 Y 端。

图 8-28 是集成数据选择器 CC14539 芯片引脚图,其中它有两组输入数据 $X_0 \sim X_3$、$Y_0 \sim Y_3$、A、B 为地址输入端,$S_{TX}$、$S_{TY}$ 为使能端,其真值表如表 8-15 所示。

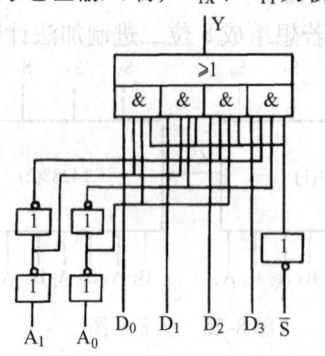

图 8-27 四选一数据选择器

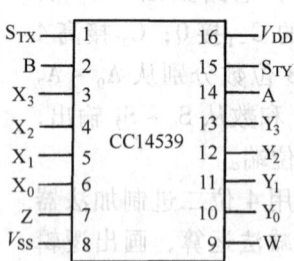

图 8-28 CC14539 芯片引脚图

表 8-15 CC14539 功能真值表

| B | A | $S_{TX}$ | $S_{TY}$ | Z | W | B | A | $S_{TX}$ | $S_{TY}$ | Z | W |
|---|---|---|---|---|---|---|---|---|---|---|---|
| 0 | 0 | 0 | 0 | $X_0$ | $Y_0$ | 1 | 1 | 0 | 1 | $X_3$ | 0 |
| 0 | 1 | 0 | 0 | $X_1$ | $Y_1$ | 0 | 0 | 1 | 0 | 0 | $Y_0$ |
| 1 | 0 | 0 | 0 | $X_2$ | $Y_2$ | 0 | 1 | 1 | 0 | 0 | $Y_1$ |
| 1 | 1 | 0 | 0 | $X_3$ | $Y_3$ | 1 | 0 | 1 | 0 | 0 | $Y_2$ |
| 0 | 0 | 0 | 1 | $X_0$ | 0 | 1 | 1 | 1 | 0 | 0 | $Y_3$ |
| 0 | 1 | 0 | 1 | $X_1$ | 0 | X | X | 1 | 1 | 0 | 0 |
| 1 | 0 | 0 | 1 | $X_2$ | 0 | | | | | | |

## 8.3 组合电路的仿真分析

组合电路可以利用 EWB 在虚拟环境中进行仿真分析,下面通过具体实例介绍具体的仿真步骤、过程和方法。

**例 8-11** 用 EWB 对例 8-4 进行仿真设计。

**解** 按组合电路设计的步骤:

1) 根据已知的逻辑要求,列真值表,方法与例 8-4 一致,真值表见表 8-3。

2) 由真值表写出逻辑表达式。利用 EWB 的逻辑转换仪实现由真值表到逻辑表达式的转换。

第一步根据输入变量的个数用鼠标单击逻辑转换仪面板图顶部代表输入端的小圆圈(A 至 H),选定输入变量,本题有三个输入变量,因此选择 A、B、C 三个输入端(对应端钮变黑),如图 8-29 所示。此时在真值表区自动出现输入变量的所有组合,而右面输出列(靠近滚动条)的初始值全部为零。第二步根据表 8-3 所示的真值表修改输出值(0 或 1)如图 8-30 所示。第三步单击"真值表→表达式"按钮,在面板图底部逻辑表达式栏将出现相应的逻辑表达式,如图 8-30 所示。表达式中"A'"表示逻辑变量 A 的"非"。由图 8-30 可知:输出 F = $\overline{A}BC + A\overline{B}\overline{C} + A\overline{B}C + ABC$。

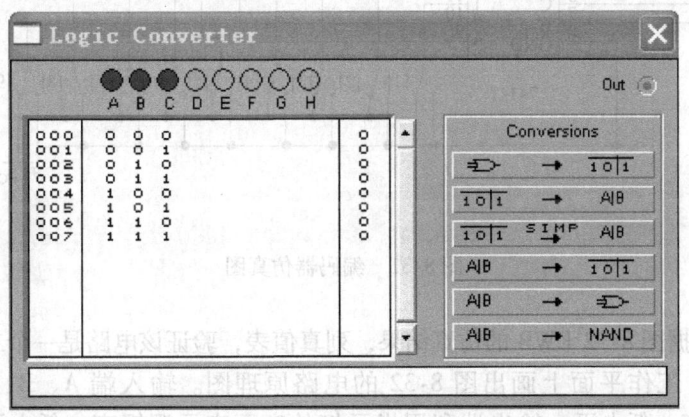

图 8-29 逻辑转换仪面板图

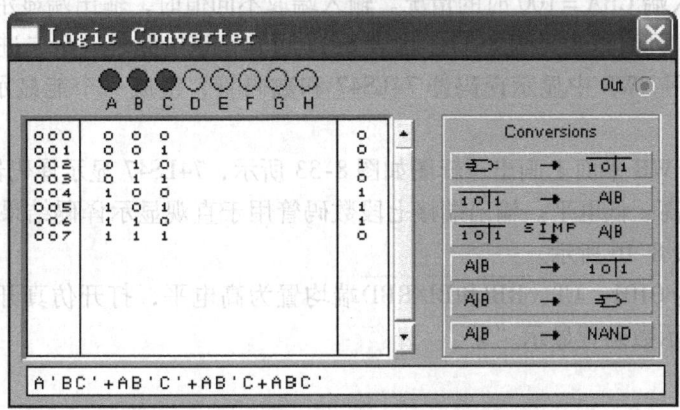

图 8-30 真值表及逻辑表达式显示图

**例 8-12** 利用 EWB 验证集成编码器 T4147 的逻辑功能，T4147 的逻辑功能及引脚图见本章第二节。

**解** 首先在 EWB 平面上画出逻辑电路如图 8-31 所示，输入端 1、2、3、4、5、6、7，管脚 8、9 分别接 5V 或 "地" 获逻辑高、低电平。输出端利用指示灯的亮灭表示逻辑高、低电平。

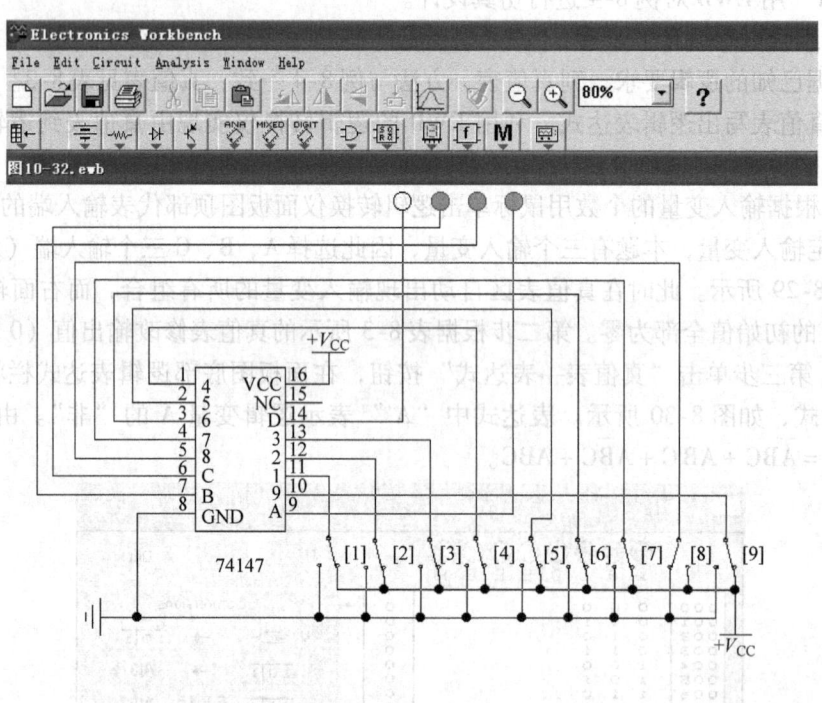

图 8-31 编码器仿真图

**例 8-13** 根据图 8-32 EWB 的仿真结果，列真值表，验证该电路是一个二进制译码器。

**解** 在 EWB 工作平面上画出图 8-32 的电路原理图。输入端 A、B、C 分别接 5V 或 "地" 获得逻辑高、低电平。输出端利用指示灯的亮灭表示逻辑高、低电平。图 8-32 为打开仿真按钮、输入端 CBA = 100 时的情况。输入端取不同值时，输出端显示不同的状态。利用指示灯的显示，列真值表见表 8-11。由表 8-11 可知，该电路是一个二进制译码器。

**例 8-14** 利用 EWB 中显示译码器 74LS47 和数码管，组成一个能显示数字 "5" 的电路。

**解** 首先在 EWB 平面上画出逻辑图如图 8-33 所示，74LS47 显示译码器的输入端接 $V_{CC}$ 或 GND 获得逻辑高、低电平。输出端接七段数码管用于直观显示译码结果。74LS47 显示译码器的真值表如表 8-16 所示。

将输入端置为 0101，$\overline{LT}$、$\overline{RBI}$ 和 $\overline{BI/RBD}$ 端均置为高电平，打开仿真开关，仿真结果如图 8-33 所示。显示数码管显示 "5"。

# 第8章 组合逻辑电路

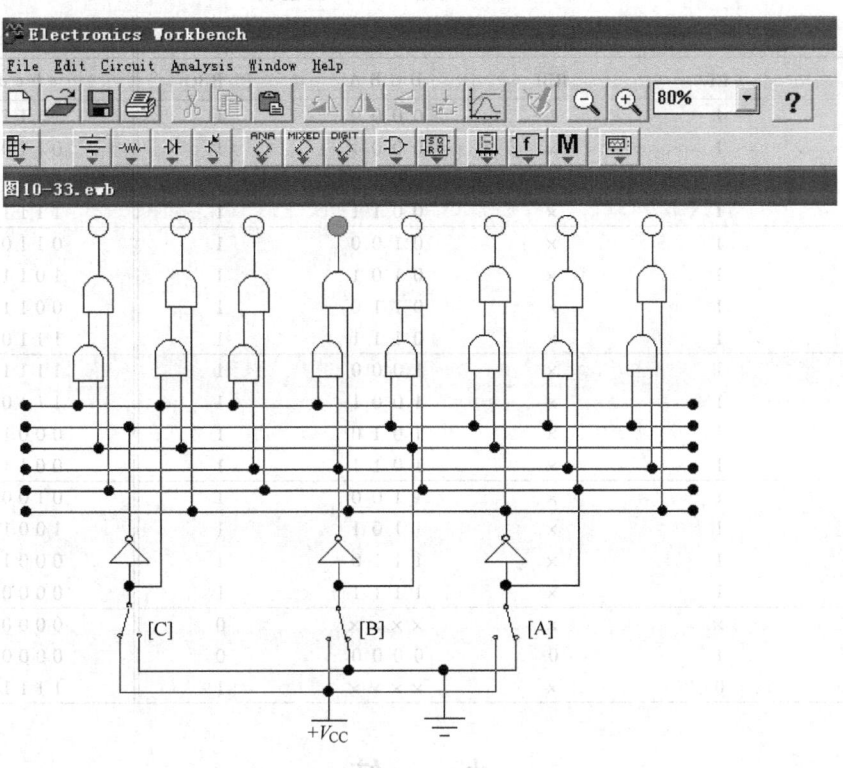

图 8-32  例 8-13 图

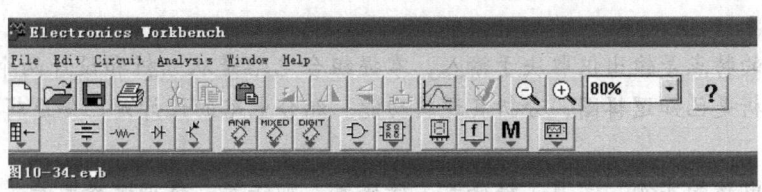

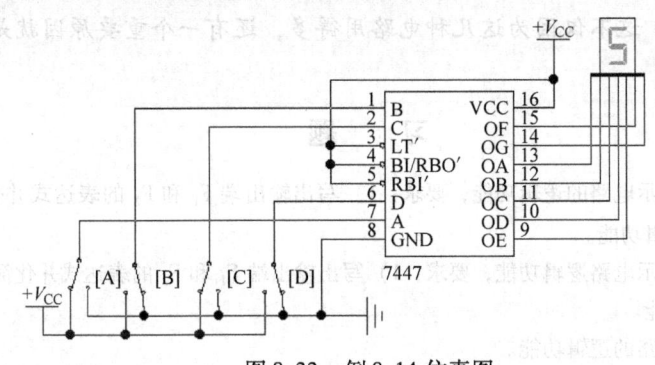

图 8-33  例 8-14 仿真图

表 8-16  译码器 74LS47 真值表

| No. | Inputs | | | | | Outputs |
|---|---|---|---|---|---|---|
| | $\overline{LT}$ | $\overline{RBI}$ | D C B A | $\overline{BI}/\overline{RBO}$ | | a b c d e f g |
| 0  | 1 | 1 | 0 0 0 0 | 1 | | 1 1 1 1 1 1 0 |
| 1  | 1 | × | 0 0 0 1 | 1 | | 0 1 1 0 0 0 0 |
| 2  | 1 | × | 0 0 1 0 | 1 | | 1 1 0 1 1 0 1 |
| 3  | 1 | × | 0 0 1 1 | 1 | | 1 1 1 1 0 0 1 |
| 4  | 1 | × | 0 1 0 0 | 1 | | 0 1 1 0 0 1 1 |
| 5  | 1 | × | 0 1 0 1 | 1 | | 1 0 1 1 0 1 1 |
| 6  | 1 | × | 0 1 1 0 | 1 | | 0 0 1 1 1 1 0 |
| 7  | 1 | × | 0 1 1 1 | 1 | | 1 1 1 0 0 0 0 |
| 8  | 1 | × | 1 0 0 0 | 1 | | 1 1 1 1 1 1 1 |
| 9  | 1 | × | 1 0 0 1 | 1 | | 1 1 1 0 0 1 1 |
| 10 | 1 | × | 1 0 1 0 | 1 | | 0 0 0 1 1 0 1 |
| 11 | 1 | × | 1 0 1 1 | 1 | | 0 0 1 1 0 0 1 |
| 12 | 1 | × | 1 1 0 0 | 1 | | 0 1 0 0 0 1 1 |
| 13 | 1 | × | 1 1 0 1 | 1 | | 1 0 0 1 0 1 1 |
| 14 | 1 | × | 1 1 1 0 | 1 | | 0 0 0 1 1 1 1 |
| 15 | 1 | × | 1 1 1 1 | 1 | | 0 0 0 0 0 0 0 |
| BI  | × | × | × × × × | 0 | | 0 0 0 0 0 0 0 |
| RBI | 1 | 0 | 0 0 0 0 | 0 | | 0 0 0 0 0 0 0 |
| LT  | 0 | × | × × × × | 1 | | 1 1 1 1 1 1 1 |

## 小  结

数字电路共有两大类：第一类是组合逻辑电路；第二类是数字逻辑电路。本章重点介绍的是组合电路。

组合电路的特点是输出仅取决于输入，掌握组合电路是从分析和设计两个方面着手的。组合电路的分析是已知逻辑图，分析其逻辑功能。组合电路的设计是已知逻辑要求，最后画出逻辑图。

作为组合电路的实例，学习了编码器、译码器、加法器、数据选择器等，重点介绍了这几种电路的集成产品，这不仅因为这几种电路用得多，还有一个重要原因就是它们已形成系列产品，容易买到。

## 习  题

8-1  分析图 8-34 所示电路的逻辑功能，要求：1）写出输出端 $F_1$ 和 $F_2$ 的表达式并化简；2）列真值表；3）指出该电路的逻辑功能。

8-2  分析图 8-35 所示电路逻辑功能，要求：1）写出输出端 $F_1$ 和 $F_2$ 的表达式并化简；2）列真值表；3）指出该电路的逻辑功能。

8-3  分析图 8-36 电路的逻辑功能。

8-4  分析图 8-37 所示逻辑电路的逻辑功能。

8-5  分析图 8-38 所示电路的逻辑功能。

# 第8章 组合逻辑电路

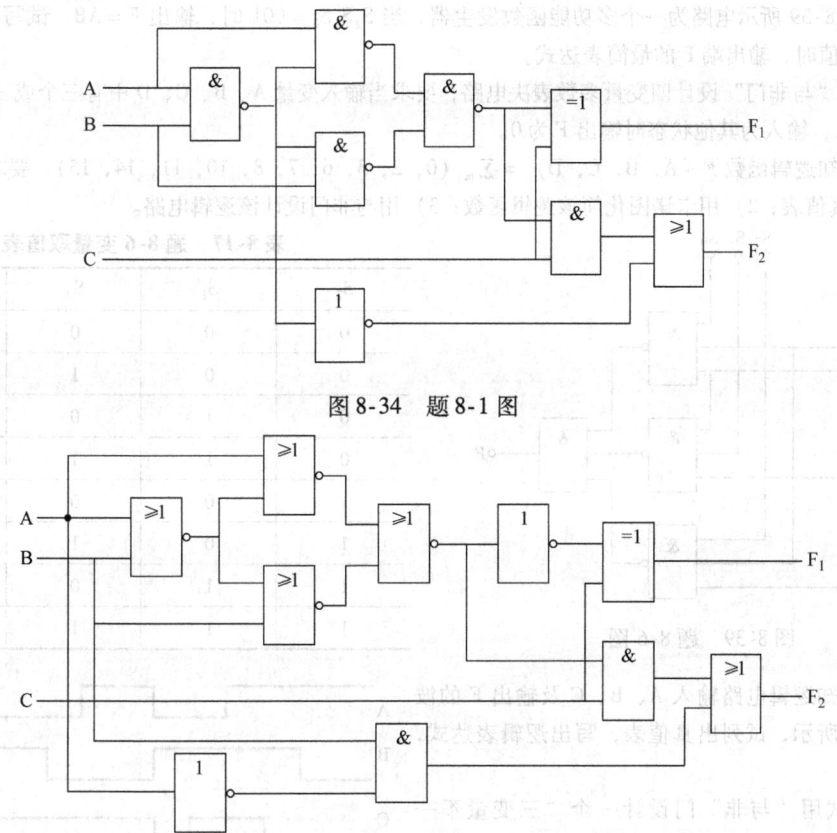

图 8-34 题 8-1 图

图 8-35 题 8-2 图

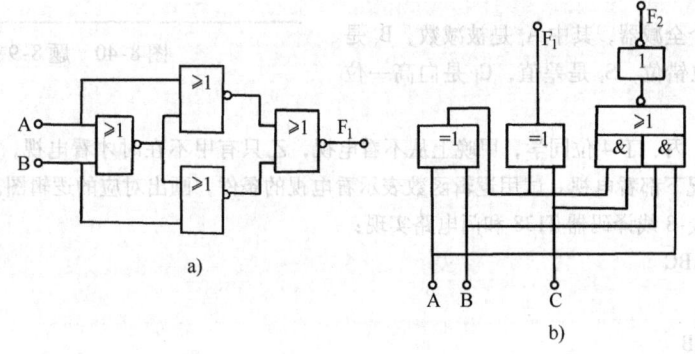

图 8-36 题 8-3 图

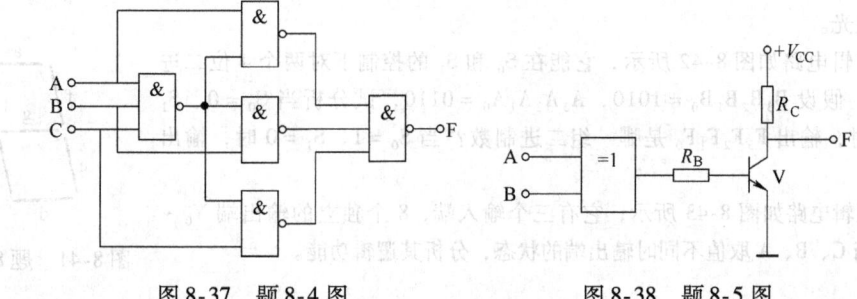

图 8-37 题 8-4 图　　　　图 8-38 题 8-5 图

8-6 图 8-39 所示电路为一个多功能函数发生器，当 $S_2S_1S_0 = 001$ 时，输出 $F = \overline{AB}$。试写出 $S_2S_1S_0$ 取表 8-17 中数值时，输出端 F 的最简表达式。

8-7 用"与非门"设计四变量多数表决电路，要求当输入变量 A、B、C、D 中有三个或三个以上为 1 时输出 F 为 1，输入为其他状态时输出 F 为 0。

8-8 已知逻辑函数 $F(A, B, C, D) = \sum_m (0, 2, 3, 6, 7, 8, 10, 11, 14, 15)$。要求：1）列写逻辑函数的真值表；2）用卡诺图化简该逻辑函数；3）用与非门设计该逻辑电路。

表 8-17 题 8-6 变量取值表

| $S_2$ | $S_1$ | $S_0$ | F |
|---|---|---|---|
| 0 | 0 | 0 | |
| 0 | 0 | 1 | $\overline{AB}$ |
| 0 | 1 | 0 | |
| 0 | 1 | 1 | |
| 1 | 0 | 0 | |
| 1 | 0 | 1 | |
| 1 | 1 | 0 | |
| 1 | 1 | 1 | |

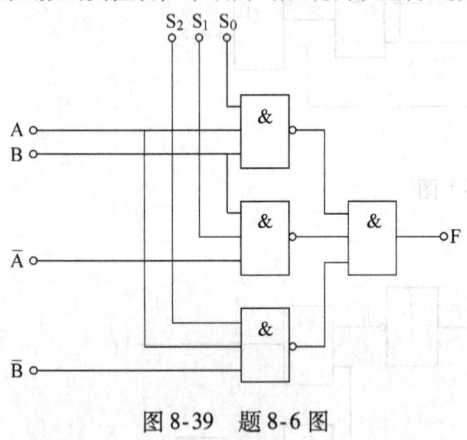

图 8-39 题 8-6 图

8-9 已知逻辑电路输入 A、B、C 及输出 F 的波形如图 8-40 所示，试列出真值表，写出逻辑表达式，画出逻辑图。

8-10 试用"与非"门设计一个"三变量不一致"逻辑电路，即三变量一致时，输出为 0，三变量不一致时输出为 1。

8-11 设计一个全减器，其中 $A_i$ 是被减数，$B_i$ 是减数，$C_{i-1}$ 是低一位错位，$S_i$ 是差值，$C_i$ 是向高一位的借位。

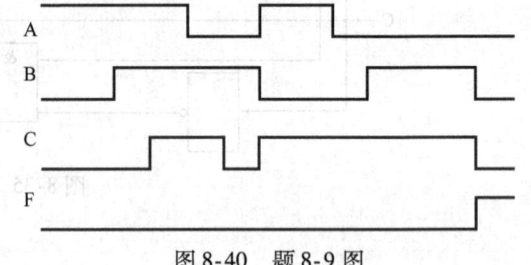

图 8-40 题 8-9 图

8-12 甲、乙、丙、丁 4 位同学，甲晚上从不看电视，乙只有甲不在时才看电视，丙只有乙在时才能看电视，丁任何情况下都看电视。试用逻辑函数表示看电视的条件，画出对应的逻辑图。

8-13 试用 3 线-8 线译码器 T138 和门电路实现：

1) $Y_1 = \overline{A}\,\overline{B} + ABC$

2) $Y_2 = \overline{B} + C$

3) $Y_3 = A\overline{B} + \overline{A}B$

8-14 设计一个输入为 BCD 代码的七段字形译码器，七段字形显示器如图 8-41 所示。当各段为高电平时，字段发光。

8-15 逻辑电路如图 8-42 所示，它能在 $S_0$ 和 $S_1$ 的控制下对两个 4 位二进制进行选择，假设 $B_3B_2B_1B_0 = 1010$，$A_3A_2A_1A_0 = 0110$，试分析当 $S_0 = 0$、$S_1$ 为任意状态时，输出 $F_3F_2F_1F_0$ 是哪一组二进制数？当 $S_0 = 1$、$S_1 = 0$ 时，输出又如何？

8-16 逻辑电路如图 8-43 所示，它有三个输入端，8 个独立的输出端 $Y_0 \sim Y_7$，试分析当 C、B、A 取值不同时输出端的状态，分析其逻辑功能。

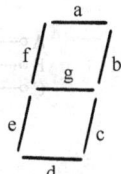

图 8-41 题 8-14 图

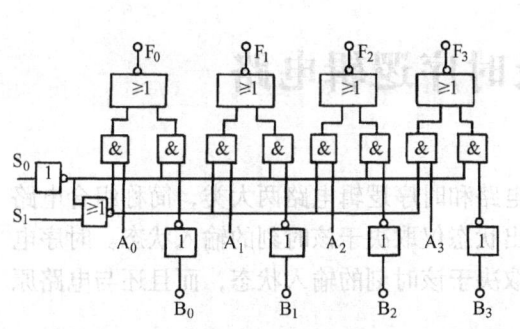

图 8-42　题 8-15 图　　　　　　　　　图 8-43　题 8-16 图

8-17　图 8-44 是一个四通道的数据选择器。$X_0$、$X_1$、$X_2$、$X_3$ 为信号输入端，A、B 为地址码输入端。试分析当 A、B 取值不同时，输出 F 与输入信号的关系。

8-18　利用数据选择器 CC14539 实现逻辑函数 $F = \overline{A_1} \overline{A_0} \overline{G} + \overline{A_1} A_0 \overline{G} + A_1 \overline{A_0} G + A_1 A_0 \overline{G} + A_1 A_0 G$。

8-19　利用双四选一数据选择器实现逻辑函数 $F = AB + BC + \overline{B}\overline{C}$，画出逻辑图。

8-20　用图 8-45 所示电路产生逻辑函数 $F = S_1 + S_0$。

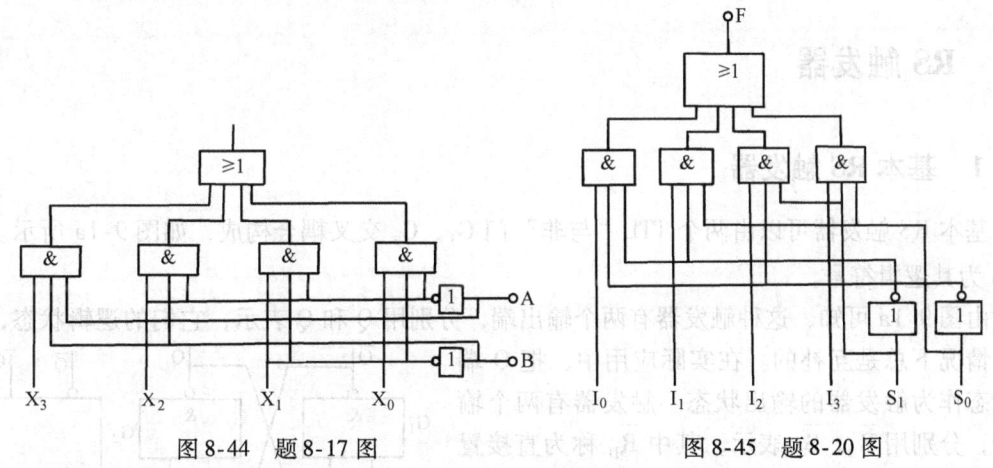

图 8-44　题 8-17 图　　　　　　　　　图 8-45　题 8-20 图

8-21　用 EDA 仿真题 8-3。验证图 8-36a 是一个异或门，图 8-36b 是一个全加器。

8-22　用 EDA 仿真题 8-15 将设计出的表达式画在 EWB 工作台上，用指示灯表示电视的开关状态，观察仿真结果。

8-23　用 EDA 仿真题 8-16，观察输出结果。

8-24　用 EDA 仿真题 8-20，列真值表，验证 $F = S_1 + S_0$。

# 第 9 章 触发器及时序逻辑电路

数字电路按结构和工作特点可分为组合逻辑电路和时序逻辑电路两大类,简称组合电路和时序电路。组合电路是由门电路组成的,其输出状态仅取决于该时刻的输入状态。时序电路是由触发器和门电路组成的,其输出状态不仅取决于该时刻的输入状态,而且还与电路原来的状态有关。

触发器的种类很多,按其逻辑功能分,可分为 RS、JK、D、T、T′触发器;按电路结构不同,可分为基本 RS 触发器、同步 RS 触发器、主从触发器和维持阻塞触发器;按触发方式不同可分为电平触发器、主从触发器和边沿触发器等;按构成触发器内部半导体器件类型不同则有双极型(如 TTL 型)和单极型(如 MOS 型)触发器之分。

本章主要讨论上述各触发器的逻辑功能各种类型触发器之间的相互转换以及常用的三种时序电路,即寄存器、计数器和脉冲分配器。

## 9.1 RS 触发器

### 9.1.1 基本 RS 触发器

基本 RS 触发器可以由两个 TTL "与非" 门 $G_1$、$G_2$ 交叉耦合构成,如图 9-1a 所示。图 9-1b 为其逻辑符号。

由图 9-1a 可知,这种触发器有两个输出端,分别用 Q 和 $\overline{Q}$ 表示,它们的逻辑状态,在正常情况下总是互补的。在实际应用中,把 Q 端的状态作为触发器的输出状态。触发器有两个输入端,分别用 $\overline{R}_D$、$\overline{S}_D$ 表示,其中 $\overline{R}_D$ 称为直接置 0 端或复位端,$\overline{S}_D$ 称为直接置 1 端或置位端。由于基本 RS 触发器是采用低电平(或负脉冲)触发而引出 Q 端状态的翻转,所以在 $R_D$ 和 $S_D$ 上加一个非号或者用"○"符号表示,$\overline{Q}$ 端用"○"符号则表示 Q 与 $\overline{Q}$ 状态相反,见图 9-1b。

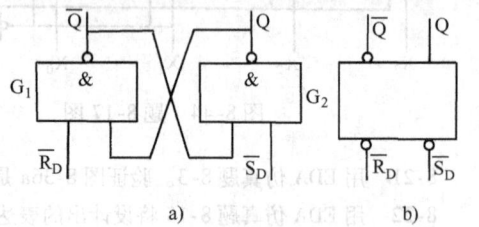

图 9-1 基本 RS 触发器
a) 逻辑图  b) 逻辑符号

由图 9-1a 可写出基本 RS 触发器的输出与输入的逻辑关系式

$$\left.\begin{array}{l}Q = \overline{\overline{S}_D \overline{Q}}\\ \overline{Q} = \overline{\overline{R}_D Q}\end{array}\right\} \tag{9-1}$$

下面按输入的不同组合,分析基本 RS 触发器的逻辑功能。

当 $\overline{R}_D = 1$、$\overline{S}_D = 0$ 时,若触发器原态为 0,由式(9-1)可得 $Q = 1$、$\overline{Q} = 0$;若触发器原态为 1,由式(9-1)同样可得 $Q = 1$、$\overline{Q} = 0$。即不论触发器原状态如何,只要 $\overline{R}_D = 1$、$\overline{S}_D = 0$,触发器将置成 1 态。

当 $\overline{R}_D = 0$、$\overline{S}_D = 1$ 时,用同样分析可得 $Q = 0$、$\overline{Q} = 1$,即触发器被置成 0 态。

当 $\overline{R}_D = \overline{S}_D = 1$ 时,按类似分析可知,触发器将保持原状态不变。

当 $\overline{R}_D = \overline{S}_D = 0$ 时,两个"与非"门的输出端 $Q$ 和 $\overline{Q}$ 全为 1,则破坏了触发器的逻辑关系,在两个输入信号同时消失后,由于"与非"门延迟时间不可能完全相等,故不能确定触发器处于何种状态。在时序逻辑系统中,这种情况不允许出现。

综上所述,基本 RS 触发器的输出与输入的逻辑关系可列成真值表,如表 9-1 所示。

为了更形象地反映基本 RS 触发器的逻辑功能,通常还用图 9-2 所示的波形图来描述。

表 9-1 基本 RS 触发器真值表

| $\overline{R}_D$ | $\overline{S}_D$ | Q |
| --- | --- | --- |
| 1 | 0 | 1 |
| 0 | 1 | 0 |
| 1 | 1 | 不变 |
| 0 | 0 | 不定 |

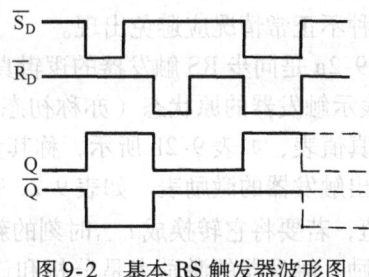

图 9-2 基本 RS 触发器波形图

在图 9-1a 的基本 RS 触发器电路中,由于 $\overline{R}_D$ 和 $\overline{S}_D$ 的输入信号直接作用于 $G_1$、$G_2$ 门上,所以输入信号在全部作用时间内(即 $\overline{R}_D$ 或 $\overline{S}_D$ 为低电平的全部时间),都能直接确定输出端 $Q$ 和 $\overline{Q}$ 的状态,故又把基本 RS 触发器称作直接置位、复位触发器。若将触发器的两个输入端同时置高电平 1,则触发器的输出将保持于某一个状态(1 态或者 0 态),这就是触发器的记忆和存储信息的功能。

基本 RS 触发器也可由"或非"门组成,见习题 9-2。

## 9.1.2 同步 RS 触发器

在数字系统中,为协调各部分的工作,常常要求某一些触发器于同一时刻动作。为此,必须引入同步信号,使这些触发器只有在同步信号到达时,才按输入信号改变状态。通常把这个同步信号叫作时钟脉冲信号,或简称时钟信号,用 CP 表示。受时钟控制的触发器称为时钟控制触发器。

图 9-3a 所示为同步 RS 触发器的逻辑图,它由 $G_1$、$G_2$ 组成的基本 RS 触发器和由 $G_3$、$G_4$ 组成的导引电路串联而成。通过导引电路来实现时钟脉冲对输入端 R 和 S 的控制。图 9-3b 是同步 RS 触发器的逻辑符号。

同步 RS 触发器的 R 和 S 端称为输入端,CP 端为时钟脉冲输入端,$\overline{R}_D$ 和 $\overline{S}_D$ 是直接复位和直接置位端,它不受时钟脉冲控制,只要在 $\overline{R}_D$、$\overline{S}_D$ 端分别施加负脉冲(或置低电平),就可以将该触发器直接置 0 或置 1。一般在工作之初,预先使触发器处于某一给定状态,工作过程中将 $\overline{R}_D$、$\overline{S}_D$ 端接至高电

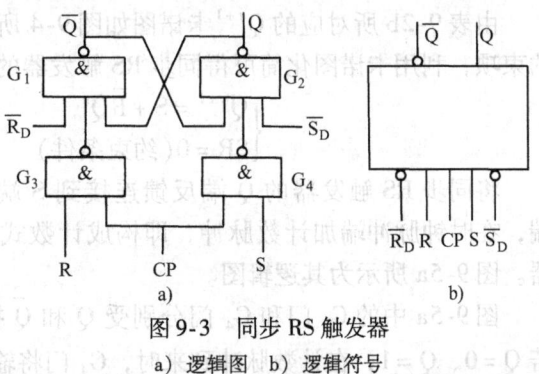

图 9-3 同步 RS 触发器
a) 逻辑图 b) 逻辑符号

平或悬空（TTL 电路）。

时钟脉冲来到之前，即 CP=0 时，不论 R、S 端的电平如何变化，$G_3$、$G_4$ 门的输出均为 1，触发器保持原状态不变。

时钟脉冲来到后，CP=1。如果此时 S=1、R=0，则 $G_4$ 门输出将变为 0，向 $G_2$ 门发一个置 1 负脉冲，触发器的输出端 Q 将处于 1 态，如果此时 S=0、R=1，则 $G_3$ 门将向 $G_1$ 门发置 0 负脉冲，触发器处于 0 态；如果此时 S=R=0，则 $G_3$、$G_4$ 门均为 1 态，触发器将保持原状态；若 S=R=1，则 $G_3$、$G_4$ 门输出均为 0，使 $G_1$、$G_2$ 门输出均为 1，这违背了 Q 和 $\bar{Q}$ 状态应该相反的逻辑要求。当时钟脉冲过去后，$G_1$ 门和 $G_2$ 门的输出状态是不确定的。因此，这种不正常情况应避免出现。

表 9-2a 是同步 RS 触发器的逻辑真值表。若用 $Q^{n+1}$ 表示触发器的新状态（亦称次态），用 $Q^n$ 表示触发器的原状态（亦称初态），并将触发器由原状态向新状态的转换及其转换条件列入真值表，如表 9-2b 所示，称其为触发器状态转换真值表。由触发器的状态转换真值表可列出触发器的激励表，如表 9-2c 所示。所谓触发器的激励表是指当 $t_n$ 时刻触发器状态为 $Q^n$ 值，若要将它转换成 $t_{n+1}$ 时刻的新状态 $Q^{n+1}$ 值，在触发器的输入端对应于 $t_n$ 时刻所应加的激励。触发器的激励表是分析和设计由触发器构成各种时序逻辑电路的依据。表中 φ 表示输入端的取值任意，可以是 0，也可以是 1。

**表 9-2  同步 RS 触发器逻辑真值表、状态转换真值表和激励表**

| a) 逻辑真值表 | | | b) 状态转换真值表 | | | | c) 激励表 | | | |
|---|---|---|---|---|---|---|---|---|---|---|
| S | R | Q | $Q^n$ | S | R | $Q^{n+1}$ | 要求状态转换值 | | 所需激励信号状态 | |
| 1 | 0 | 1 | 0 | 0 | 0 | 0 | $Q^n$ | $Q^{n+1}$ | S | R |
|   |   |   | 0 | 0 | 1 | 1 |   |   |   |   |
| 0 | 1 | 0 | 0 | 1 | 0 | 不定 | 0 | 0 | 0 | φ |
|   |   |   | 0 | 1 | 1 | 不定 |   |   |   |   |
|   |   |   | 1 | 0 | 0 | 1 | 0 | 1 | 1 | 0 |
| 0 | 0 | 不变 | 1 | 0 | 1 | 1 | 1 | 0 | 0 | 1 |
|   |   |   | 1 | 1 | 0 | 不定 |   |   |   |   |
| 1 | 1 | 不定 | 1 | 1 | 1 | 不定 | 1 | 1 | φ | 0 |

由表 9-2b 所对应的 $Q^{n+1}$ 卡诺图如图 9-4 所示。S=R=1 的情况是禁止出现的，可视为约束项，利用卡诺图化简可得同步 RS 触发器的特性方程为

$$\begin{cases} Q^{n+1} = S + \bar{R}Q^n \\ SR = 0（约束条件） \end{cases} \quad (9-2)$$

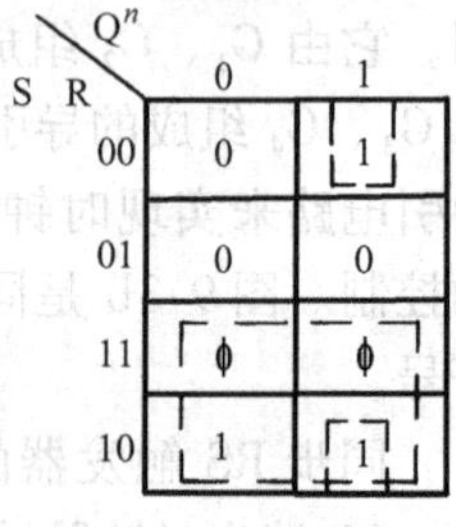

将同步 RS 触发器的 $\bar{Q}$ 端反馈连接到 S 端，Q 端反馈连接到 R 端，在时钟脉冲端加计数脉冲，即构成计数式触发器，简称 T' 触发器。图 9-5a 所示为其逻辑图。

图 9-5a 中的 $G_3$ 门和 $G_4$ 门分别受 Q 和 $\bar{Q}$ 控制，作为导引电路。若 Q=0、$\bar{Q}$=1，在计数脉冲到来时，$G_4$ 门将输出一个负脉冲，使触发器由 0 态翻转为 1 态；第二个计数脉冲到来时，由于 Q=1、$\bar{Q}$=0，$G_3$ 门将输出一个负脉冲使触发器由 1 态又翻转到 0 态。由此可见，每输入一个计数脉冲，触发器的状态将翻转一

图 9-4  $Q^{n+1}$ 卡诺图

次。其输出特性方程为

$$Q^{n+1} = \overline{Q}^n$$

图 9-5b 所示为该触发器的工作波形。

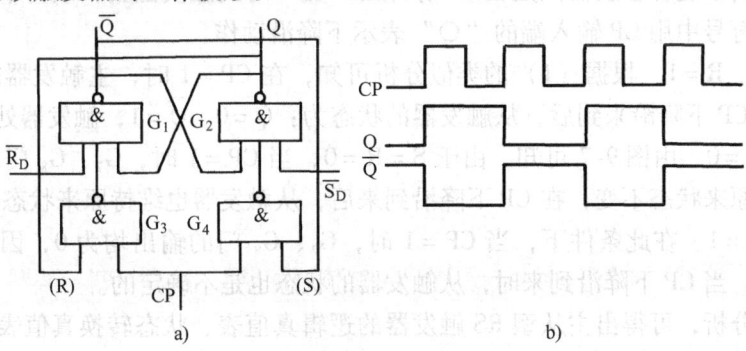

图 9-5　计数式触发器及计数工作波形
a）逻辑图　b）工作波形

事实上，上述触发器对计数脉冲的宽度有严格的要求。如果计数脉冲宽度较宽，就会出现在同一个计数脉冲作用期间，触发器产生两次或两次以上的翻转，即所谓"空翻"现象。例如当一个较宽的计数脉冲来到时，若触发器原态为 0，$G_4$ 门输出一个负脉冲使触发器翻转为 1 态，如果计数脉冲仍为高电平，$G_3$ 门就会输出置 0 负脉冲，使触发器又翻转为 0 态…。可见在一个计数脉冲作用期间，触发器产生了多次翻转，造成触发器动作混乱，达不到每输入一个计数脉冲翻转一次的目的。图 9-6 为该触发器产生"空翻"的波形图。

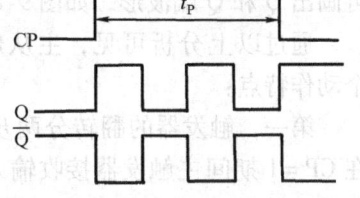

图 9-6　计数式触发器空翻波形

为了防止触发器的"空翻"，在结构上大多采用主从型触发器和维持阻塞型触发器。

### 9.1.3　主从 RS 触发器

图 9-7 为 TTL 主从型 RS 触发器的逻辑图，它由两个图 9-3a 所示的同步 RS 触发器构成，$G_5 \sim G_8$ 组成主触发器，$G_1 \sim G_4$ 组成从触发器。反相器 $G_9$ 的作用是使主触发器和从触发器受互补时钟脉冲控制。

下面仍以 R、S 的 4 种不同组合情况，分析主从型 RS 触发器的工作原理和逻辑功能。

（1）S = 1，R = 0　若原状态为 0，CP = 1 时，由于 S = 1，R = 0，$G_7$ 门输出负脉冲使主触发器翻转为 1 态，即 $Q' = 1$，$\overline{Q}' = 0$。但在 CP = 1 期间，由于 $\overline{CP} = 0$，$G_3$、$G_4$ 门输出为 1，故不论 $Q'$ 和 $\overline{Q}'$ 的状态如何变化，均对从触发器无影响，即从触发器维持原状态不变。

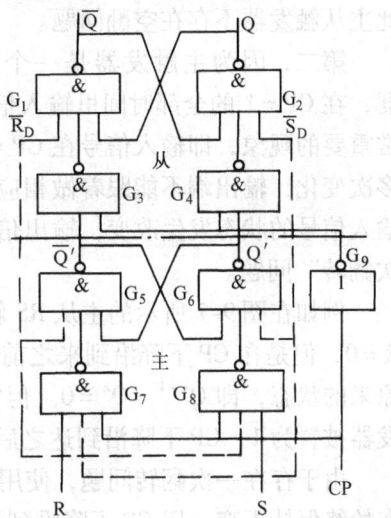

图 9-7　主从型 RS 触发器

CP 由 1 变 0 后，$G_7$、$G_8$ 门输出均为 1，主触发器的状态维持 1 态不变。此时从触发器中的 $G_4$ 门输出一负脉冲，使从触发器翻转为 1 态，即 $Q = 1$，$\overline{Q} = 0$。

若触发器原状态为1，通过类似的分析可知，触发器将维持1态不变。

可见，不论触发器原状态如何，只要 $S=1$、$R=0$，在 CP 脉冲下降沿到来后，触发器均翻转为1态。由于这种触发器只是在 CP 脉冲由1变0时刻触发翻转，故为下降沿触发的触发器。在逻辑符号中用 CP 输入端的"○"表示下降沿动作。

(2) $S=0$，$R=1$  根据(1)的类似分析可知，在 $CP=1$ 时，主触发器的状态为 $Q'=0$，$\overline{Q'}=1$，在 CP 下降沿来到后，从触发器的状态为：$Q=0$，$\overline{Q}=1$，触发器处于0态。

(3) $S=R=0$  由图9-7可知，由于 $S=R=0$，当 $CP=1$ 时，$G_7$、$G_8$ 门的输出均为1，主触发器维持原来状态不变，在 CP 下降沿到来后，从触发器也维持原来状态不变。

(4) $S=R=1$  在此条件下，当 $CP=1$ 时，$G_7$、$G_8$ 门的输出均为0，因此主触发器的状态不能确定，当 CP 下降沿到来时，从触发器的状态也是不确定的。

根据以上分析，可得出主从型 RS 触发器的逻辑真值表、状态转换真值表、激励表与表 9-2 相同，其状态方程也和式 (9-2) 相同。

**例 9-1**  在图9-7所示的 TTL 主从型 RS 触发器电路中，若 CP、S、R 波形如图9-8所示，试画出 Q 和 $\overline{Q}$ 波形。设触发器的初态为0。

**解**  TTL 主从型 RS 触发器状态改变均发生在 CP 的下降沿，根据表9-2所列逻辑功能，可画出 Q 和 $\overline{Q}$ 端波形，如图9-8所示。

通过以上分析可见，主从触发器有如下两个动作特点：

第一，触发器的翻转分两步动作，第一步，在 $CP=1$ 期间主触发器接收输入端（R、S）的信号，被置成相应的状态，而从触发器不动；第二步，CP 下降沿到来时从触发器按照主触发器的状态翻转，使 Q 和 $\overline{Q}$ 相应地改变状态。因此主从触发器不存在空翻问题。

第二，因为主触发器是一个同步 RS 触发

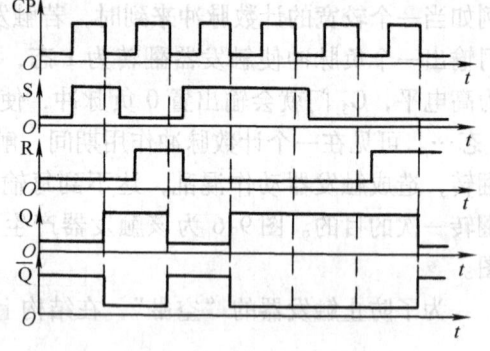

图 9-8  例 9-1 波形图

器，在 $CP=1$ 的全部时间里输入信号都对主触发器起控制作用，因此主从触发器有一个非常重要的现象，即输入信号在 $CP=1$ 期间只能一次性地使主触发器动作。如果输入信号有多次变化，输出端不能跟着做相应的变化，使信息丢失。如果在 $CP=1$ 期间，干扰信号使输入信号的状态发生改变，输出信号也将相应地出现错误。这就是所谓主从触发器的"一次翻转"问题。

例如在图9-7所示的主从 RS 触发器中，设初始状态为 $Q^n=0$，在 $CP=1$ 期间里先是 $S=R=0$，但是在 CP 下降沿到来之前，由于干扰信号的作用使 $S=1$、$R=0$。触发器本应保持原来的状态，即 $Q^{n+1}=Q^n=0$。但实际上由于干扰信号的作用，在 CP 下降沿到来之前主触发器被置为1，CP 下降沿到达之后从触发器也随之置1，使触发器的次态 $Q^{n+1}=1$。

由于存在一次翻转问题，使用主从型触发器时，必须保证 $CP=1$ 的全部时间里输入状态始终保持不变，用 CP 下降沿到达时的输入状态决定触发器的次态才一定是对的。否则，必须考虑 $CP=1$ 期间输入状态的全部变化过程，方能确定 CP 下降沿到来后触发器的次态。

在实际的数字系统中，触发器的输入端难免出现某些随机性的噪声电压，如果碰巧出现在 CP 为高电平时，就可能使触发器误动作。因此，主从触发器的抗干扰能力尚有待进一步提高。

## 9.2 JK 触发器

JK 触发器按电路结构不同可分为同步 JK 触发器、主从 JK 触发器和边沿 JK 触发器。同步触发器存在空翻问题,主从触发器存在一次翻转问题,边沿触发器克服了这两个问题,是性能优良的触发器。边沿触发器的特点是:只有当 CP 处于某个边沿(下降沿或上升沿)的瞬间,触发器才采样输入信号,并且同时进行状态转换。触发器的次态仅仅取决于此时刻输入信号的状态,而其他时刻输入信号的状态对触发器的状态没有影响,这就避免了其他时间干扰信号对触发器的影响,因此触发器的抗干扰能力较强。目前集成 JK 触发器大多采用边沿触发型。

主从型和边沿触发型 JK 触发器的逻辑符号相同(使用说明书上注明类型),如图 9-9 所示。其中图 a 是 TTL 型触发器的逻辑符号,CP 输入端的小圆圈和折线表示触发器改变状态的时间是在 CP 的下降沿(负跳变);多输入端 $J_1$、$J_2$、$J_3$ 和 $K_1$、$K_2$、$K_3$ 各自为相与关系,即 $J = J_1J_2J_3$,$K = K_1K_2K_3$;异步输入端 $\overline{S_D}$、$\overline{R_D}$(亦称直接置位、复位端),为低电平有效,即不用时可悬空或接电源,使用时接低电平或接地。其中图 b 是 CMOS 型触发器的逻辑符号,CP 输入端没有小圆圈而只有折线表示触发器改变状态的时间是在 CP 的上升沿(正跳变);异步输入端 $S_D$、$R_D$ 为高电平有效。

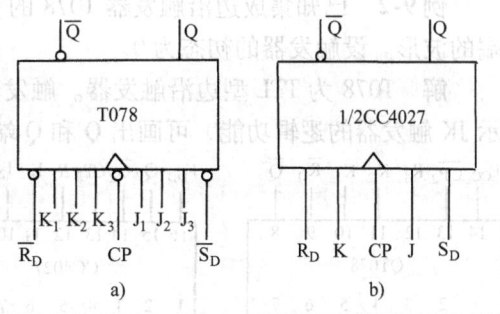

图 9-9 JK 触发器的逻辑符号
a) TTL 型   b) CMOS 型

TTL 型触发器的输入端悬空时相当接高电平。而 CMOS 型触发器的输入端不能悬空,必须通过电阻接电源置为 "1"。

尽管 JK 触发器有不同的类型,但其逻辑功能是相同的。JK 触发器的逻辑功能可用表 9-3 所示的状态转换真值表(特性表)来表示。

表 9-3 JK 触发器状态转换真值表

| CP | | J | K | $Q^n$ | $Q^{n+1}$ | 功能 |
|---|---|---|---|---|---|---|
| TTL 型 | CMOS 型 | | | | | |
| ↓(下降沿) | ↑(上升沿) | 0 | 0 | 0 | 0 ($Q^n$) | 保持 |
| ↓ | ↑ | 0 | 0 | 1 | 1 ($Q^n$) | 保持 |
| ↓ | ↑ | 0 | 1 | 0 | 0 | 置0 |
| ↓ | ↑ | 0 | 1 | 1 | 0 | 置0 |
| ↓ | ↑ | 1 | 0 | 0 | 1 | 置1 |
| ↓ | ↑ | 1 | 0 | 1 | 1 | 置1 |
| ↓ | ↑ | 1 | 1 | 0 | 1 ($\overline{Q^n}$) | 计数 |
| ↓ | ↑ | 1 | 1 | 1 | 0 ($\overline{Q^n}$) | 计数 |

由表可见，JK 触发器具有保持、置 0、置 1 和计数的功能，是逻辑功能较强的触发器，因而得到广泛应用。

JK 触发器的逻辑功能还可用特性方程表示。由状态转换真值表可得 JK 触发器的次态 $Q^{n+1}$ 的卡诺图，参考图 9-4。由卡诺图可得 JK 触发器的特性方程为

$$Q^{n+1} = J\overline{Q}^n + \overline{K}Q^n \tag{9-3}$$

常用的 JK 触发器例如 T078 是 TTL 型集成边沿触发器，其逻辑符号如图 9-9a 所示，其芯片引脚如图 9-10a 所示。CC4027 是国产 CMOS 型集成边沿 JK 触发器，其芯片内包含两个 JK 触发器单元，可单独使用，也可级联使用。CMOS 集成触发器供电电源有较宽的取值范围（3~18V），在数字系统中，考虑到与 TTL 集成芯片兼容，一般可取 $V_{DD}=5V$，$V_{SS}=0V$。双 JK 触发器 CC4027 的引脚如图 9-10b 所示，其逻辑符号如图 9-9b 所示。CC4027 与国外产品 CD4027、MC14027 可直接换用。

**例 9-2** 已知集成边沿触发器 T078 的 CP、K、J 的波形如图 9-11 所示，试画出 Q 和 $\overline{Q}$ 端的波形。设触发器的初态为 0。

**解** T078 为 TTL 型边沿触发器。触发器状态的改变只能在 CP 的下降沿。根据表 9-3 所示 JK 触发器的逻辑功能，可画出 Q 和 $\overline{Q}$ 端的波形，如图 9-11 所示。

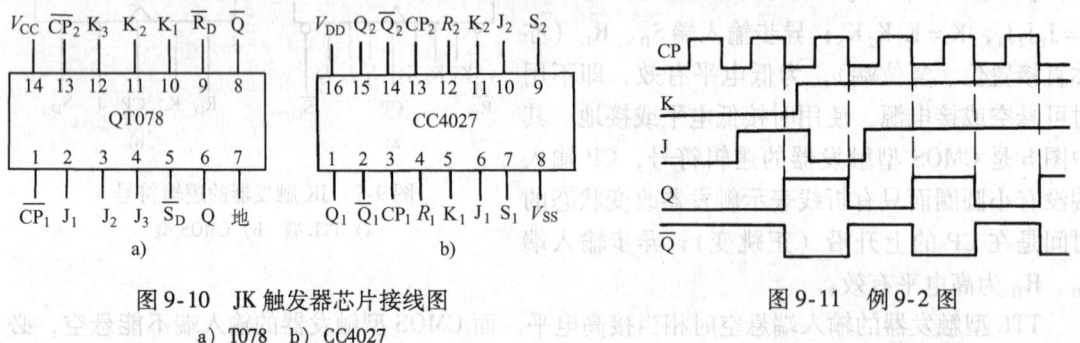

图 9-10 JK 触发器芯片接线图
a) T078  b) CC4027

图 9-11 例 9-2 图

**例 9-3** 图 9-12a 是由一片 CC4027（双 JK CMOS 边沿触发器）构成的单脉冲发生器，已知控制信号 A 和时钟脉冲 CP 的波形如图 9-12b 所示，并设各触发器的初态为 $Q_1 = Q_2 = 0$，试画出 $Q_1$ 和 $Q_2$ 端的波形。

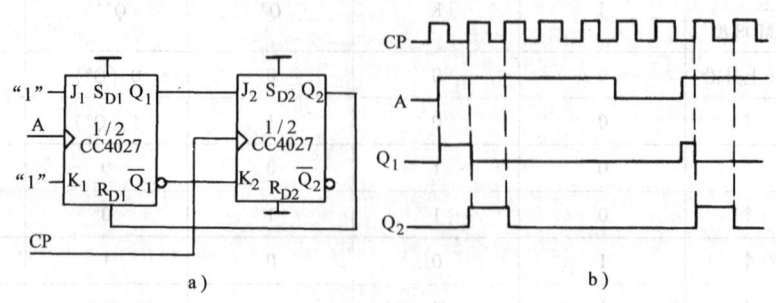

图 9-12 例 9-3 图
a) 电路图  b) 波形图

**解** 本题除了练习同步输入端的逻辑功能外，还应特别注意异步输入端的逻辑功

能。在异步输入端有效电平到来期间，触发器应直接优先执行异步输入端的功能。本题利用了异步置 0 端 $R_{D1}$，当 $R_{D1}=1$、$S_{D1}=0$ 时，无论 J、K 和 CP 端状态如何，触发器将置为 0 状态。根据 JK 触发器的逻辑功能，可画出 $Q_1$ 和 $Q_2$ 端波形，如图 9-12b 所示。由图可见，每当控制信号 A 的上升沿到来后，$Q_2$ 端将输出一个持续时间等于 CP 周期的单个脉冲。

## 9.3 D 触发器

常见的 D 触发器有 TTL 维持阻塞结构和 CMOS 主从结构两种。这两种类型的 D 触发器都不存在"空翻"和"一次翻转"问题，都属于边沿触发型的触发器，但前者要求输入信号的有效作用时间较长。

D 触发器的逻辑符号如图 9-13 所示。其中图 a 是 TTL 型 D 触发器的逻辑符号，例如双 D 触发器 T077 芯片中的一个 D 触发器即可用该符号表示。图 b 是 CMOS 型 D 触发器的逻辑符号，例如双 D 触发器芯片中的一个 D 触发器可用该符号表示。

TTL 型与 CMOS 型 D 触发器皆在 CP 上升沿时改变触发器的状态。TTL 型 D 触发器的异步直接置位端 $\overline{S}_D$ 和异步直接复位端 $\overline{R}_D$ 为低电平有效，不用时可悬空或接电源，使用时接低电平或接地。CMOS 型 D 触发器的异步直接置和复位端 $S_D$、$R_D$ 为高电平有效，不用时应接地，使用时应接高电平或通过一电阻接电源 $V_{DD}$，不能悬空。

D 触发器的逻辑功能可用表 9-4 所示的状态转换真值表来表示。

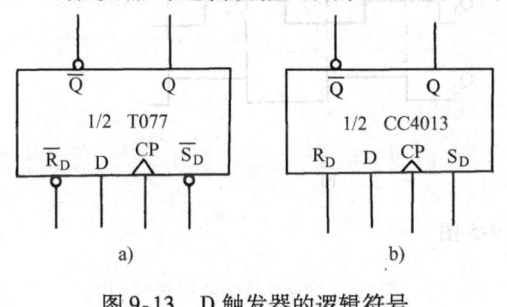

图 9-13 D 触发器的逻辑符号
a) TTL 型  b) CMOS 型

表 9-4 D 触发器的状态转换真值表

| CP | D | $Q^n$ | $Q^{n+1}$ | 功能 |
|---|---|---|---|---|
| ↑ | 0 | 0 | 0 | 保持 |
| ↑ | 0 | 1 | 0 | 置 0 |
| ↑ | 1 | 0 | 1 | 置 1 |
| ↑ | 1 | 1 | 1 | 保持 |

由表可见，D 触发器具有保持、置 0 和置 1 的功能。置 0 和置 1 功能是在 CP 上升沿到来时将输入端 D 的信号传递给输出端，从信号传递的角度也称其为延迟功能。

由状态转换真值表可知，D 触发器的逻辑功能还可用特性方程表示，即

$$Q^{n+1} = D \tag{9-4}$$

TTL 维持阻塞型集成双 D 边沿触发器 T077 和 CMOS 主从型集成双 D 边沿触发器 CC4013 的芯片接线图如图 9-14 所示。

**例 9-4** 若已知双 D 触发器 T077 的 $CP_1$ 和 $D_1$ 输入端的波形如图 9-15 所示，试画出 $Q_1$ 和 $\overline{Q}_1$ 的波形，设触发器的初态为 0。

**解** 输出端 $Q_1$ 和 $\overline{Q}_1$ 在 $CP_1$ 的上升沿时按输入端 $D_1$ 的状态而改变其状态，波形图如图 9-15 所示。

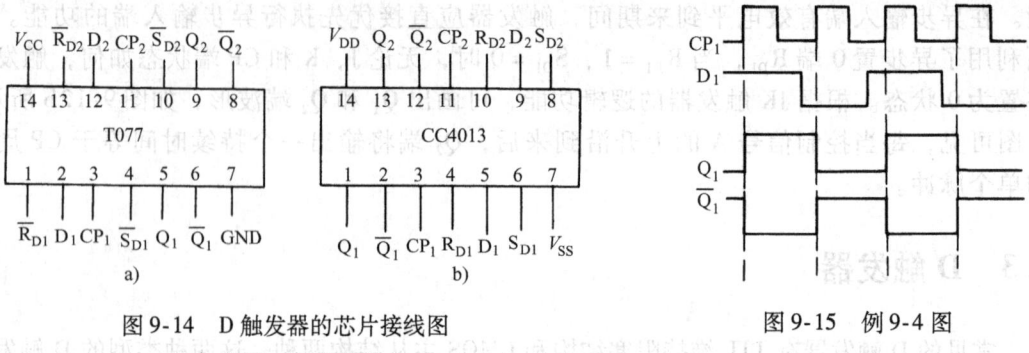

图 9-14 D 触发器的芯片接线图
a) T077  b) CC4013

图 9-15 例 9-4 图

**例 9-5** 图 9-16a 为由一片双 D 触发器 CC4013 组成的移相电路,可输出两个频率相同但相位差为 90°的脉冲信号。已知 CP 波形,试画出 $Q_1$ 和 $Q_2$ 端波形,设 $F_1$ 和 $F_2$ 初态均为 0。

**解** 电路中 $F_1$ 的 $Q_1$ 端接 $F_2$ 的 $D_2$ 端,$F_2$ 的 $\overline{Q_2}$ 端接 $F_1$ 的 $D_1$ 端,$F_1$ 和 $F_2$ 共用同一个时钟脉冲。电路工作时,在 CP 的作用下,可得如图 9-16b 所示的 $Q_1$ 和 $Q_2$ 端波形,并且 $Q_1$ 超前 $Q_2$ 相位角 90°(1/4 周期)。

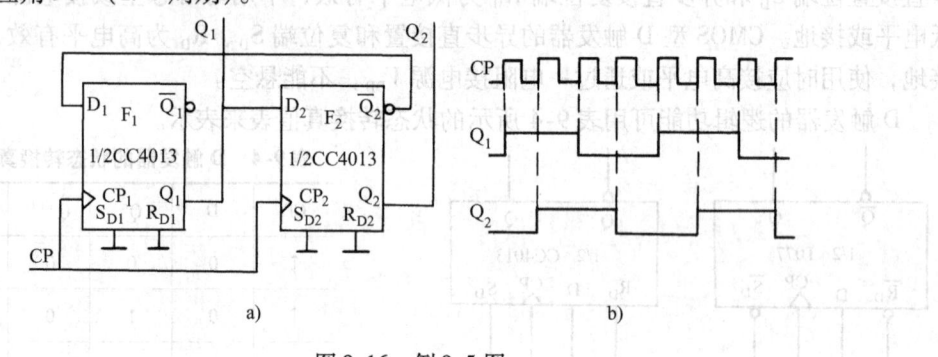

图 9-16 例 9-5 图

## 9.4 触发器功能的转换

目前市场上出售的集成触发器大多数为 JK 或 D 触发器,为了得到其他功能的触发器,可将 JK 或 D 触发器通过一些简单的连线或附加一些逻辑门电路即可实现其逻辑功能的转换。

**1. JK 触发器转换成 T、T′触发器** 如图 9-17a 所示,将 JK 触发器的输入端 J、K 连在一起记作 T 输入端即得 T 触发器。T 触发器和 D 触发器一样具有单信号输入端,其逻辑功能是:当 T=0 时,$Q^{n+1}=Q^n$,具有保持功能;当 T=1 时,$Q^{n+1}=\overline{Q^n}$,具有计数功能。其特性方程为

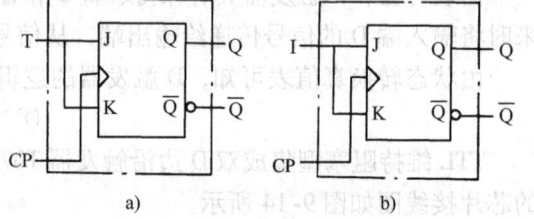

图 9-17 JK 触发器转换为 T、T′触发器
a) 转换为 T 触发器  b) 转换为 T′触发器

$$Q^{n+1} = J\overline{Q^n} + \overline{K}Q^n = T\overline{Q^n} + \overline{T}Q^n \tag{9-5}$$

若取 J = K = 1（即 T = 1）即得 T′触发器，如图 9-17b 所示。T′触发器只具有计数功能，其特性方程为

$$Q^{n+1} = \overline{Q^n} \tag{9-6}$$

**2. JK 触发器转换成 D 触发器**　触发器逻辑功能的转换一般可用特性方程比较法。这种方法是将待求触发器特性方程和已有触发器特性方程进行比较，从而得到所需的表达式，再画出转换所需的逻辑图。

JK 触发器的特性方程为

$$Q^{n+1} = J\overline{Q^n} + \overline{K}Q^n$$

D 触发器的特性方程为

$$Q^{n+1} = D$$

为了得到 J、K 用 D 表示的表达式，需要将 D 触发器的特性方程变换为与 JK 触发器特性方程相似的形式，即

$$Q^{n+1} = D = D(\overline{Q^n} + Q^n) = D\overline{Q^n} + DQ^n$$

将上式与 JK 触发器的特性方程比较后可知，若取

$$J = D$$
$$K = \overline{D}$$

便得到单输入端的 D 触发器，转换电路如图 9-18 所示。

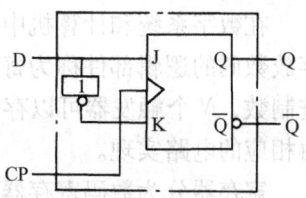

图 9-18　JK 触发器转换为 D 触发器

**3. JK 触发器转换成 RS 触发器**　对 RS 触发器的特性方程变换如下：

$$Q^{n+1} = S + \overline{R}Q^n = S(Q^n + \overline{Q^n}) + \overline{R}Q^n = S\overline{Q^n} + \overline{SR}Q^n$$

将该式与 JK 触发器的特性方程比较可知，只要取

$$J = S$$
$$K = \overline{SR}$$

便可实现 RS 触发器的功能。利用约束条件 SR = 0 可将上式进一步化简，得到

$$J = S$$
$$K = \overline{S}R + SR = R$$

据此可画出图 9-19 所示的转换电路。

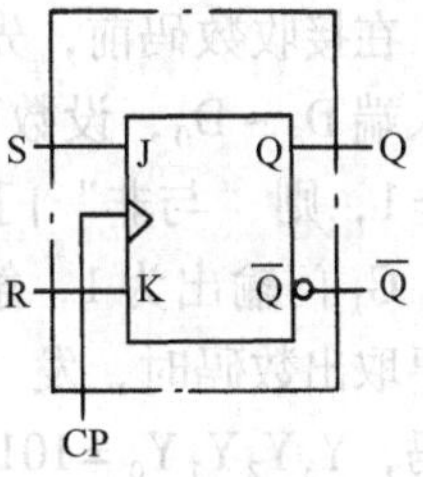

图 9-19　JK 触发器转换为 RS 触发器

**4. D 触发器转换成 T、T′触发器**　T 触发器的特性方程为

$$Q^{n+1} = T\overline{Q^n} + \overline{T}Q^n$$

与 D 触发器的特性方程比较，应有

$$D = T\overline{Q^n} + \overline{T}Q^n = T \oplus Q^n$$

据此可画出图 9-20a 所示的转换电路。

T′触发器的特性方程为 $Q^{n+1} = \overline{Q^n}$，只要取 D 触发器的输入端为 $D = \overline{Q^n}$，即将 $\overline{Q}$ 接回到 D 端，则可得 T′触发器。电路连接如图 9-20b 所示。

D 触发器转换成 RS、JK 触发器的方法同上，请读者自行分析。

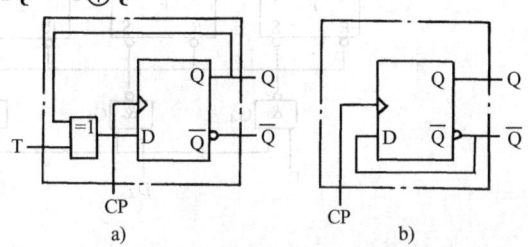

图 9-20　D 触发器转换为 T、T′触发器
a) 转成 T 触发器　b) 转成 T′触发器

**练习与思考**

9-4-1 按结构分双稳态触发器有哪几种?
9-4-2 按触发方式分双稳态触发器有哪几种触发方式?
9-4-3 按导电机理分双稳态触发器主要有哪几种类型?
9-4-4 按逻辑功能分双稳态触发器有哪几种?
9-4-5 何种类型的触发器存在"空翻"和"一次翻转"问题,何种类型触发器不存在这两个问题?
9-4-6 试写出基本 RS、同步 RS、D、JK、T、T′触发器的特性方程。

## 9.5 寄存器

在数字系统和计算机中,经常需要把一些数据信息暂时存放起来,等待处理。能够暂时存放数码的逻辑部件称为寄存器。寄存器的记忆单元是触发器。一个触发器可以存储一位二进制数,$N$ 个触发器可以存储 $N$ 位二进制数。寄存器应具有清零、存数和取数的功能,并由相应的电路实现。

寄存器分为数码寄存器和移位寄存器两类。

### 9.5.1 数码寄存器

图 9-21 是 4 位数码寄存器逻辑图,它由 4 个基本 RS 触发器和一些与非门组成,其工作过程如下:

在接收数码前,先送入清零负脉冲,使所有触发器均置为 0 态。待存数码加在触发器的输入端 $D_3 \sim D_0$,设数码为 1010。当寄存器接到"寄存指令"(正脉冲)时,由于 $D_3 = 1$、$D_1 = 1$,则"与非"门 $G_4$、$G_2$ 输出置 1 负脉冲,将触发器 $F_3$、$F_1$ 置 1,而 $D_2 = 0$,$D_0 = 0$,$G_3$、$G_1$ 门输出为 1,触发器 $F_2$、$F_0$ 保持 0 态,因此数码寄存器便把输入数码存入寄存器中。需要取出数码时,发"取数指令"(正脉冲),在输出端 $Y_3 \sim Y_0$ 便可得到存放在寄存器中的数码,$Y_3Y_2Y_1Y_0 = 1010$。

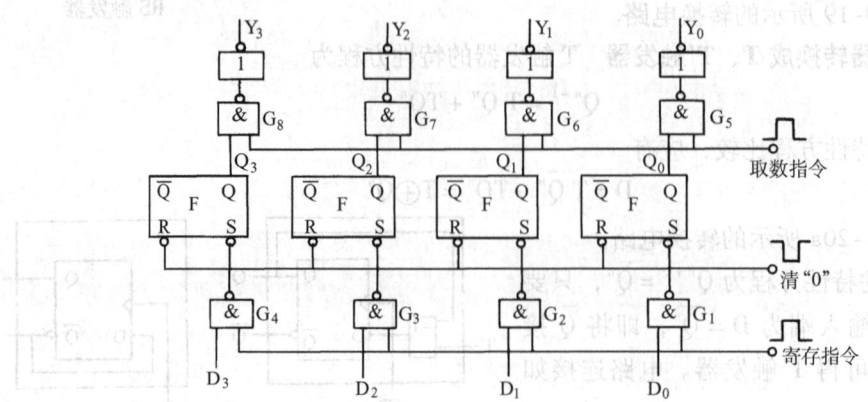

图 9-21 4 位数码寄存器

上述寄存器在接收数码时,各位数码是同时存入寄存器的,其输出也是从各位同时取出,因此这种寄存器又称并行输入并行输出寄存器。

下面例举两个常用的集成数码寄存器。

**1. 8 位三态输出数码寄存器 T3374**　　T3374 的逻辑图如图 9-22 所示。它的内部有 8 个 D 触发器,是用 CP 上升沿触发实现并行输入、并行输出的数码寄存器。其功能与国外产品 74LS374 相同。

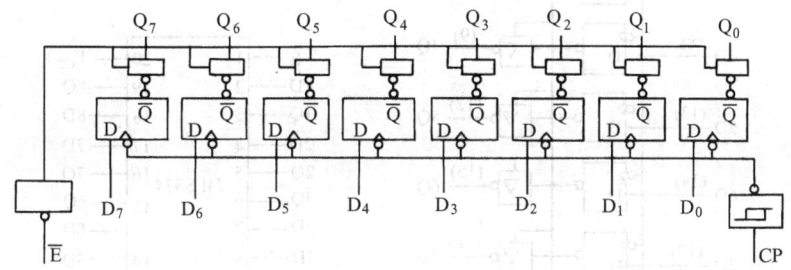

图 9-22　T3374 逻辑图

数码寄存器 T3374 有三个特点:一是三态输出;二是具有 CP 缓冲门;三是不需要清零。$\overline{E}$ 端为使能输入端,当 $\overline{E}=0$(低电平使能)时,各触发器输出端 $\overline{Q}$ 经三态门反相后输出;而当 $\overline{E}=1$ 时,输出为高阻状态,输入时钟脉冲 CP 是经施密特触发器整形后才送入各触发器时钟端的,这使输入时钟出现滞后现象,但能减少交直流噪声干扰,有利于数据的传送和保持。关于施密特触发器的内容,将在第 10 章介绍。T3374 不需要清零,当一组新的数据存入寄存器时,原有数据同时消失。

8 位三态输出寄存器 T3374 的引脚排列图如图 9-23 所示。

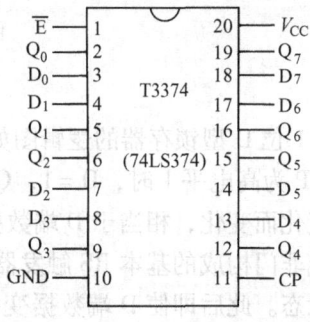

图 9-23　T3374 的引脚排列图

**2. 8 位 D 型锁存器 74LS373**　　74LS373 的逻辑图和管脚排列图如图 9-24 所示。由图可见它是三态输出结构,$\overline{E}$ 为输出使能控制信号端。当 $\overline{E}$ 为低电平时,8 个输出三态门导通;当 $\overline{E}$ 为高电平时,输出三态门为高阻态。

74LS373 内部集成有 8 位 D 型锁存器,1D、2D、…、8D 是 8 个数据输入端,CP 是锁存控制信号。

在输出使能信号 $\overline{E}=0$ 情况下,若 CP 为高电平,输出 Q 跟随输入数据 D 变化而变化,即 D=0,Q=0,D=1,Q=1。若 CP 为低电平,输出 Q 的状态被锁存在 CP 变 0 之前时刻各相应数据输入端的电平上。

当 $\overline{E}=1$ 时,输出虽然为高阻态,已有的锁存数据仍然保留,新的数据也可以进入,因而输出使能信号 $\overline{E}$ 不影响内部锁存功能。

经常使用的 MSI(中规模集成电路)锁存器有双 2 位、4 位、双 4 位、8 位透明锁存器等。

图 9-24a 中 D 型锁存器的组成和工作原理如下:

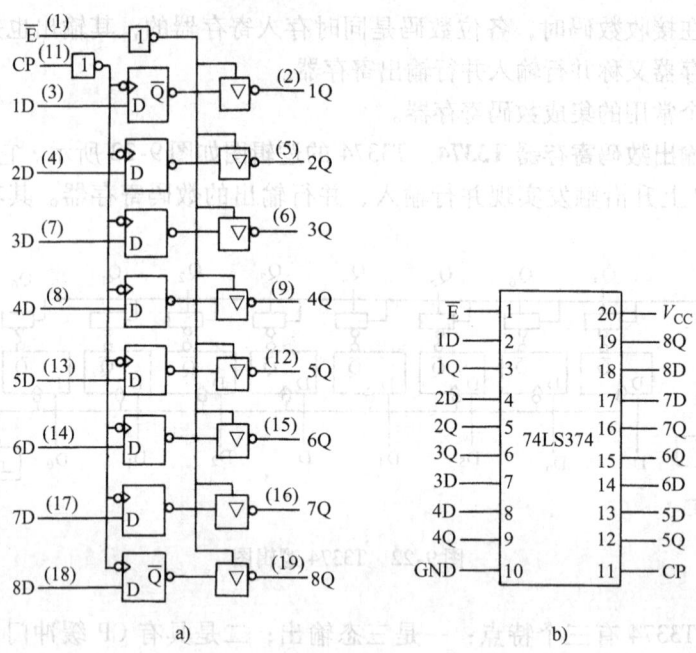

图 9-24 74LS373 的逻辑图和引脚图
a) 逻辑图　b) 引脚图

1 位 D 型锁存器的逻辑图如图 9-25 所示。两个与或非门交叉耦合构成基本 RS 触发器。当 CP 为高电平 1 时，D = 1，Q = 1；同样，CP = 1，D = 0，Q = 0。输出 Q 的状态随 D 端数据变化而变化，相当于 D 端数据直接输出至 Q 端，即所谓透明。当 CP 变为低电平 0 时，对与或非门构成的基本 RS 触发器的状态不产生影响，Q 端状态仍维持 CP 变为低电平之前 D 的状态。此后即使 D 端数据变化，由于 CP = 0，Q 端的状态也不变，实现锁存功能。该 D 型锁存器又称为 D 型透明锁存器。

采用三态输出寄存器，因输出线上出现的数据和输入线上传来的数据不是同时存在的，所以可以共用数据总线。图 9-26 三态输出寄存器挂接数据总线。图中 RTA、RTB、RTC、RTD 为三态输出寄存器，全部挂在数据总线 BUS 上，其中双箭头数据线表示传输的数据是双向的。

如果要将 RTA 中所存数据传送到 RTD 中去，只要分时实现 $\overline{E}_A = 0$，$CP_D = 1$ 即可。但此时必须关闭其他寄存器，即令其他寄存器在此期间 $\overline{E} = 1$，CP = 0。否则会出现其他寄存器"争夺"数据总线的错误。

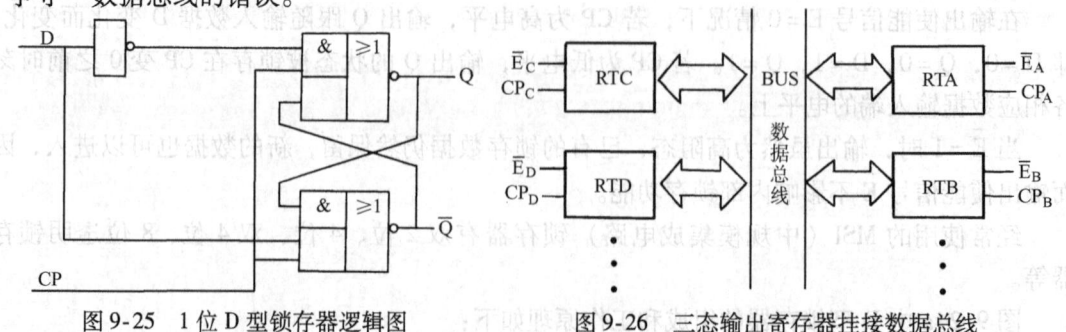

图 9-25　1 位 D 型锁存器逻辑图　　　　图 9-26　三态输出寄存器挂接数据总线

## 9.5.2 移位寄存器

移位寄存器不仅可以存放数码而且具有移位功能。移位，是指在移位脉冲的控制下，寄存器中所存的数码依次左移或右移。移位寄存器广泛应用于数字系统和计算机中。

**1. 单向移位寄存器** 在移位脉冲的控制下，所存数码只能向某一方向移动的寄存器称为单向移位寄存器，单向移位寄存器有左移寄存器和右移寄存器之分。

图 9-27 是由 D 触发器组成的 4 位左移寄存器逻辑图。

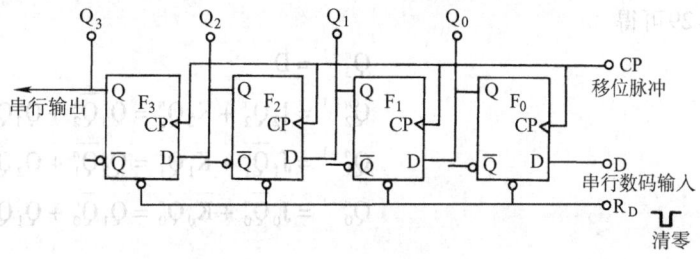

图 9-27 4 位左移寄存器逻辑图

图中各位触发器的 CP 端连在一起作为移位脉冲的控制端，最低位触发器 $F_0$ 的 $D_0$ 端作为数码输入端 D。

设要存入的 4 位二进制数码 $d_3d_2d_1d_0 = 1101$，按移位脉冲的工作节拍，从高位到低位逐位送到 $D_0$ 端，经过第一个 CP 后，$Q_0 = d_3$，经过第二个 CP 后，$F_0$ 的状态移入 $F_1$，$F_0$ 又移入新数码 $d_2$，即 $Q_1 = d_3$，$Q_0 = d_2$，依次类推，经过 4 个时钟脉冲后，$Q_3 = d_3$、$Q_2 = d_2$、$Q_1 = d_1$、$Q_0 = d_0$，4 位数码全部存入寄存器中。

上述分析可用表 9-5 给出的状态表和图 9-28 所示的波形图表示。

**表 9-5 4 位左移寄存器状态表**

| $\overline{R}_D$ | CP | $Q_3$ | $Q_2$ | $Q_1$ | $Q_0$ |
|---|---|---|---|---|---|
| 0 | 0 | 0 | 0 | 0 | 0 |
| 1 | 1 | 0 | 0 | 0 | $d_3$ |
| 1 | 2 | 0 | 0 | $d_3$ | $d_2$ |
| 1 | 3 | 0 | $d_3$ | $d_2$ | $d_1$ |
| 1 | 4 | $d_3$ | $d_2$ | $d_1$ | $d_0$ |

由上述分析可知，这种移位寄存器寄存的数码按移位脉冲的工作节拍从高位到低位逐位输入到寄存器中，属串行输入方式。从寄存器中取数有两种方式：一是从 4 个触发器的 Q 端同时取数的并行输出方式；二是数码从最高位触发器的 $Q_3$ 端逐位取出，即串行输出方式。显然，采用串行方式取数时，还必须再送 4 个移位脉冲（见图 9-28 中 5CP~8CP），才能移出存入的 4 位数码。

右移寄存器的特点是待存数码从低位到高位逐位送到最高位触发器的输入端，其工作过程与左移寄存器相同。

**例 9-6** 试分析图 9-29 所示时序电路的逻辑功能。

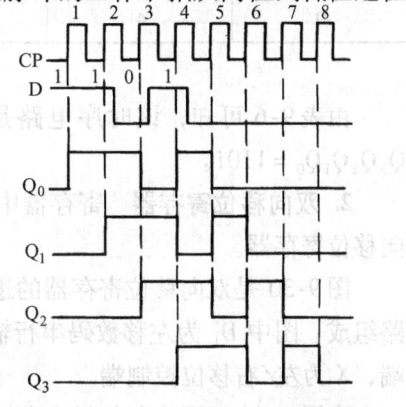

图 9-28 4 位左移寄存器波形图

若输入数码 $d_3d_2d_1d_0 = 1101$,经过 4 个 CP 后,各触发器的状态 $Q_3Q_2Q_1Q_0$ 如何?

**解** 图 9-29 中,各触发器 CP 端连在一起作移位脉冲输入端,$R_D$ 为高电平清零端,最高位触发器 $F_3$ 接成 D 触发器,D 作串行数据输入端。需要移位的数码 $d_3d_2d_1d_0 = 1101$,按时钟脉冲工作节拍,从低位到高位将数码逐位送到 D 端。根据 JK 触发器特性方程,由图 9-29 可得

$$Q_3^{n+1} = D$$
$$Q_2^{n+1} = J_2\overline{Q_2^n} + \overline{K_2}Q_2^n = Q_3\overline{Q_2^n} + Q_3Q_2^n = Q_3$$
$$Q_1^{n+1} = J_1\overline{Q_1^n} + \overline{K_1}Q_1^n = Q_2\overline{Q_1^n} + Q_2Q_1^n = Q_2$$
$$Q_0^{n+1} = J_0\overline{Q_0^n} + \overline{K_0}Q_0^n = Q_1\overline{Q_0^n} + Q_1Q_0^n = Q_1$$

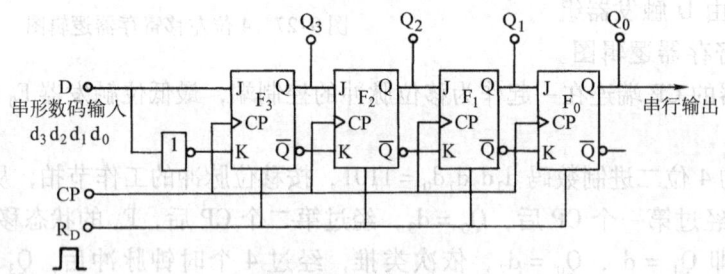

图 9-29 例 9-6 图

由此可见,它与图 9-27 所示的电路具有相似的逻辑功能。经过 4 个移位脉冲后,待存的 4 位数码从低位到高位逐位移入寄存器中。表 9-6 是该移位寄存器的状态表。

表 9-6 例 9-6 状态表

| $R_D$ | CP | $Q_3$ | $Q_2$ | $Q_1$ | $Q_0$ |
| --- | --- | --- | --- | --- | --- |
| 1 | 0 | 0 | 0 | 0 | 0 |
| 0 | 1 | 1 | 0 | 0 | 0 |
| 0 | 2 | 0 | 1 | 0 | 0 |
| 0 | 3 | 0 | 0 | 1 | 0 |
| 0 | 4 | 1 | 1 | 0 | 1 |

由表 9-6 可知,该时序电路是 4 位右移寄存器。经 4 个 CP 后,各触发器的状态为 $Q_3Q_2Q_1Q_0 = 1101$。

**2. 双向移位寄存器** 寄存器中的数码既能左移,又能右移,这种功能的寄存器称为双向移位寄存器。

图 9-30 是双向移位寄存器的逻辑图。它由 4 个 CMOS 型 D 触发器和与或非门等控制电路组成。图中 $D_L$ 为左移数码串行输入端,$D_R$ 为右移数码串行输入端,CP 为移位脉冲输入端,X 为左/右移位控制端。

由图 9-30 可写出各位触发器输入端 D 的逻辑式:

$$D_0 = \overline{X \overline{D_L} + \overline{X} \overline{Q_1}}$$
$$D_1 = \overline{X \overline{Q_0} + \overline{X} \overline{Q_2}}$$
$$D_3 = \overline{X \overline{Q_1} + \overline{X} \overline{Q_3}}$$
$$D_4 = \overline{X \overline{Q_2} + \overline{X} \overline{Q_R}}$$

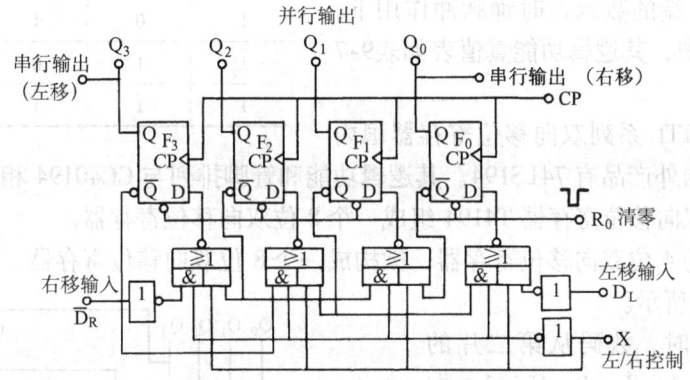

图 9-30 双向移位寄存器逻辑图

现仅以第二位触发器 $F_1$ 为例,讨论该触发器如何实现左移和右移功能。

当 $X = 1$ 时,$D_1 = \overline{X \overline{Q_0} + \overline{X} \overline{Q_2}} = \overline{1 \cdot \overline{Q_0} + 0 \cdot \overline{Q_2}} = Q_0$,相当于 $D_1$ 与 $Q_0$ 相接,在移位脉冲作用下,触发器 $F_0$ 的状态左移到 $F_1$ 中,使 $Q_1^{n+1} = Q_0^n$;当 $X = 0$ 时,$D_1 = \overline{0 \cdot \overline{Q_0} + 1 \cdot \overline{Q_2}} = Q_2$,相当于 $D_1$ 与 $Q_2$ 相接,在移位脉冲作用下,触发器 $F_2$ 的状态右移到 $F_1$ 中去,使 $Q_1^{n+1} = Q_2^n$。

同理可分析出其他任意两位触发器之间的移位情况。可见图 9-30 所示的移位寄存器,在 $X = 1$ 时,可向左移位,数码从 $D_L$ 端由高位到低位逐位输入,在 CP 控制下移入寄存器;在 $X = 0$ 时,则可向右移位,数码从 $D_R$ 端由低位到高位逐位输入,在 CP 控制下移入寄存器。这种双向移位寄存器可以采用并行或串行输出方式。

下面介绍国产 CMOS 双向移位寄存器集成芯片 CC40194。

CC40194 是一种功能很强的通用寄存器。它具有数据并行输入、保持、异步清零和左、右移位控制的功能,其工作原理与上述双向移位寄存器基本相同。图 9-31 为 CC40194 引脚功能排列图。其中 16 引脚接电源 $V_{DD}$,8 引脚接 $V_{SS}$(一般接地),其余管脚符号意义如下:

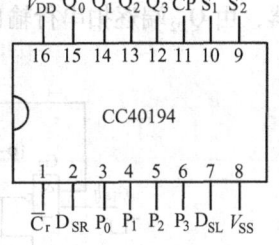

图 9-31 CC40194 片脚功能排列图

$\overline{C_r}$——清零端。$\overline{C_r}$ 低电平时寄存器清零。

CP——时钟脉冲输入端。

$P_0 \sim P_3$——数码并行输入端。

$Q_0 \sim Q_3$——数码输出端。

$D_{SL}$——左移数码输入端。

$D_{SR}$——右移数码输入端。

$S_1$、$S_2$——状态控制端。当 $S_1 = S_2 = 0$ 时，寄存器执行保持功能，这时寄存器内的数码保持不变；当 $S_1 = 0$、$S_2 = 1$ 时，寄存器执行右移功能，数码从 $D_{SR}$ 端输入；当 $S_1 = 1$、$S_2 = 0$ 时，寄存器执行左移功能，数码从 $D_{SL}$ 端输入；当 $S_1 = S_2 = 1$ 时，寄存器执行并行输入数码功能，加在 $P_0 \sim P_3$ 端的数码在时钟脉冲作用下，同时存入寄存器中，其逻辑功能真值表如表 9-7 所示。

表 9-7 CC40194 集成芯片逻辑功能真值表

| $\overline{C_r}$ | $S_1$ | $S_2$ | 工作状态 |
|---|---|---|---|
| 0 | φ | φ | 清零 |
| 1 | 0 | 0 | 保持 |
| 1 | 0 | 1 | 右移 |
| 1 | 1 | 0 | 左移 |
| 1 | 1 | 1 | 并行输入 |

中规模集成 TTL 系列双向移位寄存器国内产品有 T4194，国外产品有 74LS194。其逻辑功能和管脚排列与 CC40194 相同。

**例 9-7** 用双向移位寄存器 T4194 组成一个 8 位双向移位寄存器。

**解** T4194 为 4 位双向移位寄存器，欲构成一个 8 位双向移位寄存器，需用两片 T4194，其接法如图 9-32 所示。

当需要左移时，数码从第二片的 $D_{SL2}$ 输入，且 $S_1 = 1$、$S_2 = 0$、$\overline{C_r} = 1$，在 CP 脉冲作用下，数码逐位左移，从第一片 T4194 的 $Q_0$ 串行输出；当需要右移时，令 $S_1 = 0$、$S_2 = 1$、$\overline{C_r} = 1$，数码从第一片的 $D_{SR1}$ 输入，在移位脉冲作用下，数码逐位右移，从第二片 T4194 的 $Q_3$ 端串行输出。

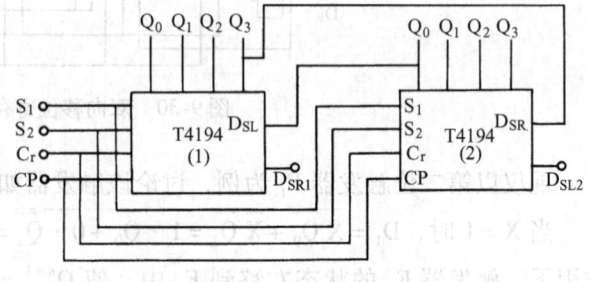

图 9-32 例 9-7 逻辑图

### 9.5.3 寄存器应用举例

下面是移位寄存器在数据串-并行变换中的应用。

图 9-33 为 7 位并行变串行的数码变换器，其功能是把 7 位数据 $D_6 \sim D_0$ 并行输入至寄存器，由 $Q_{D2}$ 端逐拍串行输出。图中所用的寄存器是 CC40194，其工作过程如下：

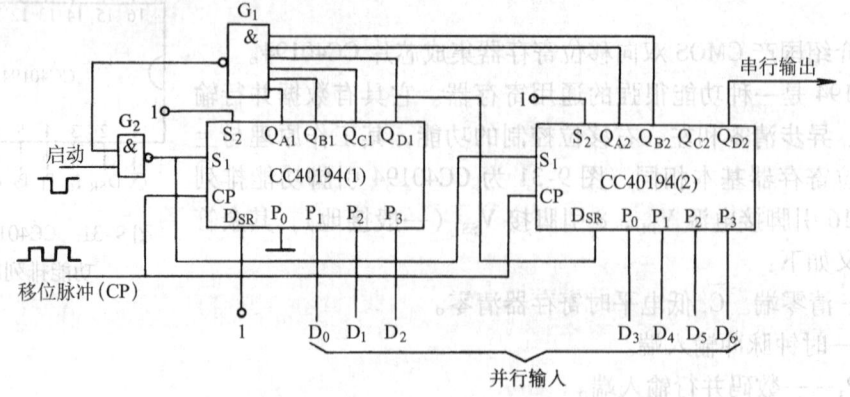

图 9-33 7 位并-串数据变换器

启动时，在 $G_2$ 门输入端加一启动负脉冲，使两个寄存器处于并行输入状态（$S_1 = S_2 = $

1),由 CP 脉冲将数据并行地送入寄存器。于是 $Q_{A1}Q_{B1}Q_{C1}Q_{D1} = 0D_0D_1D_2$、$Q_{A2}Q_{B2}Q_{C2}Q_{D2} = D_3D_4D_5D_6$。此时由于 $Q_{A1}=0$,所以"与非"门 $G_1$ 的输出为1,因而 $S_1=0$、$S_2=1$,寄存器自动转换成右移工作方式。在以后的5拍中,由于 $G_1$ 的输入端总有一个为0,所以 $S_1=0$、$S_2=1$ 的状态不变。因此所有数据在移位脉冲作用下逐拍右移,并由 $Q_{D2}$ 端依次输出,直到第7拍到达时,$G_1$ 门全部输入均等于1,使 $G_1$ 输出为0,$S_1=S_2=1$,寄存器又自动转变成并行输入的工作方式,输入新数据,开始下一移位循环。移位过程详见表9-8。由表9-8可知,并行输入的7位数据经7拍后,全部由 $Q_{D2}$ 端输出,完成一次并–串行变换。

表9-8 数据并→串行变换过程表

| CP | | 寄存器各输出端状态 | | | | | | | 寄存器工作方式 |
|---|---|---|---|---|---|---|---|---|---|
| | | $Q_{A1}$ | $Q_{B1}$ | $Q_{C1}$ | $Q_{D1}$ | $Q_{A2}$ | $Q_{B2}$ | $Q_{C2}$ | $Q_{D2}$ | |
| 1 | ↑ | 0 | $D_0$ | $D_1$ | $D_2$ | $D_3$ | $D_4$ | $D_5$ | $D_6$ | 并行输入($S_1S_0=11$) |
| 2 | ↑ | 1 | 0 | $D_0$ | $D_1$ | $D_2$ | $D_3$ | $D_4$ | $D_5$ | 右移($S_1S_0=01$) |
| 3 | ↑ | 1 | 1 | 0 | $D_0$ | $D_1$ | $D_2$ | $D_3$ | $D_4$ | 右移($S_1S_0=01$) |
| 4 | ↑ | 1 | 1 | 1 | 0 | $D_0$ | $D_1$ | $D_2$ | $D_3$ | 右移($S_1S_0=01$) |
| 5 | ↑ | 1 | 1 | 1 | 1 | 0 | $D_0$ | $D_1$ | $D_2$ | 右移($S_1S_0=01$) |
| 6 | ↑ | 1 | 1 | 1 | 1 | 1 | 0 | $D_0$ | $D_1$ | 右移($S_1S_0=01$) |
| 7 | ↑ | 1 | 1 | 1 | 1 | 1 | 1 | 0 | $D_0$ | 并行输入($S_1S_0=11$) |

**练习与思考**

9-5-1 时序电路与组合电路在电路组成上有何不同?
9-5-2 时序电路与组合电路的工作特点有何不同?
9-5-3 数码可以并行输入、并行输出的寄存器有(    )。
   a) 数码寄存器  b) 移位寄存器  c) 二者皆可
9-5-4 数码可以串行输入、串行输出的寄存器有(    )。
   a) 数码寄存器  b) 移位寄存器  c) 二者皆可

## 9.6 计数器

在计算机和数字系统中,使用最多的时序电路是计数器。计数器的用途相当广泛,它不仅能用于对时钟脉冲计数,还可以用作分频、定时、产生节拍脉冲和进行数字运算等。

计数器的种类繁多,按计数器中的各个触发器计数脉冲作用方式分类,可以把计数器分为同步计数器和异步计数器;按计数过程中数字的增减分类,可分为加法计数器、减法计数器和可逆计数器,按计数器循环模数(进制数)不同,又可分为二进制计数器、十进制计数器和任意进制计数器。

### 9.6.1 计数器功能的分析

计数器功能的分析,就是按上述对计数器的分类,用波形图或状态转换表等方法,分析计数器是同步的还是异步的;是加法计数、减法计数、还是可逆计数的;计数器的循环模数又是多少。下面举例说明。

**例 9-8** 试分析图9-34所示时序电路的逻辑功能。设各触发器的初态 $Q_3Q_2Q_1Q_0=0000$。

**解** 图9-34所示时序电路无数码输入端,只有 CP 输入端,所以它是计数器而不是寄存器。

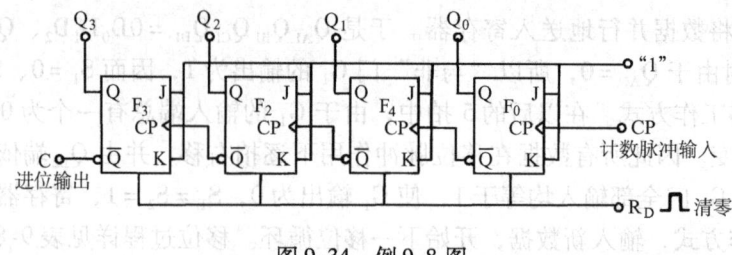

图 9-34 例 9-8 图

由于组成计数器的 4 个触发器的 CP 不全相同,所以它是一个异步计数器,其计数功能可用波形图(时序图)或状态转换表分析。

由图 9-34 可知,该计数器由 4 个 CMOS 型 T′触发器组成。计数脉冲从最低位触发器 $F_0$ 的 CP 端输入,每输入一个计数脉冲,$F_0$ 的状态改变一次,$Q_0$ 的波形可根据 CP 的波形画出,如图 9-35 所示。低位触发器的 $\overline{Q}$ 与相邻的高位触发器的 CP 端相连,每当低位触发器状态由 1 翻转为 0 时,$\overline{Q}$ 端就输出一个由 0 变 1 的正跳变信号,使高位触发器翻转,由此可根据 $Q_0$ 的波形画出 $Q_1$ 的波形,由 $Q_1$ 的波形画出 $Q_2$ 的波形,由 $Q_2$ 的波形画出 $Q_3$ 的波形,如图 9-35 所示。

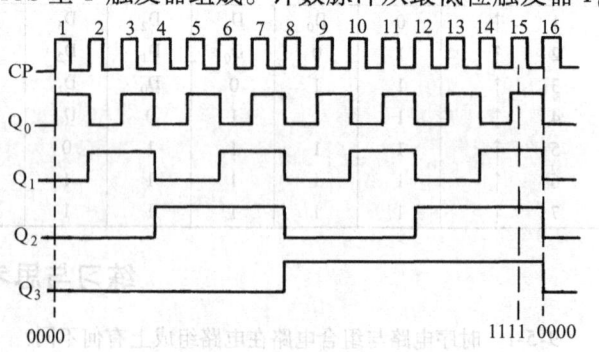

图 9-35 例 9-8 波形图

由波形图可列出该计数器的状态转换表,如表 9-9 所示。

表 9-9 例 9-8 状态转换表

| 计数脉冲序号 | 4 位触发器状态 | | | | 对应的十进制数 |
| --- | --- | --- | --- | --- | --- |
| | $Q_3$ | $Q_2$ | $Q_1$ | $Q_0$ | |
| 0 | 0 | 0 | 0 | 0 | 0 |
| 1 | 0 | 0 | 0 | 1 | 1 |
| 2 | 0 | 0 | 1 | 0 | 2 |
| 3 | 0 | 0 | 1 | 1 | 3 |
| 4 | 0 | 1 | 0 | 0 | 4 |
| 5 | 0 | 1 | 0 | 1 | 5 |
| 6 | 0 | 1 | 1 | 0 | 6 |
| 7 | 0 | 1 | 1 | 1 | 7 |
| 8 | 1 | 0 | 0 | 0 | 8 |
| 9 | 1 | 0 | 0 | 1 | 9 |
| 10 | 1 | 0 | 1 | 0 | 10 |
| 11 | 1 | 0 | 1 | 1 | 11 |
| 12 | 1 | 1 | 0 | 0 | 12 |
| 13 | 1 | 1 | 0 | 1 | 13 |
| 14 | 1 | 1 | 1 | 0 | 14 |
| 15 | 1 | 1 | 1 | 1 | 15 |
| 16 | 0 | 0 | 0 | 0 | 0 |

由图 9-35 可见，计数器的状态随计数脉冲个数的增加由初态的 0000 变为 0001、0010、…，当第 15 个计数脉冲到达后，计数器的状态变为 1111，当第 16 个计数脉冲到达后，计数器的状态回到初态 0000。该计数器随计数脉冲个数的增加，计数值是递增的，因而该计数器是加法计数器。

该计数器由 4 个触发器组成，每个触发器表示 1 位二进制数，该计数器是 4 位二进制加法计数器，4 位计数器有 $2^4 = 16$ 个状态，该计数器每输入 16 个计数脉冲，计数器的状态就循环一次，并在最高位的 $\overline{Q_3}$ 端产生一个进位脉冲（逢 16 进 1），故又称该计数器为 1 位十六进制加法计数器，或称循环模数 M = 16 的加法计数器。

综上，该时序电路是 1 位十六进制异步加法计数器。

从上面的分析还可看到：

1）对计数脉冲而言，每经过一级触发器，输出脉冲周期增加 1 倍，频率降为原来的 1/2。于是从 $Q_0$ 端引出的波形为 2 分频，如图 9-35 所示。从 $Q_1$ 端引出的波形为 4 分频，依此类推，$n$ 位二进制加法计数器可实现 $2^n$ 分频。该计数器也可称 16 分频器。

2）计数器所能累计的最大脉冲数称为计数容量 L，一个 4 位二进制加法计数器能累计的最大脉冲数 $L = 2^4 - 1 = 15$。同理，一个 $n$ 位二进制加法计数器具有 $2^n$ 个状态，其计数容量为 $L = 2^n - 1$。计数容量 L 比循环模数 M 少 1。

**例 9-9** 试分析图 9-36a 所示时序电路的逻辑功能。设触发器的初态 $Q_1Q_0 = 00$。

**解** 该时序电路无数码输入端，两个 T′ 触发器的 CP 不同，因而是异步计数器，根据 CP 波形可画出 $Q_0$、$Q_1$ 端波形，如图 9-36b 所示。由图可知 $Q_1Q_0$ 的状态转换规律是 00、11、10、01、00…。从第二个 CP 以后，计数器随 CP 个数的增加而递减计数。

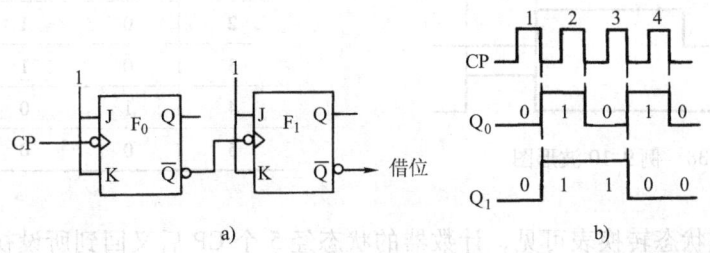

图 9-36 例 9-9 图

综上，该时序电路是异步 2 位二进制减法计数器。或称为异步四进制减法计数器。

**例 9-10** 试分析图 9-37 所示计数器的功能，说明该计数器能否自启动。

**解** 该计数器由三个 JK 触发器组成，三个触发器的 CP 不相同，故电路称为异步计数器。电路的计数长度，即循环模数 $M \leq 2^3 = 8$。该电路的输入信号的关系比较复杂，应按下述步骤分析。

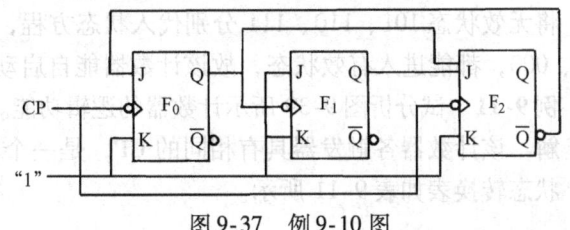

图 9-37 例 9-10 图

1）由电路图写各触发器的驱动方程

$$\begin{cases} J_0 = \overline{Q_2} \\ K_0 = 1 \end{cases} \begin{cases} J_1 = 1 \\ K_1 = 1 \end{cases} \begin{cases} J_2 = Q_1 Q_0 \\ K_2 = 1 \end{cases} \quad (9\text{-}7)$$

2）写出各触发器的时钟方程

$$CP_0 = CP \qquad CP_1 = Q_0 \qquad CP_2 = CP \quad (9\text{-}8)$$

3）写各触发器的状态方程

$$\left. \begin{aligned} Q_0^{n+1} &= J_0 \overline{Q_0} + \overline{K_0} Q_0 = \overline{Q_2}\, \overline{Q_0}\,(CP\downarrow) \\ Q_1^{n+1} &= \overline{Q_1}\,(Q_0\downarrow\text{时触发}) \\ Q_2^{n+1} &= Q_1 Q_0 \overline{Q_2}\,(CP\downarrow) \end{aligned} \right\} \quad (9\text{-}9)$$

触发器状态的改变是由驱动方程和时钟方程共同决定的，而时钟方程是先决条件。应特别注意，$F_1$ 只有在 $Q_0$ 出现↓时，即 $Q_0$ 由 1 跳回 0 时才被触发，并翻转。

4）由状态方程画波形图或列状态转换表。首先在计数器的 $2^3$ 个状态中任意设一个初态，例如设初态 $Q_2 Q_1 Q_0 = 000$。然后将初态代入状态方程中，可得第一个 CP 到达后的次态 001，将这个状态再代入状态方程，可得第二个 CP 到达后的状态 010，…依此作下去，可得图 9-38 所示的波形图和表 9-10 的状态转换表。

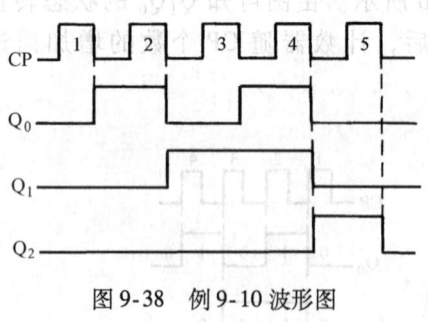

图 9-38 例 9-10 波形图

表 9-10 例 9-10 状态转换表

| CP | $Q_2$ | $Q_1$ | $Q_0$ |
|---|---|---|---|
| 0 | 0 | 0 | 0 |
| 1 | 0 | 0 | 1 |
| 2 | 0 | 1 | 0 |
| 3 | 0 | 1 | 1 |
| 4 | 1 | 0 | 0 |
| 5 | 0 | 0 | 0 |

由波形图或状态转换表可见，计数器的状态经 5 个 CP 后又回到所设初态，并且随 CP 个数的增加递增计数，所以该计数器是异步五进制加法计数器。

该计数器还有三个无效状态，101、110、111。当计数器启动时或受到干扰时，可能进入无效状态。若经过有限个 CP 后能进入有效循环状态（如本例的状态表），则该计数器能自启动；若不能进入有效循环状态，则计数器不能自启动。

将无效状态 101、110、111 分别代入状态方程，各经过一个 CP 后，相应地状态为 010、000、000，都能进入有效状态，故该计数器能自启动。

**例 9-11** 试分析图 9-39 所示计数器的逻辑功能。设各触发器的初态 $Q_3 Q_2 Q_1 Q_0 = 0000$。

**解** 该计数器各触发器具有相同的 CP，是一个同步计数器，可用状态转换表分析其功能，状态转换表如表 9-11 所示。

# 第9章 触发器及时序逻辑电路

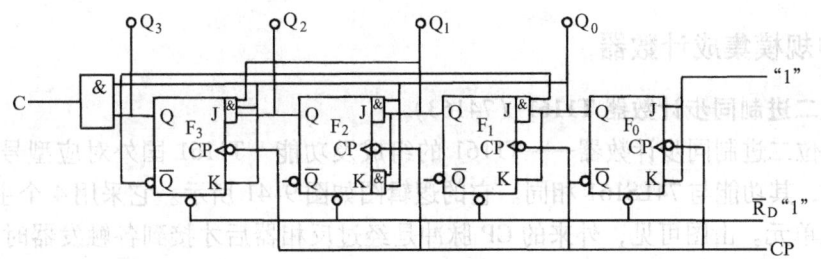

图 9-39 例 9-11 图

表 9-11 例 9-11 状态转换表

| CP | 计数器状态 $Q_3 Q_2 Q_1 Q_0$ | | | | 十进数 | 进位 $C=Q_3Q_0$ | 驱动方程 | | | | | |
|---|---|---|---|---|---|---|---|---|---|---|---|---|
| | $Q_3$ | $Q_2$ | $Q_1$ | $Q_0$ | | | $J_3=Q_2Q_1Q_0$ | $K_3=Q_0$ | $J_2=Q_1Q_0=K_2$ | $J_1=\bar{Q}_3Q_0$ | $K_1=Q_0$ | $J_0=1=K_0$ |
| 0 | 0 | 0 | 0 | 0 | 0 | 0 | 0 | 0 | 0 | 0 | 0 | 1  1 |
| 1 | 0 | 0 | 0 | 1 | 1 | 0 | 0 | 1 | 0 | 1 | 1 | 1  1 |
| 2 | 0 | 0 | 1 | 0 | 2 | 0 | 0 | 0 | 0 | 0 | 0 | 1  1 |
| 3 | 0 | 0 | 1 | 1 | 3 | 0 | 1 | 1 | 1 | 1 | 1 | 1  1 |
| 4 | 0 | 1 | 0 | 0 | 4 | 0 | 0 | 0 | 0 | 0 | 0 | 1  1 |
| 5 | 0 | 1 | 0 | 1 | 5 | 0 | 0 | 1 | 0 | 1 | 1 | 1  1 |
| 6 | 0 | 1 | 1 | 0 | 6 | 0 | 0 | 0 | 0 | 0 | 0 | 1  1 |
| 7 | 0 | 1 | 1 | 1 | 7 | 0 | 1 | 1 | 1 | 1 | 1 | 1  1 |
| 8 | 1 | 0 | 0 | 0 | 8 | 0 | 0 | 0 | 0 | 0 | 0 | 1  1 |
| 9 | 1 | 0 | 0 | 1 | 9 | 1 | 0 | 1 | 0 | 0 | 1 | 1  1 |
| 10 | 0 | 0 | 0 | 0 | 0 | 0 | 0 | 0 | 0 | 0 | 0 | 1  1 |

状态表中的初态 $Q_3Q_2Q_1Q_0=0000$ 代入各触发器驱动方程,得驱动方程的值,该值决定第一个 CP 到达后各触发器的状态是 0001,按此法,第二个 CP 到达后,计数器的状态是 0010,第十个 CP 到达后,计数器回到初态 0000,并且在输出端 C 产生一个由 1~0 的负跳变的进位脉冲。

由表 9-11 可见,该计数器是同步十进制加法计数器。

该十进制计数器是用 4 位二进制数码来表示 1 位十进制数的,称为二-十进制编码的计数器,简称 BCD 码计数器。BCD 编码有多种方式,而该计数器取前十个状态 0000…1001 表示十进制数的 0…9,这组编码从高位到低位的位权是 8421,因此又称该计数器为 8421BCD 码计数器。

该计数器有 6 个无效状态 1010、1011、…、1111,将它们分别作为初态列状态转换表,经过有限个 CP 都能进入有效循环状态(略),故该计数器能自启动。

该计数器的波形图如图 9-40 所示。

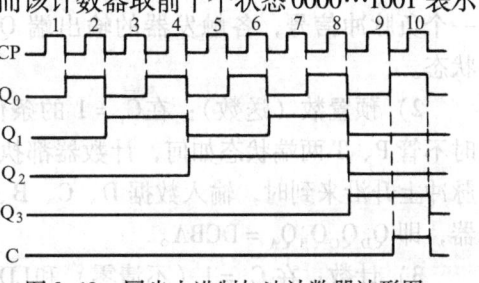

图 9-40 同步十进制加法计数器波形图

## 9.6.2 中规模集成计数器

**1. 4位二进制同步计数器 T1161**（74163）

（1）4位二进制同步计数器——T1161的组成及功能  T1161国外对应型号为SN74161或SN54161，其功能与74LS161相同。它的逻辑图如图9-41所示。它采用4个主从JK触发器作为记忆单元。由图可见，外来的CP脉冲是经过反相器后才接到各触发器时钟端的，所以各触发器的翻转是靠CP脉冲的上升沿完成的。计数器备有清除端$\overline{C_r}$，预置控制端（置数端）$\overline{LD}$，4个数据置入端A～D，使能控制端P、T，$Q_{CC}$为其进位输出端。图9-42为其引脚排列图，表9-12为其功能表，图9-43为其工作原理波形图。

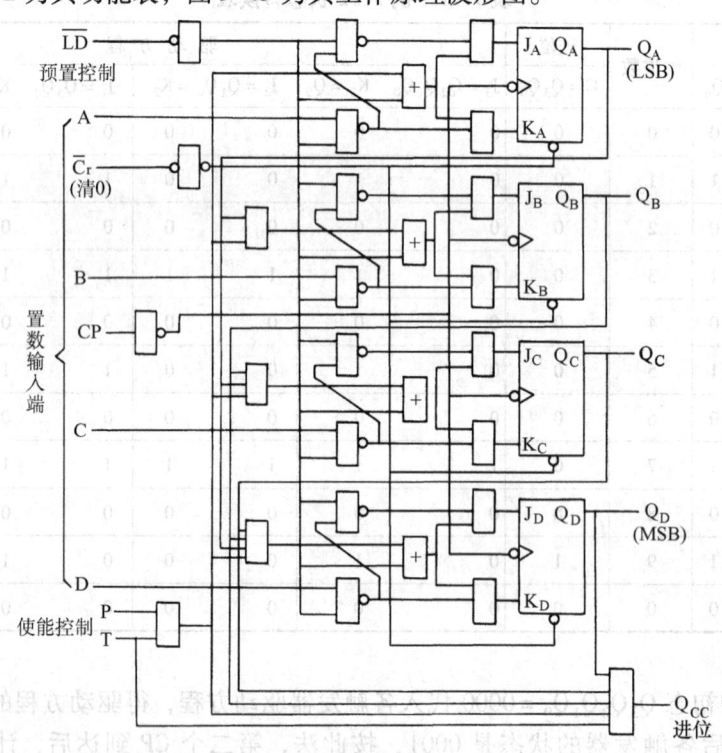

图9-41  T1161逻辑图

T1161的功能较强，从其功能表可看出它具有清除（清零）、预置（送数）、保持和计数的功能。

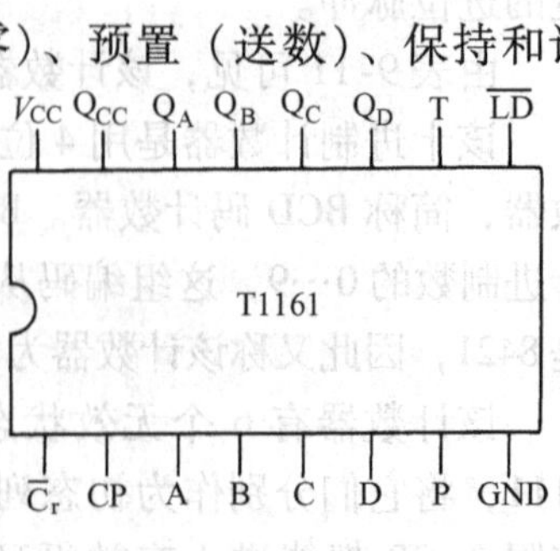

1）清零：T1161采用异步清零方式。只需在$\overline{C_r}$端输入一个负脉冲信号，各触发器的输出端Q就全部被复位为0状态。

2）预置数（送数）：在$\overline{C_r} = 1$的条件下，若$\overline{LD} = 0$，此时不管P、T两端状态如何，计数器都执行并行送数。当CP脉冲上升沿来到时，输入数据D、C、B、A置入各相应触发器，即$Q_D Q_C Q_B Q_A = DCBA$。

图9-42  T1161引脚排列图

3）计数：在$\overline{C_r} = 1$（不清零）和$\overline{LD} = 1$（不送数）的条件下，若使能控制端 P = T = 1

时，计数器执行计数。此时 T1161 为一种典型的 4 位二进制同步加法计数器。

表 9-12　T1161 功能表

| CP | $\overline{C_r}$ | $\overline{LD}$ | P | T | A | B | C | D | $Q_A$ | $Q_B$ | $Q_C$ | $Q_D$ |
|---|---|---|---|---|---|---|---|---|---|---|---|---|
| φ | 0 | φ | φ | φ | φ | φ | φ | φ | 0 | 0 | 0 | 0 |
| ↑ | 1 | 0 | φ | φ | A | B | C | D | A | B | C | D |
| φ | 1 | 1 | 0 | φ | φ | φ | φ | φ | 保持 | | | |
| φ | 1 | 1 | φ | 0 | φ | φ | φ | φ | 保持 | | | |
| ↑ | 1 | 1 | 1 | 1 | φ | φ | φ | φ | 计数 | | | |

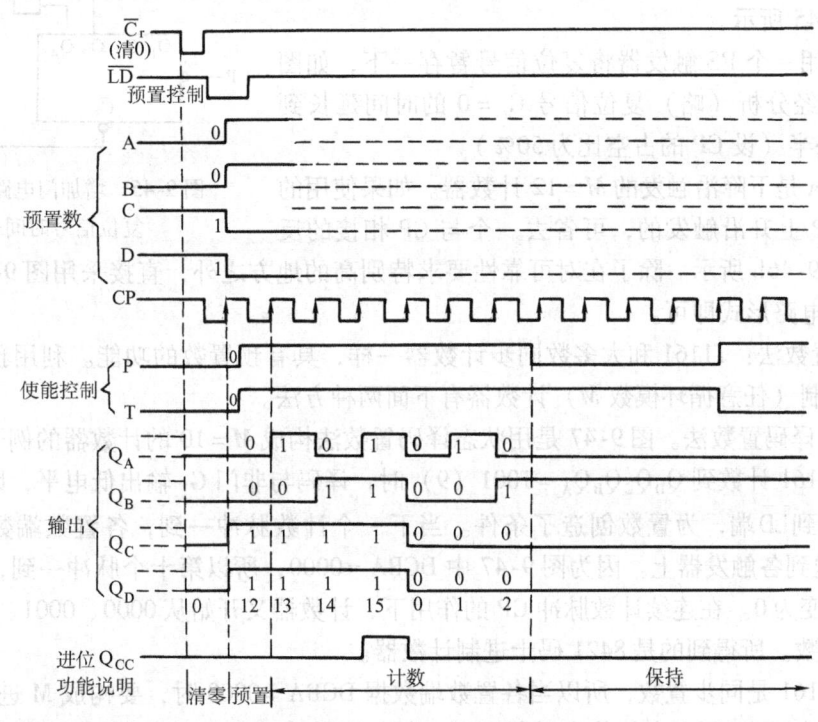

图 9-43　T1161 工作原理波形图

4）保持：在 $\overline{C_r}=1$（不清零）和 $\overline{LD}=1$（不送数）的条件下，当使能控制端 P、T 中只要有一个为 0，则计数器处于保持状态，即各触发器保持原态不变，进位输出 $Q_{CC}$ 也处于保持状态。

（2）T1161 构成任意进制计数器

1）复位法：复位法是利用计数器的复位控制端 $\overline{C_r}$ 构成任意进制计数器的方法。例如图 9-44 是用 4 位二进制计数器 T1161 构成十二进制计数器的逻辑图，是将计数器的 $Q_D$、$Q_C$ 端通过与非门接到 $\overline{C_r}$ 上。在计数过程中，当计数器的状态为 $Q_DQ_CQ_BQ_A=1100$ 时，$\overline{C_r}$ 得一负脉冲，使计数器的状态回到 0000。该计数器的有效循环

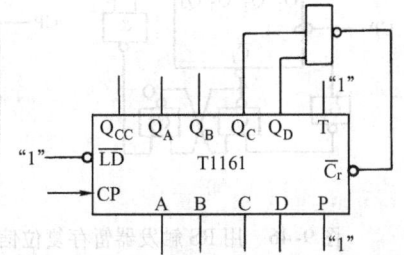

图 9-44　复位法构成十二进制计数器

状态是 0000、0001、…、1011。

复位法存在以下两个问题：

① 多余状态问题。模数为 $M$ 的计数器应该有 $M$ 个不同的状态。$M=12$ 的计数器应从 0000 计到 1011，再来一个 CP 后应立即回到 0000。但复位法却要先进入到 1100 这个状态，并且一旦进入这个状态后计数器马上复位，所以计数器出现一个极暂短的多余状态，但这又是复位法所必需的。

② 可靠性较差。复位法的复位脉冲存在时间极短，计数器中各触发器的翻转时间又不尽相同，因而有可能出现动作较慢的触发器还没有复位，而复位脉冲已不存在了，这就会造成错误。

为了防止上述现象，可在反馈线上增加传输延迟时间，如图 9-45 所示。

还可以用一个 RS 触发器将复位信号暂存一下，如图 9-46 所示。经分析（略）复位信号 $\overline{C_r}=0$ 的时间延长到 CP 周期的一半（设 CP 的占空比为 50%）。

图 9-46a 是下降沿触发的 $M=12$ 计数器。如果使用的计数器是 CP 上升沿触发的，可省去一个与 CP 相接的反相器，如图 9-46b 所示。除了在对可靠性要求特别高的地方之外，直接采用图 9-44 那样的比较简单的电路形式即可。

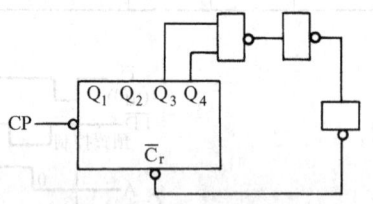

图 9-45 增加门电路延迟复位信号时间

2）预置数法：T1161 和大多数同步计数器一样，具有预置数的功能。利用预置数功能构成任意进制（任意循环模数 $M$）计数器有下面两种方法。

① 状态译码置数法。图 9-47 是用状态译码置数法构成 $M=10$ 的计数器的例子。根据逻辑图，当 T1161 计数到 $Q_D Q_C Q_B Q_A = 1001$（9）时，译码与非门 $G_1$ 输出低电平，因为译码门 $G_1$ 输出反馈到 $\overline{LD}$ 端，为置数创造了条件。当下一个计数脉冲一到，各置数端数据 D、C、B、A 立即送到各触发器上。因为图 9-47 中 DCBA=0000，所以第十个脉冲一到，各触发器的状态全部变为 0。在连续计数脉冲 CP 的作用下，计数器又开始从 0000、0001、…、1000、1001 循环计数。所得到的是 8421 码十进制计数器。

由于 T1161 是同步置数，所以当各置数端数据 DCBA=0000 时，要构成 $M$ 进制计数器，译码门必须对 $M-1$ 所对应的状态进行译码，例如要构成八进制计数器，必须对 0111 进行译码，即与非门的输入要同 $Q_C$、$Q_B$、$Q_A$ 相接。

在图 9-47 所示电路中，若各置数端数据不是 DBCA=0000，而是其他数，它就不是十

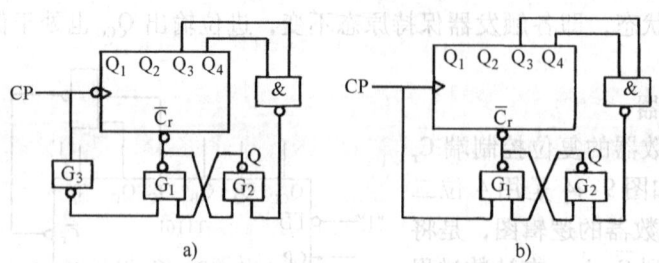

图 9-46 用 RS 触发器暂存复位信号的 $M=12$ 计数器
a) 下降沿触发　b) 上升沿触发

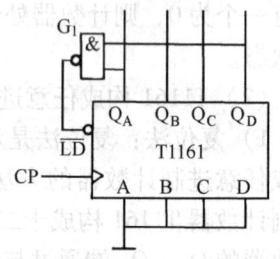

图 9-47 状态译码置数法构成的十进制计数器

进制计数器。例如 DCBA = 0100，图 9-47 电路就是一个六进制计数器。其计数器状态循环是：

$$0100 \rightarrow 0101 \rightarrow \cdots \rightarrow 1001$$

设各置数端数据为 $N$，要构成模数为 $M$ 的计数器，译码与非门必须对 $N+M-1$ 所对应的状态进行译码。例如 $N=3$（DCBA = 0011）、$M=10$，与非门必须对 1100（12）状态进行译码。即与非门的两个输入分别接 $Q_D$ 和 $Q_C$，与非门输出接 $\overline{LD}$ 端，这样由 T1161 构成的计数器是十进制计数器。

② 进位输出置数法。T1161 设置了进位输出端 $Q_{CC}$。当计数器计到 $Q_4Q_3Q_2Q_1 = 1111$ 状态时，即各触发器为全 1 时 $Q_{CC}$ 为 1。如果将 $Q_{CC}$ 信号反相后反馈到 $\overline{LD}$ 端，那么当计数器输出为全 1 时，$\overline{LD}$ 端必为低电平。在下一个计数脉冲到来时，计数器将被置成置数端数据（DCBA）的状态。然后，在连续计数脉冲的作用下，再以 DCBA 的状态为起点计数。因此，改变置数端的数据就能改变计数器的模数。欲得到 $M=10$ 的计数器，则应使置数端数据为 DCBA = 0110（16 - 10 = 6）。图 9-48 是采用进位输出置数法构成的十进制计数器的逻辑图。

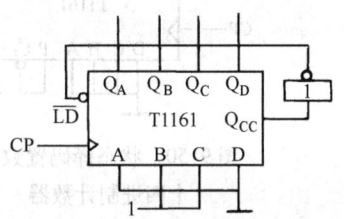

图 9-48 采用进位输出置数法构成的十进制计数器的逻辑图

用多片 T1161 采用状态译码置数法或进位输出置数法可获得模数大于 16 的任意模数的计数器。图 9-49 是采用进位输出置数法构成 256 以内的任意模数的计数器原理电路。如欲构成 $M=125$ 的计数器，则需要预先置数为 131（256 - 125）。只要 2D、1B、1A 各端加 1（高电平），其余各置数端均接 0（低电平），图 9-49 就是 $M=125$ 的计数器。

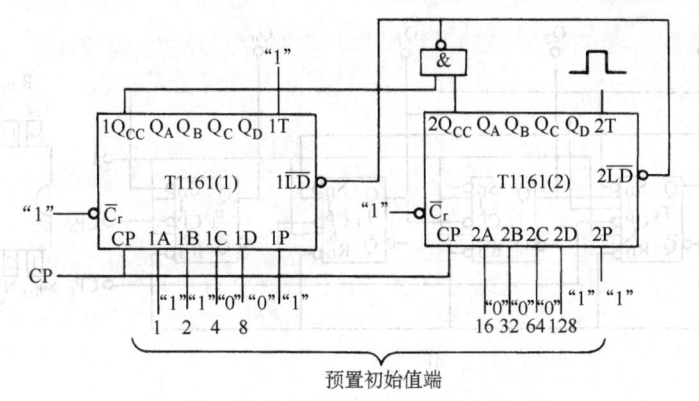

图 9-49 $M < 2^8$（256）计数器的构成

还应注意到，采用上述置数法构成的计数器，如果置数端数据不是 0，可能出现无效状态，计数清零后不能立即进入有效状态循环。

**例 9-12** 有一个 T1161 集成芯片，试分别用状态译码置数法和进位输出置数法构成十四进制计数器。

**解** 1）状态译码置数法。已知循环模数 $M=14$，若设置数端数据 DCBA = 0000，则应对 $M-1=14-1=13$ 所对应的状态译码，即将 $Q_D$、$Q_C$、$Q_A$ 接与非门的三个输入端，与非门的输出端接置数控制端$\overline{\text{LD}}$，其他控制端处于计数状态，如图9-50所示。

若置数端数据为$N$，则应对$N+M-1$所对应的状态译码，并应满足$N+M-1\leqslant 15$。

2) 进位输出置数法。将进位输出端$Q_{CC}$通过非门接至置数控制端$\overline{\text{LD}}$，置数端的数据为$N=16-M=16-14=2$，将B接高电平，其他置数端接低电平，并使T1161处于计数状态，如图9-51所示。

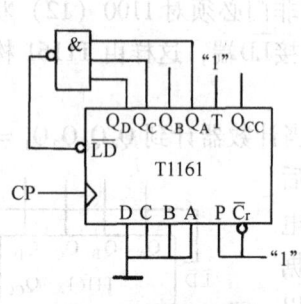
图9-50　状态译码置数法
十四进制计数器

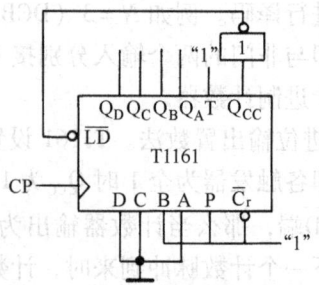
图9-51　进位输出置数法构成
十四进制计数器

**例9-13**　试用两片T1161芯片构成六十进制的计数器。

**解**　已知$M=60$，采用进位输出置数法，置数端数据应为$N=256-M=256-60=196$，接线图如图9-49所示，只需将图中的2D、2C、1C接高电平，其余各置数端接低电平即可。

## 2. 二-五十进制异步计数器 T4290

(1) T4290 的组成及功能　T4290是一种较为典型的异步计数器，它可实现二、五、十进制计数。其逻辑电路结构、引脚图和功能表分别示于图9-52和表9-13中。

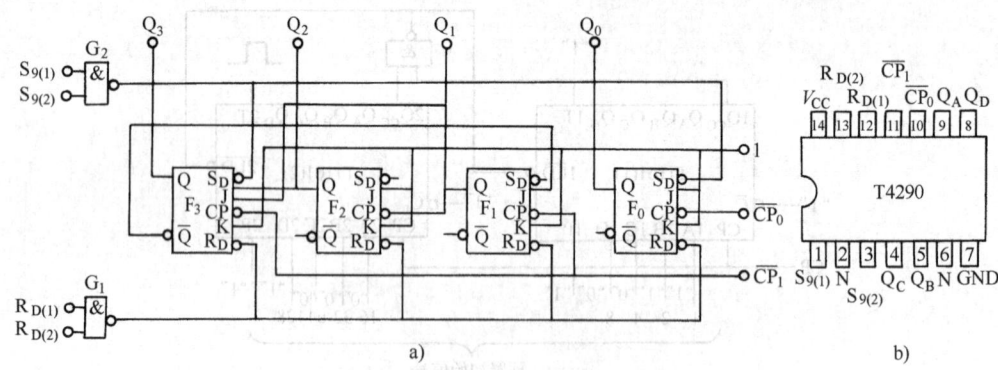

图9-52　T4290逻辑图和引脚图

T4290计数器由4个主从JK触发器和两个与非门$G_1$、$G_2$组成。$G_1$用作复位控制，$G_2$用作置9控制。其中触发器$F_0$除$R_D$、$S_D$与$F_1$、$F_2$、$F_3$相接外，在逻辑关系上是独立的，$F_0$是一个独立的二进制计数器，计数脉冲输入端是$CP_0$。触发器$F_1$、$F_2$、$F_3$组成一个五进制计数器（见例9-10），计数脉冲输入端是$CP_1$，输出端是$Q_3Q_2Q_1$。若在T4290芯片的外部将$Q_0$与$CP_1$相连接，并将$CP_0$作为计数脉冲输入端，则从$Q_3Q_2Q_1Q_0$可获得8421码的十进制输出。若将计数脉冲从$CP_1$端输入，并在外部将$Q_3$与$CP_0$端相连接，则从$Q_0Q_3Q_2Q_1$可获得 5421 码的十进制计数输出，且此时在 $Q_0$ 端输出占空比为 50% 的矩形波，这个对称的十分频矩形波常用于频率合成器等场合。

表 9-13  T1290 功能表

| 输入 | | | | 输出 | | | |
|---|---|---|---|---|---|---|---|
| $R_{D(1)}$ | $R_{D(2)}$ | $R_{9(1)}$ | $R_{9(2)}$ | $Q_3$ | $Q_2$ | $Q_1$ | $Q_0$ |
| 1 | 1 | 0 | φ | 0 | 0 | 0 | 0 |
| 1 | 1 | φ | 0 | 0 | 0 | 0 | 0 |
| φ | 0 | 1 | 1 | 1 | 0 | 0 | 1 |
| 0 | φ | 1 | 1 | 1 | 0 | 0 | 1 |
| φ | 0 | φ | 0 | 计数 | | | |
| 0 | φ | 0 | φ | | | | |
| 0 | φ | φ | 0 | | | | |
| φ | 0 | 0 | φ | | | | |

与 T4290 完全相同的国外产品是 74LS290。

（2）T4290 构成任意进制计数器　一片 T4290 可构成循环模数 $M \leq 10$ 的计数器，两片 T4290 可构成循环模数 $M \leq 100$ 的计数器，$n$ 片 T4290 可构成循环模数 $M \leq 10^n$ 的计数器。采用复位法，将 $M$ 所对应的输出状态译成（有时不需加译码电路）复位端 $R_{D(1)}$、$R_{D(2)}$ 所需的电平即可构成 $M$ 进制的计数器。

**例 9-14**　试用 T4290 芯片构成六进制和四十八进制两种计数器。画出接线图，标明计数脉冲输入端和进位脉冲输出端。

**解**　1）复位法构成六进制计数器。首先将 T4290 芯片的 $CP_1$ 与 $Q_0$ 相连接，计数脉冲由 $CP_0$ 输入，构成在 $Q_3Q_2Q_1Q_0$ 端输出 8421 码的十进制计数器。然后将 $M = 6$ 所对应的输出状态控制置 0 端，令计数器复位，如图 9-53 所示。计数器的有效循环状态是 0000、0001、…、0101。

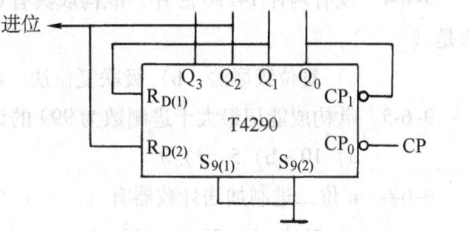

图 9-53　复位法构成六进制计数器逻辑图

2）级联复位法构成四十八进制计数器。因 $16 < M = 48 \leq 100$，故需两片 T4290 芯片。每片先接成 8421 码的十进制计数器，再将低位（个位）的进位端 $Q_3$ 接至高位（十位）的计数脉冲输入端 $CP_0$，然后将 48 所对应的输出状态通过译码与门送至两片 T4290 的复位端，使计数器在第 48 个 CP 下降沿到来时复位为 0000 0000，$S_{9(1)}$、$S_{9(2)}$ 均接低电平，如图 9-54 所示。

这种方法是级联后再复位构成 $M$ 进制计数器，故称级联复位法。

3）复位级联法构成四十八进制计数器。用复位法先构成一个 $X$ 进制和一个 $Y$ 进制计数器，再将其级联后得一个 $X$ 乘 $Y$ 进制计数器的方法称为复位级联法。六进制计数器作为低位，进位脉冲应在 $Q_2$（片1）端输出，四十八进制计数器的进位脉冲在高位的 $Q_3$（片2）端输出，计数脉冲在低位的 $CP_0$（片1）端输入，所有的置9端接低电平，如图9-55所示。

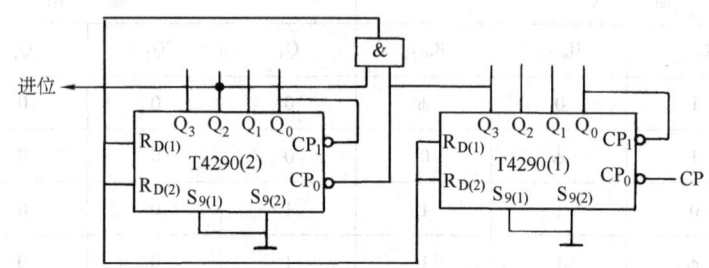

图 9-54　级联复位法构成四十八进制计数器逻辑图

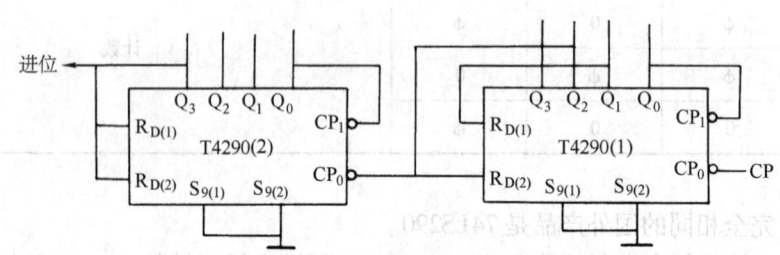

图 9-55　复位级联法构成的四十八进制计数器

### 练习与思考

9-6-1　计数器和寄存器在电路组成和功能上有何异同？

9-6-2　普通计数器是怎样分类的？

9-6-3　T1161 构成任意进制计数器的方法有几种？

9-6-4　现有两片 T4290 芯片，欲构成具有 8421BCD 码输出的二十四进制加法计数器，可采用的连接方法是（　　）。

　　a) 复位级联法　　b) 级联复位法　　c) 预置数法

9-6-5　欲构成能记最大十进制数为 999 的计数器，至少需要（　　）个 T4290。

　　a) 10　　b) 5　　c) 3

9-6-6　$n$ 位二进制加法计数器有（　　）个状态，最大记数值 L 是（　　）。

　　a) $2^{n-1}$　　b) $2^n$　　c) $2^n-1$

## 9.7　脉冲分配器

脉冲分配器也称顺序脉冲发生器，或称节拍脉冲发生器，它能产生在时间上有先后顺序的脉冲信号，在数字系统和计算机中，用这些顺序脉冲信号来控制系统各部分分时有序地协调工作。

脉冲分配器通常由计数器和译码器两部分组成。图 9-56 为脉冲分配器逻辑图，图中两个 JK 触发器构成 2 位二进制加法计数器，4 个与门组成 2 线-4 线译码器。

由图 9-56 可写出译码输出的逻辑式

$$\left.\begin{array}{l}P_0 = \overline{Q_1}\,\overline{Q_0} \\ P_1 = \overline{Q_1}Q_0 \\ P_2 = Q_1\overline{Q_0} \\ P_3 = Q_1Q_0\end{array}\right\} \quad (9\text{-}10)$$

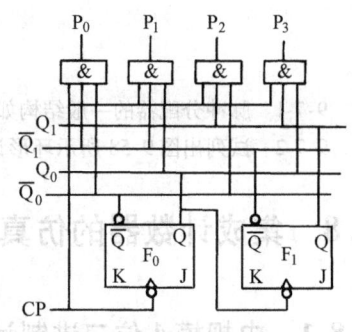

图 9-56 计数型脉冲分配器

计数器的状态决定译码输出的状态。当计数器的初始状态为 $Q_1Q_0 = 00$ 时，译码输出在 CP = 1 时为 $P_0 = 1$，其余输出为 0，CP = 0 时 4 个与门全被封锁；当第一个 CP 下降沿到来时，计数器的状态变为 $Q_1Q_0 = 01$，这个状态可保持到 CP = 1 时译码与门被打开，译码输出 $P_1 = 1$，其余输出为 0，依此分析可例出计数器状态转换和译码器输出状态转换表，如表 9-14 所示。

表 9-14 计数器状态转换和译码输出状态表

| 计数脉冲 CP | 计数器状态转换 | | 译码输出状态 | | | |
|---|---|---|---|---|---|---|
| | $Q_1$ | $Q_0$ | $P_3$ | $P_2$ | $P_1$ | $P_0$ |
| 0 | 0 | 0 | 0 | 0 | 0 | 1 |
| 1 | 0 | 1 | 0 | 0 | 1 | 0 |
| 2 | 1 | 0 | 0 | 1 | 0 | 0 |
| 3 | 1 | 1 | 1 | 0 | 0 | 0 |
| 4 | 0 | 0 | 0 | 0 | 0 | 1 |

利用时钟脉冲去封锁译码与门，是为了消除译码电路所存在的竞争冒险现象。为使译码输出不产生干扰脉冲，封锁脉冲的持续时间要大于各触发器翻转延迟时间的总和。图 9-57 为该计数式脉冲分配器的波形图。

$n$ 位二进制计数器加上译码器可产生 $2^n$ 个节拍脉冲。

图 9-58a 是采用环形计数器的脉冲分配器，图中 $F_0 \sim F_3$ 构成一个移位寄存器，其输出端 $\overline{Q_0}$、$\overline{Q_1}$、$\overline{Q_2}$ 通过与门 G 反馈到 $F_0$ 的输入端 D。由于每个触发器的 Q 端输出便是顺序脉冲，不需要译码器，因而输出端也就不存在产生干扰脉冲的问题。环形计数器型脉冲分配器的波形图如图 9-58b 所示。

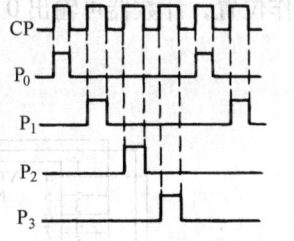

图 9-57 计数式脉冲分配器波形图

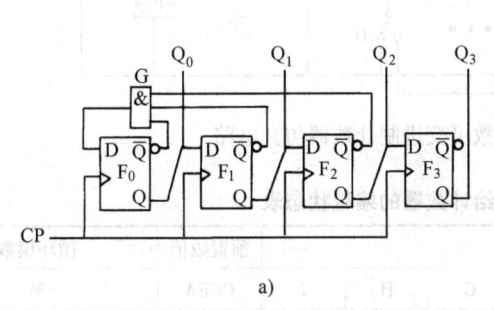

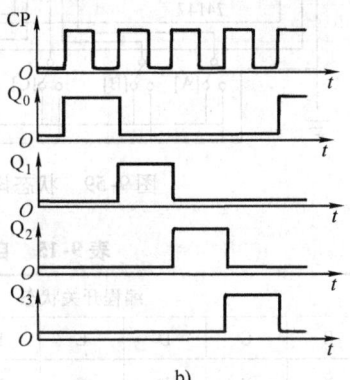

图 9-58 环形计数器型脉冲分配器波形图

## 练习与思考

**9-7-1** 脉冲分配器的一般结构如何？它与计数器的主要区别是什么？

**9-7-2** 试列出图 9-58 所示环形计数器型脉冲分配器的状态转换表。

## 9.8 集成计数器的仿真分析

### 9.8.1 中规模 4 位二进制计数器 IC74163 的应用

自动进给系统中的可编程计数器是控制机床刀具进给量的装置，进给量的大小由进给脉冲的多少来决定，脉冲数目由计数器提供，因此计数器应具有可变进制的功能。

图 9-59 是状态译码置数可变进制计数器仿真电路，[A] [B] [C] [D] [E] [F] [G] [H] [I] 是状态译码可变进制计数器的置数开关，通过 10 线 – 4 线编码器（74147）和 6 反相器（7404）将预置数代码送至 IC74163 的置数输入端 D C B A；IC74163 的输出端 QD、QA 经与非门 G 接至预置数端 LOAD′，当计数器输出状态 QD QC QB QA = 1001 时，LOAD′ = 0，此时无论使能端 ENP、ENT 为何值，计数器执行并行送数，当 CLK 脉冲上升沿到来时，预置数据置入各相应触发器，即 QD QC QB QA = DCBA。根据输入预置数据不同，IC74163 形成不同进制计数器，即循环模数 M 由置数开关的取值而定，成为 M 可编程计数器。

图 9-59 是置数开关 [C] 置数状态，此时计数器输出 7 个进给脉冲，改变置数开关工作位置，计数器可输出 0～10 个进给脉冲，表 9-15 是自动进给计数器的编程状态表。

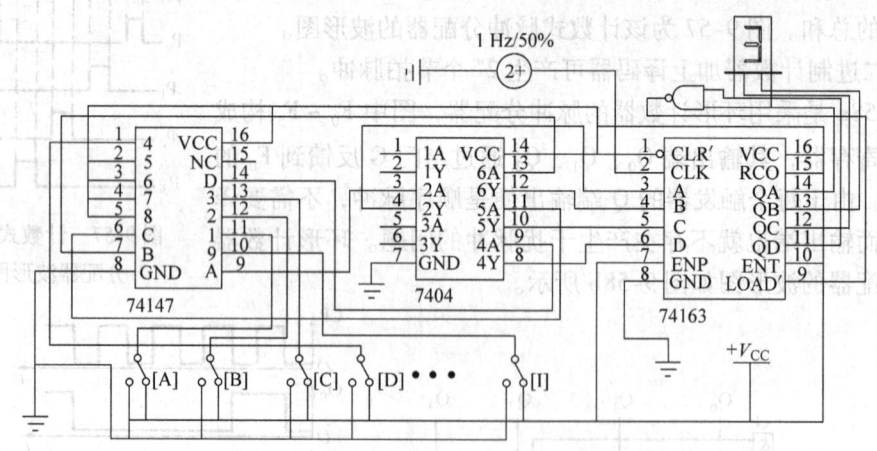

图 9-59 状态译码置数可变进制计数器仿真电路

表 9-15 自动进给计数器的编程状态表

| 编程开关状态 | | | | | | | | | 预置数值 | 循环模数 |
|---|---|---|---|---|---|---|---|---|---|---|
| A | B | C | D | E | F | G | H | I | DCBA | M |
| × | × | × | × | × | × | × | × | 0 | 1001 | 1 |
| × | × | × | × | × | × | × | 0 | 1 | 1000 | 2 |

(续)

| 编程开关状态 | | | | | | | | | 预置数值 | 循环模数 |
|---|---|---|---|---|---|---|---|---|---|---|
| A | B | C | D | E | F | G | H | I | DCBA | M |
| × | × | × | × | × | × | 0 | 1 | 1 | 0111 | 3 |
| … | … | … | … | … | … | … | … | … | … | … |
| × | 0 | 1 | 1 | 1 | 1 | 1 | 1 | 1 | 0010 | 8 |
| 0 | 1 | 1 | 1 | 1 | 1 | 1 | 1 | 1 | 0001 | 9 |
| 1 | 1 | 1 | 1 | 1 | 1 | 1 | 1 | 1 | 0000 | 10 |

### 9.8.2 两片74290组成一百以内任意进制计数器

先将两片 74290 各自组成十进制计数器，即将各自的 CLKB′ 与 QA 相接，再将低位的 QD 与高位的 CLKA′ 相接，个位和十位级联起来，这时如果将所有的置 0 端和置 9 端都接地（无效状态），在低位输入时钟脉冲，就组成了一百进制计数器。

采用级联复位法可组成一百以内任意进制计数器。一百进制计数器从高位（U3 片）到低位（U2 片）输出端用 $Q_7$、$Q_6$、$Q_5$、$Q_4$、$Q_3$、$Q_2$、$Q_1$、$Q_0$ 表示，其位权分别为 80、40、20、10、8、4、2、1，将输出状态经与门译码使计数器复位，可得所要的 N 进制计数器。如图 9-60 所示，将十位的 QC 与个位的 QD 经与门译码后使计数器回零，所以构成四十八进制计数器。表 9-16 是四十八进制状态转换表。

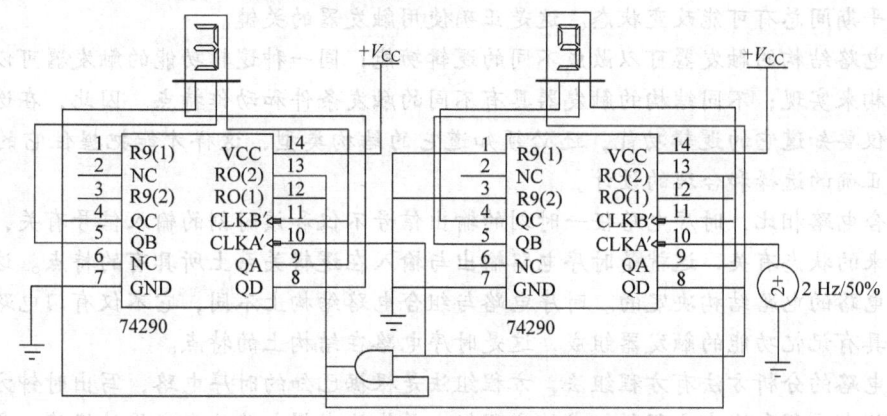

图 9-60 74290 组成四十八进制计数器仿真电路

表 9-16 四十八进制计数器状态转换表

| CP | $Q_7$ | $Q_6$ | $Q_5$ | $Q_4$ | $Q_3$ | $Q_2$ | $Q_1$ | $Q_0$ | 十进制数 |
|---|---|---|---|---|---|---|---|---|---|
| 0 | 0 | 0 | 0 | 0 | 0 | 0 | 0 | 0 | 0 |
| 1 | 0 | 0 | 0 | 0 | 0 | 0 | 0 | 1 | 1 |
| 2 | 0 | 0 | 0 | 0 | 0 | 0 | 1 | 0 | 2 |
| ⋮ | ⋮ | ⋮ | ⋮ | ⋮ | ⋮ | ⋮ | ⋮ | ⋮ | ⋮ |
| 9 | 0 | 0 | 0 | 0 | 0 | 0 | 0 | 1 | 9 |
| 10 | 0 | 0 | 0 | 1 | 0 | 0 | 0 | 0 | 10 |

(续)

| CP | $Q_7$ | $Q_6$ | $Q_5$ | $Q_4$ | $Q_3$ | $Q_2$ | $Q_1$ | $Q_0$ | 十进制数 |
|---|---|---|---|---|---|---|---|---|---|
| ⋮ | ⋮ | ⋮ | ⋮ | ⋮ | ⋮ | ⋮ | ⋮ | ⋮ | ⋮ |
| 47 | 0 | 0 | 0 | 0 | 0 | 1 | 1 | 1 | 47 |
| 48 | 0 | 0 | 0 | 0 | 0 | 0 | 0 | 0 | 0 |
| 49 | 0 | 0 | 0 | 0 | 0 | 0 | 0 | 1 | 1 |

## 小 结

触发器有 0 和 1 两个稳定状态，可表示和保存 1 位二值信息。因此，又把触发器叫作半导体存储单元或记忆单元。

触发器按逻辑功能上的差异可分为 RS、JK、D、T 和 T′ 等几种类型，其逻辑功能可以用状态转换真值表和特性方程来描述。

按结构触发器可分为基本 RS、同步 RS、主从、维持阻塞等类型。RS 触发器存在空翻问题，主从触发器存在一次翻转问题。

按触发条件和动作特点触发器可分为电平触发器和边沿触发器（包括主从触发型）两类。在逻辑符号上它们可用 CP 输入端的 "^" 号来区别，有此符号的为边沿触发器；无此符号的为电平触发器。边沿触发器仅在 CP 的有效边沿时刻才能改变状态；电平触发器在 CP 的有效电平期间总有可能改变状态。这是正确使用触发器的关键。

同一电路结构的触发器可以做成不同的逻辑功能；同一种逻辑功能的触发器可以用不同的电路结构来实现；不同结构的触发器具有不同的触发条件和动作特点。因此，在选用触发器时，不仅要知道它的逻辑功能，还必须知道它的结构类型，这样才能把握住它的动作特点，做出正确的选择和合理的设计。

与组合电路相比，时序电路任一时刻的输出信号不仅和该时刻的输入信号有关，而且还与电路原来的状态有关，这就是时序电路输出与输入在逻辑关系上所具有的特点。这种特点是由时序电路的电路结构决定的。时序电路与组合电路结构上不同，它不仅有门电路，而且还必须有具有记忆功能的触发器组成，这是时序电路在结构上的特点。

时序电路的分析方法有方程组法，方程组法是根据已知的时序电路，写出时钟方程、驱动方程、状态方程和输出方程所组成的方程组，并依此求得电路状态变化的规律，分析电路所具有的逻辑功能。

时序电路的分析方法还有状态转换表法和波形图（时序图）法等。有些简单的时序电路，例如 4 位二进制加法计数器、环形计数器等时序电路，很容易直接列出状态转换表或画出波形图。状态转换表的特点是给出了电路工作的全过程，使电路的逻辑功能一目了然，而波形图方法的特点是便于进行波形显示，适于实验观察。

对较复杂的时序电路的一般分析方法是先列方程组进行分析，再列出相应的状态转换表或画出时序图，进而确定时序电路的功能。

时序电路的种类繁多，本章介绍的寄存器、计数器、脉冲分配器只是其中常见的几种。对于由触发器构成的分立元件时序电路，应侧重于掌握它的结构、原理和分析方法；对于中规模集成时序电路应侧重于掌握其功能和应用。

## 习 题

9-1 对于图 9-1a 所示逻辑图，若输入波形如图 9-61 所示，试分别画出原态为 0 和原态为 1 对应时刻的 Q 端和 $\overline{Q}$ 端波形。

9-2 逻辑图如图 9-62 所示，试分析其逻辑功能，说明它是什么类型的触发器，画出它的逻辑符号。

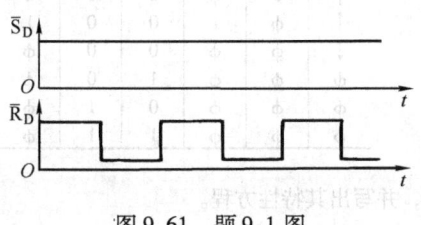
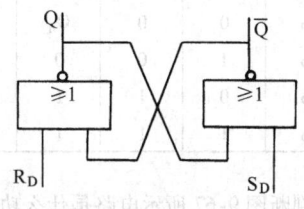

图 9-61 题 9-1 图　　　　　　　　图 9-62 题 9-2 图

9-3 同步 RS 触发器（电平触发型）各输入端的波形如图 9-63 所示，试画出对应时刻的 Q 和 $\overline{Q}$ 端波形。设触发器的原状态为 1。

9-4 主从型 RS 触发器各输入端的电压波形如图 9-64 所示，画出对应时刻的 Q 和 $\overline{Q}$ 端波形。

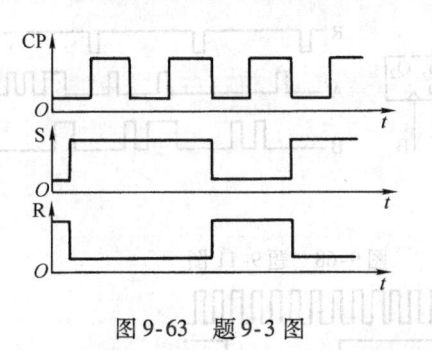
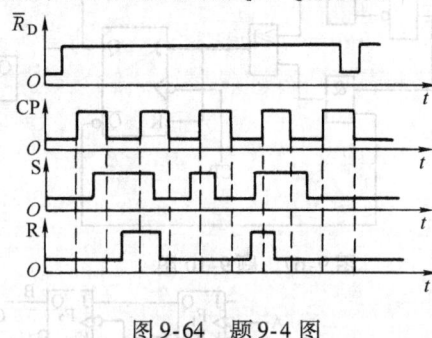

图 9-63 题 9-3 图　　　　　　　　图 9-64 题 9-4 图

9-5 在图 9-65 所示的 CP、J、K 输入信号激励下，试分别画出图 9-9 所示 TTL 主从型和 CMOS 边沿型 JK 触发器输出端 Q 的波形。设触发器的初态为 0。

9-6 在图 9-66 所示输入信号激励下，试画出图 9-13 所示 D 触发器的输出端 Q 的波形。设触发器的初态为 0。

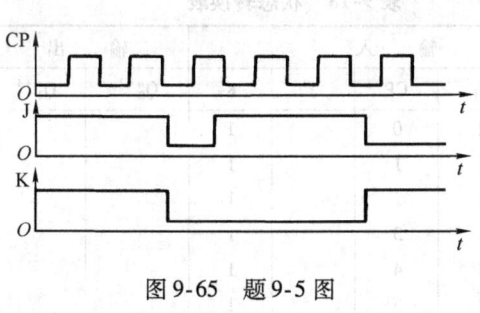
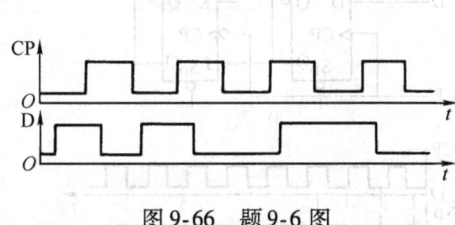

图 9-65 题 9-5 图　　　　　　　　图 9-66 题 9-6 图

9-7 两个触发器的特性表如表 9-17 所示，试说明表中各项操作的含义，并指出它们各是什么逻辑功能的触发器。

9-8 试将 D 触发器转换为下列功能的触发器，画出逻辑图。1) JK 触发器；2) RS 触发器。

9-9 一个触发器其特性方程为 $Q^{n+1} = X \oplus Y \oplus Q^n$，试用 JK 触发器来实现这个触发器。

表 9-17  题 9-7 表

| 输入 | | | | 输出 | |
|---|---|---|---|---|---|
| CP | D | $R_D$ | $S_D$ | $Q^{n+1}$ | $\overline{Q}^{n+1}$ |
| ↑ | 0 | 0 | 0 | 0 | 1 |
| ↑ | 1 | 0 | 0 | 1 | 0 |
| ↓ | φ | 0 | 0 | $Q_n$ | $\overline{Q}_n$ |
| φ | φ | 1 | 0 | 0 | 1 |
| φ | φ | 0 | 1 | 1 | 0 |
| φ | φ | 1 | 1 | 1 | 1 |

| 输入 | | | | | 输出 | |
|---|---|---|---|---|---|---|
| CP | J | K | $S_D$ | $R_D$ | $Q_n$ | $Q^{n+1}$ | $\overline{Q}^{n+1}$ |
| ↑ | 1 | φ | 0 | 0 | 0 | 1 | 0 |
| ↑ | φ | 0 | 0 | 0 | 1 | 1 | 0 |
| ↑ | 0 | φ | 0 | 0 | 0 | 0 | 1 |
| ↑ | φ | 1 | 0 | 0 | 1 | 0 | 1 |
| ↓ | φ | φ | 0 | 0 | φ | $Q_n$ | $\overline{Q}_n$ |
| φ | φ | φ | 1 | 0 | φ | 1 | 0 |
| φ | φ | φ | 0 | 1 | φ | 0 | 1 |
| φ | φ | φ | 1 | 1 | φ | 1 | 1 |

9-10  判断图 9-67 所示电路是什么功能的触发器，并写出其特性方程。

9-11  试画出图 9-68 所示电路中 $Q_1$、$Q_2$ 端波形。

9-12  试画出图 9-69 所示单脉冲发生器输出端 B 的波形。已知输入端 A 的波形和时钟脉冲波形，并设各触发器的初态为 0。

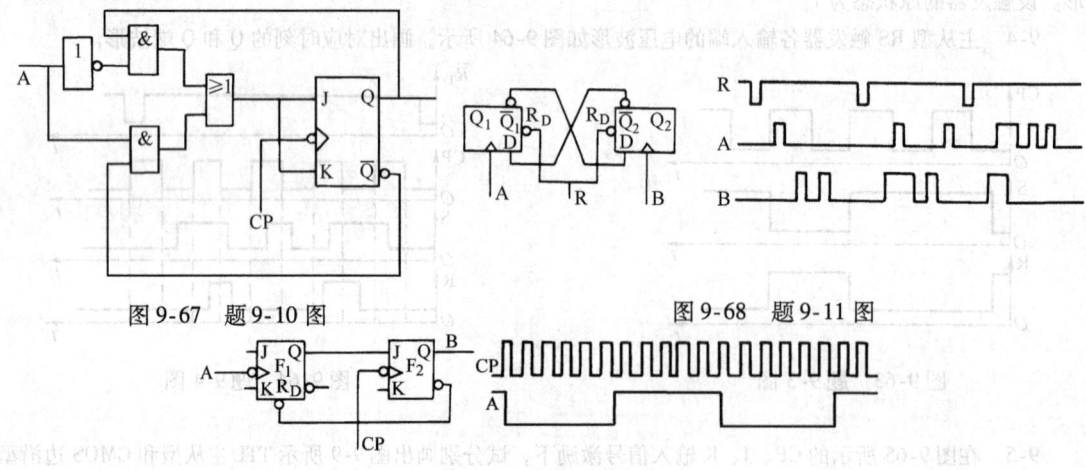

图 9-67  题 9-10 图　　　　图 9-68  题 9-11 图

图 9-69  题 9-12 图

9-13  设图 9-70a 所示逻辑电路中各触发器的初态 $Q_0Q_1=00$，在图 9-70b 所示的 CP、$R_D$ 及 D 信号激励下，试画出对应时刻的 $Q_0$、$Q_1$ 端输出波形，并准确填写表 9-18 所示的状态转换表。图中 $S_D$ 悬空相当于 $S_D=1$。

表 9-18  状态转换表

| 输入 | | | | | 输出 | |
|---|---|---|---|---|---|---|
| D | $R_D$ | CP | J | K | $Q_0^{n+1}$ | $Q_1^{n+1}$ |
| 1 | 0 | | | 1 | | |
| 1 | 1 | 1 | | 1 | | |
| 1 | | 2 | | 1 | | |
| 1 | | 3 | | 1 | | |
| 1 | | 4 | | 1 | | |
| 1 | | 5 | | 1 | | |
| 1 | | 6 | | 1 | | |
| 1 | | 7 | | 1 | | |
| 1 | | 8 | | 1 | | |

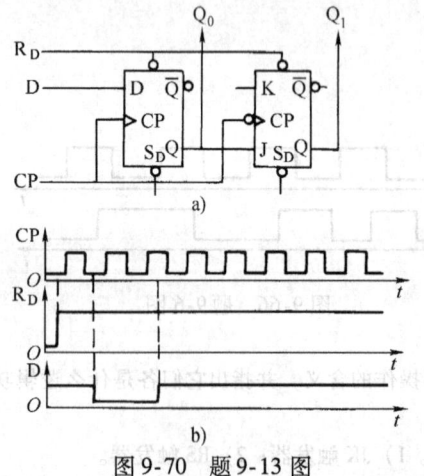

图 9-70  题 9-13 图

9-14 图 9-71 所示时序电路中，待输入数码为 $d_3d_2d_1d_0=1010$，数码的互补控制端 $\overline{R_A}\overline{R_B}\overline{R_C}\overline{R_D}=0101$，试分析控制端 $S_T$ 为 0 和为 1 时电路各执行何种操作；它是具有何种功能的时序电路？

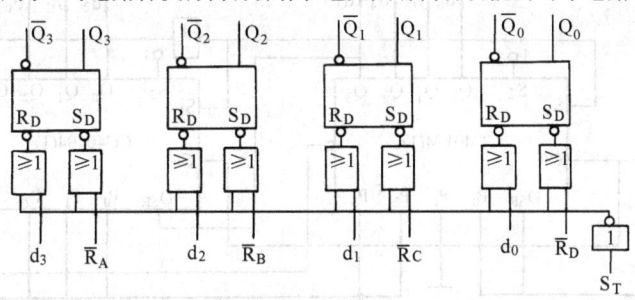

图 9-71  题 9-14 图

9-15 试分析图 9-72 所示时序电路的逻辑功能；若各触发器的初态为 $Q_3Q_2Q_1Q_0=1011$，问经过 4 个 CP 后各触发器的状态为何值？

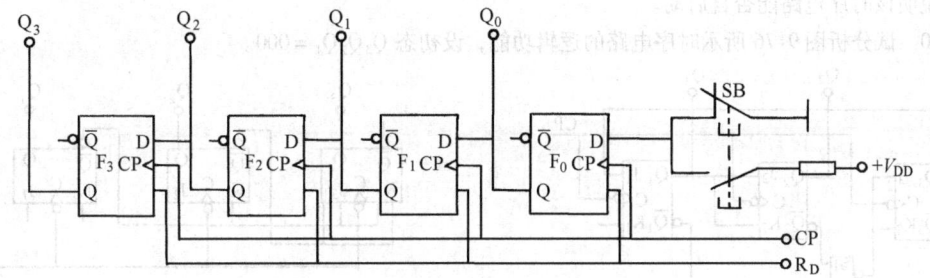

图 9-72  题 9-15 图

9-16 图 9-73 是由两个 4 位左移位寄存器 A、B（均由维持阻塞 D 触发器组成）和与门 C 以及 JK 触发器 $F_D$ 组成。A 寄存器的初态为 $Q_3Q_2Q_1Q_0=1010$，B 寄存器的初态为 $Q_3Q_2Q_1Q_0=1011$，$F_D$ 的初态 $Q_D=0$。试画出在 CP 作用下图 9-73 中 $Q_{3A}$、$Q_{3B}$、$Y_C$、$Q_D$ 的波形。

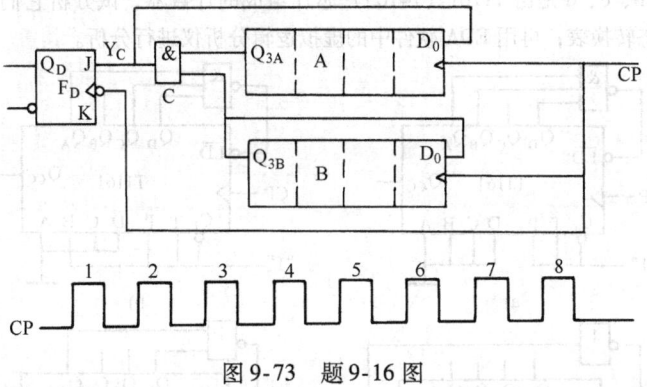

图 9-73  题 9-16 图

9-17 试用双向移位寄存器 T4194 组成一个 12 位双向移位寄存器，试画出逻辑图并标明数码左移和右移时，数码的输入端和输出端。

9-18 图 9-74 是 7 位串行变并行的数码变换器。1）试列状态转换表分析数码变换过程（提示：工作时首先用 $\overline{C_r}$ 端清 0）；2）若串行输入数据 $D_6D_5D_4D_3D_2D_1D_0=1010011$，经过 4 个 CP 节拍后，并行输出端 $d_6d_5d_4d_3d_2d_1d_0$ 的状态如何？

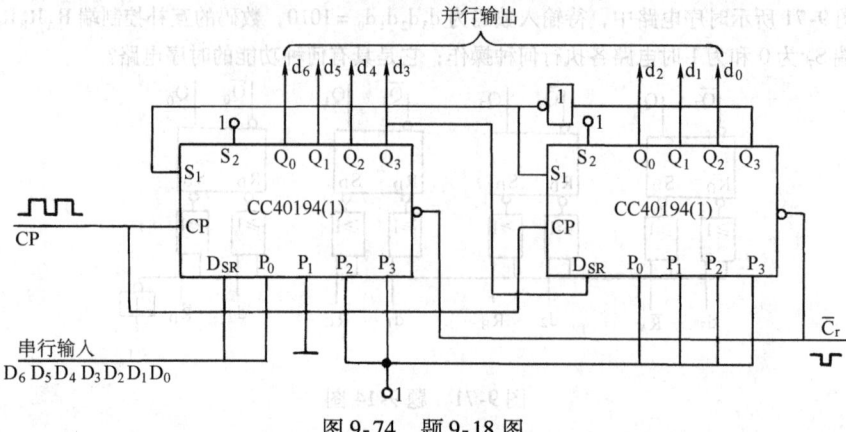

图 9-74  题 9-18 图

9-19  在图 9-75 所示时序电路中,设各触发器的初态为 $Q_3Q_2Q_1=100$。试分析该时序电路的逻辑功能,并说明该时序电路能否自启动。

9-20  试分析图 9-76 所示时序电路的逻辑功能,设初态 $Q_3Q_2Q_1=000$。

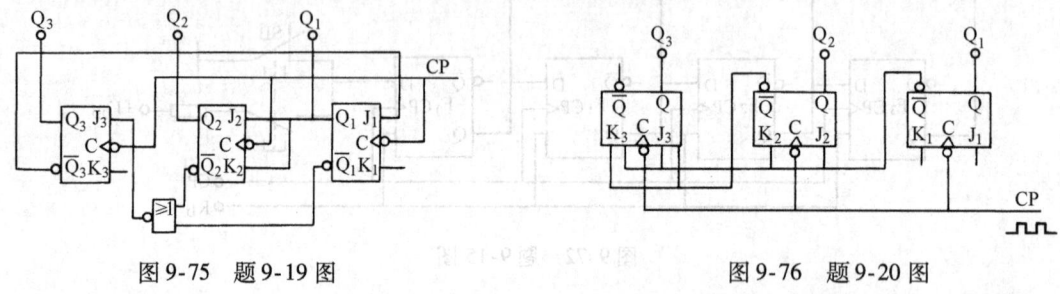

图 9-75  题 9-19 图          图 9-76  题 9-20 图

9-21  将图 9-34 所示的 4 位二进制加法计数器,利用 $R_D$ 端和一个与门电路接成五、十、十四进制计数器。

9-22  图 9-77a、b、c、d 是由 T1161(74163)芯片组成的计数器,试分析它们各是多少进制的计数器,并列出相应的状态转换表;再用 EDA 软件中的虚拟逻辑分析仪进行分析。

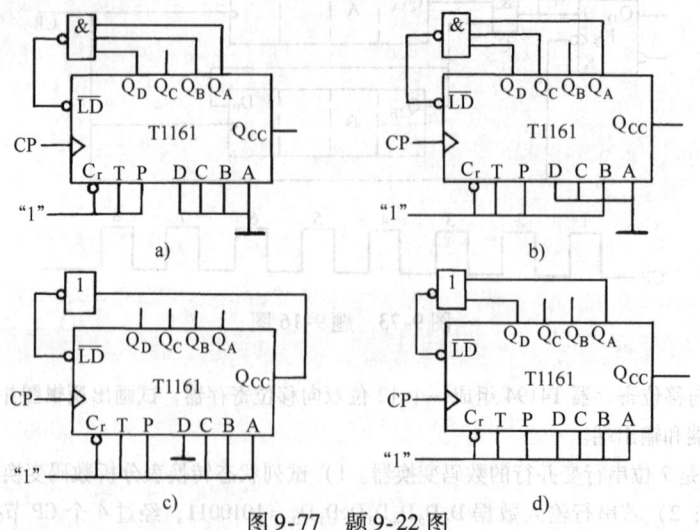

图 9-77  题 9-22 图

9-23 试用 T1161（74163）芯片分别接成循环模数 $M$ 为 5、7、14 的计数器，画出接线图并列出状态转换表。

9-24 试分析图 9-78 所示计数器是多少进制的，是采用何种连接方法实现的？若还有与该电路结构相同的高位计数器，试画出该电路的进位输出电路。（已画出，供参考）

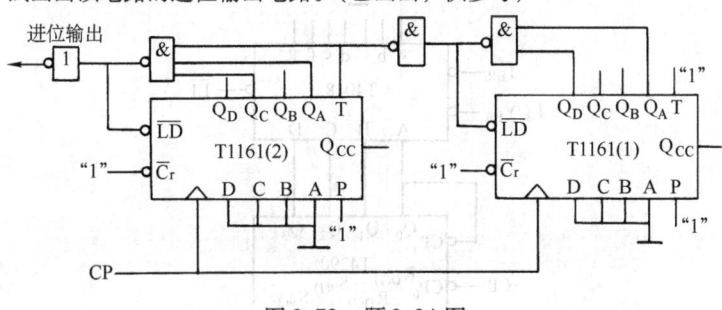

图 9-78  题 9-24 图

9-25 试用两片 T1161（74163）构成六十进制、一百八十三进制的计数器，试标出计数输入脉冲和进位输脉冲的位置，并说明采用的连接方法；再用 EDA 软件进行仿真实践。

9-26 图 9-79 是用中规模集成芯片 T4290 组成的计数器，试分析它是几进制的计数器，并列出状态转换表；再用 EDA 软件进行仿真分析。

9-27 对图 9-80 所示电路解答下列各题：1）数据输出端由高位到低位依次排列的顺序如何？2）列状态转换表分析该电路构成几进制的计数器。3）该电路输出一组何种位权的 BCD 码？4）若将该计数器的输出端由高位到低位按 $Q_3Q_2Q_1Q_0$ 接至 8421BCD 码的译码器上，在 CP 作用下输出的一组十进制数是什么？

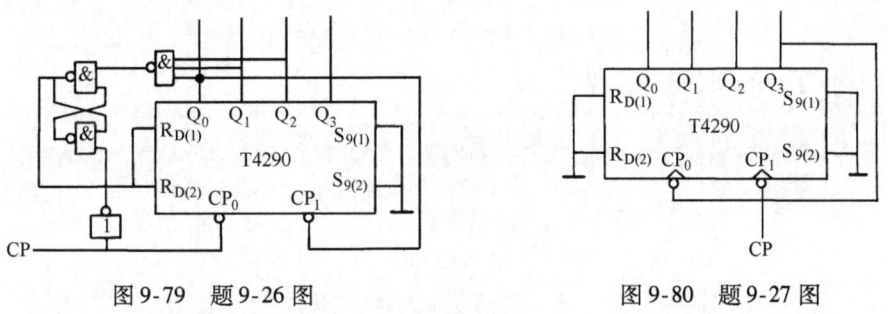

图 9-79  题 9-26 图　　　　　　图 9-80  题 9-27 图

9-28 图 9-81 是由两片 T4290 构成的计数器，试分析它是多少进制的计数器。

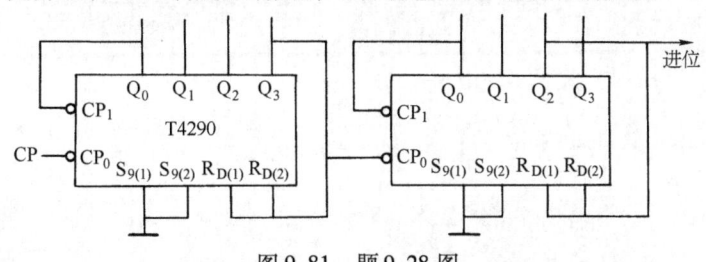

图 9-81  题 9-28 图

9-29 试用 T4290 中规模集成计数器芯片构成二十四、五十一、九十进制的加法计数器，画出接线图，并标出计数脉冲输入端和进位脉冲端出端，再用 EDA 软件进行仿真设计。

9-30 图 9-82 是由中规模集成计数器 T4290 和中规模集成七段译码显示器 T4048 组成的计数译码显示电路。T4048 的 $\overline{LT}$、$\overline{I_{BR}}$、$\overline{I_B}/\overline{Y_{BR}}$ 分别为试灯输入端、清零输入端和灭灯输入/清零输出。1）该电路清零后，输入 5 个 CP，显示的十进制数是多少？2）若将 T4290 的 $CP_0$ 接 $Q_2$ 端，$CP_1$ 作为计数脉冲的输入，计数器的循环模数 $M$ 是多少？在一系列 CP 作用下，显示器所显示的一组十进制数依次是多少（从清零后开始）？

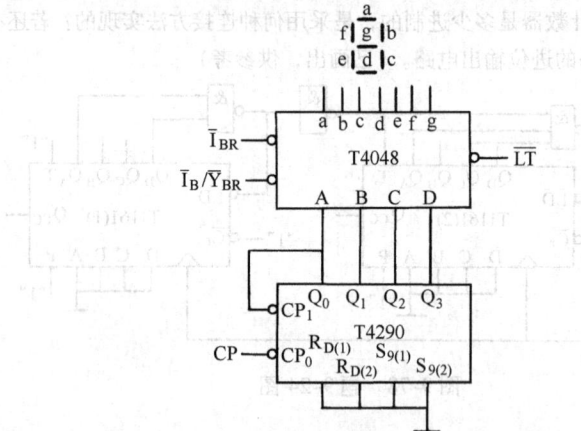

图 9-82  题 9-30 图

9-31  对题 9-30 用 EDA 软件进行仿真实践。

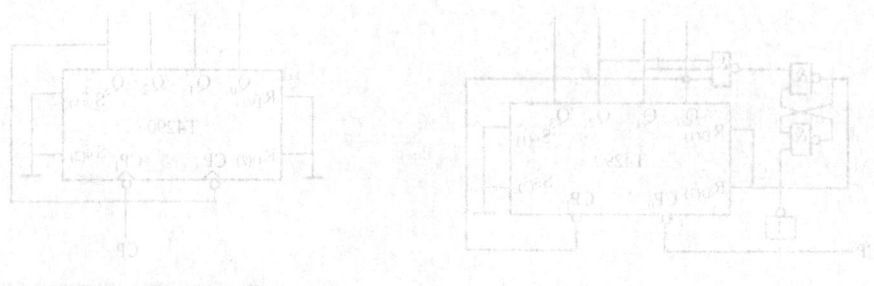

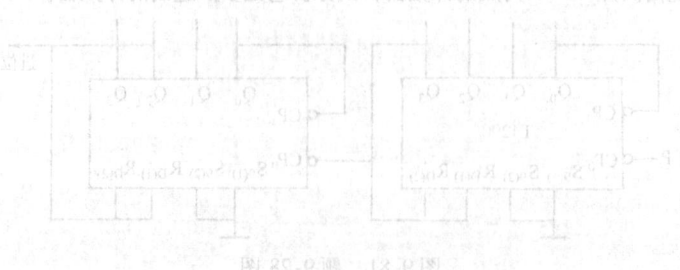

# 第10章 脉冲信号的产生与整形

通常广义地把非正弦波称之为脉冲波。脉冲波分成矩形波、锯齿波、梯形波、阶梯波等多种。本章只介绍矩形波的产生与整形电路。

矩形脉冲波可以直接由多谐振荡器产生，也可以通过整形电路将已有周期变化的非矩形波变换成所要求的矩形脉冲波。

矩形脉冲在时序电路中常作为时钟信号。其波形好坏将关系到电路能否正常工作。为定量描述矩形脉冲，通常采用图10-1所示参数。

脉冲周期 $T$——周期性变化的脉冲序列中，相邻两个脉冲间的时间间隔。

脉冲频率 $f$——表示单位时间内脉冲重复的次数，$f=1/T$。

脉冲幅度 $U_m$——脉冲波形的电压最大变化幅度。

脉冲宽度 $T_W$——从脉冲波形前沿上升到 $0.5U_m$ 起到后沿下降到 $0.5U_m$ 止的时间。

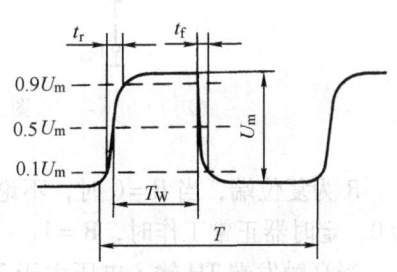

图10-1 脉冲波形参数

上升时间 $t_r$——脉冲波形的上升沿从 $0.1U_m$ 上升到 $0.9U_m$ 所需的时间。

下降时间 $t_f$——脉冲波形的下降沿从 $0.9U_m$ 下降到 $0.1U_m$ 所需的时间。

占空比——脉冲宽度 $T_W$ 与脉冲周期 $T$ 之比，即 $q=T_W/T$。

本章介绍的脉冲产生电路主要是多谐振荡器。整形电路主要是施密特触发器和单稳态触发器。它们可以用分立元件或集成逻辑门电路构成，也可以用555定时器构成。本章主要讨论用555定时器构成的单稳态触发器、施密特触发器和多谐振荡器。

## 10.1 555定时器

555定时器是一种多用途的中规模集成电路。它的型号很多，但最后三位为555或556。CMOS产品型号有CC7555、CC7556，与国外产品ICM555、ICM7556相同。双极型555定时器5G1555与国外产品NE555相同。各种型号的555单定时器芯片的功能和片脚排列完全相同。

555为单定时器；556为双定时器，其内部包含两个独立的555单元，它们共用一组电源 $V_{DD}$ 和 $V_{SS}$。下面以CC7555为例分析555定时器的工作原理及逻辑功能。

图10-2所示为CC7555的原理图。三个阻值相同的电阻 $R$ 组成电阻分压器；$N_1$、$N_2$ 为两个电压比较器；$G_1$、$G_2$ 组成基本RS触发器；场效应晶体管 $V_N$ 为放电开关。

电阻分压器将 $V_{DD}$ 分压成 $U_1=2V_{DD}/3$，$U_2=V_{DD}/3$。

两个比较器 $N_1$ 和 $N_2$ 的结构完全相同。当 $U_+>U_-$ 时，比较器输出高电平1；当 $U_+<U_-$ 时，比较器输出低电平0。比较器的输出作为由 $G_1G_2$ 组成的基本RS触发器的输入。

放电开关 $V_N$ 是一个N沟道场效应晶体管，当栅极为1时，$V_N$ 导通；栅极为0时，$V_N$

截止,放电通过外接电容进行。

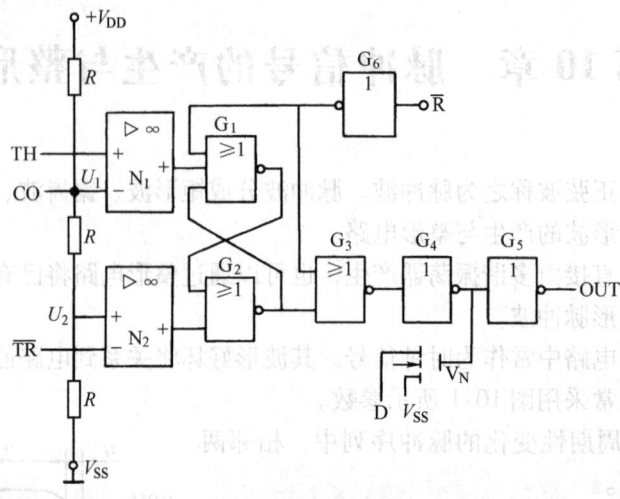

图 10-2 CC7555 定时器原理图

$\overline{R}$ 为复位端,当 $\overline{R}=0$ 时,不论高触发端 TH 和低触发端 $\overline{TR}$ 的输入电平如何,输出 OUT 为 0。定时器正常工作时,$\overline{R}=1$。

当高触发端 TH 输入电压大于 $2V_{DD}/3$,低触发端 $\overline{TR}$ 输入电压大于 $V_{DD}/3$ 时,比较器 $N_1$ 输出为 1,比较器 $N_2$ 输出为 0,则定时器输出为 0。

当 TH 输入电压小于 $2V_{DD}/3$,$\overline{TR}$ 输入电压大于 $V_{DD}/3$ 时,比较器 $N_1$ 和 $N_2$ 输出均为 0,定时器保持原状态不变。

当 TH 端和 $\overline{TR}$ 端的输入电压分别小于 $2V_{DD}/3$ 和 $V_{DD}/3$ 时,比较器 $N_1$ 的输出为 0,比较器 $N_2$ 的输出为 1,则定时器的输出为 1。

CC7555 芯片的上述逻辑功能如表 10-1 所示。

表 10-1 CC7555 逻辑功能表

| 输入 | | | 输出 | |
| --- | --- | --- | --- | --- |
| $\overline{R}$ | TH | $\overline{TR}$ | OUT | D ($V_N$) |
| 0 | φ | φ | 0 | 接通 |
| 1 | $>2V_{DD}/3$ | $>V_{DD}/3$ | 0 | 接通 |
| 1 | $<2V_{DD}/3$ | $>V_{DD}/3$ | 原状态 | 原状态 |
| 1 | $<2V_{DD}/3$ | $<V_{DD}/3$ | 1 | 关断 |

图 10-3 为 CC7555 和 CC7556 的引脚引线图。图中 CO 端为电压控制端,如外接电压则可改变高触发端 TH 和低触发端 $\overline{TR}$ 的触发电平。不用时可将其悬空或经过 $0.01\mu F$ 的电容接地。

CMOS 定时器具有如下特点:

1) 静态电流小,每个单元为 $80\mu A$

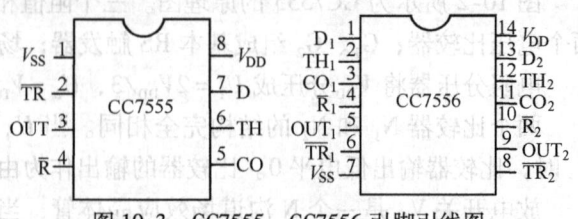

图 10-3 CC7555、CC7556 引脚引线图

左右。

2) 输入阻抗极高，输入电流为1μA左右。

3) 电源电压范围较宽，在3~18V范围内均可正常工作。

4) 由于输入阻抗高，故作单稳态触发器使用时，比用双极型定时器定时时间长且稳定。

555定时器的主要性能参数见附录K。

### 练习与思考

10-1-1 555定时器的输出状态有几种？

10-1-2 555定时器的TH端、$\overline{TR}$端电平分别大于$2V_{DD}/3$和$V_{DD}/3$时，定时器的输出状态是（　　）。

  a）0   b）1   c）原状态

10-1-3 555定时器的TH端电平小于$2V_{DD}/3$，$\overline{TR}$端电平大于$V_{DD}/3$时，定时器的输出状态是（　　）。

  a）0   b）1   c）原状态

10-1-4 555定时器的TH端、$\overline{TR}$端电平分别小于$2V_{DD}/3$和$V_{DD}/3$时，定时器的输出状态是（　　）。

  a）0   b）1   c）原状态

## 10.2 单稳态触发器

单稳态触发器有两个工作状态，一个为稳态，另一个为暂稳态。未加触发脉冲时，电路的工作状态为稳态；加触发脉冲后，电路从稳态翻转到暂稳态，暂稳态持续一段时间后，又自动返回到稳态。单稳态触发器只有一个稳定状态，暂稳态是一个过渡状态。

**1. 555定时器构成的单稳态触发器**　图10-4是由555定时器构成的单稳态触发器。外接元件$R$和$C$串接于$V_{DD}$与地之间，高触发端TH和放电端D与$R$、$C$的联结点接在一起，该电路的触发信号从$\overline{TR}$端输入。外接电容$C_1$起电源滤波和防止自激振荡作用。

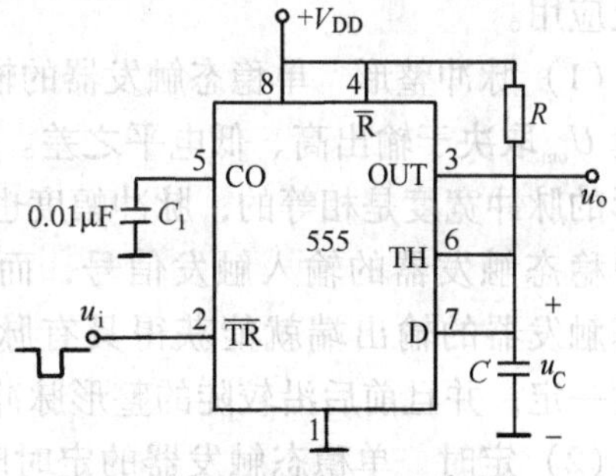

接通电源后，电源$V_{DD}$通过电阻$R$向电容$C$充电，充电到$u_C > 2V_{DD}/3$时，$N_1$输出为1，$N_2$输出为0，RS触发器输出为1，定时器的输出OUT为0，放电开关$V_N$导通，使电容$C$放电至$u_C \approx 0$，电路进入稳态。

当低触发端$\overline{TR}$加一幅值低于$V_{DD}/3$的负脉冲时，比较器$N_2$输出为1，RS触发器的输出为0，定时器输出$u_o = 1$，放电开关$V_N$截止，电路进入暂稳态。因放电开关截止，电源通过$R$对电容$C$充电，当充电至$u_C > 2V_{DD}/3$时，此时触发脉冲已结束，则$N_1$输出为1，$N_2$输出为0，RS触发器的输出为1，定时器输出$u_o = 0$，电路恢复为稳态，同时，$V_N$导通，电容$C$通过$V_N$放电至$u_C \approx 0$，完

图10-4 555定时器构成的单稳态触发器

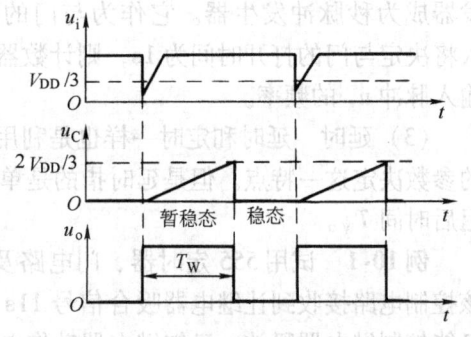

图10-5 单稳态触发器工作波形

成单稳态触发器的一个工作过程。图10-5是单稳态触发器工作波形图。

若忽略$V_N$的饱和压降，$u_C$从零电平上升到$2V_{DD}/3$所需的时间，即为输出$u_o$的脉冲宽度$T_W$。$T_W$可由$u_C$的零状态响应方程式求得。由上述分析可知：

$$u_C(0_+) = 0$$
$$u_C(\infty) = V_{DD}$$
$$u_C(T_W) = 2V_{DD}/3$$

充电时间常数

$$\tau = RC$$

$u_C$的零状态响应方程式为

$$u_C(t) = V_{DD}(1 - e^{-t/\tau})$$

当$t = T_W$时，有

$$2V_{DD}/3 = V_{DD}(1 - e^{-T_W/(RC)})$$

解得

$$T_W = RC\ln 3 \approx 1.1RC \tag{10-1}$$

通常$R$的取值在几百欧到几兆欧，$C$的取值在几百皮法到几百微法，$T_W$的对应值为几微秒到几分钟。

为保证电路正常工作，输入触发负脉冲$u_i$的脉冲宽度应远小于$T_W$。

**2. 单稳态触发器的应用**　单稳态触发器具有脉冲整形、定时和延时等功能，因而得到广泛应用。

（1）脉冲整形　单稳态触发器的输出脉冲宽度$T_W$仅取决于电路本身的参数，输出脉冲幅度$U_{om}$取决于输出高、低电平之差。在连续输入触发信号作用下，单稳态触发器输出脉冲波形的脉冲宽度是相等的，脉冲幅度也是相等的。当某一脉冲波形达不到要求时，可令其作为单稳态触发器的输入触发信号，而在单稳态触发器的输出端就能获得具有脉宽和幅度一定，并且前后沿较陡的整形脉冲。

（2）定时　单稳态触发器的定时时间，即其输出脉冲宽度仅由定时元件$R$、$C$的参数决定。图10-6是单稳态触发器定时的典型应用。调整$R$、$C$的参数，可使单稳态触发器的暂态持续时间$T_W = 1s$，即单稳态触发器成为秒脉冲发生器。它作为与门的输

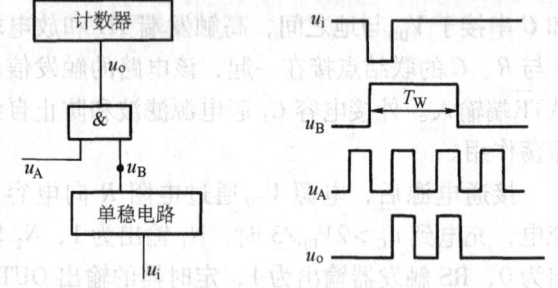

图10-6　单稳态电路定时的逻辑图和波形图

入将决定与门的打开时间为1s，则计数器所计的数就是1s内与门输出的脉冲个数，也就是输入脉冲$u_A$的频率。

（3）延时　延时和定时一样也是利用单稳态触发器输出脉冲宽度仅由其定时元件$R$、$C$的参数决定这一特点。但是延时指的是单稳态输出脉冲波形的下降沿较之触发脉冲的下降沿迟后时间$T_W$。

**例10-1**　试用555定时器、门电路及必要的阻容元件设计一个继电器控制电路。要求该控制电路接收到让继电器吸合信号11s后控制继电器吸合。另外，当继电器吸合5.5s后又能控制继电器释放。已知继电器动作电压为12V，线圈内阻为300Ω。

**解** 按题意需要由两个 555 定时器来构成单稳态触发器。第一个作延时用,第二个作定时用。选 $T_{W1}=11s$,$T_{W2}=5.5s$。控制电路如图 10-7 所示。

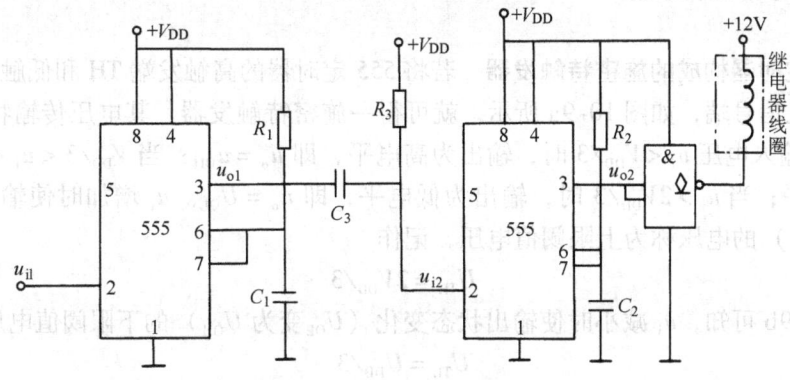

图 10-7 继电器控制电路

$$T_{W1}=1.1R_1C_1=11s$$
$$T_{W2}=1.1R_2C_2=5.5s$$

选 $R_1=R_2=R=1M\Omega$,分别求出 $C_1$ 和 $C_2$

$$C_1=10\mu F,\quad C_2=5\mu F$$

由于 555 定时器构成的单稳态触发器需负脉冲触发,且触发负脉冲的宽度还必须小于单稳态触发器的输出脉冲宽度,故 $T_{W1}$ 等于 11s 的第一级单稳态触发器输出的正脉冲不能直接作第二级单稳态触发器的触发脉冲。即使反向之后,负脉冲宽度为 11s,又大于 5s,也不适合直接作第二级单稳态触发器的触发脉冲。故只好对作延时用的单稳态触发器的输出脉冲进行微分。取 $R_3=100k\Omega$,$C_3=1\mu F$,微分电路的时间常数远远小于 $T_{W1}$。将微分电路产生的负尖脉冲作为第二级单稳态触发器的触发脉冲满足了要求。

继电器动作电压 12V,线圈电阻 $300\Omega$,线圈通电,继电器吸合时,流过线圈的电流为 40mA。无论 CMOS 还是 TTL 的 555 定时器构成的单稳态触发器都不可能驱动 40mA 的电流负载。为增加带负载能力,第二个单稳态触发器输出接集电极开路与非门,由它带动继电器。

图 10-7 所示电路各点的工作波形如图 10-8 所示。

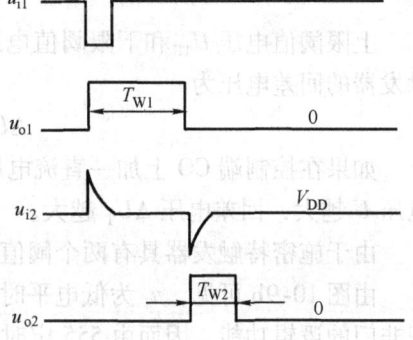

图 10-8 继电器控制电路各点工作波形

## 练习与思考

10-2-1 单稳态触发器的输出状态有几种?各有什么特点?

10-2-2 单稳态触发器具有什么功能?

10-2-3 由 555 定时器构成的单稳态触发器的暂稳态持续时间 $T_W$ 是怎样确定的?

10-2-4 单稳态触发器的触发电压 $u_i$ 与电源电压 $V_{DD}(V_{CC})$ 的关系为( )。
    a) $u_i > V_{DD}/3$      b) $u_i > 2V_{DD}/3$      c) $u_i < V_{DD}/3$

10-2-5 单稳态触发器触发脉冲 $u_i$ 的脉冲宽度 $T_{WI}$ 与输出脉冲 $u_o$ 的脉冲宽度 $T_W$ 应满足( )。
    a) $T_{WI} \gg T_W$      b) $T_{WI} \ll T_W$      c) $T_{WI} = T_W$

## 10.3 施密特触发器

**1. 555定时器构成的施密特触发器** 若将555定时器的高触发端TH和低触发端$\overline{\text{TR}}$接到一起作为输入信号端,如图10-9a所示,就可得一施密特触发器。其电压传输特性如图10-9b所示。当输入电压$u_i < V_{DD}/3$时,输出为高电平,即$u_o = U_{OH}$;当$V_{DD}/3 < u_i < 2V_{DD}/3$时,$u_o$保持高电平;当$u_i > 2V_{DD}/3$时,输出为低电平,即$u_o = U_{OL}$。$u_i$增加时使输出状态变化($U_{OH}$变为$U_{OL}$)的电压称为上限阈值电压,记作

$$U_{TH} = 2V_{DD}/3$$

由图10-9b可知,$u_i$减小时使输出状态变化($U_{OL}$变为$U_{OH}$)的下限阈值电压为

$$U_{TL} = V_{DD}/3$$

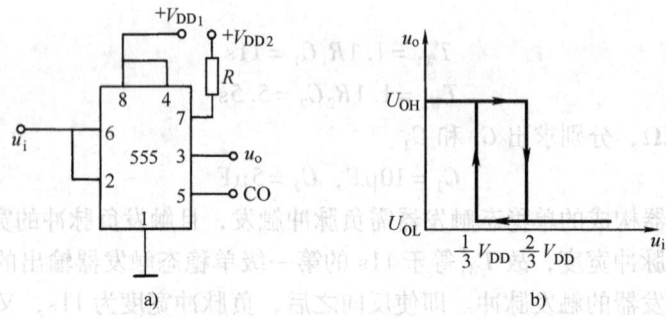

图10-9 555定时器构成的施密特触发器及其电压传输特性

上限阈值电压$U_{TH}$和下限阈值电压$U_{TL}$的差值称为回差电压。555定时器构成的施密特触发器的回差电压为

$$\Delta U_T = U_{TH} - U_{TL} = V_{DD}/3$$

如果在控制端CO上加一直流电压$U$,可调节施密特触发器的回差电压$\Delta U_T$的值,控制电压$U$越大,回差电压$\Delta U_T$越大。

由于施密特触发器具有两个阈值电压,因而使它的电压传输特性呈现滞回特点。

由图10-9b可见,$u_i$为低电平时,输出$u_o$为高电平;$u_i$为高电平时,$u_o$为低电平,呈现非门的逻辑功能,因而由555定时器构成的施密特触发器又称为施密特非门。

**2. 施密特触发器的应用** 利用施密特触发器的回差特性,可实现对脉冲波形的整形、变换和对脉冲幅度的鉴别等。

(1) **脉冲整形** 脉冲在传输中,常常会发生波形的畸变。为此,必须对畸变的脉冲进行整形。波形畸变的原因很多。例如,传输线上电容较大,会使波形前、后沿变得不陡;阻抗不匹配,会在上升沿和下降沿产生振荡等。畸变的矩形脉冲通过施密特触发器整形,都可以得到比较理想的矩形波。图10-10和图10-11分别给出两种整形的波形。

(2) **波形变换** 施密特触发器可以把边沿缓慢变化的波形变成矩形波。图10-12示出了将带有直流分量的正弦波变换成矩形波的例子。

(3) **脉冲幅度鉴别** 若想从信号幅度不等的一系列脉冲中,鉴别出幅度较大的脉冲,

就可利用施密特触发器。图 10-13 所示就是在一系列脉冲中选出幅度大于 $U_{TH}$ 的波形。上限阈值电压 $U_{TH}$ 可通过加到控制端 CO 上的电压来调节。

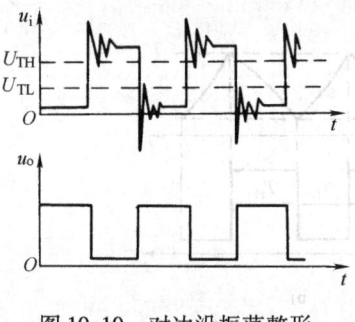

图 10-10  对边沿振荡整形

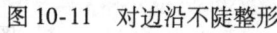

图 10-11  对边沿不陡整形

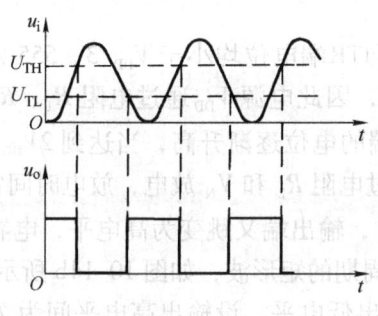

图 10-12  正弦波变换成矩形波

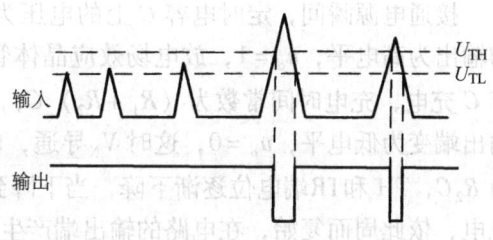

图 10-13  鉴别幅度大于 $U_{TH}$ 波形

### 练习与思考

10-3-1  怎样用 555 定时器构成施密特触发器？施密特触发器的主要用途有哪些？

10-3-2  555 定时器构成的施密特触发器的上、下限阈值电压和回差电压各是多少？

10-3-3  试画出 555 定时器构成的施密特触发器的电压传输特性。

10-3-4  试画出图 10-9a 中以管脚 7 端为输出端的施密特触发器的电压传输特性，说明该传输特性的特点。

## 10.4  多谐振荡器

**1. 555 定时器构成的多谐振荡器**  多谐振荡器是一种产生矩形波脉冲的自激振荡器。由于矩形波含有丰富的高次谐波，所以习惯上称矩形波振荡器为多谐振荡器。与单稳态触发器和施密特触发器比较，多谐振荡器没有稳定的输出状态，因而又称为无稳态触发器。

555 定时器构成的多谐振荡器如图 10-14a 所示。图中 $R_1$、$R_2$、$C$ 是决定振荡周期的定时元件，555 定时器的高、低触发端 TH 和 TR 没有接任何外部输入信号，这两个触发端都接在电容 $C$ 上。

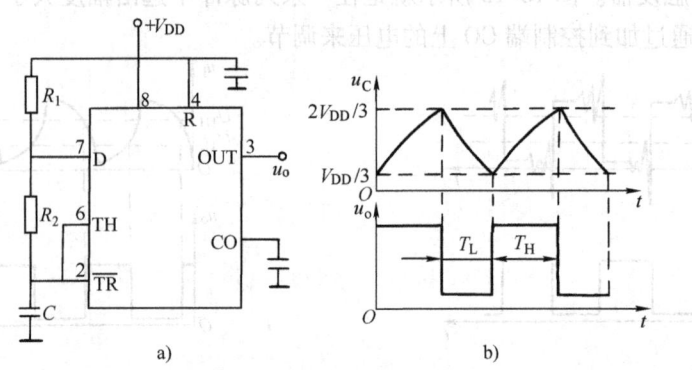

图 10-14  CC7555 多谐振荡器

接通电源瞬间，定时电容 $C$ 上的电压为零，TH 和 $\overline{\text{TR}}$ 端电位均小于 $V_{DD}/3$，555 定时器的输出为高电平，$u_o=1$，放电场效应晶体管 $V_N$ 截止，因此电源 $V_{DD}$ 通过电阻 $R_1$、$R_2$ 对电容 $C$ 充电，充电时间常数为 $(R_1+R_2)C$，TH 与 $\overline{\text{TR}}$ 端的电位逐渐升高，当达到 $2V_{DD}/3$ 时，输出端变为低电平，$u_o=0$，这时 $V_N$ 导通，电容 $C$ 通过电阻 $R_2$ 和 $V_N$ 放电，放电时间常数约为 $R_2C$，TH 和 $\overline{\text{TR}}$ 端电位逐渐下降，当下降到 $V_{DD}/3$ 时，输出端又跳变为高电平，电容 $C$ 再充电，依此周而复始，在电路的输出端产生具有一定周期的矩形波，如图 10-14b 所示。

电容充电期间，输出高电平；电容放电期间，输出低电平。设输出高电平时间为 $T_H$，输出低电平时间为 $T_L$，则

$$T_H = (R_1+R_2)C\ln 2 \approx 0.7(R_1+R_2)C$$
$$T_L = R_2 C\ln 2 \approx 0.7 R_2 C$$

电路的振荡周期

$$T = T_H + T_L \approx 0.7(R_1+2R_2)C$$

电路的振荡频率

$$f = \frac{1}{T} \approx \frac{1.43}{(R_1+2R_2)C}$$

输出波形的占空比为

$$q = \frac{T_H}{T} \approx \frac{R_1+R_2}{R_1+2R_2}$$

由上式可见，该振荡电路输出波形的占空比总是大于 1/2，并且是不可调的。

图 10-15 所示为占空比可调的多谐振荡器电路。充放电回路由二极管 $VD_1$、$VD_2$ 引导，充电时间常数为 $R_1 C$，放电时间常数为 $R_2 C$，输出脉冲波形的占空比为

$$q = \frac{T_H}{T} \approx \frac{0.7 R_1 C}{0.7 R_1 C + 0.7 R_2 C} = \frac{R_1}{R_1+R_2}$$

只要改变电位器 RP 滑动端的位置，即可调节输出

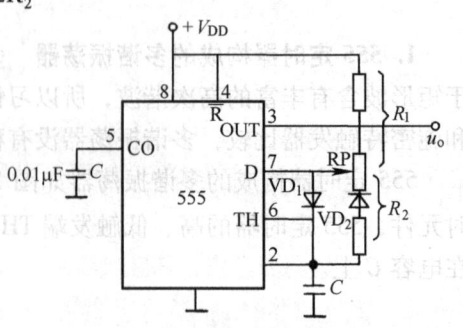

图 10-15  占空比可调的多谐振荡器

波形的占空比。当使 $R_1 = R_2$ 时，占空比 $q = 1/2$。

**例 10-2** 由 555 定时器构成的多谐振荡电路如图 10-16 所示。试说明该振荡电路的构成特点，并根据给出的电路参数，定量画出 $u_{o1}$、$u_{o2}$ 的波形。已知 $R_1 = 143\text{k}\Omega$，$R_2 = 857\text{k}\Omega$，$C_1 = 10\mu\text{F}$，$R'_1 = R'_2 = 9.5\text{k}\Omega$，$C_2 = 1\mu\text{F}$。

**解** 图 10-16 电路中，定时器 555（1）构成占空比可调的多谐振荡器，定时器 555（2）构成占空比固定的基本振荡电路。由于 555（1）构成的振荡器的输出接在 555（2）的复位端 $\overline{R}$ 上，所以只有在 $u_{o1}$ 输出正脉冲期间，555（2）构成的振荡器才能振荡。而在 $u_{o1}$ 输出负脉冲期间，555（2）构成的振荡器停振。

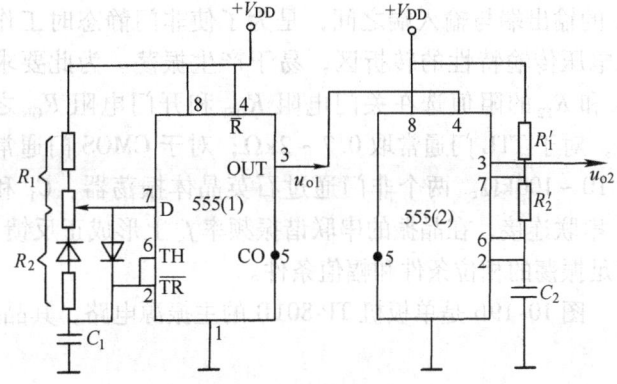

经过计算可求 555（1）振荡器的下面参数：

$$q_1 \approx \frac{R_1}{R_1 + R_2} = \frac{143\text{k}\Omega}{1000\text{k}\Omega} \approx \frac{1}{7}$$

图 10-16 例 10-2 图

$$T_H \approx 0.7 R_1 C = 0.7 \times 143 \times 10^3 \times 10 \times 10^{-6}\text{s} \approx 1\text{s}$$

$$T_L \approx 0.7 R_2 C = 0.7 \times 857 \times 10^3 \times 10 \times 10^{-6}\text{s} \approx 6\text{s}$$

可知 555（2）构成的振荡器振荡 1s，停振 6s。

555（2）构成振荡器的振荡周期。

$$T_2 \approx 0.7(R'_1 + 2R'_2)C = 0.7 \times (9.5 + 2 \times 9.5) \times 10^3 \times 10^{-6}\text{s} \approx 0.02\text{s}$$

$$f_2 = \frac{1}{T_2} = 50\text{Hz}$$

$u_{o1}$ 和 $u_{o2}$ 的波形如图 10-17 所示。

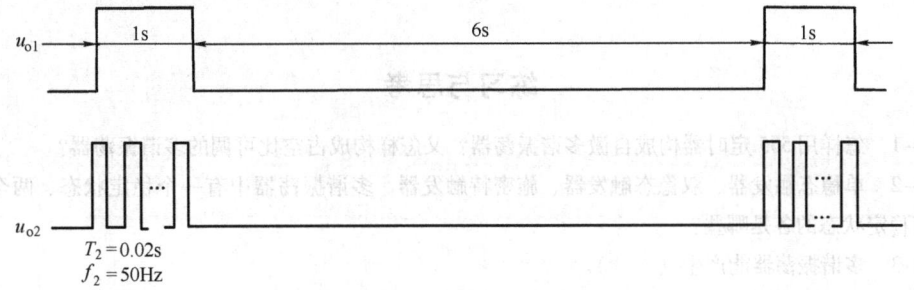

图 10-17 例 10-2 $u_{o1}$ 与 $u_{o2}$ 波形

555 定时器构成的多谐振荡器的振荡频率范围一般为 0.1Hz ~ 300kHz。振荡频率的稳定性从公式上看只与 $RC$ 有关，应当稳定。振荡频率取决于达到上、下限阈值电压所需的时间，由于阈值电压的离散性和不稳定以及电路干扰等因素，都会影响振荡频率的稳定性。在要求振荡频率和振荡频率的稳定性较高的场合，可采用石英晶体多谐振荡器。

**2. 石英晶体多谐振荡器** 石英晶体多谐振荡器是以石英晶体作为选频元件构成的多谐振荡器。

图 10-18 所示是石英晶体的阻抗频率特性和符号。由图可见，只有当频率为 $f_s$ 时，石英晶体的等效阻抗最小，并且是纯电阻性的。$f_s$ 是石英晶体产生串联谐振时的频率，这一频率只与晶片的几何尺寸有关，所以石英晶体的谐振频率准确且稳定性高。

图 10-19a 所示为一石英晶体振荡器。图中 $C_1$、$C_2$ 为耦合电容，对谐振频率 $f_s$ 应足够大，不影响谐振频率。$R_{F1}$ 和 $R_{F2}$ 分别跨接在非门 $G_1$ 和 $G_2$ 的输出端与输入端之间，是为了使非门静态时工作在电压传输特性的转折区，易于产生振荡。为此要求 $R_{F1}$ 和 $R_{F2}$ 的阻值选在关门电阻 $R_{OFF}$ 和开门电阻 $R_{ON}$ 之间，对于 TTL 门通常取 $0.7 \sim 2\text{k}\Omega$；对于 CMOS 门通常取 $10 \sim 100\text{k}\Omega$。两个非门通过石英晶体振荡器、$C_1$ 和 $C_2$ 串联连接，在晶振的串联谐振频率 $f_s$ 上形成正反馈，满足振荡的相位条件和幅值条件。

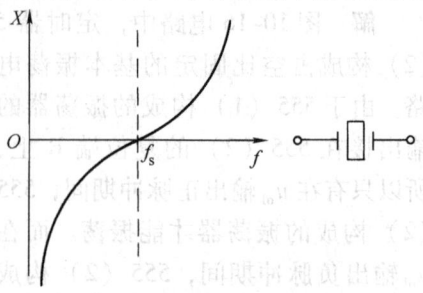

图 10-18　石英晶体的阻抗特性及符号

图 10-19b 是单板机 TP-801B 的主振源电路，其晶振频率为 $f_s = 3.9936\text{MHz}$。

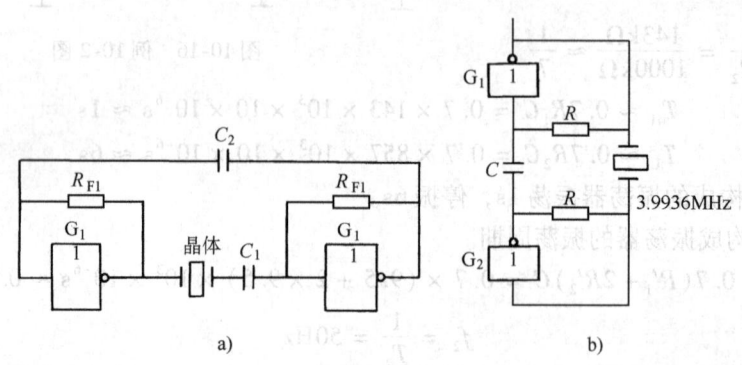

图 10-19　石英晶体振荡器

## 练习与思考

**10-4-1**　怎样用 555 定时器构成自激多谐振荡器？又怎样构成占空比可调的多谐振荡器？

**10-4-2**　单稳态触发器、双稳态触发器、施密特触发器、多谐振荡器中有一个稳定状态、两个稳定状态和没有稳定状态的各是哪些？

**10-4-3**　多谐振荡器能产生（　　）。
a) 单一频率的正弦波　b) 矩形波　c) 两者皆可

**10-4-4**　下列各触发器属于输入电平触发的有（　　）。
a) JK 触发器　b) 基本 RS 触发器　c) 单稳态触发器　d) 施密特触发器　e) 无稳态触发器

**10-4-5**　下列各触发器能表示和记忆二进制数的有（　　）触发器。
a) 单稳态　b) 双稳态　c) 施密特　d) 无稳态

**10-4-6**　设多谐振荡器的输出脉冲宽度和脉冲间隔时间分别为 $T_H$ 和 $T_L$，则脉冲周期 $T$ 为（　　），脉冲波形的占空比 $q$ 为（　　）。
a) $(T_H+T_L)/2$　b) $T_H+T_L$　c) $T_H/T_L$　d) $T_L/T_H$　e) $T_H/(T_H+T_L)$　f) $T_L/(T_H+T_L)$

**10-4-7**　555 定时器构成的多谐振荡器的输出脉冲频率 $f$ 的适用范围一般是（　　）。

a) $0.1\sim300\text{kHz}$　b) $10^{-6}\sim10^{-2}\text{Hz}$　c) $10^{6}\sim10^{9}\text{Hz}$

## 10.5　555定时器应用的仿真分析

由前面学习可知：555定时器是将模拟电路与数字电路巧妙地结合在一起的多用途中规模集成电路芯片。在芯片外部配接上电阻、阻容等元器件，便可构成多谐振荡器、单稳态触发器和施密特触发器等基本单元电路，因而在波形产生与变换、检测与控制、报警等方面得到了广泛的应用。本节重点介绍它们的仿真分析。

**1. 555定时器构成施密特触发器仿真分析**　首先在混合器件库（Mixed ICs）中取出555定时器，构成的施密特触发器如图10-20所示。图中555定时器的高触发端THR和低触发端TRI接在一起作为输入端，输入信号为正弦波，将输入信号端和555定时器的输出OUT端与虚拟示波器连接，可观察到如图10-21所示的波形，输入的正弦波通过施密特触发器整形为矩形波。

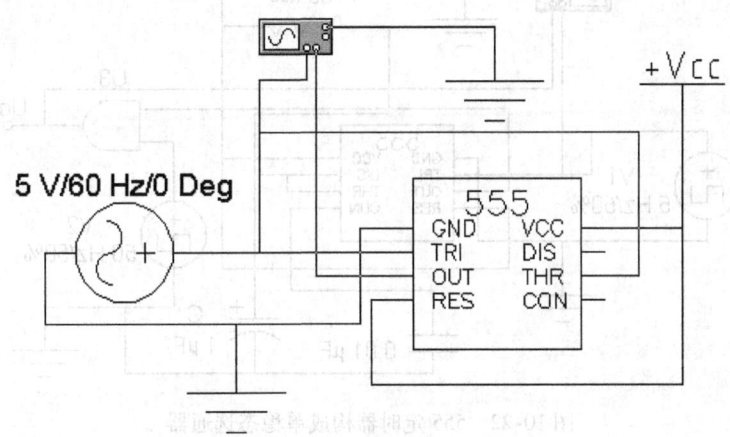

图10-20　555定时器构成施密特触发器

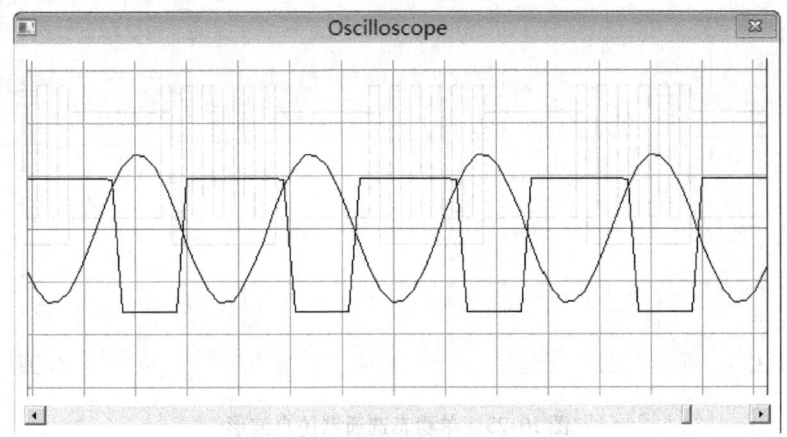

图10-21　施密特触发器仿真波形

**2. 555 定时器构成单稳态选通器仿真分析**　在数字系统中，除了施密特触发器外，单稳态触发器是另一种常用的脉冲整形和变换电路。单稳态触发器可以用 555 定时器构成，也可用门电路组成。用 555 定时器构成的单稳态选通器如图 10-22 所示。放电端 DIS 与高触发端 THR 连接后，再与外接在电源 +Vcc 与地之间的定时元件 R 和 C 相连，组成单稳态触发器，单稳态触发器输出高电平的时间为

$$T_H \approx 1.1RC$$

仿真电路如图 10-22 所示，由图可知：单稳态触发器的输出端 OUT 是与门 U3 的控制端，当单稳态触发器输出高电平时，与门 U3 开门，脉冲信号源 V2 的信号能通过与门 U3；当单稳态触发器的输出低电平时，与门 U3 关门，信号不能通过，组成信号选通电路。负触发脉冲由信号源 V1 提供，在 TRI 端，CON 端接 0.01μF 电容，以稳定电路，防止产生自激振荡。闭合仿真开关，可观察到如图 10-23 所示的波形。

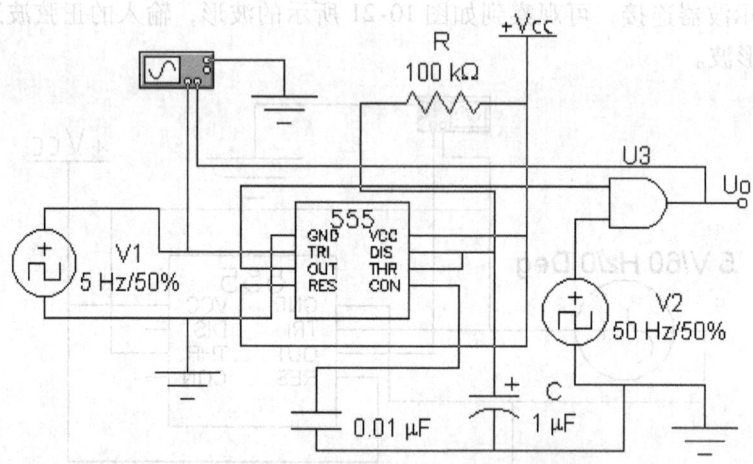

图 10-22　555 定时器构成单稳态选通器

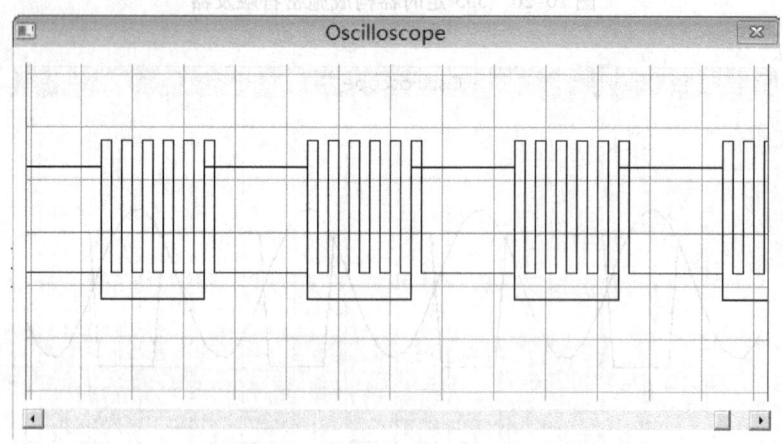

图 10-23　单稳态选通器仿真波形

**3. 555 定时器构成多谐振荡器仿真分析**　多谐振荡器是一种脉冲信号发生器，它具有两个暂稳态，工作时无需外加触发信号就能在这两个暂稳态之间连续、自动地切换，产生一定

幅值、一定频率和一定脉宽的矩形脉冲信号。用555定时器构成的多谐振荡器如图10-24所示，由图可见，555定时器放电开关端DIS接于电阻$R_1$与$R_2$的连接处，THR端和TRI端连接后与定时电容$C$和电阻$R_2$连接。多谐振荡器输出的矩形波电压的周期为

$$T \approx 0.7(R_1 + 2R_2)C$$

将虚拟示波器接在电容$C$和多谐振荡器输出端上，闭合仿真开关，可观察到如图10-25所示的仿真波形。

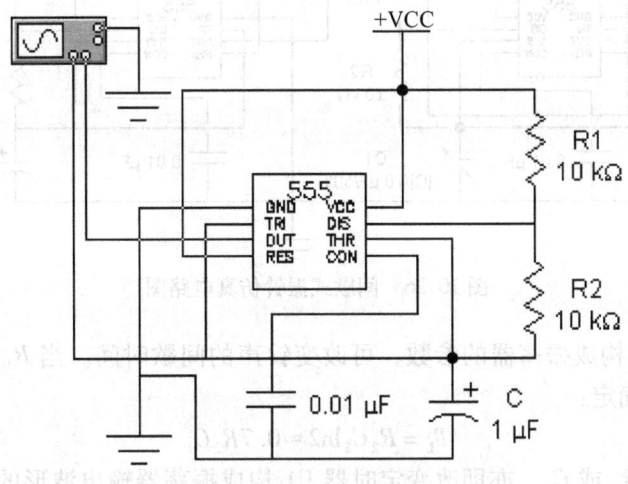

图10-24　555定时器构成多谐振荡器

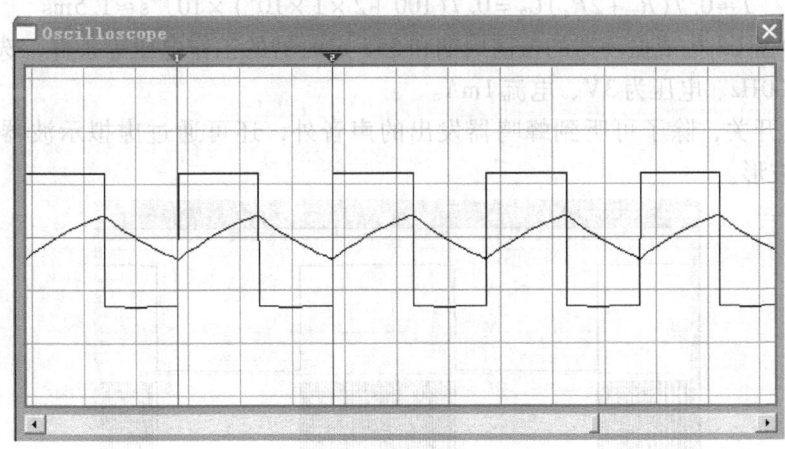

图10-25　多谐振荡器仿真波形

**4. 555定时器应用电路仿真设计**

**例10-3**　试用两片555定时器设计一个间歇式振铃电路，即要求电路按一定周期发出一定频率的铃声。

**解**　选择两片555定时器并配以适当外部元件组成图10-26所示的间歇式振铃电路，定时器U1和U2分别构成两个振荡频率不同的多谐振荡器，由电路参数可知：定时器U1的振荡周期远大于定时器U2的振荡周期，将U1构成振荡器的输出端连接到定时器U2构成振荡器的复位端，U1振荡器输出高电平时，U2振荡器产生高频振荡，U1振荡器输出低电平时，

U2 振荡器停振，将 U2 振荡器的输出端连接一个蜂鸣器，便间歇地发出 U2 振荡器产生高频振荡的声音，从而构成间歇式振铃电路。

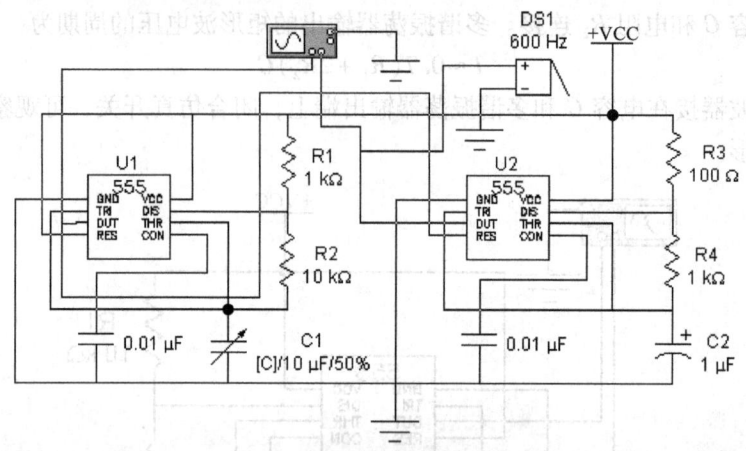

图 10-26　间歇式振铃仿真电路图

调节定时器 U1 构成振荡器的参数，可改变铃声的间歇时间。当 $R_1$ 的值确定时，铃声的间歇时间由下式确定：

$$T_L = R_2 C_1 \ln 2 \approx 0.7 R_2 C_1$$

调节电路中的 $R_2$ 或 $C_1$，亦即改变定时器 U1 构成振荡器输出波形的占空比，改变铃声的间歇时间。由图 10-26 可知：定时器 U2 构成的振荡器的周期为

$$T \approx 0.7(R_3 + 2R_4)C_2 = 0.7(100 + 2 \times 1 \times 10^3) \times 10^{-6} \text{s} \approx 1.5 \text{ms}$$

根据定时器 U2 构成振荡器的振荡周期和 555 定时器的工作电压等条件，选择蜂鸣器参数：频率为 600Hz、电压为 3V、电流 1mA。

接通仿真开关，除了可听到蜂鸣器发出的声音外，还可通过虚拟示波器观察到如图 10-27 所示的波形。

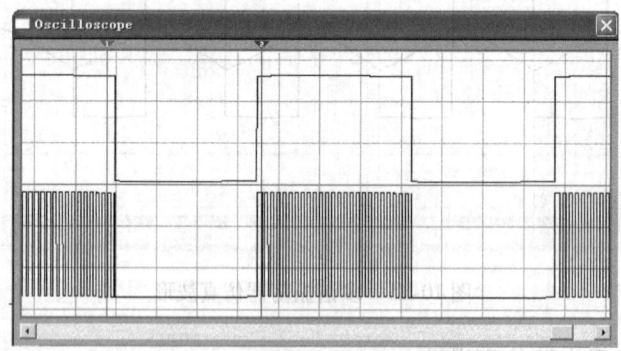

图 10-27　间歇式振铃电路仿真波形

# 小　结

本章主要内容是 555 定时器及其在脉冲波形的产生和变换方面的应用。典型应用电路是 555 定时器构成的单稳态触发器、施密特触发器和自激多谐振荡器。

单稳态触发器只有一个稳定状态，还有一个暂稳态。用 555 定时器外接一个电阻 $R$ 和一个电容 $C$ 便可构成一个单稳态触发器。单稳态触发器具有定时、延时和脉冲波形整形的功能。当电源电压 $V_{DD}$ 和控制电压 $U_{CO}$ 一定时，暂稳态时间，即定时或延时时间 $T_W$ 可表示为

$$T_W = RC\ln 3 \approx 1.1RC$$

$T_W$ 是由 $RC$ 电路的零状态响应的时间常数决定的。

施密特触发器有两个稳定状态，其输出状态受控于输入电压 $u_i$。只要将 555 定时器的高、低触发端 TH 和 $\overline{\text{TR}}$ 接在一起作为输入端，即构成施密特触发器。这种施密特触发器的输出与输入状态呈现非门的逻辑关系，因而又称为施密特非门。施密特触发器具有脉冲波形的变换和整形的功能。对施密特触发器常常采用波形图进行分析。

自激多谐振荡器没有稳定的输出状态，输出具有一定频率和一定占空比的矩形波。多谐振荡器由 555 定时器和外接的充电电阻 $R_1$，放电电阻 $R_2$，定时电容 $C$ 构成。其输出波形的周期 $T$ 由输出高电平时间 $T_H$ 和输出低电平时间 $T_L$ 相加得到。$T_H$ 是由充电回路的零状态响应过程决定的，$T_L$ 是由放电回路的零输入响应过程决定的，对于图 10-14a 所示的多谐振荡器有

$$T_H \approx 0.7(R_1 + R_2)C$$
$$T_L \approx 0.7R_2C$$
$$T = T_H + T_L \approx 0.7(R_1 + 2R_2)C$$
$$f = \frac{1}{T} \approx \frac{1.43}{(R_1 + 2R_2)C}$$

占空比为

$$q = \frac{T_H}{T} \approx \frac{R_1 + R_2}{R_1 + 2R_2}$$

单稳态触发器、施密特触发器和自激多谐振荡器除了用 555 定时器构成外，还有专用的集成芯片。也可以用门电路构成，本章介绍的石英晶体振荡器就是一例。

## 习 题

10-1 555 定时器构成的单稳态触发器需正脉冲还是负脉冲触发？若触发脉冲的有效宽度大于单稳态触发器输出的脉冲宽度，电路能否正常工作？如果不能正常工作，应采取什么措施？

10-2 555 定时器的接法如图 10-28 所示。设图中 $R = 500\text{k}\Omega$，$C = 10\mu\text{F}$，已知 $u_i$ 的波形，电路正常工作时求解下列各题：1) 对应于 $u_i$ 画出 $u_C$ 和 $u_o$ 的波形。2) 输出脉冲下降沿比输入脉冲下降沿延迟了多少时间？

10-3 继电器线圈接在图 10-29 所示电路中，试用 555 定时器设计一脉冲电路去控制该电路。要求加入启动信号之后，经 $1.1\mu\text{s}$ 延时，线圈才通电；通电 1.1s 后，继电器线圈断电，再用 EDA 软件进行仿真。

10-4 已知一施密特触发器的上、下限阈值电压分别为 $U_{TH} = 2V$、$U_{TL} = 1V$，输入信号 $u_i$ 为一正弦波，其幅值为 3V，试画出对应于 $u_i$ 的输出电压 $u_o$ 的波形。

10-5 已知 555 定时器的 $V_{DD} = 5V$，试回答用该定时器构成施密特非门时，上、下限阈值电压 $U_{TH}$、$U_{TL}$ 各是多少？

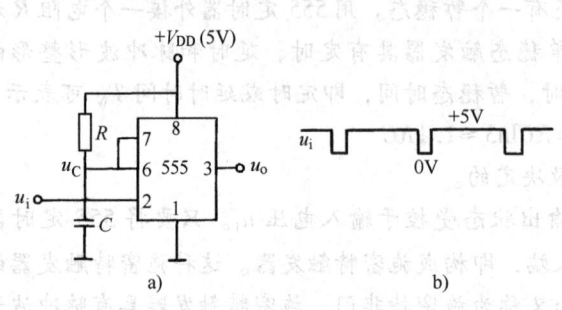
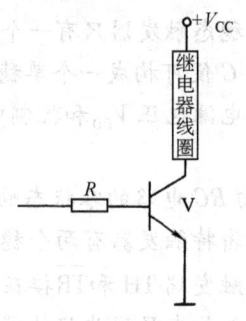

图 10-28 题 10-2 图　　　　　　　　图 10-29 题 10-3 图

10-6 图 10-30 是用 CC7555 定时器构成的施密特非门组成的电路，试定性画出 $u_o$ 的波形。若电源电压 $V_{DD}=9V$，试估算 $u_o$ 的频率。

10-7 在图 10-15 中，若 $R_1=R_2=10k\Omega$，$C=1\mu F$，试计算该电路的振荡频率 $f$ 及输出波形的占空比 $q$。

10-8 试用 555 定时器设计一个振荡频率为 20kHz，占空比为 1/4 的多谐振荡器，并用 EDA 软件进行仿真。

10-9 由 555 定时器和晶体管等组成的电路如图 10-31 所示。图中 $V_{CC}=15V$、$R_1=5k\Omega$、$R_2=10k\Omega$、$R_E=20k\Omega$、$C=0.022\mu F$，晶体管的 $\beta=60$、$V_{BE}=0.7V$，外加触发信号 $u_i$ 为一足够窄的负脉冲。试解答下列问题：1) 说明该电路的名称和作用。2) 说明晶体管电路的作用。3) 画出在 $u_i$ 作用下相应的输出电压 $u_{o1}$ 的波形，标明时间和幅度。4) 画出与 $u_{o1}$ 相对应的 $u_o$ 的波形。

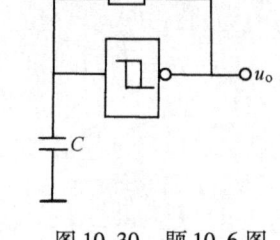

图 10-30 题 10-6 图

10-10 图 10-32 是一个简易电子琴电路。当琴键 $S_1 \sim S_n$ 均未按下时，晶体管 V 接近饱和导通，$U_E$ 约 0.7V，使 555 定时器组成的振荡器停振；当按下不同琴键时，因 $R_1 \sim R_n$ 的阻值不等，扬声器便发出不同的声音。

若 $R_B=20k\Omega$、$R_1=10k\Omega$、$R_E=2k\Omega$、$C=0.1\mu F$，晶体管的电流放大系数 $\beta=150$、$V_{CC}=12V$，振荡器外接电阻、电容参数如图所示。试计算按下 $S_1$ 时 555 定时器电压控制端（引脚 5）上的电压 $U_{CO}$ 的值和扬声器发出声音的频率；若琴键电阻 $R_1 \sim R_n$ 阻值递增时，则 $U_{CO}$ 的值和扬声器发出声音的频率如何变化？

图 10-31 题 10-9 图

10-11 在图 10-33 所示电路中，VD 为理想二极管，试解答下列问题：1) 每个 555 定时器各自组成什么电路？2) 开关 S 在右端时，$u_{oA}$ 和 $u_{oB}$ 的各自周期是多少？3) 画出开关 S 在左端时，$u_{oA}$ 和 $u_{oB}$ 的波形。4) 若得到与第 3) 中相似的波形还有哪种接法？

10-12 用 EDA 软件对 555 定时器构成的单稳态触发器、自激多谐振荡器和施密特触发器进行仿真研究。

10-13 参照题 10-10 用 EDA 软件设计一个简易电子琴。

10-14 试用 EDA 软件设计一个声、光示意（报警）电路。

第10章 脉冲信号的产生与整形 · 245 ·

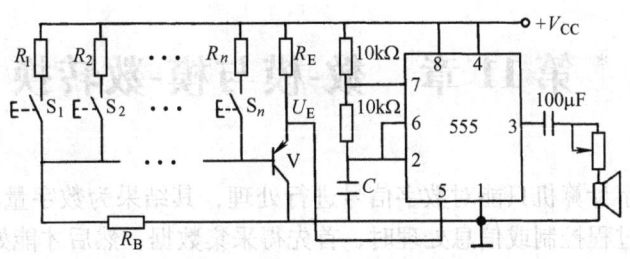

图10-32 题10-10图

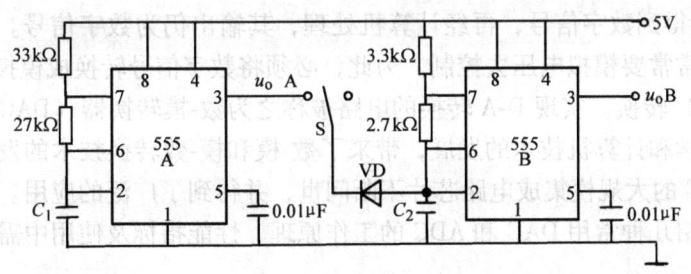

图10-33 题10-11图

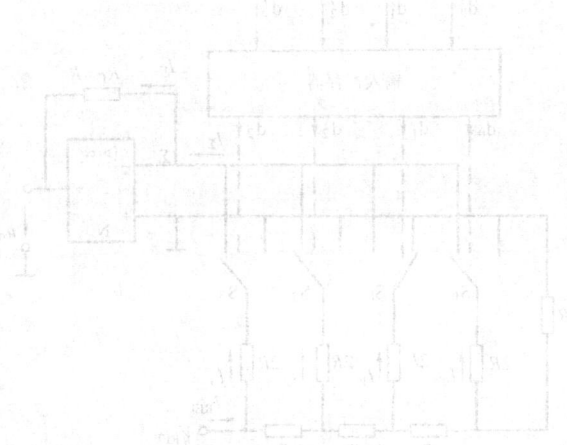

# *第 11 章  数-模与模-数转换

数字电路、数字计算机只能对数字信号进行处理，其结果为数字量。然而，数字电路、数字计算机应用于过程控制或信息处理时，首先得采集数据，然后才能处理。通常，采集到的信号为模拟信号，为此，必须将模拟信号转换成数字信号。这一过程就是模－数（A-D）转换。实现 A-D 转换的电路被称之为模-数转换器（ADC）。

经 ADC 转换得到数字信号，再经计算机处理，其输出仍为数字信号。可是，过程控制中的执行机构，常常要模拟电压去控制。为此，必须将数字信号转换成模拟信号。这一过程就是数-模（D-A）转换。实现 D-A 转换的电路被称之为数-模转换器（DAC）。

半导体电子学和计算机技术的发展，带来了数-模和模-数转换技术的发展。带有各种性能的 ADC 和 DAC 的大规模集成电路芯片不断问世，并得到了广泛的应用。

本章重点介绍几种常用 DAC 和 ADC 的工作原理、性能指标及使用中需注意的问题。

## 11.1  数-模转换器

DAC 的种类和电路形式比较多，例如权电阻 DAC、BCD 码 DAC，正 T 形和倒 T 形电阻网络 DAC 等。本节只讨论 *R-2R* 倒 T 形电阻网络 DAC。

### 11.1.1  倒 T 形电阻网络 DAC

*R-2R* 倒 T 形电阻网络 DAC 的结构原理图如图 11-1 所示。它由输入寄存器、模拟电子开关、基准电源、T 形电阻网络和运算放大器组成。

输入寄存器是并行输入、并行输出的缓冲寄存器，用来暂存 4 位二进制数码。当发出寄存指令后，4 位数据线上送来的一组二进制代码，如 $d_3'd_2'd_1'd_0' = 1001$，被存入寄存器中。同时，寄存器的输出线上出现该组二进制代码 $d_3d_2d_1d_0 = 1001$，并去控制对应的模拟电子开关 $S_3$、$S_2$、$S_1$、$S_0$。

由图 11-1 可知，当输入数字量某位的代码 $d_i = 1$ 时，对应位的电子开关 $S_i$ 将该位的电阻 2R 接至运算放大器的

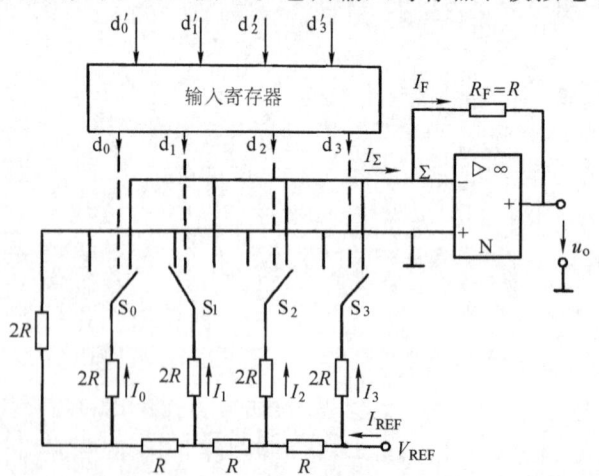

图 11-1  倒 T 形电阻网络 DAC

反相输入端；当 $d_i = 0$ 时，对应的电子开关 $S_i$ 将该位电阻 2R 接至运算放大器的同相输入端。由于同相输入端接地，因而运算放大器两个输入端的电位为

$$u_- \approx u_+ = 0$$

所以无论输入的数码 $d_3d_2d_1d_0$ 是何种情况，倒 T 形电阻网络的等效电阻都是 $R$，则由基准电压源 $U_{REF}$ 向倒 T 形电阻网络提供的总电流 $I_{REF}$ 是固定不变的，该值为

$$I_{REF} = \frac{U_{REF}}{R} \tag{11-1}$$

按分流原理，倒 T 形电阻网络内各支路电流分别为

$$\left.\begin{array}{l} I_3 = \dfrac{1}{2}I_{REF} = \dfrac{1}{2^1}\dfrac{U_{REF}}{R} \\[4pt] I_2 = \dfrac{1}{4}I_{REF} = \dfrac{1}{2^2}\dfrac{U_{REF}}{R} \\[4pt] I_1 = \dfrac{1}{8}I_{REF} = \dfrac{1}{2^3}\dfrac{U_{REF}}{R} \\[4pt] I_0 = \dfrac{1}{16}I_{REF} = \dfrac{1}{2^4}\dfrac{U_{REF}}{R} \end{array}\right\} \tag{11-2}$$

假设所有电子开关都将 $2R$ 接至运算放大器的反相输入端（即 $d_3d_2d_1d_0 = 1111$），则流入运算放大器反相端的电流为

$$I_\Sigma = I_3 + I_2 + I_1 + I_0 = I_{REF}\left(\frac{1}{2^1} + \frac{1}{2^2} + \frac{1}{2^3} + \frac{1}{2^4}\right)$$

推广到一般情况（$d_i$ 可能为 1，可能为 0）

$$I_\Sigma = I_3d_3 + I_2d_2 + I_1d_1 + I_0d_0 = \frac{U_{REF}}{R} \times \frac{1}{2^4}(d_3 \times 2^3 + d_2 \times 2^2 + d_1 \times 2^1 + d_0 \times 2^0) \tag{11-3}$$

经运算放大器反相比例运算后，得输出模拟电压为

$$u_o = -I_F R_F = -I_\Sigma R = -\frac{U_{REF} R_F}{2^4 R}(d_3 \times 2^3 + d_2 \times 2^2 + d_1 \times 2^1 + d_0 \times 2^0) \tag{11-4}$$

输入数码为 $n$ 位二进制数码时，输出模拟量与输入数字量之间关系的一般表达式为

$$u_o = -\frac{U_{REF} R_F}{2^n R}(d_{n-1} \times 2^{n-1} + d_{n-2} \times 2^{n-2} + \cdots + d_0 \times 2^0) \tag{11-5}$$

括号中是二进制数按"权"展开式，表明转换后的模拟量与输入的数字量成正比。

倒 T 形电阻网络 D-A 转换器具有动态性能好、转换速度快的优点，是目前实际应用中最受欢迎的一种 D-A 转换器。

**例 11-1** 已知倒 T 形电阻网络 DAC 的 $R_F = R$，$U_{REF} = 10V$，试分别求出 4 位和 8 位 DAC 的输出最小电压。

**解** 根据式 (11-5) 求出 4 位 DAC 输出最小电压

$$U_{Omin} = -\frac{10}{2^4} \times \frac{R}{R} \times 1V = -0.63V$$

8 位 DAC 输出最小电压

$$U_{Omin} = -\frac{10}{2^8} \times \frac{R}{R} \times 1V = -0.04V$$

**例 11-2** 已知倒 T 形电阻网络 DAC 的 $R_F = R$，$U_{REF} = 10V$，试分别求出 4 位 DAC 和 8 位 DAC 的输出最大电压。

**解** 根据式（11-5）求出 4 位 DAC 的最大输出电压

$$U_{\text{Omax}} = -\frac{10}{2^4} \times \frac{R}{R}(2^4 - 1)\text{V} = -9.37\text{V}$$

8 位 DAC 输出最大电压

$$U_{\text{Omax}} = -\frac{10}{2^8} \times \frac{R}{R}(2^8 - 1)\text{V} = -9.96\text{V}$$

**例 11-3** 已知倒 T 形电阻网络 DAC 的 $R_F = 2R$，$U_{\text{REF}} = 10\text{V}$，试分别求出 4 位 DAC 和 8 位 DAC 的输出最小电压。

**解** 根据式（11-5）求出 4 位 DAC 的输出最小电压

$$U_{\text{Omin}} = -\frac{10}{2^4} \times \frac{2R}{R} \times 1\text{V} = -1.26\text{V}$$

8 位 DAC 输出最小电压

$$U_{\text{Omin}} = -\frac{10}{2^8} \times \frac{2R}{R} \times 1\text{V} = -0.08\text{V}$$

比较上述三例发现，在 $U_{\text{REF}}$ 和 $R_F$ 相同条件下，位数越多，输出最小电压越小，输出最大电压越大；在 $U_{\text{REF}}$ 和位数相同条件下，$R_F$ 大输出电压也大。

### 11.1.2 DAC 的主要技术指标

**1. 分辨率**  分辨率用来表示输出最小电压的能力。分辨率等于 DAC 输出的最小电压与输出最大电压之比。输出最小电压是指输入数字量只有最低有效位为 1 时的输出电压。输出最大电压是指输入数字量各位全为 1 时的输出电压。根据式（11-5）可得出

$$\text{分辨率} = \frac{1}{2^n - 1} \tag{11-6}$$

DAC 的位数越高，它的分辨率就越小。分辨率小说明在相同条件下，输出最小电压小。另外，分辨率还可用 DAC 的位数表示。$n$ 位 DAC 的输出电压能够给出 $2^n$ 个不同的数量等级。当然 DAC 的位数越高，它的输出电压等级就越多，每个电压等级对应的电压值就越小。这从理论上讲它可以表示 DAC 的精度。

**2. 转换误差**  由于 DAC 的各环节不可避免地存在参数和性能方面的误差，使得 DAC 也不可避免地存在误差。转换误差常用输出满刻度 FSR 的百分数表示，有的也用最低有效位的倍数来表示。例如 AD7520 的线性误差等于 0.05%FSR，就是说转换误差等于满刻度的万分之五。如果给出的转换误差等于 LSB/2，就是说输出电压的绝对误差等于输入只有最低有效位为 1 时的输出电压的一半。

DAC 产生误差的主要原因有参考电压 $U_{\text{REF}}$ 的波动，运算放大器的零点漂移，电阻网络中电阻的阻值偏差，模拟开关的导通电阻和导通电压的变化等。

（1）比例系数误差  由式（11-4）可以写出

$$\Delta U_0 = -\frac{\Delta U_{\text{REF}}}{2^4} \cdot \frac{R_F}{R}(d_3 \times 2^3 + d_2 \times 2^2 + d_1 \times 2^1 + d_0 \times 2^0) \tag{11-7}$$

式（11-7）表明 $U_{\text{REF}}$ 波动引起的误差和输入数字量成正比。在 $\Delta U_{\text{REF}}$ 一定条件下，数字量大产生的误差就大，故称之为比例系数误差。

（2）漂移误差  漂移误差是由运算放大器的零点漂移引起的。当 DAC 输入数字量为

000 时，输出电压应等于 0V。可是，由于运算放大器存在零漂，使得 DAC 输出电压不等于 0V。可见，漂移误差与数字量无关，漂移误差使得输出电压的转换特性发生平移，如图 11-2 所示。图中的实线为理想特性，虚线为有漂移误差的特性。漂移误差也称作失调误差或平移误差。

（3）非线性误差 非线性误差是由于模拟开关的导通电阻和导通电压不仅不等于 0，而且每个模拟开关的导通电阻和电压也不等造成的。另外，模拟开关接 $V_{REF}$ 和接地时的压降也不一定相等。这些原因使得误差电压不仅不是常数，而且又不与输入数字量成正比。

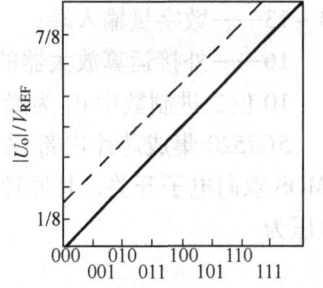

图 11-2 漂移误差特性

电阻网络中的电阻值存在偏差。每个支路的阻值偏差也不同。不同支路上的电阻阻值偏差对输出电压的影响也不同。这也使得误差电压与输入数字量之间不存在线性关系。

图 11-3 示出了非线性误差特性。由图看出，非线性误差有两种趋势。输出电压随输入数字量增加而增加，如 A、B、C 段属单调的。而 CD 段，输入数字量增加，可是输出电压反而减少。这种误差属非单调的。非单调的转换误差有时会使得系统工作不稳定，故应尽力避免非单调的误差的产生。

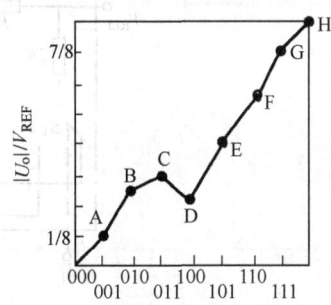

图 11-3 非线性误差特性

分辨率和转换误差共同决定了 DAC 的精度。要使 DAC 的精度高，不仅要选位数多的 DAC，还要选用稳定度高的参考电压电源和低漂移的运算放大器与之相配合。

**3. 建立时间** 建立时间通常规定为输入由全 0 变为全 1 或由全 1 变为全 0 起，到输出稳定电压的一段时间。建立时间短，说明该 DAC 的转换速度快。通常，不包含参考电压电源和运算放大器的 DAC，建立时间最短可在 $0.1\mu s$ 以内。而包含参考电压电源和运算放大器的 DAC，建立时间最短的可达 $1.5\mu s$。

DAC 的指标不只这些。在使用 DAC 时还必须查有关手册，了解其他参数。

### 11.1.3 D-A 转换器集成芯片 5G7520 简介

5G7520 集成芯片是采用 CMOS 集成工艺制造的单片集成 DAC 芯片，具有功耗低、外接元件少、工作可靠、使用方便等优点，广泛应用于数字测量系统、数控系统及计算机应用系统的输出接口中，可以和国外同类产品 AD7520 互换使用。

图 11-4 所示是 5G7520 8/10 位 DAC 集成芯片的引脚功能排列图。其中

14——外接正电源 $V_{DD}$；

3——接地端（GND 端）；

15——外接基准电压源 $V_{REF}$；

1——$I_{OUT1}$ 外接运算放大器的反相输入端；

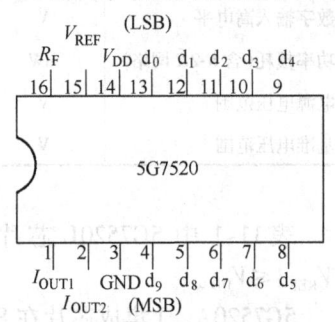

图 11-4 5G7520 引脚引线图

2——$I_{OUT2}$外接运算放大器的同相输入端;

4~13——数字量输入端;

16——外接运算放大器的输出端。

10 位二进制数中 $d_9$ 为最高位（MSB），$d_0$ 为最低位（LSB）。

5G7520 集成芯片内部采用 $R$-$2R$ 倒 T 形电阻网络和由 10 位二进制数字控制的十个 CMOS 双向电子开关，其原理电路如图 11-5 所示。经外接运算放大器 N 输出得转换的模拟电压为

$$u_o = -\frac{V_{REF}}{2^{10}} \sum_{i=0}^{9} d_i \times 2^i \tag{11-8}$$

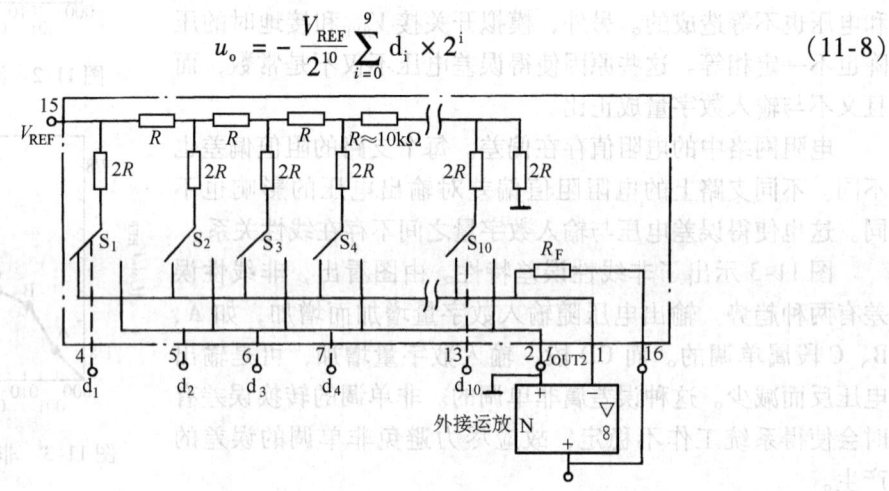

图 11-5  5G7520 芯片结构原理图

表 11-1 所列为国产 5G7520 系列集成芯片的电参数规范值。

表 11-1  5G7520 芯片电参数规范值

| 参数名称 | 单位 | 规 范 值 | | | |
|---|---|---|---|---|---|
| | | 5G7520 | 5H7520J | 5G7520K | 5G7520L |
| 分辨率 | | 10 | 10 | 10 | 10 |
| 非线性误差 | 满度值(%) | ≤0.4(7 位) | ≤0.2(8 位) | ≤0.1(9 位) | ≤0.05(10 位) |
| 建立时间 | ns | ≤500 | ≤500 | ≤500 | ≤500 |
| 满度温度系数 | $10^{-6}$/℃ | ≤40 | ≤40 | ≤40 | ≤40 |
| 数字输入高电平 | V | ≥3.4 | ≥3.4 | ≥3.4 | ≥3.4 |
| 功率损耗(含 $R$-$2R$ 网络) | mW | ≤50 | ≤50 | ≤50 | ≤50 |
| 电源电压范围 | V | +5~+15 | +5~+15 | +5~+15 | +5~+15 |
| 基准电压范围 | V | -10~+10 | -10~+10 | -10~+10 | -5~+5 |

表 11-1 中 5G7520L 芯片实际使用时的参考接线如图 11-6 所示，基准电压一般取 $|V_{REF}| \leq V_{DD}$。

5G7520A、J 集成芯片在 8 位数码输入时，可将 12、13 引脚接地；当 5G7520A 集成芯片为 6 位数码输入时，可将 10~13 引脚全部接地；5G7520J、K 集成芯片在 10 位数码输入时，其接线与 5G7520L 芯片相同。实际应用这些芯片时，必须注意集成芯片的外接电源电

压 $V_{DD}$ 和基准电压源电压 $V_{REF}$，必须受同一个电源开关控制，否则易造成芯片损坏。

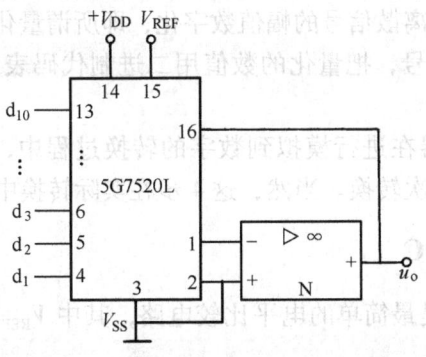

图 11-6 5G7520L 作 DAC 用接线图

### 练习与思考

11-1-1 DAC 的转换精度决定于（    ）。
a) 分辨率　　　　　b) 转换误差　　　　　c) 分辨率与转换误差

11-1-2 $n$ 位 DAC 的分辨率可表示为（    ）。
a) $\dfrac{1}{2^n - 1}$　　b) $\dfrac{1}{2^n - 1}$　　c) $\dfrac{1}{2^n}$

11-1-3 其他条件相同而位数不同的 DAC 中，分辨率最低的是（    ）。
a) 4 位　　　　　　b) 8 位　　　　　　c) 10 位

11-1-4 下面给出的 DAC 的转换误差最小的是（    ）。
a) 1LSB　　　　　b) 0.8LSB　　　　　c) 0.5LSB

11-1-5 下面给出的 DAC 的转换误差最小的是（    ）。
a) 0.4%　　　　　b) 0.2%　　　　　　c) 0.05%

11-1-6 使 DAC 产生转换误差的原因有哪些？

## 11.2 模-数转换器

对于 ADC 来说，由于其接收的是在时间上连续变化的模拟量，而输出的数字信号代码却是离散的，所以在将模拟量转化成数字量时，首先遇到的就是如何对模拟量进行采样（或取样）。如图 11-7 所示，$u_i$ 为输入的某一单方向连续变化的模拟信号，$u_i'$ 为定时采样得到的一系列模拟信号的瞬时值。为了准确无误地用采样信号 $u_i'$ 表示模拟信号 $u_i$，必须满足

$$f_i' \geq 2f_{imax} \qquad (11-9)$$

式中，$f_i'$ 为采样频率；$f_{imax}$ 为输入信号 $u_i$ 的最高频率分量的频率。

式（11-9）为采样定理。

因为每次把采样电压转换为相应的数字量都需要一定的时间，所以在每次采样后，必须把采样电压保持一段时

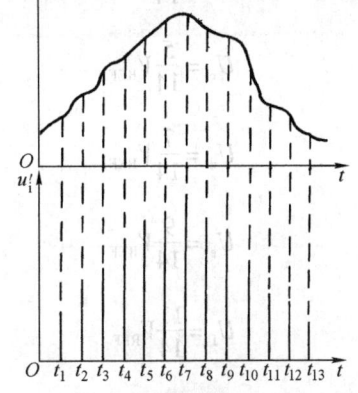

图 11-7 模拟信号的分时采样

间,通常由采样-保持电路来实现。

转换器还要将采样后的离散信号的幅值数字化,即所谓量化,从而将模拟信号转换成时间和幅值都是离散的数字信号,把量化的数值用二进制代码表示,这称之为编码(用编码器来实现)。

可见,一个模-数转换器在进行模拟到数字的转换过程中,一般都要经过采样、保持、量化和编码4步,才完成一次转换。当然,这4步在实际转换中往往是合并进行的。

### 11.2.1 并联比较型 ADC

如图 11-8 所示的电路是最简单的电平比较电路,其中 $V_{REF}$ 为已知的基准电压,比较器的输出电压为

$$u_o = \begin{cases} U_{OH} & u_i > V_{REF} \\ U_{OL} & u_i < V_{REF} \end{cases}$$

随时间连续变化的 $u_i$,经比较器 N 与 $V_{REF}$ 比较后,输出 $u_o$ 为只有两种数值的离散值。若用逻辑常量来表示,即 $U_{OH}=1$,$U_{OL}=0$,则可认为该比较器就是输出为1位的 A-D 转换器。

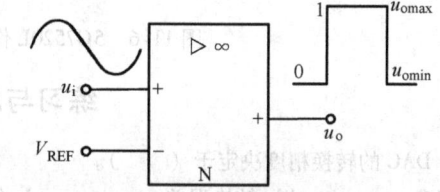

图 11-8　1 位输出 ADC

实际的 A-D 转换器不只1位,如图 11-9 所示,是 3 位输出的并联比较型模数转换器的典型结构原理图,它由以下几部分组成:

**1. 电阻分压器**　它由 8 只电阻串接组成,将基准电压 $V_{REF}$ 分成 8 个等级,其中 7 个等级的电压分别作为 7 个比较器 $N_1 \sim N_7$ 的参考电压,其数值分别为

$$U_a = \frac{1}{14}V_{REF}$$

$$U_b = \frac{3}{14}V_{REF}$$

$$U_c = \frac{5}{14}V_{REF}$$

$$U_d = \frac{7}{14}V_{REF}$$

$$U_e = \frac{9}{14}V_{REF}$$

$$U_f = \frac{11}{14}V_{REF}$$

$$U_g = \frac{13}{14}V_{REF}$$

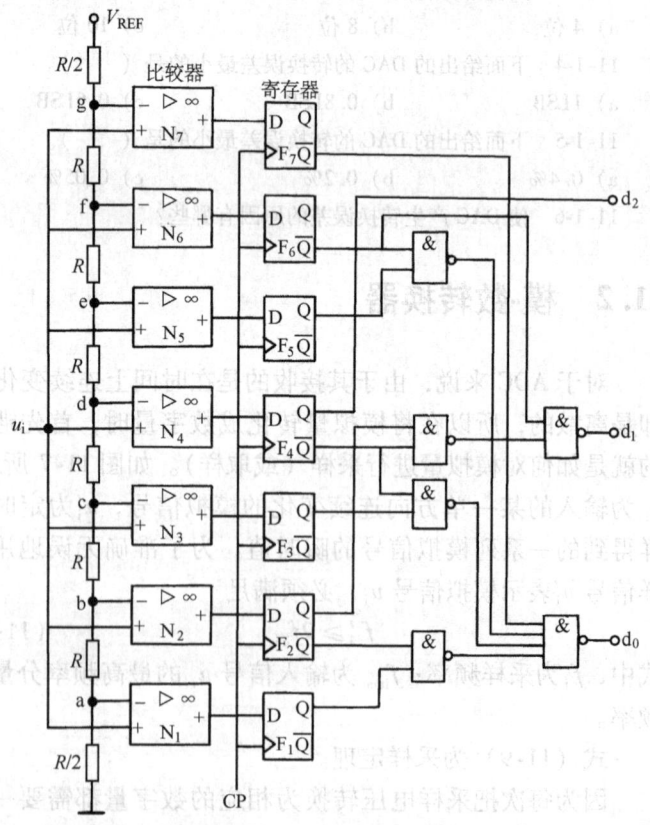

图 11-9　3 位并联比较型 ADC

**2. 电压比较器**  由 7 个特性相同的集成运算放大器构成基本比较器电路,每个比较器的反相输入端分别接不同数值的基准电压 $V_{REF}$,而同相输入端均与输入的待转换的模拟信号 $u_i$ 相接。如前所述,若 $u_i > V'_{REF}$,则比较器输出为逻辑高电平 1;若 $u_i \leqslant V'_{REF}$,则比较器输出为逻辑低电平 0。可见,只要被转换的输入模拟电压 $u_i$ 在 $0 \sim V_{REF}$ 范围内变化,则各比较的输出状态 $N_7N_6N_5N_4N_3N_2N_1$ 就在 0000000~1111111 范围内变化(见表 11-2)。

表 11-2  并联比较型 ADC 的转换真值表

| 分时采样输入模拟电压 $u_i$ | 寄存器状态 | | | | | | | 编码器输出 | | |
|---|---|---|---|---|---|---|---|---|---|---|
| | $Q_7$ | $Q_6$ | $Q_5$ | $Q_4$ | $Q_3$ | $Q_2$ | $Q_1$ | $d_2$ | $d_1$ | $d_0$ |
| $0 \leqslant u_i < \frac{1}{14}V_{REF}$ | 0 | 0 | 0 | 0 | 0 | 0 | 0 | 0 | 0 | 0 |
| $\frac{1}{14}V_{REF} \leqslant u_i < \frac{3}{14}V_{REF}$ | 0 | 0 | 0 | 0 | 0 | 0 | 1 | 0 | 0 | 1 |
| $\frac{3}{14}V_{REF} \leqslant u_i < \frac{5}{14}V_{REF}$ | 0 | 0 | 0 | 0 | 0 | 1 | 1 | 0 | 1 | 0 |
| $\frac{5}{14}V_{REF} \leqslant u_i < \frac{7}{14}V_{REF}$ | 0 | 0 | 0 | 0 | 1 | 1 | 1 | 0 | 1 | 1 |
| $\frac{7}{14}V_{REF} \leqslant u_i < \frac{9}{14}V_{REF}$ | 0 | 0 | 0 | 1 | 1 | 1 | 1 | 1 | 0 | 0 |
| $\frac{9}{14}V_{REF} \leqslant u_i < \frac{11}{14}V_{REF}$ | 0 | 0 | 1 | 1 | 1 | 1 | 1 | 1 | 0 | 1 |
| $\frac{11}{14}V_{REF} \leqslant u_i < \frac{13}{14}V_{REF}$ | 0 | 1 | 1 | 1 | 1 | 1 | 1 | 1 | 1 | 0 |
| $\frac{13}{14}V_{REF} \leqslant u_i < V_{REF}$ | 1 | 1 | 1 | 1 | 1 | 1 | 1 | 1 | 1 | 1 |

**3. 寄存器**  由 7 个 D 触发器构成并行输入-并行输出缓冲寄存器。7 个 D 触发器受同一个时钟脉冲的控制,目的是避免各比较器对输入采样信号的传输、比较响应速度的差异所造成的逻辑错误。在分别对 $u_i$ 采样时,要等待各比较器输出达到稳定状态后,再在寄存器的寄存指令(CP)的作用下,将各比较器的输出 0 或 1 暂时寄存起来,供编码用。

**4. 编码器**  编码器的作用是将寄存器中送来的电平信号,编为 3 位二进制代码 $d_2d_1d_0$ 输出。由图 11-9 可见,编码器的逻辑关系为

$$d_2 = Q_4$$
$$d_1 = Q_6 + \overline{Q_4}Q_2 = \overline{\overline{Q_6} \cdot \overline{\overline{Q_4}Q_2}}$$
$$d_0 = Q_7 + \overline{Q_6}Q_5 + \overline{Q_4}Q_3 + \overline{Q_2} \cdot Q_1 = \overline{\overline{Q_7} \cdot \overline{\overline{Q_6}Q_5} \cdot \overline{\overline{Q_4}Q_3} \cdot \overline{\overline{Q_2}Q_1}}$$

表 11-2 所示是并联比较型 ADC 的转换真值表。

现举一例说明并联比较型 ADC 的工作过程。

若对输入的模拟信号 $u_i$ 进行分时采样,在某时刻 $t$ 采样到的模拟信号 $u_i = 6.63\text{V}$,基准电压 $V_{REF} = 8\text{V}$。当 $u_i$ 加到各级比较器时,由于 $\frac{11}{14}V_{REF} = 6.28\text{V}$,$\frac{13}{14}V_{REF} = 7.42\text{V}$,因此 $\frac{11}{14}V_{REF} < u_i < \frac{13}{14}V_{REF}$ 比较器的输出为 $N_7N_6N_5N_4N_3N_2N_1 = 0111111$。在时钟脉冲作用下,比较

器的全部输出存入到各寄存器中,经编码器输出的二进制代码为 $d_2d_1d_0 = 110$。

并联比较型 A-D 转换器的主要优点是转换速度高,缺点是转换精度较差,存在转换误差,而且输出二进制代码位数每增加 1 位,其所需硬件数目近似增加 1 倍。这种转换器适用于高速度、低精度要求的场合。

### 11.2.2 逐次逼近型 ADC

$n$ 位并行比较 ADC 是将模拟电压 $u_1$ 同时和 $2^n - 1$ 个量化电平进行比较。这种方法虽然速度快,但所用器件多,精度不高,很不经济。为了达到在保证一定速度的前提下,又少用器件,便采用了反馈比较的方法。

反馈比较方法的基本思想是,每次取一个数字量加到 DAC,经 D-A 转换便得到了一个模拟电压。用这个模拟电压和被转换的输入模拟电压去比较,直至两个模拟电压相等为止。实现反馈比较有计数型和逐次逼近型两种方式。

反馈比较方法和用天秤称重物的过程相似。假定天秤有 8 个 1g 砝码,用它称重物有两种方法:一种是每次加一个砝码,直到砝码和重物相等为止。每次加一个砝码的做法实质是在做加法计数。另一种方法是第一次用 8 个砝码的中间值 4 个砝码和重物比较。如果二者不等,重物若大于砝码,再用 3/4 砝码数即 6 个砝码去比较;假如重物小于砝码,则用 1/4 砝码数即两个砝码相比较。如果二者还不相等,在 6 个砝码基础上加上 1 个或减去 1 个,或在两个砝码基础上加上 1 个或减去 1 个,便称得重物的重量。计数型 ADC 的 A-D 转换过程与第一种称重物过程相似。而逐次逼近 ADC 的 A-D 转换过程与第二种称重物过程相似。比较两种过程发现,后者转换时间短。

图 11-10 示出了 3 位逐次逼近(亦称逐次比较)ADC 电路。它由比较器,3 位 DAC,$F_A$、$F_B$、$F_C$ 构成的寄存器,$F_1 \sim F_5$ 和 $G_1 \sim G_3$ 构成的控制逻辑电路和门 $G_A$、$G_B$、$G_C$ 构成的输出级组成。

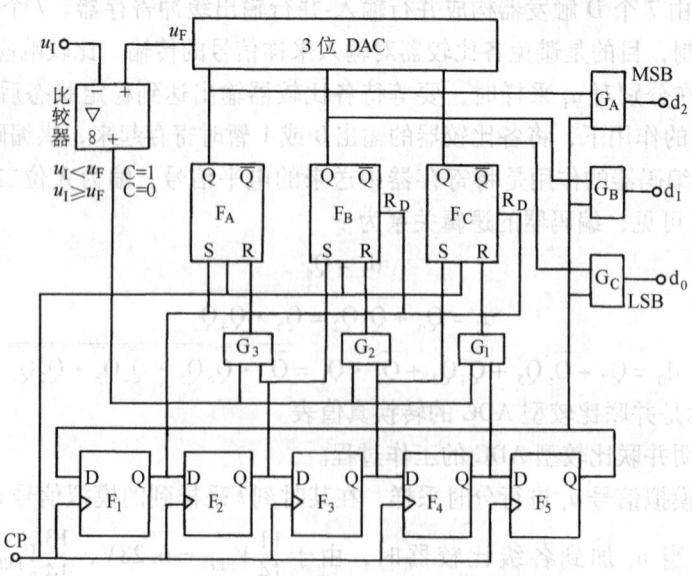

图 11-10 逐次逼近型 ADC 结构原理图

图 11-10 所示电路的 A-D 转换过程如下：

该 ADC 在转换开始前 $F_1 \sim F_5$ 构成的环形移位寄存器要置成 $Q_1Q_2Q_3Q_4Q_5 = 10000$。完成一次 A-D 转换需 5 个时钟脉冲，其中最后一个时钟脉冲过后，环形移位寄存器的状态为 $Q_1Q_2Q_3Q_4Q_5 = 00001$。下面以完成一次 A-D 转换为例说明这个 3 位逐次逼近 ADC 的转换过程。

第一个 CP 到来之后，$Q_1Q_2Q_3Q_4Q_5 = 10000$。$Q_1 = 1$ 使得 $R_D = 1$，将 $Q_B$、$Q_C$ 置零。另外，$Q_1 = 1$，$Q_2 = 0$ 决定了 $S_A = 1$，$R_A = 0$；$Q_5 = 0$ 封锁了输出级门。

第二个 CP 到来之后，$Q_1Q_2Q_3Q_4Q_5 = 01000$。由于 $S_A = 1$，$R_A = 0$；$S_B = R_B = 0$；$S_C = R_C = 0$，使得 $Q_AQ_BQ_C = 100$。对 100 进行 D-A 转换得到 $u_F$。比较器 C 对 $u_I$ 和 $u_F$ 进行比较，其结果有两种可能，$u_I < u_F$ 时，$C = 1$ ($u_I \geqslant u_F$)，$C = 0$。对于触发器 $F_A$，$C = 1$ ($u_I < u_F$) 时 $S_A = 0$，$R_A = 1$，而 $C = 0$ ($u_I \geqslant u_F$) 时 $S_A = R_A = 0$。对于触发器 $F_B$，无论 $C = 1$ 还是 $C = 0$，$S_BR_B$ 必为 10。

第三个 CP 到来之后，$Q_1Q_2Q_3Q_4Q_5 = 00100$。若前一次比较 $u_I < u_F$，因 $S_A = 0$、$R_A = 1$，$Q_A$ 由 1 变为 0。假如前一次比较 $u_I \geqslant u_F$，由于 $S_A = R_A = 0$，所以 $Q_A$ 仍然为 1。又因为 $S_BR_B = 10$，所以 $Q_B$ 一定为 1。这就是说第三个 CP 到来之后，寄存器有两种输出可能，其一是 $Q_AQ_BQ_C = 110$，其二是 $Q_AQ_BQ_C = 010$。由于第三个 CP 到来之后 $Q_1Q_2 = 00$，即 $S_A = R_A = 0$，$Q_A$ 的状态确定之后就不会再变了。

第四个 CP 到来之后，$Q_1Q_2Q_3Q_4Q_5 = 00010$。这时 $Q_A$ 的状态不变，$Q_B$ 的状态则由 $u_I$ 和 $u_F$ 比较决定，$u_I < u_F$ 时 $Q_B$ 由 1 变为 0，$u_I \geqslant u_F$ 时 $Q_B = 1$ 保持不变。由于第四个 CP 到来之前 $S_CR_C = 10$，所以 $Q_C$ 必定为 1。第四个 CP 到来之后，寄存器输出为 111、101、011、001 四个状态中的一个。

第五个 CP 到来之后，$Q_1Q_2Q_3Q_4Q_5 = 00001$。与前述道理相同，$Q_A$ 和 $Q_B$ 的状态不变，$Q_C$ 则根据 $u_I$ 和 $u_F$ 比较结果而定。这样在 111、101、011、001 四种状态下，$u_I < u_F$ 时寄存器输出为 110、100、010、000 四个状态中的一个；而 $u_I \geqslant u_F$ 时，寄存器输出状态则为 111、101、011、001 中的一个。另外，由于 $Q_5 = 1$ 致使输出门被打开，寄存器输出的数字量即为 ADC 的输出数字量。

逐次逼近 ADC 有以下特点：

1) 完成一次 A-D 转换所需时间等于 $(n+2)$ 个时钟周期。$n$ 为 ADC 的位数。

2) 转换精度主要取决比较器的灵敏度及 ADC 中的 DAC 的精度。为了减小量化误差，在 DAC 输出加入一个 $-\Delta/2$ 的偏移量，$\Delta$ 表示 DAC 最低有效位为 1 所产生的输出电压，同时它也是模拟电压的量化单位。加入 $-\Delta/2$ 偏移量使所有比较电平向负方向偏移 $-\Delta/2$。这就满足了使量化误差是 $\Delta/2$，第一个量化电平必须为 $\Delta/2$ 的要求。

3) $u_I$ 的最大电压不仅和 ADC 的位数有关，还取决 DAC 的电路及参考电压 $U_{REF}$，$u_I$ 的最大值不得大于 DAC 输出电压的最大值。

## 11.2.3 双积分型 ADC

双积分型 ADC 亦称双斜率 ADC，它属于间接转换 ADC，是 $U\text{-}T$（电压-时间）变换型 ADC。

图 11-11 示出了双积分型 ADC 结构原理图。它由受控开关 $S_1$ 和 $S_2$、积分器、比较器、控制门、$n$ 位计数器、附加触发器 $F_n$ 组成。

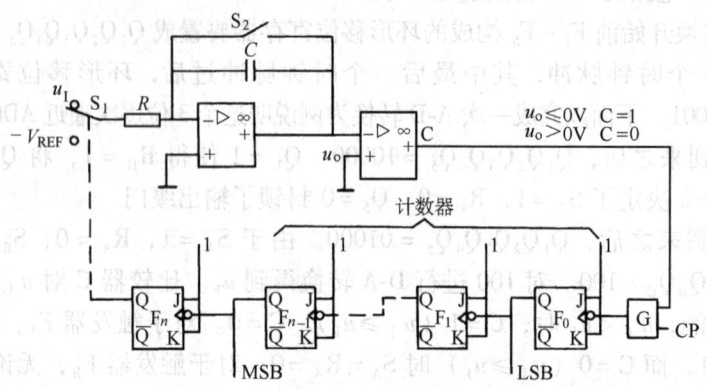

图 11-11 双积分型 ADC 结构原理图

转换开始前,应合上开关 $S_2$,使电容 $C$ 充分放电,并对计数器和附加触发器置 0。转换开始,开关 $S_2$ 断开,$S_1$ 接到输入信号 $u_I$ 端。由于 $u_I$ 为正值,积分器做负向积分,所以积分器输出为负,致使比较器输出为 1,打开控制门 G,计数器开始计数。当计数器接受 $2^n$ 个脉冲后,计数器回到全 0 状态,同时,触发器 $F_n$ 的输出 $Q^n$ 变为 1,使开关 $S_1$ 转到参考电压 $-V_{REF}$ 端。积分器在 $-V_{REF}$ 作用下,其输出电压 $u_o$ 向正向变化。但是,只要 $u_o < 0V$,比较器输出 C 便等于 1,门 G 继续打开,计数器又从全 0 开始计数。若 $|-V_{REF}| > u_I$,则在 $-V_{REF}$ 作用时,其积分曲线的斜率要比在 $u_I$ 作用下积分曲线的斜率陡,使得计数器计到全 0 之前,$u_o$ 已经等于 0。比较器 C 状态翻转,C = 0,封锁门 G,计数器停止计数。计数器所计的数即为 A-D 转换的结果。

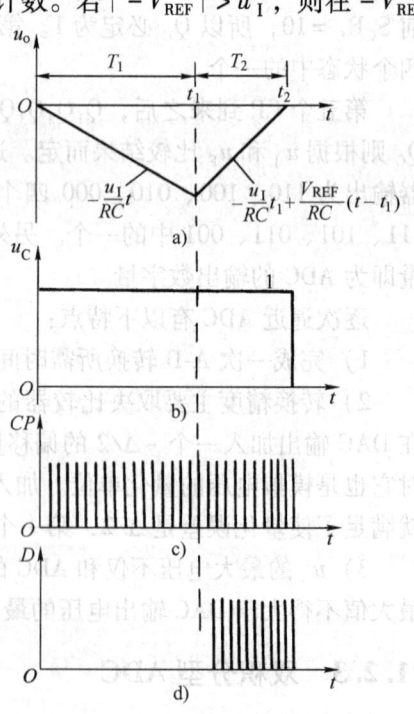

双积分 ADC 两次积分的工作波形如图 11-12 所示。对 $u_I$ 的积分时间 $T_1$ 是一定的,等于 $2^n T_{CP}$。若 $u_I$ 为常数,$t_1$ 时刻的 $u_o = -\dfrac{u_I}{RC} 2^n T_{CP}$。而对 $-V_{REF}$ 积分的时间,即 $T_2$ 不是一定的,$T_2$ 的大小取决于对 $-V_{REF}$ 积分之前输入信号 $u_I$ 的大小,若 $u_I$ 大,则 $t_1$ 时刻对应的积分电压 $u_o$ 的绝对值就大,$T_2$ 的值必然随之增大。

根据上述分析,对 $-V_{REF}$ 积分时,积分器输出为

$$u_o = -\dfrac{u_I}{RC} 2^n T_{CP} + \dfrac{V_{REF}}{RC}(t - t_1)$$

当 $t = t_2$ 时,积分器输出为

$$u_o = -\dfrac{u_I}{RC} 2^n T_{CP} + \dfrac{V_{REF}}{RC}(t_2 - t_1)$$

$$= -\dfrac{u_I}{RC} 2^n T_{CP} + \dfrac{V_{REF}}{RC} D T_{CP} = 0V$$

式中,$D$ 为计数器停止计数时所计的数,其值为

图 11-12 双积分 ADC 的工作波形图
a) 积分器输出波形  b) 比较器输出波形
c) CP 脉冲波形
d) 计数器第二次计的输入脉冲个数

$$D = \frac{2^n}{V_{REF}}u_I$$

双积分 ADC 有以下特点：

1）工作性能稳定。在 A-D 转换过程中，进行了两次积分，只要在两次积分时间内时间常数不变，转换结果就不受时间常数影响。另外，在转换过程中，只要时钟脉冲的周期 $T_{CP}$ 不变，也不会影响转换结果，也就是说时钟脉冲在较长时间里发生的缓慢变化不会影响转换结果。

2）抗干扰能力强。由于 ADC 的输入级为积分器，所以对交流噪声有很强的抑制能力，能有效的抑制电网的工频干扰。

3）工作速度低。对于图 11-11 所示的电路，完成一次转换需 $2^n T_{CP} + DT_{CP}$ 时间，再加上准备时间及转换结果输出时间，所需时间就更长了。目前，单片集成双积分 ADC 完成一次转换需几十毫秒。

4）适用于对缓慢变化的电压或直流电压进行 A-D 转换。

## 11.2.4 ADC 的主要技术指标

**1. 分解度**  分解度亦称分辨率。分解度是表征 ADC 对输入信号分辨能力的参数。常用二进制或十进制数的位数来表示，$n$ 位 ADC 能够分辨出 $U_{Im}/2^n$。例如，8 位 ADC 的最大输入电压 $U_{Im}$ 为 5V，那么这个 ADC 能分辨的输入电压为 $5V/2^8 = 19.5mV$。在最大输入电压相同条件下，位数越多，所能区分的电压越小，即量化电平越小。

**2. 转换误差**  量化必然引起误差，转换误差通常用相对误差表示。它表示 ADC 实际输出的数字量和理想数字量之间的差别。例如，相对误差≤LSB/2 就表明了 ADC 实际输出的数字量与理想的数字量之差不大于 ADC 最低有效位为 1 的一半。

分解度和转换误差一起反映了 ADC 的精度。ADC 的位数多，相对误差小，当然它的转换精度就高。

**3. 转换速度**  转换速度常用完成一次转换所需时间来表示。转换时间是指 ADC 接受到模拟信号到有稳定的数字量输出的一段时间。转换时间短，说明转换速度快。

不同类型的 ADC 转换时间也不同，并行比较 ADC 的转换时间最短。8 位并行比较集成 ADC 的转换时间可在 50ns 以内。8 位逐次逼近集成 ADC 的转换时间最短的为 400ns，多数在 10~50μs 之间。双积分 ADC 的转换速度最慢，转换时间多数在数十毫秒到数百毫秒之间。

另外，单片集成采样—保持电路其获取时间在数微秒量级内。这样，加上采样—保持电路之后，A-D 转换速度就更慢了。

**4. 输入模拟电压范围**  输入电压范围有单极性和双极性之分。例如 ADC751JD 的单极性输入电压范围为 0~10V，双极性输入电压范围为 -5~+5V。当输入电压超出 ADC 的电压范围，ADC 将不能正常工作。

值得一提的还有手册上给出的指标，是在一定的环境温度和电源电压下得到的，如果改变了这些条件，将会对转换精度及转换速度等产生影响。这在使用 ADC 时必须给予注意。

## 11.2.5 选择转换器常识简介

选择转换器应根据系统的要求，从以下 6 个方面来考虑。

**1. 输入/输出** 从输入/输出方面应考虑：

（1）输入信号范围 满刻度值及极性。

（2）数字码 自然二进制码、2 的补码和 BCD 码等。

（3）输入和输出阻抗 信号源内阻和负载要求。

（4）逻辑电平的兼容性 输入/输出是 TTL 电平，还是 CMOS 电平，二者是否兼容，同时还要注意电平的极性。

（5）输出信号（DAC） 电流或电压。

**2. 精度** 精度是一个重要指标，可以用两个指标来衡量。

（1）分辨率（分解度） 转换器的位数。

（2）转换误差 相对误差，非线性误差，失调误差等。

**3. 速度** 转换速度在 DAC 中，用建立时间表示，而在 ADC 中，则用转换时间表示，时间短，转换速度就快。

**4. 环境条件** 环境条件包括温度、噪声电平、电源的敏感性等。

**5. 微处理器接口** 为便于转换器同微处理器连接，ADC 应为三态输出，DAC 应有输出锁存。

**6. 价格** 在满足上述 5 条要求的前提下，还应从经济观点出发，选择价格低的转换器。

选择转换器是要从上述 6 个方面考虑，但是，一般是在速度、精度、价格三方面权衡。

## 练习与思考

11-2-1 在下面三种类型的 ADC 中，转换速度最高的是（    ）；转换速度最低的是（    ）；转换精度最高的是（    ）；转换精度最低的是（    ）；转换速度与转换精度均较高的是（    ）。

a）并联比较型（并行）ADC  b）双积分型 ADC  c）逐次逼进型 ADC

11-2-2 ADC 的分解度（分辨率）与输出数字量位数的关系是（    ）。

a）位数多则分解度低  b）位数多则分解度高  c）位数与分解度无关

11-2-3 下面给出的转换误差最小的是（    ）。

a）±0.5LSB  b）±1LSB  c）±2LSB

11-2-4 逐次逼近型 ADC 的转换速度可用完成一次转换所需的时间（    ）表示。

a）$T = nT_{CP}$  b）$T = (n+1)T_{CP}$  c）$T = (n+2)T_{CP}$

11-2-5 ADC0809 完成一次转换所用的时间 $T$ 与时钟脉冲频率 $f_{CP}$ 的关系是（    ）。

a）$T \propto f_{CP}$  b）$T \propto 1/f_{CP}$  c）$T$ 与 $f_{CP}$ 无关

11-2-6 某 ADC 有 8 路模拟信号输入，若 8 路正弦输入信号的频率分别为 1kHz、2kHz、3kHz、4kHz、5kHz、6kHz、7kHz、8kHz，则该 ADC 的采样频率 $f'_s$ 的取值应为（    ）。

a）$f'_s \leq 1\text{kHz}$  b）$f'_s = 8\text{kHz}$  c）$f'_s \geq 16\text{kHz}$

# 小　　结

微处理器和微型计算机在控制、检测和信号处理系统中的广泛应用，促进了 A-D、D-A 转换技术的发展。而且随着微型计算机计算速度和计算精度的不断提高，也对 A-D、D-A 转换器的转换速度和转换精度提出了更高的要求。因而推动了 A-D、D-A 转换技术不断进步。事实上，在许多用计算机的控制系统中，以及快速检测和信号处理系统中，所能达到的速度和精度,最终是由 A-D、D-A 转换器的转换速度和转换精度决定的。因此,转换速度和转换精度是 DAC 和 ADC 的两个最重要的指标。

DAC 和 ADC 的种类繁多,本章只介绍几种较典型的、较常用的几种 DAC 和 ADC,以说明其原理和一些共性问题。

本章介绍的 DAC 是倒 T 形电阻网络 DAC。它属于直接式 D-A 转换器,其转换速度和转换精度都比较高,是目前使用较多的一种 DAC。在 CMOS 单片集成 DAC 中主要采用倒 T 形电阻网络的方案。例如本章介绍的单片集成 DAC 5G7520 就是其中的一种。

本章介绍的并联比较型 ADC 是直接 A-D 转换器。逐次逼近型 ADC 是反馈比较型 A-D 转换器。双积分型 ADC 是间接 A-D 转换器,属于 $U$-$T$(电压-时间)转换型 ADC。比较而言,并联比较型 ADC 的转换速度最快,而转换精度最低;逐次逼近型 ADC 是目前用得最多的集成单元 ADC,它的转换速度较快,转换精度较高,电路结构较简单;双积分型 ADC 的转换速度慢,但转换精度较高,并且电路简单、工作可靠、抗干扰能力较强,所以在各种低速系统中得到广泛应用。

此外,为了得到较高的转换精度,除了选用分辨率较高的 DAC、ADC 外,还应保证供电电源和参考电源的稳定度,并尽量减小环境温度的影响。

## 习 题

11-1 已知 8bit 倒 T 形电阻网络 DAC 中的反馈电阻 $R_F = R$,最小输出电压为 $-0.02$V,试计算当输入数字量 $d_7 d_6 \cdots d_0 = 01001001$ 时,输出电压 $u_o$ 为多少伏。

11-2 已知 10bitCMOS 倒 T 形 DAC5G7520 和一运放组成的电路如图 11-13 所示。求解下列问题:1)若已知 $V_{REF} = 10$V,求 $u_o$ 的范围。2)当输入数字量 $d_9 d_8 \cdots d_0 = 1010010111$ 时,求模拟量输出 $u_o$ 为多少。3)若测得 $u_o = -6.48$V,求输入数字量 $d_9 d_8 \cdots d_0$ 的状态。4)若 $u_o = -4.53$V,再求 $d_9 d_8 \cdots d_0$ 的状态。

11-3 逐位逼近式 ADC 中的 10 位 DAC 的输出电压最大值 $u_{omax} = 12.276$V,时钟脉冲的频率 $f_{CP} = 500$kHz,试解答下列问题:1)若输入电压 $u_I = 4.32$V,则转换后输出数字量的状态 $Q_9 Q_8 \cdots Q_0$ 是什么?2)完成这次转换所需的时间 $T$ 为多少?

11-4 逐位逼近式 ADC 某时刻的输入电压 $u_I$ 和 DAC 部分的输出 $u_o$ 的波形如图 11-14 所示。图中 $t_0$ 表示转换开始,$t_1$ 表示转换结束。试根据 $u_I$ 和 $u_o$ 的波形,写出转换结束后电路输出的状态。

11-5 已知逐位逼近式 ADC 中 12 位 DAC 的输入 $d_{11} d_{10} \cdots d_0$ 是 3 位(分别为个、十、百位)8421BCD 码,DAC 的最大输出电压 $u_{omax}$ 为 12.0V,当输入 $u_I = 7.5$V 时,求:1)电路的输出状态是什么?2)完成该次转换需要多长时间?时钟脉冲的频率 $f_{CP} = ?$

11-6 试用 EDA 软件对 ADC 和 DAC 进行仿真研究。

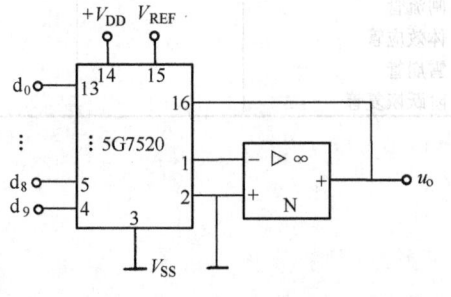

图 11-13 题 11-2 图

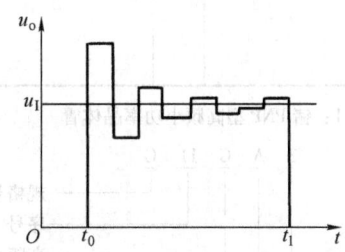

图 11-14 题 11-4 图

# 附 录

## 附录 A  半导体分立器件型号命名方法

中国晶体三极管是根据"中华人民共和国国家标准 GB/T 249—1989"半导体分立器件型号命名方法命名，通常由五个部分组成。具体的符号及含义见下表：

中国半导体器件型号组成部分的符号及其意义

| 第一部分 | | 第二部分 | | 第三部分 | | 第四部分 | 第五部分 |
|---|---|---|---|---|---|---|---|
| 用阿拉伯数字表示器件的电极数目 | | 用汉语拼音字母表示器件的材料和极性 | | 用汉语拼音字母表示器件的类别 | | 用阿拉伯数字表示序号 | 用汉语拼音字母表示规格号 |
| 符号 | 意义 | 符号 | 意义 | 符号 | 意义 | | |
| 2 | 二极管 | A | N 型,锗材料 | P | 小信号管 | | |
| | | B | P 型,锗材料 | V | 混频检波管 | | |
| | | C | N 型,硅材料 | W | 电压调整管和电压基准管 | | |
| | | D | P 型,硅材料 | C | 变容管 | | |
| 3 | 三极管 | A | PNP 型,锗材料 | Z | 整流管 | | |
| | | B | NPN 型,锗材料 | L | 整流堆 | | |
| | | C | PNP 型,硅材料 | S | 隧道管 | | |
| | | D | NPN 型,硅材料 | K | 开关管 | | |
| | | E | 化合物材料 | X | 低频小功率晶体管 ($f_a < 3\mathrm{MHz}, P_c < 1\mathrm{W}$) | | |
| | | | | G | 高频小功率晶体管 ($f_a \geq 3\mathrm{MHz}, P_c < 1\mathrm{W}$) | | |
| | | | | D | 低频大功率晶体管 ($f_a < 3\mathrm{MHz}, P_c \geq 1\mathrm{W}$) | | |
| | | | | A | 高频大功率晶体管 ($f_a \geq 3\mathrm{MHz}, P_c \geq 1\mathrm{W}$) | | |
| | | | | T | 闸流管 | | |
| | | | | Y | 体效应管 | | |
| | | | | B | 雪崩管 | | |
| | | | | J | 阶跃恢复管 | | |

示例 1：锗 PNP 型高频小功率晶体管

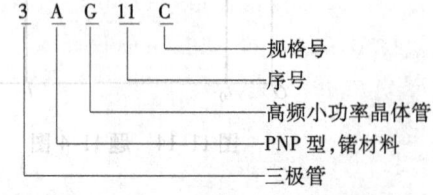

# 附录 B 常用半导体器件的参数

## 一、半导体二极管

### （一）检波与整流二极管

| 参数符号单位 | 型号 | 最大整流电流 $I_{FM}$ (mA) | 最大整流电流时的正向压降 $U_F$ (V) | 最高反向工作电压 $U_{RM}$ (V) | 参数符号单位 | 型号 | 最大整流电流 $I_{FM}$ (mA) | 最大整流电流时的正向压降 $U_F$ (V) | 最高反向工作电压 $U_{RM}$ (V) |
|---|---|---|---|---|---|---|---|---|---|
| | 2AP1 | 16 | ≤1.2 | 20 | | 2CP31 | 250 | | 25 |
| | 2AP2 | 16 | | 30 | | 2CP31A | 250 | | 50 |
| | 2AP3 | 25 | | 30 | | 2CP31B | 250 | | 100 |
| | 2AP4 | 16 | | 50 | | 2CP31C | 250 | | 150 |
| | 2AP5 | 16 | | 75 | | 2CP31D | 250 | | 250 |
| | 2AP6 | 12 | | 100 | | 2CZ11A | | | 100 |
| | 2AP7 | 12 | | 100 | | 2CZ11B | | | 200 |
| | 2CP10 | | | 25 | | 2CZ11C | | | 300 |
| | 2CP11 | | | 50 | | 2CZ11D | 1,000 | ≤1 | 400 |
| | 2CP12 | | | 100 | | 2CZ11E | | | 500 |
| | 2CP13 | | | 150 | | 2CZ11F | | | 600 |
| | 2CP14 | | | 200 | | 2CZ11G | | | 700 |
| | 2CP15 | 100 | ≤1.5 | 250 | | 2CZ11H | | | 800 |
| | 2CP16 | | | 300 | | 2CZ12A | | | 50 |
| | 2CP17 | | | 350 | | 2CZ12B | | | 100 |
| | 2CP18 | | | 400 | | 2CZ12C | | | 200 |
| | 2CP19 | | | 500 | | 2CZ12D | 3,000 | ≤0.8 | 300 |
| | 2CP20 | | | 600 | | 2CZ12E | | | 400 |
| | 2CP21 | 300 | | 100 | | 2CZ12F | | | 500 |
| | 2CP21A | 300 | | 50 | | 2CZ12G | | | 600 |
| | 2CP22 | 300 | | 200 | | | | | |

### （二）稳压管

| 参数符号 | | 稳定电压 $U_Z$ | 稳定电流 $I_Z$ | 耗散功率 $P_Z$ | 最大稳定电流 $I_{Zmax}$ | 动态电阻 $r_Z$ |
|---|---|---|---|---|---|---|
| 单位 | | V | mA | mW | mA | Ω |
| 测试条件 | | 工作电流等于稳定电流 | 工作电压等于稳定电压 | -60 ~ +50℃ | -60 ~ +50℃ | 工作电流等于稳定电流 |
| 型号 | 2CW11 | 3.2 ~ 4.5 | 10 | 250 | 55 | ≤70 |
| | 2CW12 | 4 ~ 5.5 | 10 | 250 | 45 | ≤50 |
| | 2CW13 | 5 ~ 6.5 | 10 | 250 | 38 | ≤30 |
| | 2CW14 | 6 ~ 7.5 | 10 | 250 | 33 | ≤15 |
| | 2CW15 | 7 ~ 8.5 | 5 | 250 | 29 | ≤15 |
| | 2CW16 | 8 ~ 9.5 | 5 | 250 | 26 | ≤20 |
| | 2CW17 | 9 ~ 10.5 | 5 | 250 | 23 | ≤25 |
| | 2CW18 | 10 ~ 12 | 5 | 250 | 20 | ≤30 |
| | 2CW19 | 11.5 ~ 14 | 5 | 250 | 18 | ≤40 |
| | 2CW20 | 13.5 ~ 17 | 5 | 250 | 15 | ≤50 |
| | 2DW7A | 5.8 ~ 6.6 | 10 | 200 | 30 | ≤25 |
| | 2DW7B | 5.8 ~ 6.6 | 10 | 200 | 30 | ≤15 |
| | 2DW7C | 6.1 ~ 6.5 | 10 | 200 | 30 | ≤10 |

## （三）开关二极管

| 参数 | 反向击穿电压 | 最高反向工作电压 | 反向压降 | 反向恢复时间 | 零偏压电容 | 反向漏电流 | 最大正向电流 | 正向压降 |
|---|---|---|---|---|---|---|---|---|
| 单位 | V | V | V | ns | pF | μA | mA | V |
| 2AK1 | 30 | 10 | ≥10 | ≤200 | ≤1 | | ≥100 | |
| 2AK2 | 40 | 20 | ≥20 | ≤200 | ≤1 | | ≥150 | |
| 2AK3 | 50 | 30 | ≥30 | ≤150 | ≤1 | | ≥200 | |
| 2AK4 | 55 | 35 | ≥35 | ≤150 | ≤1 | | ≥200 | |
| 2AK5 | 60 | 40 | ≥40 | ≤150 | ≤1 | | ≥200 | |
| 2AK6 | 75 | 50 | ≥50 | ≤150 | ≤1 | | ≥200 | |
| 2CK1 | ≥40 | 30 | 30 | ≤150 | ≤30 | ≤1 | 100 | ≤1 |
| 2CK2 | ≥80 | 60 | 60 | ≤150 | ≤30 | ≤1 | 100 | ≤1 |
| 2CK3 | ≥120 | 90 | 90 | ≤150 | ≤30 | ≤1 | 100 | ≤1 |
| 2CK4 | ≥150 | 120 | 120 | ≤150 | ≤30 | ≤1 | 100 | ≤1 |
| 2CK5 | ≥180 | 180 | 150 | ≤150 | ≤30 | ≤1 | 100 | ≤1 |
| 2CK6 | ≥210 | 210 | 180 | ≤150 | ≤30 | ≤1 | 100 | ≤1 |

（第一列"型号"为合并表头单元格）

## 二、半导体晶体管

### （一）3DG6 晶体管

| | 参数符号 | 单位 | 测试条件 | 型号 | | | |
|---|---|---|---|---|---|---|---|
| | | | | 3DG6A | 3DG6B | 3DG6C | 3DG6D |
| 直流参数 | $I_{CBO}$ | μA | $U_{CB}=10V$ | ≤0.1 | ≤0.1 | ≤0.1 | ≤0.1 |
| | $I_{EBO}$ | μA | $U_{EB}=1.5V$ | ≤0.1 | ≤0.1 | ≤0.1 | ≤0.1 |
| | $I_{CEO}$ | μA | $U_{CE}=10V$ | ≤0.1 | ≤0.1 | ≤0.1 | ≤0.1 |
| | $U_{BES}$ | V | $I_B=1mA$, $I_C=10mA$ | ≤1.1 | ≤1.1 | ≤1.1 | ≤1.1 |
| | $h_{FE}(\beta)$ | | $U_{CB}=10V$, $I_C=3mA$ | 10~200 | 20~200 | 20~200 | 20~200 |
| 交流参数 | $f_T$ | MHz | $U_{CE}=10V$, $I_C=3mA$, $f=30MHz$ | ≥100 | ≥150 | ≥250 | ≥150 |
| | $G_P$ | dB | $U_{CB}=10V$, $I_C=3mA$, $f=100MHz$ | ≥7 | ≥7 | ≥7 | ≥7 |
| | $C_{Od}$ | pF | $U_{CB}=10V$, $I_C=3mA$, $f=5MHz$ | ≤4 | ≤3 | ≤3 | ≤3 |
| 极限参数 | $BU_{CBO}$ | V | $I_C=100μA$ | 30 | 45 | 45 | 45 |
| | $BU_{CEO}$ | V | $I_C=200μA$ | 15 | 20 | 20 | 30 |
| | $BU_{EBO}$ | V | $I_E=-100μA$ | 4 | 4 | 4 | 4 |
| | $I_{CM}$ | mA | | 20 | 20 | 20 | 20 |
| | $P_{CM}$ | mW | | 100 | 100 | 100 | 100 |
| | $T_{iM}$ | ℃ | | 150 | 150 | 150 | 150 |

## （二）3DK4 开关晶体管

| | 参数符号 | 单位 | 测试条件 | 型号 | | | |
|---|---|---|---|---|---|---|---|
| | | | | 3DK4 | 3DK4A | 3DK4B | 3DK4C |
| 直流参数 | $I_{CBO}$ | μA | $U_{CB}=10V$ | ≤1 | ≤1 | ≤1 | ≤1 |
| | $I_{CEO}$ | μA | $U_{CE}=10V$ | ≤10 | ≤10 | ≤10 | ≤10 |
| | $U_{CES}$ | V | $I_B=50mA$, $I_C=500mA$ | ≤1 | ≤1 | ≤1 | ≤1 |
| | $U_{BES}$ | V | $I_B=50mA$, $I_C=500mA$ | ≤1.5 | ≤1.5 | ≤1.5 | ≤1.5 |
| | $h_{FE}(\beta)$ | | $U_{CE}=1V$, $I_C=500mA$ | 20~200 | 20~200 | 20~200 | 20~200 |
| 交流参数 | $f_T$ | MHz | $U_{CE}=10V$, $I_C=50mA$ $f=30MHz$, $R=5\Omega$ | ≥100 | ≥100 | ≥100 | ≥100 |
| | $C_{ob}$ | pF | $U_{CB}=10V$, $I_E=0$ $f=5MHz$ | ≤15 | ≤15 | ≤15 | ≤15 |
| 开关参数 | $t_{on}$ | ns | $U_{CE}=26V$, $U_{EB}=1.5V$ 脉冲幅度7.5V | 50 | 50 | 50 | 50 |
| | $t_{off}$ | ns | 脉冲宽度1.5μs 脉冲重复频率1.5kHz | 100 | 100 | 100 | 50 |
| 极限参数 | $BU_{CBO}$ | V | $I_C=100\mu A$ | 20 | 40 | 60 | 40 |
| | $BU_{CEO}$ | V | $I_C=200\mu A$ | 15 | 30 | 45 | 30 |
| | $BU_{EBO}$ | V | $I_E=-100\mu A$ | 4 | 4 | 4 | 4 |
| | $I_{CM}$ | mA | | 800 | 800 | 800 | 800 |
| | $P_{CM}$ | mW | 不加散热板 | 700 | 700 | 700 | 700 |
| | $T_{iM}$ | ℃ | | 175 | 175 | 175 | 175 |

## 三、场效应晶体管

### （一）结型场效应晶体管（N沟道）

| 参数 | 符号 | 单位 | 测试条件 | 型号 | | |
|---|---|---|---|---|---|---|
| | | | | 3DJ2 | 3DJ3 | 3DJ7 |
| 饱和漏极电流 | $I_{DSS}$ | mA | $U_{DS}=10V$  $U_{GS}=0V$ | 0.3~10 | ≥35 | 1~35 |
| 栅源夹断电压 | $U_P$ | V | $U_{DS}=10V$  $I_D=50\mu A$ | ≤\|-9\| | \|-2.5\|~\|-5\| | ≤\|-9\| |
| 栅源绝缘电阻 | $R_{GS}$ | Ω | $U_{DS}=0V$  $U_{GS}=10V$ | ≥$10^7$ | ≥$10^7$ | ≥$10^7$ |
| 共源小信号低频跨导 | $g_m$ | μA/V | $U_{DS}=10V$  $I_D=3mA$  $f=10^3Hz$ | ≥2000 | ≥3000 | ≥3000 |
| 最高振荡频率 | $f_M$ | MHz | $U_{DS}=10V$ | ≥300 | 1 | ≥90 |
| 最高漏源电压 | $BU_{DS}$ | V | | 20 | 20 | 20 |
| 最高栅源电压 | $BU_{GS}$ | V | | 20 | 20 | 20 |
| 最大耗散功率 | $P_{DM}$ | mW | | 100 | 100 | 100 |

注：3DJ3是开关管。

## （二）绝缘栅场效应晶体管

| 参　数 | 符号 | 单位 | 型号 ||||
|---|---|---|---|---|---|---|
| | | | 3DO4 | 3DO2<br>（高频管） | 3DO6<br>（开关管） | 3CO1<br>（开关管） |
| 饱和漏极电流 | $I_{DSS}$ | μA | $0.5 \times 10^3 \sim 15 \times 10^3$ | | ≤1 | ≤1 |
| 栅源夹断电压 | $U_P$ | V | ≤\|−9\| | | | |
| 开启电压 | $U_T$ | V | | | ≤5 | −8 ~ −2 |
| 栅源绝缘电阻 | $R_{GS}$ | Ω | ≥$10^9$ | ≥$10^9$ | ≥$10^9$ | ≥$10^9$ |
| 共源小信号低频跨导 | $g_m$ | μA/V | ≥2000 | ≥4000 | ≥2000 | ≥500 |
| 最高振荡频率 | $f_M$ | MHz | ≥300 | ≥1,000 | | |
| 最高漏源电压 | $BU_{DS}$ | V | 20 | 12 | 20 | |
| 最高栅源电压 | $BU_{GS}$ | V | ≥20 | ≥20 | ≥20 | ≥20 |
| 最大耗散功率 | $P_{DM}$ | mW | 1,000 | 1,000 | 1,000 | 1,000 |

注：1. 3CO1 为 P 沟道增强型，其他为 N 沟道管（增强型：$U_T$ 为正值；耗尽型：$U_P$ 为负值）。
2. 测试条件与结型场效应晶体管同。

### 四、单结晶体管

| 参数名称 | | 基极间电阻 | 分压系数 | 峰点电流 | 谷点电流 | 谷点电压 | 反向电流 | 反向电压 | 饱和压降 | 耗散功率 |
|---|---|---|---|---|---|---|---|---|---|---|
| 符号 | | $R_{BB}$ | $\eta$ | $I_P$ | $I_V$ | $U_V$ | $I_E$ | $U_{EB1}$ | $U_E$ | $P_{BB}$ 最大 |
| 单位 | | kΩ | | μA | mA | V | μA | V | V | mW |
| 测试条件 | | $U_{BB}=20V$<br>$I_B=0$ | $U_{BB}=20V$ | $U_{BB}=20V$ | $U_{BB}=20V$ | $U_{BB}=20V$ | $I_{EO}=1μA$ | $U_{BB}=20V$ | $U_{BB}=20V$<br>$I_E=50mA$ | |
| BT31 | A | 3 ~ 6 | 0.3 ~ 0.55 | ≤2 | | | ≤1 | ≥60 | ≤5 | 300 |
| | B | 5 ~ 10 | 0.3 ~ 0.55 | ≤2 | | | ≤1 | ≥60 | ≤5 | (BT31 |
| | C | 3 ~ 6 | 0.45 ~ 0.75 | ≤2 | | | ≤1 | ≥60 | ≤5 | BT32) |
| BT32 | D | 5 ~ 10 | 0.45 ~ 0.75 | ≤2 | >1 | | ≤1 | ≥60 | ≤5 | 500 |
| | E | 3 ~ 6 | 0.65 ~ 0.85 | ≤2 | (BT32 | | ≤1 | ≥60 | ≤5 | (BT33) |
| BT33 | F | 5 ~ 10 | 0.65 ~ 0.85 | ≤2 | BT33) | | ≤1 | ≥60 | ≤5 | |
| BT35 | A | 2 ~ 4.5 | 0.45 ~ 0.9 | <4.0 | >1.5 | <3.5 | ≤2 | ≥30 | <4.0 | 500 |
| | B | 2 ~ 4.5 | 0.45 ~ 0.9 | <4.0 | >1.5 | <3.5 | ≤2 | ≥60 | <4.0 | 500 |
| | C | 4.5 ~ 12 | 0.3 ~ 0.9 | <4.0 | >1.5 | <4 | ≤2 | ≥30 | <4.5 | 500 |
| | D | 4.5 ~ 12 | 0.3 ~ 0.9 | <4.0 | >1.5 | <4 | ≤2 | ≥60 | <4.5 | 500 |

### 五、KP 型晶闸管

| 参数 | 断态重复峰值电压 $U_{DRM}$ 反向重复峰值电压 $U_{RRM}$ | 通态平均电压 $U_F$ | 额定通态平均电流 $I_F$ | 维持电流 $I_H$ | 浪涌电流 $I_{FSM}$ | 控制极触发电压 $U_G$ | 控制极触发电流 $I_G$ | 电压上升率 $du/dt$ | 电流上升率 $di/dt$ | 结温 $T_j$ |
|---|---|---|---|---|---|---|---|---|---|---|
| 单位 | V | V | A | mA | A | V | mA | V/ns | A/ns | ℃ |
| 系列KP | | | | | | | | | | |
| 1 | 100 ~ 3000 | 1.2 | 1 | 20 | 20 | ≤2.5 | 3 ~ 30 | 30 | — | 100 |
| 5 | 100 ~ 3000 | 1.2 | 5 | 40 | 90 | ≤3.5 | 5 ~ 70 | 30 | — | 100 |
| 10 | 100 ~ 3000 | 1.2 | 10 | 60 | 190 | ≤3.5 | 5 ~ 100 | 30 | — | 100 |

| 参数\单位\系列KP | 断态重复峰值电压 $U_{DRM}$反向重复峰值电压 $U_{RRM}$ V | 通态平均电压 $U_F$ V | 额定通态平均电流 $I_F$ A | 维持电流 $I_H$ mA | 浪涌电流 $I_{FSM}$ A | 控制极触发电压 $U_G$ V | 控制极触发电流 $I_G$ mA | 电压上升率 $du/dt$ V/ns | 电流上升率 $di/dt$ A/ns | 结温 $T_j$ ℃ |
|---|---|---|---|---|---|---|---|---|---|---|
| 20 | 100~3000 | 1.2 | 20 | 60 | 380 | ≤3.5 | 5~100 | 30 | — | 100 |
| 30 | 100~3000 | 1.2 | 30 | 60 | 560 | ≤3.5 | 8~150 | 30 | — | 100 |
| 50 | 100~3000 | 1.2 | 50 | 60 | 940 | ≤3.5 | 8~150 | 30 | 30 | 100 |
| 100 | 100~3000 | 1.2 | 100 | 80 | 1880 | ≤3.5 | 10~250 | 100 | 80 | 100 |
| 200 | 100~3000 | 1.0 | 200 | 100 | 3770 | ≤4 | 10~250 | 100 | 80 | 115 |
| 300 | 100~3000 | 0.8 | 300 | 100 | 5650 | ≤4 | 20~300 | 100 | 80 | 115 |
| 400 | 100~3000 | 0.8 | 400 | 100 | 7540 | ≤5 | 20~300 | 100 | 80 | 115 |
| 500 | 100~3000 | 0.8 | 500 | 100 | 9420 | ≤5 | 20~300 | 100 | 80 | 115 |
| 800 | 100~3000 | 0.8 | 800 | 100 | 14920 | ≤5 | 30~250 | 100 | 100 | 115 |
| 1000 | 100~3000 | 0.8 | 100 | 100 | 18600 | ≤5 | 40~400 | 100 | 100 | 115 |

注：下角字表：F—正向，D—断态，R—反向（第一位）或重复（第二），S—不重复，G—控制极，M—最大值，H—维持。

# 附录C 集成电路型号命名方法

**一、半导体集成电路型号命名方法之一**

GB3430—1989 中华人民共和国国家标准。

本标准适用于半导体集成电路系列和品种的国家标准所产生的半导体集成电路（以下简称器件）。

（一）型号的组成

器件的型号由五部分组成。其五个组成部分的符号及其意义如下：

| 第0部分 | | 第一部分 | | 第二部分 | 第三部分 | | 第四部分 | |
|---|---|---|---|---|---|---|---|---|
| 用字母表示器件符合国家标准 | | 用字母表示器件的类型 | | 用阿拉伯数字表示器件的系列和品种代号 | 用字母表示器件的工作温度范围 | | 用字母表示器件的封装 | |
| 符号 | 意义 | 符号 | 意义 | | 符号 | 意义 | 符号 | 意义 |
| C | 符合国家标准 | T | TTL电路 | | C | 0~70℃ | W | 陶瓷扁平 |
| | | H | HTL电路 | | E | -40~85℃ | B | 塑料扁平 |
| | | E | ECL电路 | | R | -55~85℃ | F | 多层陶瓷扁平 |
| | | C | CMOS电路 | | M | -55~125℃ | D | 多层陶瓷双列直插 |
| | | F | 线性放大器 | | ⋮ | ⋮ | P | 塑料双列直插 |
| | | D | 音响、电视电路 | | | | J | 黑陶瓷双列直插 |
| | | W | 稳压器 | | | | K | 金属菱形 |
| | | J | 接口电路 | | | | T | 金属圆形 |
| | | B | 非线性电路 | | | | ⋮ | ⋮ |
| | | M | 存储器 | | | | | |
| | | ⋮ | ⋮ | | | | | |

## （二）示例

**1. 肖特基 TTL 双 4 输入与非门**

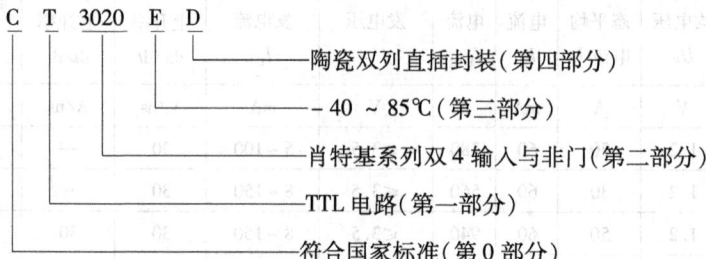

**2. CMOS 8 选 1 数据选择器（3S）**

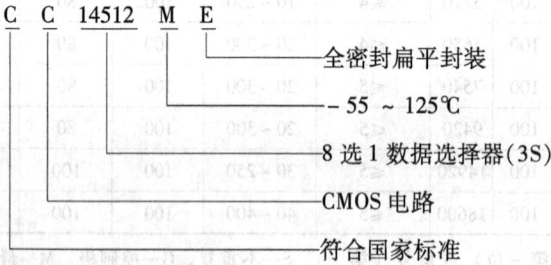

**3. 通用型运算放大器**

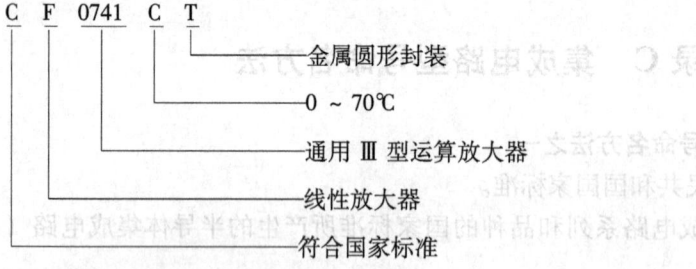

## 二、半导体集成电路型号命名方法之二

本型号命名方法适用于部标准的《半导体集成电路系列品种》及其产品标准生产的半导体集成电路。

### （一）半导体集成电路的型号

半导体集成电路的型号由四部分组成，其四个组成部分的符号及意义如下：

| 第一部分 | | 第二部分 | 第三部分 | 第四部分 | |
|---|---|---|---|---|---|
| 电路的类型、用汉语拼音字母表示 | | 电路的系列及品种序号，用阿拉伯数字表示 | 电路的规格号用汉语拼音字母表示 | 电路的封装用汉语拼音字母表示 | |
| 符号 | 意义 | | | 符号 | 意义 |
| T | TTL | | | A | 陶瓷扁平 |
| H | HTL | | | B | 塑料扁平 |
| E | ECL | | | C | 陶瓷双列 |
| I | I²L | | | D | 塑料双列 |
| P | PMOS | | | Y | 金属圆壳 |
| N | NMOS | | | F | F 型 |
| C | CMOS | | | | |
| F | 线性放大器 | | | | |
| W | 集成稳压器 | | | | |
| J | 接口电路 | | | | |

(二) 示例

1. TTL 中速四输入端双与非门

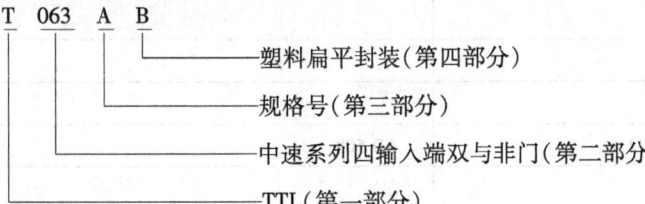

2. CMOS 二-十进制同步加法计数器

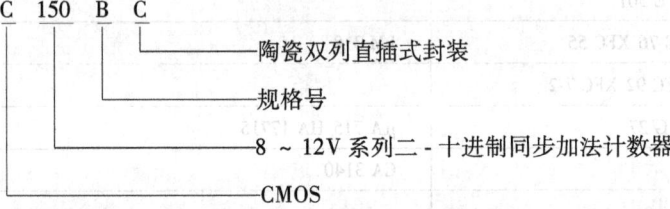

3. 低功耗运算放大器

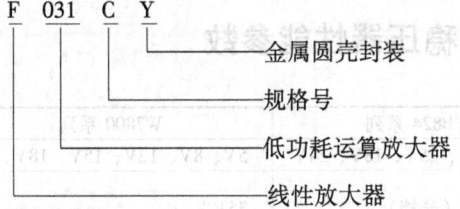

# 附录 D  国内外部分集成运算放大器同类产品型号对照表

| 部标准型号 | 厂标型号（旧型号） | 国外同类产品型号 |
|---|---|---|
| F 001 | 8FC 1 XT 50 FC 1 FC 31<br>BG 301 7 XC 1 5 G 922 | μA 702 μPC 51 TA 7501 HA 1301<br>MC 1430 CA 3008 SN 72702<br>LM 702 TAA 243 M 51702 RC 702 |
| F 003（有调零端）<br>F 005 | FC 3 4 E 304 X 51 | μA 709 LM 709 RC 709 μPC 55<br>TA 7502 MC 1709 SFC 2709<br>SN 72709 M 51709 MIC 709 RC 709 |
| F 004 | 5 G 23 | BE 809 |
| F 006（外补偿）<br>F 007（内补偿） | 8 FC 4 FC 4 5G 24 7XC 3 4 E 322<br>NG 04 XFC 5 BG 308 DL 741 | μA 741 TA 7504 ICB 8741 ICB 8741<br>CA 741 LM 741 SFC 741 AD 741<br>MC 1741 RC 1741 SN 72741 |
| F 010 | X 54 FC 54 XFC 4 7 XC 4 | μPC 253 |

(续)

| 部标准型号 | 厂标型号(旧型号) | 国外同类产品型号 |
|---|---|---|
| F 011 | XPC 75 | |
| F 012 | 5G 26 | |
| F 013 | KD 203 FC6 | |
| F 030 | 4 E 325 FC 72 | AD 508 |
| F 031 | XFC 10 | |
| F 033 | 8 FC 5 | μA 725 RC 725 LM 725 |
| F 050 | XF 7-1 4 E 501 | |
| F 052 | X 55 XFC 76 XFC 55 | LM 318 |
| F 054 | 4 E 321 FC 92 XFC 7-2 | |
| F 055 | 8 FC 6 5 G 27 | μA 715 HA 17715 |
| F 072 | | CA 3140 |
| F 073 | 5 G 28 | |

## 附录 E  三端式集成稳压器性能参数

| | XWY005 系列 | WB824 系列 | W7800 系列 |
|---|---|---|---|
| 输出电压 $U_L$ | 12V、15V、18V、20V、24V | 5V、12V、15V、18V、24V | 5V、8V、12V、15V、18V、24V |
| 最大输入电压 $U_{max}$ | 26~36V（分档） | 20~36V（分档） | 35V |
| 最大输出电流 $I_{max}$ | 0.5~1.0A（分档） | 0.2~2A（分档） | 2.2A |
| 最小输入/输出电压差 | ≤4.5V | 4.5V | 2~3V |
| 输出阻抗 $r_o$ | | 0.05~0.5Ω（分档） | 0.03~0.15Ω（分档） |
| 电压调整率 $S_U$ | (0.04~0.16)% | (0.04~0.16)% | (0.1~0.2)% |
| 最大功耗 | 无散热片1W 有散热片6~12W（分档） | 无散热片1.5W 有散热片3~25W（分档） | |

## 附录 F  逻辑门电路新、旧图形符号对照表

| 名 称 | 新国标，图形符号（GB4728.12—85） | 旧图形符号（SJ1223—77） | 逻辑表达式或说明 |
|---|---|---|---|
| 与门 | A B C &—Y | A B C —Y | $Y = A \cdot B \cdot C$ |
| 或门 | A B C ≥1—Y | A B C +—Y | $Y = A + B + C$ |

(续)

| 名 称 | 新国标,图形符号<br>(GB4728.12—85) | 旧图形符号<br>(SJ1223—77) | 逻辑表达式或说明 |
|---|---|---|---|
| 非门 | A—[1]—Y | A—▷—Y | $Y = \overline{A}$ |
| 与非门 | A,B,C—[&]—Y | A,B,C—[·]—Y | $Y = \overline{ABC}$ |
| 或非门 | A,B,C—[≥1]—Y | A,B,C—[+]—Y | $Y = \overline{A + B + C}$ |
| 与或非门 | A,B,C,D—[& ≥1]—Y | A,B,C,D—[·+]—Y | $Y = \overline{AB + CD}$ |
| 异或门 | A,B—[=1]—Y | A,B—[⊕]—Y | $Y = A\overline{B} + \overline{A}B$ |
| 半加器 | [Σ / CO] | $A_i, B_i$—[H]—$C_i, S_i'$ | |
| 全加器 | [Σ / CI CO] | $A_i, B_i, C_{i-1}$—[Q]—$C_i, S_i$ | |
| RS 触发器 | S,R—[ ]—Q,$\overline{Q}$ | R,S—[ ]—$\overline{Q}$,Q | |
| JK 触发器 | S,J,CI,K,R—[ ]—Q,$\overline{Q}$ | S,J,CP,K—[ ]—$\overline{Q}$,Q,R | 下降沿 JK 触发器 |

## 附录 G  555 定时器的主要性能参数

### 一、5G555(1555)的主要性能参数

| 参数名称 | 符 号 | 单 位 | 测试条件 | 参 数 |
|---|---|---|---|---|
| 电源电压 | $V_{CC}$ | V | | 5~16 |
| 电源电流 | $I_{CC}$ | mA | $V_{CC} = 15V, R_L = \infty$ | 10 |
| 阈值电压 | $U_{TH}$ | V | $V_{CC} = 15V$ | 10 |

（续）

| 参数名称 | 符号 | 单位 | 测试条件 | 参数 |
|---|---|---|---|---|
| 阈值电流 | $I_{TH}$ | μA | $V_{CC}=15V$ | 0.1 |
| 触发电压 | $U_{TR}$ | V | $V_{CC}=15V$ | 5 |
| 触发电流 | $I_{TR}$ | μA | $V_{CC}=15V$ | 0.5 |
| 控制电压 | $V_{CO}$ | V | $V_{CC}=15V$ | 10 |
| 输出低电平 | $V_{OL}$ | V | $V_{CC}=15V, I_L=-50mA$ | 1 |
| 输出高电平 | $V_{OH}$ | V | $V_{CC}=15V, I_L=50mA$ | 13.3 |
| 复位电压 | $U_R$ | V | $V_{CC}=15V$ | ≤0.4 |
| 复位电流 | $I_R$ | mA | $V_{CC}=15V$ | ≥0.5 |
| 最大输出电流 | $I_{omax}$ | mA | $V_{CC}=15V$ | ≤200 |
| 最高振荡频率 | $f_{max}$ | kHz | $V_{CC}=15V$ | ≤300 |
| 输出上升时间 | $t_r$ | ns | $V_{CC}=15V$ | ≤150 |
| 时间误差 | $\Delta t$ | % | $V_{CC}=15V$ | ≤5 |
| 时间误差温度漂移 | $\dfrac{\Delta f}{f}/\Delta T$ | %/℃ | $V_{CC}=15V$ | 0.05 |
| 时间误差电压漂移 | $\dfrac{\Delta f}{f}/\Delta V_{CC}$ | %/V | $V_{CC}=5\sim15V$ | 0.05 |

注：5G555（1555）为上海元件五厂生产的双极型器件。替代型号有国营749厂的F555等。

## 二、CC7555的主要性能参数

| 参数名称 | | 符号 | 单位 | 测试条件 | 参数 |
|---|---|---|---|---|---|
| 电源电压 | | $V_{DD}$ | V | $-40℃\leq T_A\leq+85℃$ | 3~18 |
| 电源电流 | | $I_{DD}$ | μA | $V_{DD}=3V$ | 60 |
| | | | | $V_{DD}=18V$ | 120 |
| 时间误差 | 初始精度 | | % | $R_1、R_2$ 为 1~100kΩ | ≤5 |
| | 温漂 | | $10^{-12}/℃$ | $C=0.1\mu F$ | 50 |
| | 随电压漂移 | | %/V | $5V\leq V_{DD}\leq15V$ | 1.0 |
| 阈值电压 | | $U_{TH}$ | V | $5V\leq V_{DD}\leq15V$ | $2/3 V_{DD}$ |
| 触发电压 | | $U_{TR}$ | V | $5V\leq V_{DD}\leq15V$ | $1/3 V_{DD}$ |
| 触发电流 | | $I_{TR}$ | pA | $V_{DD}=15V$ | 50 |
| 复位电流 | | $I_R$ | pA | $V_{DD}=15V$ | 100 |
| 复位电压 | | $U_R$ | V | $5V\leq V_{DD}\leq15V$ | 0.7 |
| 控制电压 | | $V_{CO}$ | V | $5V\leq V_{DD}\leq15V$ | $2/3 V_{DD}$ |
| 输出低电平 | | $V_{OL}$ | V | $V_{DD}=15V, I_{OL}=-3.2mA$ | 0.1 |
| 输出高电平 | | $V_{OH}$ | V | $V_{DD}=15V, I_{OH}=1mA$ | 14.8 |
| 输出上升时间 | | $t_r$ | ns | $R_L=10M\Omega, C_L=10pF$ | 40 |
| 输出下降时间 | | $t_f$ | ns | $R_L=10M\Omega, C_L=10pF$ | 40 |
| 最高振荡频率 | | $f_{max}$ | kHz | 无稳态振荡 | ≥500 |

注：CC7555是采用CMOS工艺制作的555定时器。本表参数取自《中国集成电路大全——CMOS集成电路》。

# 附录 H  常用电子元器件与 EDA 中图形符号对照表

| 元器件名称 | 新图形符号 | EDA 中图形 | 元器件名称 | 新图形符号 | EDA 中图形 |
|---|---|---|---|---|---|
| 电阻 | | 1 kΩ | 稳压管 | VS | |
| 可调电阻 | | [R]/1 kΩ/50% | 发光二极管 | | |
| 电容 | | 1μF | 晶闸管 | VT | |
| 电解电容 | | 1μF | NPN 三极管 | V | |
| 电感 | | 1 mH | 运算放大器缺省电源 | | |
| 直流电压源 | 12V | 12V | 运算放大器 | | 741 |
| 直流电流源 | 1A | 1 A | 5V 电平 | +5V | +VCC |
| 交流电压源 | $u_s$ | 120V/60Hz | 与门 | & | |
| 交流电流源 | $i_s$ | 1 A/1 Hz | 或门 | ≥1 | |
| 电压控制的电压源 | 2U | 1 V/V | 非门 | 1 | |
| 电流控制的电流源 | 2I | 1 A/A | 与非门 | & | |
| 二极管 | VD | | 或非门 | ≥1 | |
| | | | 异或门 | =1 | |

（续）

| 元器件名称 | 新图形符号 | EDA 中图形 | 元器件名称 | EDA 中图形 |
|---|---|---|---|---|
| 同或门 |  |  | 白炽灯 | 10 W/12V |
|  |  |  | 电平指示灯 |  |
| RS 触发器 |  |  | 蜂鸣器 | 200 Hz |
| JK 触发器 |  |  | 数码管 |  |
| D 触发器 |  |  | 数字电压表 |  |
| 半加器 |  |  | 数字电流表 |  |
| 全加器 |  |  | 数字万用表 |  |
|  |  |  | 低频信号发生器 |  |
| 开关 |  | [Space] | 双踪示波器 |  |
|  |  |  | 逻辑分析仪 |  |
| 接地符号 |  |  | 数字发生器 |  |

# 参 考 文 献

[1] 秦曾煌. 电工学 [M]. 7版. 北京：高等教育出版社，2009.
[2] 秦曾煌. 电工学简明教程学习辅导与习题解答 [M]. 7版. 北京：高等教育出版社，2004.
[3] 童诗白，华成英. 模拟电子技术基础 [M]. 5版. 北京：高等教育出版社，2015.
[4] 闫石. 数字电子技术基础 [M]. 5版. 北京：高等教育出版社，2006.
[5] 康华光. 电子技术基础（模拟部分）[M]. 6版. 北京：高等教育出版社，2013.
[6] 康华光. 电子技术基础（数字部分）[M]. 6版. 北京：高等教育出版社，2014.
[7] 王兆安，刘进军. 电力电子技术 [M]. 5版. 北京：机械工业出版社，2009.
[8] 李忠波. 电子技术 [M]. 北京：机械工业出版社，2003.
[9] 申永山，高有华. 现代电工电子技术 [M]. 2版. 北京：机械工业出版社，2015.
[10] 唐庆玉. 电工技术与电子技术：下册 [M]. 北京：清华大学出版社，2015.
[11] 徐淑华. 电工电子技术 [M]. 3版. 北京：电子工业出版社，2013.